本书受昆明市政府参事室资助

白族伦理道德及村落妇女文化研究

杨国才 著

云南大学出版社
YUNNAN UNIVERSITY PRESS

图书在版编目（CIP）数据

白族伦理道德及村落妇女文化研究 / 杨国才著. -- 昆明：云南大学出版社，2023
ISBN 978-7-5482-4767-8

Ⅰ.①白… Ⅱ.①杨… Ⅲ.①白族—伦理学—研究—中国②白族—民族文化—研究—中国 Ⅳ.①K285.2 ②B82-092

中国版本图书馆CIP数据核字(2022)第214314号

责任编辑：王登全
封面设计：王婳一

白族伦理道德及村落妇女文化研究
BAIZU LUNLI DAODE JI CUNLUO FUNV WENHUA YANJIU

杨国才 著

出版发行：	云南大学出版社
印　　装：	云南广艺印务有限公司
开　　本：	787mm×1092mm　1/16
印　　张：	27
字　　数：	514千
版　　次：	2023年3月第1版
印　　次：	2023年3月第1次印刷
书　　号：	ISBN 978-7-5482-4767-8
定　　价：	98.00元

社　　址：昆明市一二一大街182号（云南大学东陆校区英华园内）
邮　　编：650091
发行电话：0871-65033244　65031071
网　　址：http://www.ynup.com
E - mail：market@ynup.com

若发现本书有印装质量问题，请与印厂联系调换，联系电话：13888672058。

白家习俗重伦理
耕读传家卿令名
尊道崇边兴教化
诗书济世倡文明
风花雪月画中画
汉白彝回亲更亲
玉洱银苍南诏月
唐风汉德海河清

九十六叟 张文勋 题句

序

  本书是国才教授 40 余年学术研究之重要成果,是对白族传统道德、村落文化、妇女文化的社会学研究。40 余年来,她铆定这一专题,坚定不移,孜孜不倦研究至今,汇聚、凝炼研究成果而得此著作。该书对于认识白族思想文化的特点,以及白族与汉族、彝族等各兄弟民族思想文化的交流、交往与交融,都很有意义。本书聚集着丰富的田野调查成果,同时这些客观、科学的调查中,又都渗透着作者真实、切身的体验。本书主要是社会学、人类学的实证研究,同时又有哲学思维的追究和思考。在我看来,这是本书的重要特点,是其难能可贵而能立足学界之处。

  国才教授是改革开放以来进入学术领域的,她 40 年来朝气蓬勃,努力奋进,在教书育人、学术研究、学报编辑以及社会工作等诸多方面,都卓有建树。在我看来,她属我等之后的年青一代,是随改革开放而成长的、积极有为的年青一代学者。本书体现着这一代学者的风貌、特点和成就,今日出版很有意义。她嘱我作序,实不敢当,勉为简文,以示老者赞扬、祝贺之意。

伍雄武

2021 年 11 月 28 日

内容简介

优秀传统文化是中华民族的基因，是民族文化的命脉。长期以来，白族在与其他民族的交往交流交融中，吸收了其他民族的优秀文化，形成了自己特有的传统伦理道德文化。白族传统道德文化在日常生活中规范人们的行为，并以家风家训家规的形式约束人们的行动。具体的道德准则体现在人生礼仪、节日文化中的道德要求、商帮贸易中的道德规范、民居建筑中的伦理观念、本主信仰中的伦理思想、碑刻中的乡规民约及村落文化中。本书由白族哲学伦理道德文化、白族村落文化的保护与发展、白族文化及妇女生育和教育观念的变迁3篇组成。

白族历史悠久，文化灿烂。研究白族历史、文学、教育、文艺的学者很多，有关的书籍也非常多。但从哲学的视角研究白族文化中伦理道德的书籍还不多见。可以说，该书对白族优秀传统伦理道德在白族地区的传承与保护，社会主义核心价值观的树立，及乡村振兴中伦理道德规范都具有重要的理论价值及现实意义。

本书的出版，一是体现出作者的文化自觉与自信，作者以对白族文化的热爱，探索了本民族文化中的伦理道德观念；二是能丰富对白族哲学思想、伦理道德的研究；三是从新的视角关注村落、村落中的妇女、村落生态环境；四是在白族地区的乡村振兴、产业转型、健康产业的发展，对规范人们的行为规范，提升道德水平都具有重要的价值。

本书作者为白族，从小受白族文化的熏陶，成长于苍山洱海之滨的白族村落，大学学习哲学，毕业后长期从事民族文化的教育与研究，走遍白族地区的村落进行白族传统文化的调查，以白族文化持有者的身份进入田野，通过口述史、文献研究方法收集资料。在此基础上，充分挖掘白族传统文化中的伦理道德观念，并以村落、民居建筑照壁、节日活动、本主庙、碑刻为载体，发现其传统伦理道德对人们行为的约束及规范作用，进而探讨白族伦理道德的内涵及价值。

A brief introduction to the Content

An excellent traditional culture is a gene of the Chinese nation and the lifeblood of national culture. Over a long period of time, the Bai nationality have absorbed the excellent culture of other ethnic groups through exchanges and blends with them, and have formed their own unique traditional ethical and moral culture. The Bai traditional ethical culture regulates people's behaviour in daily life and restrains their actions in the form of family customs and family rules. Specific moral codes are reflected in the rituals of life, the moral requirements of festival culture, the ethical norms in merchant trade, the ethical concepts in the residential building, the ethical ideas in the beliefs of the native patron god, the village rules and regulations in inscriptions and the village culture. The book consists of three chapters on Bai philosophy, ethics and moral culture, the preservation and development of Bai village culture, and the changing attitudes of Bai women to childbirth and education.

The Bai people have a long history and a splendid culture. Many scholars have studied Bai history, literature, education andart, also there are many books on the subject. However, there are not many books that study ethics and morality in Bai culture from a philosophical perspective. It can be said that this book has important theoretical value and practical significance for the transmission and protection of the excellent traditional ethics in the Bai region, the establishment of core socialist values and the revitalisation of the countryside.

The significance of the publication of this book is that, firstly, it reflects the author's cultural self-awareness and self-confidence. With a deep and heated love for the Bai culture, the author explores the ethical and moral concepts in the culture of his people. Secondly, it can enrich the study of Bai philosophical thought, ethics and morality. Thirdly, it focuses on villages, women in villages and village ecology from a new perspective. Fourthly, it is important in the revitalisation of villages, industrial transformation and the development of health industries in Bai areas, in regulating people's behavioural norms and in raising the level of moral value.

The author, who is from the Bai group, was brought up with Bai culture and grew up in a Bai village on the shores of the Cang Mountains and the Er Sea. She studied philosophy at university and has been engaged in education and research on ethnic culture for a long time after graduation. She travelled around the villages in the Bai region to conduct a survey of Bai traditional culture, entering the field as a Bai culture holder and collecting information through oral history and documentary research methods. On this basis, the author fully explores the ethical and moral concepts in Bai traditional culture, and uses villages, the folk residential buildings Zhaobi, festivals, temples of the Patron God, and inscriptions as carriers to discover the binding and regulating effects of their traditional ethics and morals on people's behaviour, so as to explore the connotations and values of Bai ethics and morals.

目 录

上篇　白族哲学伦理道德文化 ……………………………………（1）

　　古代白族神话中的哲学思想 ……………………………………（3）

　　白族传统家规家训中的道德规范 ………………………………（7）

　　白族人生礼仪中的道德规范 ……………………………………（16）

　　白族节日文化中的道德礼仪与传承 ……………………………（27）

　　白族传统道德的特点 ……………………………………………（45）

　　近代白族商帮的道德规范 ………………………………………（56）

　　白族本主信仰中的伦理观念 ……………………………………（74）

　　白族民居照壁建筑中的伦理道德观念 …………………………（82）

　　儒家家庭伦理思想在大理碑刻中的彰显 ………………………（91）

　　大理碑刻中伦理道德在乡村治理中的功用 ……………………（102）

　　白族丧葬中的伦理道德观念 ……………………………………（111）

中篇　白族村落文化的保护与发展 ………………………………（123）

　　白族传统文化的内涵与传承 ……………………………………（125）

　　白族非物质文化与生态环境的关系 ……………………………（136）

　　本主庙：白族文化的博物馆 ……………………………………（150）

　　藏族本教与白族本主 ……………………………………………（161）

　　大理白族与日本农耕稻作祭祀比较 ……………………………（171）

　　大理白族三道茶与日本茶道 ……………………………………（186）

　　鸡足山镇沙址佛教生态文化村的保护与发展 …………………（195）

依台构舍的诺邓古村白族民居及古墓建筑 …………………… (203)
白族千年古村"诺邓"的保护与发展 …………………………… (222)
盐马古道上诺邓古村传统文化的保护 …………………………… (237)
现代化进程中诺邓古村的保护和发展 …………………………… (245)
南诏时期的法制史研究 …………………………………………… (259)

下篇　白族文化及妇女生育和教育观念的变迁 ……………… (271)
白族传统恋爱方式及规范 ………………………………………… (273)
白族传统婚姻方式及规矩 ………………………………………… (292)
白族传统家庭及其道德规范 ……………………………………… (313)
白族妇女生育和教育观念的变迁 ………………………………… (327)
白族传统文化与妇女生育观 ……………………………………… (333)
一个白族村妇女在生育中的参与和互动 ………………………… (342)
白族传统民居中的性别意识 ……………………………………… (351)
白族传统文化中的生态保护观念 ………………………………… (359)
中国大理白族与日本岐阜妇女在稻作生产中的作用 …………… (369)

附　录 ………………………………………………………………… (375)
一、白族学研究论著 ……………………………………………… (375)
二、本书作者之著作与主编作品目录概览 ……………………… (408)

后　记 ………………………………………………………………… (415)

Content

Previous: of the Bai people Philosophy, Ethics and Moral Culture ……… (1)

    Philosophical Ideas in Ancient of the Bai paople Mythology ……………… (3)

    Ethics in of the Bai people Traditional Family Rules and Practices ……… (7)

    Ethics in of poal poople Life Etiquette …………………………………… (16)

    Moral Manners and Heritage in of the of the Bai people people Festival

        Culture ……………………………………………………………… (27)

    The Characteristics of the Bai people Traditional Morality ……………… (45)

    Ethics of the Merchant Gang of the Bai people in Modern Times ……… (56)

    Ethical Concepts in the Beliefs and of the Bai people Principal ………… (74)

    Ethical and moral concepts in theZhaobi architecture of of the Bai people

        Folk Dwellings …………………………………………………………… (82)

    The Manifestation of Confucian Family Ethics in Dali Inscriptions ……… (91)

    The Utility of Ethics in Rural Governance in Dali Inscriptions ………… (102)

    Ethical and Moral Concepts in of the Bai people Funerals ……………… (111)

Middle: ThePreservation and Development of Bai Village Culture …… (123)

    The Connotation and Inheritance in of the Bai people Traditional Culture

        ………………………………………………………………………… (125)

    The Relationship between of the Bai people Intangible Culture and the

        Ecological Environment ………………………………………………… (136)

    Patron God Monastery: A Museum of the Bai people Culture ………… (150)

    Tibetan Bonismo and the of the Bai people Patron God ………………… (161)

    A Comparison between Bai Group in Dali and Japanese in Farming Rice

        Sacrifice ………………………………………………………………… (171)

    The Sandao Tea of the Bai people in Dali and the Japanese Tea Ceremony

        ………………………………………………………………………… (186)

The Preservation and Development of Shazhi Buddhist Ecological Culture Village in Jizushan Town ……（195）

The Bai Folk Dwelling and Ancient Tomb Architecture of Nuodeng Ancient Village according to the Terrace ……（203）

The Preservation and Development of the Bai people Millennium Ancient Village of Nuodeng ……（222）

The Preservation of Traditional Culture in the Ancient Village of Nuodeng on the Ancient Tea-Horse Road ……（237）

The Preservation and Development of the Ancient Village of Nuodeng in the Process of Modernization ……（245）

Research on Legal History in Nanzhao Period ……（259）

Sequel: Bai Culture and the Change of the Concepts of Women's Childbirth and Education ……（271）

The Traditional Love Ways and Norms of Bai people ……（273）

The Traditional Marriage Rules and Rules of Bai people ……（292）

The Traditional Family and its Moral Code of Bai people ……（313）

Changes in Bai Women's Conceptions of Childbirth and Education ……（327）

Bai people's Traditional Culture and Women's Views on Childbirth ……（333）

Women's Participation and Interaction in Childbirth in a of the Bai people Village ……（342）

Gender Consciousness in of the Bai people Traditional Dwellings ……（351）

The Concept of Ecological Conservation in of the Bai people Traditional Culture ……（359）

The Role of Bai Women in Dali of China and Gifu Women in Japan in Rice Production ……（369）

Appendices: I. Research Works on Bai Ethnology ……（375）
II. Statistics of publications and edited bibliographies ……（408）

Postscript ……（415）

上篇

白族哲学伦理道德文化

古代白族神话中的哲学思想

白族是一个具有悠久历史和文化传统的民族。早在两三千年前，白族祖先就生长繁衍在苍山、洱海一带。像以爱琴海为中心的崇山峻岭孕育了希腊古典哲学一样，苍山、洱海的充满了诗情画意的地理环境也孕育了古代白族先民们的原始哲学思维和心理素质，使白族人民"富于想象，神话之优美，可继九歌"（徐嘉瑞：《大理古代文化史稿》，第194页）。正如马克思指出的："任何神话都是用想象和借助想象以征服自然力，支配自然力，把自然力加以形象化。"① 白族神话也是这样，它是真实的历史和幻想浑然一体的社会意识。神话虽然并不就是历史，然而，它却是原始人类社会生活的折光反映。白族先民利用神话这一幻想形式去认识自然、社会和把握世界，凭着原始的、朴素的世界观，给我们描绘了一个白族的童年时代。

在原始社会，白族先民们由于生产能力低下，难以抵御自然灾害。为了生存，为了同危害他们的自然界作斗争，他们对纷繁复杂的现实世界进行了探索，把无限的宇宙划分为天和地，不断追问天和地是怎样形成的？这就涉及哲学的基本问题，即世界是从哪里来的？世界从来就是这个样子，还是有它自己形成和发展的历史？白族先民们对这些问题的答案集中地反映在《开天辟地》《天地起源》等神话中。

一、《开天辟地》中的人类起源

白族神话《开天辟地》说："从前，有弟兄俩，一个叫盘古，一个叫盘生，他们每天都去山里砍柴，砍回来又到街子上去卖。一天，盘古在街上遇着一个叫妙庄王（观音父亲）的算命先生，他便请妙庄王算了算命。妙庄王对他说：'从你的命里看，你砍柴不如去钓鱼，钓鱼时专钓那条红鱼，钓着红鱼后千万不要把它煮了吃！要到街上去卖，也不要随便就把它卖掉。人家要零买，你就说要整卖；人家要整买，你就说要零卖，谁把价钱出到三百六就卖给谁。'盘古果然钓到那条红鱼，原来那条红鱼是龙王三太子。红鱼被盘古钓来后，龙王非常

---

① 马克思、恩格斯：《马克思恩格斯选集》第二卷，北京：人民出版社2012年版，第113页。

着急，每天到街上寻找，好不容易才找到卖鱼的人，便以高价买回。结果，恼羞成怒的龙王故意反行雨。谁知，龙王这么一做，大雨一直下了七年。天连水，水连天，造成很大灾害，结果，天崩了，地裂了。从此，天地没有了，人类没有了，日月也没有了，天下变成了黑洞洞的。"（《白族民间故事选》，第1~2页）天地没有了怎么办？"相传没有天，没有地，一直延续到上古时候，盘古、盘生才出来，于是，他们俩兄弟，一个来变天，一个来变地。天从东北方变起，地从西南方变起。盘古在鼠年变成了天，盘生在牛年变成了地。但是，他们变出来的天地还不完整，天在西南方不圆满，地在东北方还有缺陷。盘古、盘生都非常忧虑，然而，他们并不灰心，仍继续盘算着如何去补天，如何填平地。后来，他们终于想出一个法子：天不满用云补，地不平用水填。从此，天圆满了，地也铺平了。可是，盘生变的地比盘古变的天大，天地不相配，怎么办？盘生又想出办法，用缩地法把地缩小了，地面上就出现了许多皱纹，这些皱纹便是大地上的山川。"（《白族民间故事选》，第2~3页）这样，天地就形成了，"东边到汉阳口，西边到胡三国，南边到普陀岩，北边到吕英寺，四座大山做顶天柱，四个鳌鱼做立地柱。"（《白族民歌集》，第270页）白族先民们力图从自己生活周围的事物去寻找天地的根源，他们朴素地坚持了"水""云彩"等自然物质是形成天地的始基。这一神话与其他民族关于天地起源的解释虽有所不同，但认为世界最初就酝酿在一种具体的物质形态之中，这一点是许多民族所共同的。

二、天地万物的起源

天地开辟后，世界上的万物是怎样形成的呢？白族先民们在《天地起源》中是这样描绘的："天地修成后，盘古、盘生就死去了，他们死后变成巨人'木十伟'，'木十伟'变天地万物。他的左眼变太阳，右眼变月亮。睁眼是白天，闭眼是黑夜。小牙变星辰，大牙变石头。眉毛变竹子，头发变树林，嘴巴变城市和村庄，汗毛变成草。小肠变小河，大肠变大河，肺变成大海，肝变成湖泊，肚脐变作洱海，鼻子变架山，心变启明星，气变风，脂油变云彩，肉变成了土。骨头变大岩石，手指、脚指变飞禽走兽，手指甲变成屋上的瓦片，筋脉变道路，两手两脚变四座大山，左手变鸡足山，右手变武当山，左脚变点苍山，右脚变老君山，也就成了东南西北四个方位。"（《白族民间故事选》，第3页）这样，便有了天地间的万物。关于天地万物起源的这些幻想表明，先民们仍然是在他们所熟悉的事物范围内，把宇宙间的万物想象为某种动物体的扩大，这也就是白族先民们原始思维的基本特征。他们的抽象概括能力比较低下，主要体现为整个思维过程都是和具体事物联系在一起的。古代白族先民们关于天地万物起源的说法，既包含着唯物主义的思想萌芽，同时，他们把世界看成是不断变化发展的过程，也就包含有朴素辩证法思想的萌芽。

天地万物形成以后，人类自身又是怎样形成的呢？古代各民族都对此作出了回答。白族关于人类起源的回答是多种多样的。在《人类起源》中，白族先民认为：在很古的时候，"洪水把地面上冲得光光的，只有观音留下的两兄妹。兄妹藏在金鼓里，金鼓飘在海子里，海子离这一万里。观音到四下里寻找这两兄妹，走了九十九天、九十九黑夜，爬了九十九座山，过了九十九条河，东边找到汉阳口，西边找到胡三国，南边找到普陀岩，北边找到吕英寺，于大理海子里找到金鼓（人种）。可是兄妹藏在金鼓里，金鼓飘浮在水面上，没有法子把他们打捞上来。后来在老鸭子、老鹰的帮助下才抬出金鼓。又请老鼠咬开了金鼓，兄妹出来了，却生在一起，又请燕子用翅膀来割开，兄妹分开了，观音劝说兄妹二人成婚，生男育女，繁衍后代。""于是用栗树叶搭喜房，请松树主婚，梅树作媒。桃树交杯①。结婚时众雀鸟来帮忙。梅花雀做提调，鸽子待客，乌鸦挑水，喜鹊做饭，作子板昭②做厨子，家雀招待茶水。兄妹婚后不久，就生下一个狗皮口袋，袋内有十子。后来十个儿子又生了十个孙子，成为百家。从此，他们各立一姓，这就是百家姓的来源"。（《白族民间故事选》，第5~6页）这是多么富有想象的神话，它告诉我们：白族祖先就是在盘古、盘生的肚脐（洱海）之上诞生的。

白族支系勒墨人关于民族来源的传说中，也有兄妹成婚的故事。故事说："不知道是多少万年以前了，天神阿白偷偷地对人们说：'地上要发洪水啦，你们赶快搬到大葫芦跟前去住吧！'人们都不相信，只有阿布帖和阿约帖兄妹照着天神的话做了。不几天，地上果真发了洪水，一连九十九天，不仅遍地是水，连天上也到处是水。地上的人们都被水淹死了。只有阿布帖和阿约帖坐在大葫芦里，才活了下来，水漫到哪点，葫芦就漂到那点。洪水退后，大地又露出来：可一个人影也没有。兄妹二人分头去寻找留在人间的人。三年后回到原地相会，还是没有找到一个人。哥哥提出兄妹成婚以传后代，妹妹不同意，但又无法，就托词问天神。兄妹各自摆一个贝壳在河对面，由对方用棍子打去，打中了就算天神同意，于是兄妹成了亲，生下五个女儿。后来分别被熊、蛇、虎、鼠娶去，他们的后代就发展成为熊氏族、蛇氏族、虎氏族、鼠氏族。"（《白族民间故事选》，第7~8页）

---

① 至今，白族青年在结婚时仍沿用在喜房挂栗树叶，门前种松树，交杯时用桃花等习俗，象征吉祥、幸福。

② 作子板昭，白语，鸟名。

在人类起源上，不仅白族有兄妹婚配传人的传说，西南各少数民族也都有类似的神话。这种神话表明了原始先民们不是从外界去寻找人类的起源，而是从人类自身中寻找。它一方面反映了当时人们对人类起源的臆想，另一方面也包含着一定的历史真实性。在白族历史上，曾经历过血缘婚姻和血缘家庭的发展阶段，兄妹成婚的神话正是对原始先民的社会生活的客观反映。而且，这里隐含着人类的产生是一个自然历史过程的思想。

白族还有关于人类最初起源的另一种说法，即剑川地区的传说："相传在很久很久以前，剑川还无人类。剑川坝子的东西山上，各长着一株瓜，并且各结一个大瓜，某年七、八月间，瓜熟后从藤上脱落，西山的大瓜从西山滚到坝子，东山的大瓜从东山滚到坝子，东山的大瓜里走出一个男人，西山的大瓜里走出一个女人，后来结为夫妇，他们便是剑川最早的祖先。"（《云南省白族社会历史调查报告》，第45页）人的本源是植物的"瓜"，植物的"瓜"经过长期生长、变化，演化成为人类。这里包含有某种合理的想象。

尽管说法不同，但无论是金鼓、大葫芦，还是作为植物的瓜，它们都是自然界中的客观事物，都是原始先民们生活中不可缺少的必需品。因此，原始先民们就是从这些熟悉的自然物中来认识自然和人类，认为人类的始祖是某种自然物经过长期发展演变而来的。

综上所述，在白族的原始自然观中，先民们把"云彩""水"看作是形成天地的始基，把"木十伟"看成是构成世界万物的原始物质，把人类的起源归结为某种自然物长期发展的产物，这无疑含有唯物主义的思想萌芽。同时，由于生产水平低下，人们征服和改造自然的能力有限，人们关于自然和社会的认识也就只能是对于生活经验和周围事物的直观认识，因而只能是具体的、形象的。这种直观、具体的认识，通过神话和故事的形式认识表现了出来。

（原载《中国哲学史研究》1987年第3期。人大报刊复印资料《中国哲学史》1987年第8期全文复印）

白族传统家规家训中的道德规范

　　优秀传统文化家风家规家训中凝聚着中华民族自强不息的精神追求和历久弥新的精神财富，是发展社会主义先进文化的深厚基础，是建设中华民族共有精神家园的重要支撑。要全面认识中国传统文化中的家风家规家训，取其精华、去其糟粕，古为今用、推陈出新，坚持保护利用、普及弘扬并重，加强对优秀家风家规家训思想价值的挖掘和阐发，维护民族文化基本元素，使优秀家风家规家训成为新时代鼓舞人们前进的精神力量。

　　云南作为祖国西南边陲的一个多民族省份，除了拥有得天独厚的自然条件，更拥有丰富多彩的民族文化资源，这其中就包括少数民族家风家规家训中的伦理道德规范。少数民族传统道德中的家风家规家训，是少数民族先民留给我们的一笔弥足珍贵的文化遗产，也是当代社会主义道德建设不可忽视的理论资源。系统挖掘和整理少数民族传统道德中的家风家规家训，在批判继承的基础上弘扬少数民族优秀伦理道德，创造适应新时期的社会主义伦理道德，对于增强各民族之间的团结及边疆安全、稳定，促进民族地区的道德建设，构筑中华民族共有精神家园，均具有十分重要的现实意义及伦理价值。

　　白族是西南少数民族中的古老民族之一，白族聚居区的许多村落，自唐、宋以降直至现在，都相继制订过乡规民约、族谱、家风、家规、家训，让村民、家族中的人们共同遵守，作为自己的行为准则，以保持人与人、人与社会、人与自然的和谐。故白族地区有各式各样的乡规民约碑，家风、家规、家训、民歌，反映白族对赖以生存的社会与自然生态环境保护的观念。因此，少数民族家庭道德中家风、家规、家训的内容非常丰富。

一、白族家风家规家训中的行为规范

　　在洱海区域的白族宗法大家庭中，除去包括四五代同堂的大家庭，多数分解为一个宗族有许多小家庭，在大理喜洲、周城等村寨，有的家族达两三百家。每个宗族均有自己的田产，有的宗族有公共墓地，并以宗族的共同血缘为纽带，建有祖宗祠堂。如大理喜洲16村，每一个同宗同姓都建有宗祠，遍布各街巷和村落。在喜洲街北栅外就有白语称为"董格次叹""鸭格次叹""尹格次叹"，汉意为"董氏宗祠""杨氏宗祠""尹氏宗祠"的宗祠。此外，还有同姓不同宗祠堂，如喜洲城北村就有"上次叹""西加次叹"。家庭中由辈分高年长者任族长，也有个别世袭担任族长的现象。族长权力大，主持家庭内生产生活、祭祀祖先、参加庙会活动以及处理纠纷。家族中还有宗谱和家谱。早在一千多年前就有《张氏国史》流行于南诏大理国。① 宋元以来段氏、高氏及杨、赵、李、董等名家贵族都修家谱。② 于是，时至今日不同地域中的白族仍然保持着完整的宗谱、家谱及聚族而居的特点。因在白族社区，有的一个村寨往往就是一个大家族，形成以血缘为核心，以地域为纽带的社会组织。从遵从"一切服从氏族组织利益"发展到"维护家族内共同利益"的民族传统意识，并靠血缘宗族社会组织来加以保证，以修宗庙、祭祖宗、续家谱、订族规、家法来增强宗族观念；协调宗族里家庭之间以及人与人之间的关系。现摘录大理喜洲"杨氏宗祠"族规于下：

（1）关于修身：凡本族男女老少必须恪遵族规家法，尊重祖宗遗训，循规蹈矩、守法、爱公、敬老、孝友和睦，安分守己；禁止损公利己、奸盗邪淫，犯者轻则按宗祠训诫、罚款，重则扭送官府法办。

（2）关于同居、同炊（从略）。父母凡五十以上者，应早立遗嘱，分配财产继承，经宗祠长亲属作证，方得有效。

（3）对族内婚丧嫁娶，悉依古礼祖制，不得违背。凡族内娶妇，应先以遵守族规通知女方，勿破坏族内嫁女，亦必须请男方原谅，不可犯之。如犯之者，罚衙升白米三石，作宗祠之用；如对方不服，立即解除婚姻。

（4）族中人与族中人纠葛，必先报请宗祠管事，族长邀请族中长辈调解，族内不能调解或调解无效者，始得经官诉讼，刑事犯罪除外。

（5）凡族内之人因故变卖房产田地者，必须先报请宗祠管事转知族长，召集族人商议。宗祠及其近亲（直系亲属）有优先购买权，其次族中亲友及同族人有次优先购买权，照市价作值后，尽先卖给宗祠近亲或族中人。如上述有优先权和次优先权中都无承买者，始得向外出卖。否则，同族人及宗祠得阻止其出卖，并不予签字画押作证。

（6）族中人无子嗣者，由兄弟子侄过继立嗣，或抚养他姓子。如招婿入赘者，必须改名换姓（一律须改为杨姓并照辈分排行取名）。子孙世代不得变姓，但可长子立嗣，次子归宗（即以次子归婿家姓名）。如有违反族规，族内不予承认，作为绝嗣处理，绝嗣的财产，充归宗祠所有。

（7）关于公产方面：宗祠产业田地归全族人所有，使用权由族

---

① 李霖灿：《南诏大理国新资料的综合研究》，《南诏图传》部分5~6题记，台湾"中央研究院"民族学研究所，1967年出版。

② 张锡禄：《南诏与白族文化》，北京：华夏出版社1992年版，第2页。

长、管事及指定族人管理，宗祠收入租谷、租金，使用或变卖时须经公议。凡族内大小事务及收支由族内各家推家长一人，组成家长约束会，进行监督，由各家长约束全会议，推举年管事二人，办理周年一应大小事务，但须秉承族长之指挥。

（8）祭祀、扫公墓以及年节日，由家长约束会公议举行。但不得延期或借故不予举行。否则以忘宗背祖看待，全族人得紧急公议惩罚之……①

可见，白族的族规是十分严格的。但凡族内个人婚姻、土地纠纷、家庭财产继承处理、各家庭间人与人之间关系、邻里关系等，都受族规的约束，族内任何人都不得违背，否则会受到严重惩罚。白族地区在推行家庭联产承包责任制以来，事实上还维系了白族传统社会以血缘为纽带而形成的村落家庭关系以及宗族的作用，使传统家庭的宗族关系得以复活。

夫妻关系无论在任何社会或任何民族中，都是家庭关系中的核心，白族也不例外。白族早就普遍实行一夫一妻制婚，建立了由一对配偶及其子女组成的一夫一妻制家庭。夫妻之间有相互扶持之义务，并有互相继承财产的权利，故白族学者艾自新、艾自修兄弟在夫妻关系上主张"相敬如宾"，他们认为："古者夫妇如宾，……敬德之中和气常流。"认为孝敬父母和爱妻子是可以统一的，"孝子重父母，而于妻子之间亦未尝寡恩。"②可实际生活中妻子在家庭中的地位普遍较低，所以白族民间流行有"妇女无喉咙，说话不算数"，"母鸡做不得三牲"等说法。加之在传统观念的束缚下，妻子不仅在家庭中地位较低，而且还必须以宗族家法来约束和规范自己的行为。进了门的妻子，就要照管全家人的衣食住行，更重要的是要为家族生儿育女，使自己的一切服从家庭的利益。

在家庭中，妻子把孝敬公婆、尊重丈夫、抚养孩子作为自己在家庭生活中应尽的职责，白族俗话说："媳孝双亲乐，家和万事兴。"故妻子对待老人、丈夫、孩子的态度，是衡量其在家庭生活中的地位与作用的重要尺度。明代白族学者杨南金著有《居家四箴》训诫人们，其中有涉及夫妇、父子、兄弟之间的道德规范，关于夫妇之间，他认为："夫以义为良，妇以顺为令；和乐祯祥来，戾祸殃至。"③尽管白族传统文化受儒家影响，丈夫对妻子有许多不尽如人意之

---

① 龚友德：《儒学与云南少数民族文化》，昆明：云南人民出版社1993年版。
② 杨南金：《居家四箴》。
③ 毛星：《白族民间传说故事集·序言》，转引自施立卓《五朵金花的姐妹——记云南大理白族妇女》，见《云岭巾帼谱新章》，昆明：云南人民出版社1995年版。

处，可妻子仍然是丈夫的贤妻益友，日常生活中，她们对丈夫百依百顺，有事同丈夫商量，重大事情请丈夫做主，待人接客由丈夫出面。她们支持丈夫，在儿女中树立丈夫的威信；生活上关怀体贴，饮食起居、烧火烤茶，无微不至；她们忠诚于丈夫，对爱情坚贞不移。同时，在家庭里，她们又是孩子的严师慈母。她们以生育抚养孩子为己任，以最无私的爱给孩子无比的温暖，还用自己高尚的情操和具体的言行感染教育孩子。因此，白族妇女在家庭生活中具有很强的凝聚力，能担任不同的角色，协调、融合家庭间的人际关系，对整个家庭的发展，有着天然的他人不能替代的作用。故白族家训中说"讨对一个媳妇兴三代，讨错一个媳妇害三代。"因此，民俗学者毛星在《白族民间传说故事集·序言》里写道："白族妇女不论在劳动中，在家里，在社会上，都占有重要的地位。在坝子里或山区里，一切主要的吃力劳动，比如下地种田，上山砍柴，妇女和男子干得一样活跃。走在街道上，我们可以看到许多店铺里坐的是女掌柜；走在通往集镇的大道上，我们可以遇到许多背筐挑担的妇女。在家庭里，妇女的地位很高，好多对外的交涉，通常由妇女出头来办理。"[①] 家庭是人类社会的细胞，也是以婚姻和血缘关系为基础的社会单位，包括夫妇、婆媳、父子、兄弟、妯娌、邻里、亲戚等，家庭各成员间又有直接和间接的互动关系，而婆媳关系是家庭关系中的主要关系之一。长期以来，以为女、为妻、为母、为媳作为自身天职的白族妇女，由于其生理、心理、角色的特殊性和主客观因素，一直是维系家庭内部情感和家庭发展的轴心。在白族传统家庭中，婆媳不仅是人类再生产的直接承担者，且婆婆又是媳妇生育健康文化的传承者；同时，婆媳也是家庭管理和家务劳动的直接担当者。在家庭生活中，婆媳均是其丈夫精神寄托的对象和孩儿的慈母。因此，婆媳在家庭中具有较强的凝聚力，她们在承担繁重的生产和家务的同时，还担任着家庭中的不同角色，调适、融合家庭间的各种关系，对整个家庭的发展和文明程度的提高都有着特殊的作用。

然而，白族传统家庭家风家规家训不仅包括夫妻关系和婆媳关系的规范，更重要的是在这诸多关系基础上形成家庭传统道德准则及内涵。

二、白族传统家风家规家训中道德准则

白族传统家风家规家训是在一定社会历史条件下逐步形成和发展的，用以规范、调节、约束家庭生活、家庭关系、家庭成员行为的道德准则。白族先民从氏族部落分化演变成一个一个家庭之时起，家风家规家训便随之形成，道德

[①] 剑川县民委、县文化局、县本子曲协会编印：《石宝山白曲选》第9辑，第13-14页。

规范便应运而生。白族传统家风家规家训的内容丰富，概括起来，主要表现在尊老爱幼、礼貌待人、团结互助等方面。

(一) 严格家风家教　尊老爱幼

在白族的传统文化中，家风是指一家或一族世代相传的道德准则和处世方法。家风如同一个无形的磁场，让人在不知不觉中被其吸引、被其感化。好的家风让人充满正能量，让人自然而然地去遵守一些美德，而相反，坏的家风充斥着负能量，让人偏离了道德的轨道。

尊老爱幼，是中华民族的传统美德，也是白族家庭的传统道德。白族谚语说："见老要弯腰，见小要抱抱。""见老要敬，见小要亲。"尊敬长辈，爱护幼小，是白族家庭的传统教育内容之一。白族晚辈在村落里路遇长辈，即使是不认识也要主动问候和让路，不得低头而过；当看到长辈在做事情时，年轻人要主动去帮助；逢年过节或红白喜事宴席上，要让长辈或年岁大的人先入席，席间鸡肝、鸡头要敬长辈；过节时全村每户都要向村落里60岁以上的老人送点心；正月初一早上每家10多岁的儿童要给村落里的老年人送乳扇、米花、甜茶和烤茶，老人们要给孩童们压岁钱，并讲一些鼓励学习、热爱劳动等吉祥的祝福话；村落里的孤寡老人，均由全村人轮流给他们砍柴、挑水、洗衣、煮饭，或全村人轮流送饭给孤寡老人，年轻人无论任何时候、任何场所，在长辈和老人面前，必须恭敬有礼，说话要和气，不能指手画脚，更不能指着老人说话，这些都是最基本的规范和要求。

不能忘记父母生养、教育的恩情。这种传统的家庭伦理道德的孝道原则和规范，不仅表现在白族的乡规民约、神话传说中，如剑川县沙溪乡蕨市坪村的《乡规碑》记载："敦孝悌以重人伦，孝悌乃仁之本，能孝悌则不口犯上。"[1] 就是要求村民要孝敬父母，敬重兄长；如果对父母兄长不忠不孝者，不仅要给予道德谴责，还要予以处罚。新仁里乡规碑如是说："家常，父慈子孝，兄友弟恭，兴家之兆也。凡为子弟者，务须更各务生五里，出恭入敬。倘有不孝子弟，忤逆犯上，被父兄首出申言者，阖村重治"[2] 强调子孝弟恭，把不恭不孝视为"忤逆犯上"的不道德行为。而且还采用白族传统的本子曲教导人们要牢记父母生育的艰辛。现摘录白族传统白曲《生儿育女》于后：

---

[1] 剑川县民委、县文化局、县本子曲协会编印：《石宝山白曲选》第9辑，第6—7页。
[2] 云南省编辑组：《白族社会历史调查（四）》，昆明：云南人民出版社1991年版。

白语唱词	汉语译意
做眼阿妙三欺量,	人生在世莫欺人,
子知乃间女乃间,	生男生女都一样,
后修乃计较。	同样都是人。
汉子汉女虽乃自,	生儿育女事重大,
得务大土达白大,	必须三思而后行,
冒咒儿多自母苦,	人说儿多父母苦,
梅汉计阿妙。	切莫要多生。①

因此，牢记父母生养之苦，孝敬父母双亲是白族家庭的传统家规，而报答父母养育之恩是白族晚辈应尽之责。故传统白曲《报答父母恩》中唱道：

白语唱词	汉语译意
一更我劝用梯吼,	一更我劝弟兄们,
爹母恩自拥告报。	报答父母养育恩,
知母身奴十月怒,	十月怀胎千般苦,
受罪皆冒奴。	费尽了艰辛②

在白族地区，养儿不报父母恩，不尊重或赡养老人，会被看成是没有家庭教养、缺德之人，会受到社会舆论的抨击。

爱幼，同样也是白族公认的一种家庭传统美德，一般指父母对子女的教育、管教，使之成人。因此，白族小孩从小就在家庭里受父母的言传身教、潜移默化，父母的言行直接影响着小孩的行为规范。如有客人到家，见面时，孩子应首先向客人问好、让座、倒茶递烟；招待客人吃饭时，为客人添饭、夹菜必须用双手，以示礼貌；父母还教育孩子从小不说假话，不乱拿别人的东西，白族俗话说，"人看从小""小时偷针，大了偷金"，要求孩子从小养成诚实、忠厚的品德。父亲教导男孩5~7岁跟着放牛马，10多岁跟父亲学犁田、平地，再大一点就要上山砍柴等；母亲对女孩的教育更为细致，幼年时教她们学会挑水、扫地、擦桌子、打猪草、放牛马，8~9岁学习挑花刺绣、缝制衣服，白族姑娘不会针线活，就会受到耻笑，甚至嫁不出去。因此，通常白族女孩都有一手熟练的挑花刺绣的手艺，故在白族传统社会，抚养子女成人，教会儿女怎样做人，

---

① 沙溪乡东富乡禾村段遇春、东岭乡太和村段七九口述，乐夫、瑞鸿记译。
② 云南省编辑组：《白族社会历史调查（四）》，昆明：云南人民出版社1991年版。

是家庭中做父母必备的品德,如果父母没有教育好儿女,致使儿女不成器,那也是缺德的行为,社会舆论会加以抨击。长期以来,白族社会中已形成长辈爱下辈,下辈敬长辈,尊老爱幼相辅相成,习成传统美德。

可见,家风体现了家庭的价值观,它像一双无形的手,牵着每一位家庭成员,在约定俗成的价值轨道中,年复一年日复一日地运行。洱海区域的家风可以概括为"尊老爱幼、善良守信、勤俭节约、崇尚文化、自力更生",这些被分解成一条条家训代代传承,受益无穷。

(二) 家风规定礼貌待人忠诚厚道

热情好客是白族人民在社会生活中的传统风尚和家庭美德,讲文明懂礼貌是白族人民相互尊重的传统礼俗和家庭美德。白族是个热情好客的民族,对待来客,无论是陌生人还是熟人,都热情招待。白族儿女从小就受到家长的严格教育,人们把子女是否会礼貌待人,是否懂交际礼节看成是家庭教育是否成功的标志。明代白族学者艾自新、艾自修说:待人,"释貌要端恪","行事要斟酌","情谊要殷隆",[①]也就是说待人要注意容貌、衣着、体态,不可轻慢。与人交谈,"二艾"认为,"言语要谦谨","勿大言以矜己之长,轻言以取人之憎,直言以暴人之短,谀言以希人之悦,怨言以招人之无,巧言以锢人之心"[②]。要求人们待人接物时举止言谈一定要文明,知书达礼,尊重别人。并且无论在什么场合,不能恶语伤人,特别在家里,更不能讲粗话、丑话;家中称谓准确,儿女对父母不能直呼其名,就连兄妹间、村落里长辈与小辈间也要称其辈分称谓,否则,就是失礼、缺德、没家教。同族人之间,互相称呼也要按辈分来称呼,同辈人之间称大哥、大嫂;叔侄之间要称呼"阿大"(意为大爹)、"阿烟"(意为叔叔),不能直呼其名和姓,否则也被看成是没有家教的人。不仅称谓要亲切,而且白族传统家庭教育后代说话要和气。因此,白族人将"宽和、厚道"作为处事待人的一个原则,不懂得这些家庭规范和行为准则,将被人指责为没有家教和缺德。

(三) 家风要求人们团结互助

团结互助是白族人民在家庭生活及社会生活中处理人与人、个人与群体的行为准则。尤其是互助原则,可以说是白族社会生活中具有悠久历史的人与人

---

① 艾自新:《二艾遗书·教家录》,北京:民族出版社2004年版。
② 艾自新:《二艾遗书·希圣录》,北京:民族出版社2004年版。

之间最基本的行为规范，白族人民历来把帮助别人看作是自己应尽的义务，也把接受别人的帮助看成是一个权利，从而把个人和大家融为一个整体，借以解决生产和生活中的困难。故白族谚语说："一根麦秆编不成一顶草帽。""有花才有蜜，有国才有家。""不怕巨浪再高，只怕划桨不齐。""一根藤容易断，十根藤比铁坚。"在日常家庭和社会生活中，白族人民团结互助的事例随处可见。例如村寨中谁家盖新房，其他人便会主动前往帮助，有力出力、有米拿米，有的家庭或村寨中发生火灾，远近的村民闻讯后，都会主动拿出自家的粮食、衣物、木材等前去帮助受灾的村民；谁家有喜事或丧事，都被看成是大家的事，家人、亲友、村人几乎有钱出钱、有粮出粮、有力出力，使当事人能顺利地把事情办妥。就连村落里谁家生丁添口，其他人都要登门送"红鸡蛋"、鸡、糯米、衣物等前来恭贺，给产妇送营养滋补品。在春耕生产和秋收秋种中，更是体现了白族传统的互助原则。每当春耕生产大忙时，全村人均会互相帮助，有的是几个家庭结合在一起，有的是整个村落分成几个互助协作组，送肥下田，送完一家再送一家，栽秧也如此，栽完一丘再栽一丘，直到全部栽完为止。秋收秋种也如此，至于谁先谁后，事先有安排，谁也不为此而争吵；对谁家出力多，谁家出力少，也从不计较。尤其对那些体弱多病的村民或家庭中主要劳动力亡故的困难家庭，村落里的人们便会相互邀约一起去帮助其适时播种、栽插、收割，对村落中的孤寡老人，白族传统家庭道德要求对其负有赡养、关心、照顾的责任；如果有人穷途潦倒求援，白族人一般都会给些帮助；即使外地饥荒者进入白族村落，白族人也不怠慢，在他们的观念里，"天有不测风云，人有旦夕祸福"，因此，无论遇上什么人，白族人都会给予帮助。故白族家风中有团结互助的原则，不局限于家庭、村落集团内部的互助关系，同时也包含着家庭、村落之间以及整个社会中的人与人之间广泛的互助关系。也就是真诚帮助别人，并为他人排忧解难，使他人得到幸福；即能够给别人带来幸福的人，自己也才能得到真正的幸福。所以说，白族传统的家风家规家训具有丰富的道德内涵。

家风、家规贯穿着整个家族的生活细节，让一切都显得井然有序，约定俗成。三坊一照壁、四合五天井的土坯房不华丽，但并不寒酸。花坛里的月季花月月红艳，水井边种着黄白相间的金银花，院里的石榴、李子、苹果竞相挂果，可是没有人去采摘。因为家风、家规要求人们：花香不能占为己有，果实要留到中秋，金银花要晒干了泡茶喝，不能随便占为己有。

二、白族家风家规家训中人与自然和谐的规范

白族在长期的生存和发展中，形成了人与自然和谐发展的价值观念，这种价值观念又通过宗教信仰，乡规民约、族谱、家训，村落组织等形式体现出来。

在白族传统文化中，人们素有"靠山吃山，靠海吃海""靠山养山""靠海养海"的习俗和观念，故在白族中早就有护山碑、护林碑、种松碑，并刻石立碑，敬告人们遵守，以保护山上的一草一木，违者施以重罚。而湖泊、河流水资源，被白族人认为是自己赖以生存和发展的前提和条件，所以，在白族地区有水利碑、开河记、重修溪河记、开沟告白等保护水资源。此外，盐井、古桥，被白族视作生存的根本。如云龙盐井中五井之人民，以前靠盐井生活，曾有以井代耕，以井养民、井养万家，久养不穷的实践和经历，故盐井是历代五井之民保护的重点，人们要靠它生存，让盐井造福于子孙后代，养育一方之民。

  白族地区有各式各样的乡规民约碑，反映了白族对赖以生存的自然生态环境保护的观念。其中如洱源铁甲村的《乡规碑》、剑川蕨市坪村和新仁里的《乡规碑》、鹤庆金墩积德屯的《岔立乡规碑》《羊龙潭水利碑》《保护公山碑》等等，至今仍在白族社区中起到保护生态环境、规范人们行为的作用。至今仍然流行于白族村落中的村规民约，如剑川新生乡的《乡规民约》、黄花村的《村规民约》、石龙村的《村规民约》以及金华镇南门办事处的《街规民约》，洱源三营村公所的《村规民约》、宾川的《革弊碑》等，都对怎样保护山林、水源、道路、水沟水渠灌溉设施、土地资源、社会秩序、村寨卫生、修桥铺路、捐资建校、兴教育人以及人与人、人与社会、人与自然诸多关系作了规定，对什么能做，什么不能做，都是约定俗成的。而族谱中的《族规》《族法》《家规家训》，包括《禁烟歌》《戒赌歌》、洱源玉泉乡的《洗心泉诫》，明代学者艾自修、艾自新的《教家录》，杨南金的《居家四箴》，都是调整人与人、人与自然之间关系的行为准则和道德规范，并通过乡规民约和族谱、家训的形式加以规范，从而使得白族地区山林、水、土以及其他自然资源和生存环境得到有效保护，使人与自然和谐发展。

  总之，必须加强少数民族优秀家风家规家训典籍整理与研究，推进少数民族优秀家风家规家训道德文化保护建设，抓好非物质文化遗产保护传承。只有深入挖掘少数民族优秀家风家规家训的内涵，广泛开展优秀传统家风家规家训道德文化教育普及活动，才能发挥少数民族优秀传统道德在文化传承创新中的基础性作用，增加优秀传统家风家规家训道德文化课程内容宣传，加强传统优秀道德文化教学研究基地建设。只有大力推广和规范使用少数民族优秀道德文化，科学保护各民族优秀家风家规家训，繁荣发展少数民族道德伦理文化，才能共同弘扬中华优秀传统文化。

白族人生礼仪中的道德规范

人生礼仪，是一个民族社会秩序和社会关系的呈现方式，蕴含着社会道德礼仪及由此产生的道德观念。白族人生礼仪中展现着白族社会丰富的传统伦理道德要求。通过对出生命吉祥名的要求，经过拜天地拜四方的仪式，认识自然万物；经过成年礼仪的换服装的规矩，进入社会交往规范自己的行为举止，符合日常生活的伦理常规；丧葬礼仪中体现了白族对长辈的孝敬及作为子女对父母养老送终的职责。白族人生礼仪中的这些道德要求及规范，有助于白族人民在新时代，特别在振兴白族乡村优秀传统伦理道德，传承其优良的人生传统礼仪及道德文化，维护其社会的和谐与发展。

白族是一个有着悠久历史和文化的民族。然而，在以往的学术研究中，对白族历史、文化的研究很多，但对于白族道德生活方面的研究却仍然没有引起足够的重视。众所周知，白族道德生活史是中华民族道德生活史中的有机组成部分，也是白族文化中的重要组成部分。白族道德礼仪在白族文化中是如何形成、发展及其演变传承的，几千年来，白族人民在不同历史时期和阶段的道德礼仪形成、发展和演变的轨迹如何，其形成发展传承的规律如何，白族道德礼仪与价值追求之间的内在联系等问题，是着重要解决的问题。

白族在长期的历史发展过程中，形成了具有本民族特点的传统伦理道德规范。这些伦理规范已融入白族人民生活的方方面面，表现在日常道德礼仪之中。因此，白族人生礼仪中蕴含着丰富的白族传统伦理道德的观念。

人生礼仪在民俗学中称为"通过仪礼"，它指的是在个人生命历程中，为进入各个不同发展阶段而举行的礼仪活动。[1] 从出生命名，到成年，直至生命的终结，都需要举行一定的仪式来见证人生中的某一重要时刻，而这些仪式中，无一不体现着白族人的道德要求及规范。

一、出生与命名的要求

白族人十分重视生育，盼望家中人丁兴旺，添丁增口被视为家庭生活中的头等大事和喜事。生活在洱海区域的新婚白族妇女，一旦怀有身孕，便称之为

---

[1] 杨耀琛：《人生礼仪》，上海：生活·读书·新知三联书店 1991 年版。

"有喜"了。"有喜"的女子，以系合页双层围裙，将头页对折别在腰间作为标志，他人见此就知道是怀有身孕，对其会特别关照；家人更是处处体贴关心，尤其是母亲和婆婆再三告诫，切忌高处取物、干重活等。外出田间劳动时，要挟带一件短蓑衣，休息时当坐垫，以避潮湿地气，保证胎儿健康；劳动时系在腰间，护住腰腹，不让太阳暴晒。孕妇临产前，娘家要送"催生饭"给女儿吃，饭中除特定的菜外，还要在饭中立一个煮熟的鸡蛋，随意在鸡蛋的一端插进一根缝衣针。孕妇去蛋壳吃蛋时，首先要看针尖朝下还是针头朝下，如果是针尖朝下，预示要生女孩；如果是针头朝下，预示要生男孩。一般认为孕妇吃了娘家的"催生饭"后便会安全生产。[①] 其实，这就是人们对孕妇平安生产的一个美好期盼。

（一）出生的方式及规矩

旧时，部分白族地区妇女生孩子时，需跪在床前的草席上，双手扒住床沿进行生产。究其缘由，传说跪着生小孩是向神祇和祖先请罪，孩子生下来就可以接到乾坤正气，能健康成长。[②] 这种生产方式直到1950年前还出现在部分山区。1950年以后，随着人们知识水平及认知水平的提升、农村医疗卫生条件的改善，新的生育观念被多数人们接受。

在白族地区第一胎（头胎）婴儿降生时，全家皆大欢喜，但这个时候只有婆婆可以自由出入产房，其他人是不允许的，包括婴儿的父亲。这时婴儿的父亲要跑到岳母家报喜，岳母家知道后要送鸡、鸡蛋和新生儿的衣物用品给亲家。

婴儿出生后第一个来访的客人被称为"踩生者"，据说孩子将来的性格脾气会像"踩生者"一样。按照传统习俗，"踩生者"是需要"赔奶"的。所谓"赔奶"，就是"踩生者"要将一些催奶的食品，如红糖、鸡蛋、炖猪脚或象征乳汁的稠米汤等送到有新生儿出生的家里去，作为"踩生者"的"赔奶"。

孩子出世，家人要煮一大锅红糖鸡蛋和糯米汤圆，每家一碗，分送给村中的族人和亲友，意在向大家告知添人之喜。孕妇吃过的鸡蛋要染红蛋壳倒在大门外，人们见此就知道这户人家添新人了。到第三天，族人亲友们将手提鸡蛋、红糖、小孩衣帽布料等来生小孩的人家"吃稀饭"，并为新生儿洗身。将洗身后的婴儿放在父母结婚时洞房门头上挂的竹筛中，端到院中心，由家族中老祖母主持，先拜太阳和天地，后拜门神、灶神和祖宗，再拜家族长辈和全家，才

---

① 杨国才：《情系苍山魂泊洱海》，昆明：云南教育出版社1995年版，第3页。
② 杨镇圭：《白族文化史》，昆明：云南民族出版社2002年7月，第100页。

能回到母亲身边。客人告辞时，主人还送煮熟的、壳被染成红颜色的红鸡蛋让其带回让家人吃，寓意着健康如意。①

孩子满月后，家中需要宴请亲朋好友，亲戚朋友也会携带着鸡蛋、红糖、糯米等礼物前来祝贺。其中，娘家人送的礼物往往最重，除鸡蛋、红糖、糯米等外，还要送孩子整套衣服和裹背、小被子等，意在新生儿穿着这些衣服，会健康成长。

（二）拜天地与拜四方的要求

拜四方是白族婴儿出生后的一种重要仪式。特别在大理喜洲周城村，人们十分重视出生拜四方的仪式。通常在小孩出生后的第三天，就要为孩子准备一个隆重的出生仪式，被称为"做三朝"。"做三朝"，即在这一天办三件事情：洗孩子、拜天地、取乳名，其中取乳名可以隔一段时间再进行，所隔时间一般不会超过三个月。②隆重的出生仪式不仅表现出白族人对孩子的喜爱，同时也承载着对孩子茁壮成长的期望。出生礼仪的世代相传也体现着白族人对礼仪的崇尚和对自然、生命的尊重。

洗孩子。人们认为孩子刚出生时，不需要用水洗孩子，胎脂被婴儿吸收掉，对皮肤有好处。因此，第三天才用水来洗孩子。③这里的"胎脂论"虽然与现代医学理论有一定出入，但是这种说法不失为白族对自然、生命的一种解释和尊重。

洗孩子这一天，孩子的外婆家以女人为主到访贺喜，如外婆、舅妈、姨妈等。她们还带着孩子穿的衣物鞋帽、一只母鸡、一百个红色鸡蛋、五十个鸭蛋、十多斤大米（这里称粥米）、几斤糯米前来祝贺。④在这里的传统社会中，伴随着孩子的到来，母亲的作用总会被凸显出来，也表现出白族男女性别分工的明确。"男主外女主内"的分工模式，一定程度上是白族深受儒家文化影响的结果，由此产生对女性"相夫教子""三从四德"的道德要求。

亲戚朋友带着简单实用的礼物来贺喜这一行为，则是人们崇尚节俭、团结

---

① 杨国才：《情系苍山魂泊洱海》，昆明：云南教育出版社1995年版，第1-4页。
② 郝翔等主编：《周城文化——中国白族名村的田野调查》，北京：中央民族大学出版社2001年版，第119页。
③ 郝翔等主编：《周城文化——中国白族名村的田野调查》，北京：中央民族大学出版社2001年版，第119页。
④ 郝翔等主编：《周城文化——中国白族名村的田野调查》，北京：中央民族大学出版社2001年版，第119-120页。

互助、群体内聚等道德精神的体现。而主人以礼相待，则体现出白族人热情好客、淳朴善良的道德风尚。

拜天地、拜四方。给孩子穿好衣服之后，就要把孩子放在父母结婚时挂在门上的一个圆筛里。如果是男孩，则在小孩子身边放一本书、一支笔，意味着孩子长大后会读书；如果是女孩，以前是放一把剪刀、一个针线包，意味着女孩长大后会做针线活儿；现在，女孩也上学读书，所以跟男孩一样，也放上一本书和一支笔。然后，找一个本家族的老祖母，她要端着圆筛到院子里拜天地、拜四方，同时说一些祝福的诗句，以此祝福婴儿出生在"风花雪月地，玉洱银苍景"的大理洱海区域。拜时的诗句如下：

> 第一种：
> 先拜西：小小花童拜朝西，西边有一座雪山，
> 　　　　我家生个小男孩，长大后下科中状元；
> 再拜北：小小花童拜朝北，北边有座石头桥，
> 　　　　自从花童拜过后，长大做禄位高升；
> 再拜东：小小花童拜朝东，东边海水养金鱼，
> 　　　　本人今日得小孩，小孩长大本人享清福；
> 再拜南：小小花童拜朝南，三千柏树生整齐，
> 　　　　今日本人得一儿，今后得儿孙满堂。
> 第二种：
> 拜到东：玉洱碧水照月官（洱海月）；
> 拜到西：银苍瑞雪兆丰年（苍山雪）；
> 拜到南：下关和风送吉祥（下关风）；
> 拜到北：百花争艳春满园（上关花）。

拜天地、拜四方这个仪式主要是祈求四方神灵的保佑，给予孩子健康和智慧，也祈求孩子的健康和智慧能给家庭带来祥瑞和安康。而传统上圆筛里的物品，一方面表达出白族人对知识的敬重；另一方面，物品的区别也是男女性别角色的区别，同样是传统儒家伦理观的产物。

拜完天地和四方，老祖母就把孩子端回来，拜一下爷爷和奶奶，并祝他们健康长寿，这之后就把孩子交给其母亲，开始招待来访的客人。[①]

[①] 郝翔等主编：《周城文化——中国白族名村的田野调查》，北京：中央民族大学出版社2001年版，第120－121页。

老祖母的重要角色,以及在拜完天地、四方后对爷爷奶奶的祝福,体现出白族对长辈敬重和爱护的美德。

这一天来拜访的客人主要是亲戚中的女眷们,她们给孩子带来一些简单的礼物,看看孩子,抱抱孩子,吃一碗主人准备的米粥、两个红鸡蛋后就回家了。条件好的人家,就吃"六大碗"(六种菜肴),回家时,主人还会在她们每个人的口袋里放两个红鸡蛋。① 客人与主人之间的合乎礼仪的互动,一方面是对传统礼仪的遵从;另一方面也能真正起到情感交流的作用,是周城白族热情好客、团结内聚道德风尚的体现。

洗完孩子,拜完天地,主人就找来一个空瓶子,装大半瓶水,在里面放一双筷子,再把这个瓶子挂在孩子住的门边,在大门的门坎上扎一道篾绳,第一是希望婴儿有奶吃,第二是希望孩子能快快长大。并且可以告诉别人,家中生有小孩,生人不可以随便来打搅。有的父母还把婴儿的头发(俗称胎毛)剃下包起来给孩子戴在手腕上,说是能有辟邪保平安②的作用。

挂瓶、扎篾绳的目的,一是祝福孩子,二是出于生育禁忌的目的,是一种礼仪性的话语。而剃胎毛这一常见的习俗,也是白族对孩子表达祝福的方式,可见白族人民对于生丁添口的喜爱和重视。

(三)命名的规范

根据文献记载,白族先民在隋唐之际便已开始使用汉姓,后来又逐渐引入汉名。南诏大理国时期,白族地区还曾经盛行过父子连名制和三字名。白族的父子连名制是一种冠姓连名制,取名时遵循"姓—父名—本名"的原则,即在姓氏后面,加父名中一个或两个字,再加本人的名字。例如:张锡禄先生在《鹤庆高氏族谱调查》中所提及到,《鹤庆高氏族谱》载高氏父子连名制最长有三十代: (高)望奏—奏晟—晟君—君补—补余—余武—武邱—邱善—善诺—诺义—义和—和亮—亮从—从君—君辅—辅仁—仁温—温情—情智—智升—升泰—泰惠—惠珠—珠寿—寿长—长明—明惠—惠直—直信—信益。三字名,也有学者称之为冠姓双名制,其连名形式是:祖姓—父名(或吉祥名或尊号式佛名)—本名。但因父名或本名的音多半是白语,或外来语读白音(如佛名),而白语和外来语有一部分是单音节,有部分是双音节,单音节记成汉字就是单

---

① 郝翔等主编:《周城文化——中国白族名村的田野调查》,北京:中央民族大学出版社2001年版,第121页。

② 郝翔等主编:《周城文化——中国白族名村的田野调查》,北京:中央民族大学出版社2001年版,第121页。

字，双音节记成汉字就是两个字，其实也是连名制的一种。

这两种命名制自元、明以后逐渐很少人使用，在今天的白族民间已基本绝迹。① 明代以来，白族姓名与汉族姓名基本相同。第一个字是姓，第二或第二、三字是名。男子一般要取两个名字，一个是乳名，一个是学名。为男孩取名称"弄璋之庆"，为女孩取名称"弄瓦之庆"。

通常白族人家给孩子取乳名时，会把双方家里的人都邀请过来。取名这天，举行命名礼的家庭要将"弄璋之庆"或"弄瓦之庆"这四个字，写在纸上，并贴在大门外的墙壁上，并在大门和院子内柱子门框上贴楹联。还要杀猪宰鸡，大宴宾客。命名礼请客，除本家族的人可以口头通知外，对岳父家、远村亲戚朋友和老人必须下请柬。岳父家的请柬必须由女婿亲自送去，其余的可由别人代替。岳父家收到请柬后，一般要尽量多约几家近亲一起去做客，表示娘家重视和热闹。岳父家客人来时一般都在中午，带着丰厚的礼物，如小骑车、婴儿车、玉镯、长命锁、棉被、衣服鞋帽、绣花裹被、腰撑、披风、纱巾、米、鸡蛋、鸭蛋、红糖等。其他亲戚朋友收到请柬，做客时要送来鸡蛋、红糖、小孩衣服、鞋、帽等作为贺礼，有的客人还会送一些钱。②

可见，取乳名常常是与拜天地、拜四方两个仪式分开举办的，而且常常比上面两个仪式更加隆重。这可以从客人的数量和客人带来的礼物等方面体现出来。

在客人来之前，主人、本家族的老人和长辈同主人父子俩一起去赵木郎本主庙敬香，他们带着丰盛的供品，如一个猪头猪尾、一只鸡、乳扇、干那、糯米糕、茶、酒、香等来到南本主庙赵木郎像前跪拜磕头，敬香敬茶，主人的独生子还要亲手烧一道裱文，算是给本主赵木郎的一封信，告诉本主，我家今天办喜事，要为孩子取乳名。拜完赵木郎本主，又依次跪拜同庙的送子娘娘、财神、牛头马面等诸神。拜完后，就在庙里把供品吃掉，谓之"吃开财门"。吃不完的供品带回家，与此同时，主人还请两位本家族的老妈妈带着稍微简单一点的供品，去北本主杜朝选庙里敬香。③ 各地白族都有各自的本主崇拜，周城白族也不例外。

---

① 张锡禄：《南诏国王蒙氏与古代白族姓名制度研究》，载《南诏与白族文化》，北京：华夏出版社1992年版，第23－27页。

② 郝翔等主编：《周城文化——中国白族名村的田野调查》，北京：中央民族大学出版社2001年版，第121－122页。

③ 郝翔等主编：《周城文化——中国白族名村的田野调查》，北京：中央民族大学出版社2001年版，第122页。

午饭过后，主人摆果酒宴，招待从两家家族里请来的长辈和有威望的老人，请他们为孙子取乳名，先把几张长桌竖着摆在一起，再在上面摆满大豆、花生、松子、苹果、梨、橘子、木瓜、糖等果品，以及红酒、果汁等饮料。这个果酒宴必须要有酸味的水果，白族话中"酸"与"孙"同音，此处取酸的谐音，代表为孙子取名。双方家庭里年纪最长的老人坐在上席，其余的人随意分坐两旁，共有二十人左右。取名开始，先由主人后由孩子的父亲面对老人们磕头行礼，老人们还礼完毕则边吃边喝边想边讨论这个孩子的名字该怎么取。主人和孩子的父亲则站在一边招待客人。取名的时间大约持续两个小时。① 老人们在取名时，一般遵循以下原则：一是两家各提出一个字，且男方家的字在前，女方家的字在后；二是两个字均不得与两家的父辈亲戚相冲突，可以与祖父辈的字相同；三是征求主人的意见，叫起来是否顺口，是否与主人家境相符；四是如果这个孩子在两边家庭里的同辈已取过名字，就可以比照着同辈取，以减少取名难度。② 名字取好后，主人拿来一张红纸和笔墨，再请人写"赐名贴"。然后主人又把红纸恭敬地递给自己的亲家，再由亲家把红纸恭敬地递给在座会写的老人。"赐名贴"虽然内容不完全一样，但也有其固定的格式，一般里面会有祝贺的诗词。③ "赐名贴"写好后，交给主人，主人在果酒宴席间念一遍，对众人作个揖，然后把"赐名贴"贴在堂屋的侧壁上或收藏好，再对众人作揖、磕头。这样取名结束。④

取名的参与人员、原则、过程无不是遵循传统礼仪来进行，这之中主要体现出白族对礼节的崇尚、对长辈的尊敬、对孩子的爱护、对各方的周全照顾等道德风尚，使得一次取乳名的盛会都有条不紊、喜气洋洋。取名结束后，撤去果酒宴，准备吃晚饭。孩子取乳名，要举办盛大的"汤饼会"。晚饭便是"汤饼会"的正席，开饭前一定要先敬祖先，再由两家族长开席，开席的人吃完以后，其余的客人才依次就坐。晚饭有八大碗加一个拼盘，以肉食为主，一般是两家客人坐在一桌。周城人的规矩，本桌吃不完的饭菜，全都打包带走。一桌

---

① 郝翔等主编：《周城文化——中国白族名村的田野调查》，北京：中央民族大学出版社2001年版，第122－123页。

② 郝翔等主编：《周城文化——中国白族名村的田野调查》，北京：中央民族大学出版社2001年版，第123页。

③ 郝翔等主编：《周城文化——中国白族名村的田野调查》，北京：中央民族大学出版社2001年版，第123－124页。

④ 郝翔等主编：《周城文化——中国白族名村的田野调查》，北京：中央民族大学出版社2001年版，第124页。

吃完，换客人，再上一桌，谓之"流水席"。一次"汤饼会"大约要请四五十桌客，每桌八人。晚饭结束，今日的"汤饼会"也到此结束。为这个"汤饼会"，主人请了很多帮忙的人，有提调（招待）、饭师、菜师、茶师等十几人左右。主人第二天还要特地请他们来家里吃饭，临走时带给他们一些糖果、瓜子等果品，以示感谢。[①]

酒宴的招待主要体现的是白族的热情好客和慷慨大方，而"流水席"的规矩和形式则按照白族的传统进行。一场宴会少不了亲朋好友和四方邻里的帮助，表现人们乐于助人的美德，以及喜欢与人为善、和睦相处的道德风尚。

取名时，人们爱选用那些表示吉祥美好的字作为孩子的名字，以此来寄托对孩子的期望。孩子满月后或半年内，会请家族中或者村中有学问，或者德高望重的长辈给孩子取名，有的请本主庙里度经会的老人取名。取名的方法多样，有同胞叔伯兄弟姐妹联名的；有将家庭愿望直接表达在孩子姓名中的；有根据孩子的生辰八字取名的；有根据孩子家健在的代数取名的；有的用祖父、祖母的岁数来取名等。[②] 如有的叫四代、四堂，就是自己出生时祖父母都还健在；有的叫六斤，有的叫七斤，就是他们（她们）出生时的斤数。

二、成年礼仪的规范

白族青年在成人礼前后的服装会发生较大变化，他们脱下具有吉祥意义的少年装，换上"阿鹏装"和"金花装"，则意味着其已步入成年人的行列。[③]

"阿鹏装"是当代白族成年男性最具典型意义的服饰，其装扮的颜色以黑、白、淡蓝、灰色为主，装扮的形式大多头裹包头、身穿领褂、下着长裤。成人礼的举行，意味着他成为一个真正独立的劳动力，需要肩负更多的家庭责任，打猎、捕鱼、田间耕地都是其义不容辞的责任。

对白族成年女性来讲，色彩艳丽的"金花装"是她们成年的标准，"大红领褂白衬衫，艳蓝围腰花飘带，叫人不得不喜欢"说的正是白族金花的服饰。"金花装"色彩飘逸，对比明快，正是反映这个阶段的少女，正处于如花如画般的年纪。"金花装"中最具有象征意义的便是头饰，白族成年未婚女子会戴上头帕或帽子，其最明显的标志之一便是露在外面的长辫。

[①] 郝翔等主编：《周城文化——中国白族名村的田野调查》，北京：中央民族大学出版社 2001 年版，第 124—125 页。

[②] 杨镇圭：《白族文化史》，昆明：云南民族出版社 2002 年版，第 102—103 页。

[③] 王珂、马玲玲：《大理白族人生礼仪服饰初探——以洱海地区白族为例》，载《服饰导刊》，2014 年 9 月第 3 期。

除了服饰上的转变外，穿耳洞也是白族少女成人礼的仪式之一。一般在少女长到 13~15 岁时，母亲会在当年冬至节这天带着她们找村中经验丰富的大妈去穿耳洞。穿耳洞的过程很简单，大妈手拿一根穿有红丝线的绣花针，将针尖放在火上烤一下，手捏少女耳垂，耳垂上擦点香油后迅速将针穿过，将丝线留在耳垂上，既不会特别疼痛，也不会发炎。半月之后拆下丝线，便可戴上耳环了。"成年礼"之后，则象征着少女逐渐成熟，进入了可以恋爱的年龄阶段。

三、丧葬习俗中的道德原则

根据 1950 年以后发掘的大量历代古墓考证，大理地区自新石器时代以来的 4000 多年中，曾先后出现竖穴土坑墓、石棺（板）墓、砖（石）室墓、火葬墓、棺葬墓形式。其分界大体是南诏以前实行的是土葬制，南诏受羌人和佛教影响，逐步实行火葬，清代恢复棺葬，① 直至 20 世纪中期，滇西地区白族普遍采用土葬。中华人民共和国成立后，考虑到土葬占用较多土地和经费，便积极改革土葬，推行火葬。② 现行传统的白族丧葬仪式习俗，经过长期发展演变，受儒、释、道思想及本土宗教的影响，程序较为繁杂，且各地也有差别。在这些习俗中讲究子女尽孝，亲邻互助。而亲邻互助的实质是人情的流动，也是白族民间的一种对风险的抵御机制。

（一）子女尽孝

在白族地区，老人过了 50 岁，就算得了一个"寿"字，在家庭条件允许的情况下，子女为表孝心，都要事先为其准备寿房、寿衣、寿褥、寿被等，这些送终品统称为"衣衾棺椁"。

白族民间讲究寿终正寝，忌讳病人在楼上或堂屋以外的地方去世。白族老人久病不愈时，家人设法把病人床铺搬至堂屋内（如果自己没有堂屋，也得搬至本家族别家的堂屋内），儿女则需尽心尽力日夜轮流守候在身边。在很多地方，儿子（膝下无子就由侄子或女儿、女婿）要把弥留中的老人背靠自己抱在怀里，使老人的背靠着自己的胸膛，让老人在自己热乎的怀里去世，称之为"接气"。在白族人看来，让老人在自己热乎乎的怀里落气，这是子女报答父母养育之恩的最后机会。之后，需为死者洗身、整容、修剪指甲，穿戴寿衣、帽、鞋袜、蒙盖脸布。若死者为男性，则需为其理发；若死者为女性，则是为其

---

① 杨镇圭：《白族文化史》，昆明：云南民族出版社 2002 年版，第 108 页。
② 王丽梅：《白族丧葬仪式的邻里互助机制研究》，硕士学位论文，大理学院，2015 年，第 10 页。

梳头。

入殓停灵后,要在灵柩前点一盏长明灯,燃一炉香,摆一盘斋菜、一碗饭和茶酒等,孝男在左,孝女在右,穿孝衣戴孝帽,分别坐在两侧铺好的稻草上,称之为"坐草守孝"。坐草席守灵与卧薪尝胆有相近之意,缅怀长辈创业艰辛的同时,也是报答父母养育之恩的一种方式。白族有"丧事要问"的习俗,停灵期间,亲友邻居纷纷前来问吊帮忙,孝男孝女则磕头还礼。"死者为大",年岁再大的人前往问吊同样需要向死者行叩拜礼。[①] 这是长期以来在白族地区约定俗成的礼俗,谁也不能违背。

出殡日是丧事的高潮,早上一般在举行祭本主、祀山神、斩开路等仪式后开始上祭并待客。待客结束或到择定的时辰则举行堂祭、点主、发引、送丧等仪式,直至下葬、成坟、酬客,出殡日的活动才算结束。而在这些繁杂的仪式之中,少不了亲朋好友的帮助,子女的尽孝。

白族丧葬中有哭丧的习俗,贯穿于整个丧葬仪式之中。男子哭丧一般哭不成调,诉不成声;女子哭丧多是诉说死者生平、创业艰辛、对自己的恩德,有的进而"借别人的棺材倾诉自己的苦情"。这些行为皆是表达自己的一片孝心及对死者的不舍。

(二) 亲邻互助

在白族聚居区,民间还有助丧的传统美德。亲友和邻居在得知哪家有人病危或去世的消息后,会自愿到家中帮助守护病人和料理丧事。主人只需要安排好提调(总管)和仪式主持人。因为,在白族地区,丧葬被视为村落共同的大事,需要大家相互提供支持与帮助。亲友和邻居除了提供人力外,还给礼金、粮食、烟酒、肉食、桌椅板凳、炊具等葬礼所需物品方面的支持。

除此之外,对于失去亲人的家庭而言,既要承受失去亲人的悲痛,又需招待前来吊唁的人,邻里之间的帮助能为其提供精神上的慰藉,缓解其葬礼上的工作量。

这种亲邻互助的模式,在白族民间是一种风险抵御机制。受传统文化影响,葬礼的风俗仪式往往较为复杂繁琐,需要大量的人力物力的支持,而这种支持仅靠单家独户的力量往往难以完成。生老病死乃生命规律,没有哪个家庭能够保证不会经历这样的时刻,所以亲邻之间相互帮扶,在增强村落凝聚力的同时,

---

① 洱源县民族宗教事务局编:《洱源县民族宗教志》,昆明:云南民族出版社2006年版,第142–148页。

也是解决自身的后顾之忧，起到抵御风险的作用。

　　总之，白族人生礼仪内容丰富，蕴含着社会道德礼仪的规矩及由此产生的道德规范。白族人通过人生礼仪的仪式，不断习得做人做事的行为准则，约束自己的行为，使其符合本民族的道德要求及规范，这样才能使白族人民在传承优秀传统伦理道德，优良的人生礼仪文化中维护其社会的和谐与发展。

白族节日文化中的道德礼仪与传承

白族是一个有着悠久历史和文化的民族。然而，在以往的学术研究中，对白族的历史、文化研究很多，但对于白族道德生活方面的研究却仍然没有引起足够的重视。众所周知，白族道德生活史是中华民族道德生活史中的有机组成部分，也是白族文化中的重要组成部分。白族节日文化在白族文化中是如何形成、发展及其演变传承的，几千年来，白族人民在不同历史时期和阶段的节日道德礼仪形成、发展和演变的轨迹如何，其形成发展传承的规律如何，白族节日道德礼仪与价值追求之间的内在联系等问题，是着重要解决的问题。

白族在长期的历史发展过程中，形成了具有本民族特点的传统节日文化。这些节日礼仪规范已融入白族人生活的方方面面，表现在日常道德礼仪之中。因此，白族节日礼仪中蕴含着丰富的白族传统伦理道德的观念。

受汉文化影响，白族地区的节日部分与汉族相似，如春节（白族叫过年节）、清明节、端午节、中元节、中秋节、重阳节、冬至等；还有一部分节日是独具民族特色或地方特色的传统节日，如三月街、绕三灵、火把节、耍海会、等。白族节日众多，因受到区位阻隔和自然环境的影响，白族本民族的节日又带有鲜明的地域特点。

一、节日活动中的道德标准

节日是在漫长的历史中逐渐形成的，与日常生活休戚相关，不是无故产生的，或是寄予自己美好的期望，或是为了表达某种愿望，希望达到某种目的，包含着丰富的文化内涵和人文精神。据考古发现，早在4000年前，部分白族地区就已经进入了农耕文明，因此，白族节日中与其他民族一样，有自然节日、宗教节日、社会节日、文化节日等，其中与农事活动有关的节日占有很大比例，即便是其他节日，内容中也包含了大量农事活动，以及祈望丰收的内容。[①]

因此，在白族的不同地区都有很多不同的传统节日，但主要且普遍的有清明节、端午节、火把节、中元节、中秋节、冬至节、过年节等。其中，有一些

---

① 赵寅松著，杨伟临等摄影，大理州白族文化研究所编：《守望精神家园中国白族节日文化》，哈尔滨：黑龙江人民出版社2007年版，第6页。

传统节日的活动内容与形式与汉族基本相似，这是由于白族和汉族人民长期友好交往。大部分节日的主要活动内容是祭神、祭祖，祈求人畜两旺，五谷丰登；一部分节日，如三月街、渔潭会等以交流物资为主。这些传统节日及其主要活动内容和形式，都蕴含着白族人民长期历史生活中形成的道德规范。以下是主要节日及其活动内容和形式之中白族节日的道德要求及规范：

二、不同地域里的节日及道德要求

白族既有大聚居，也有小杂居。居住在不同区域里的白族在同一年节里又有各自不同的要求与规范。

二月八。

二月八是白族的特色节日，盛会极多，各地白族自有内容和特色，不过主要的活动中心是围绕白族的本主崇拜主题展开的，而节日举行的主要目的便是求本主神保佑家人平安健康、五谷丰登、六畜兴旺。

那马人在二月初八这一天，主要到中排村木瓜依祭木瓜依庙里的菩萨。这一祭祀活动的规模很大，会有2000~3000人前来参加。久而久之，这里便形成了一个"庙会"，保山、大理、维西等地的商人也会赶来参加。如今，木瓜依庙早已倒塌，庙里的菩萨有的说是弥勒佛，有的说是用香柏树刻的大黑天神（怒江勒墨人说是斗维摩，即释迦佛）。人们对木瓜依庙里的菩萨非常敬畏。祭时，先供上4碟蔬菜，烧香，磕头，然后由两个男人从庙里把菩萨抬出来转村，由澜沧江西岸游到东岸，要持续两三天。转村时，后面跟着1000多人，抬不着的，摸一下也是好的，都希望菩萨能给自己家赐福，保佑全家平安。河西一带的人怕吃狗肉冲犯了木瓜依庙里的菩萨，所以不吃狗肉，吃了狗肉，冲犯了神，怕家里人会有劫难。木瓜依庙在澜沧江西岸，在江东骑马的人怕庙里的菩萨怪罪，走到直对着江对岸木瓜依庙的地方必须下马，步行一段后才上马继续赶路。[①]这说明人们规范自己的行为，是为了避免被神灵惩罚。

二月初八这一天，大理喜洲白族则过推神车节。大理喜洲北15里有仁里邑等村用木轮车迎送本主，每尊神挑选小伙子16人推车迎送。本主神中有佛教之神，故又名"推佛车"。这一天成千上万的白族人载歌载舞，巫人则敲打半面羊皮鼓、小锣，配以唢呐、笛子，吹树叶，夹杂着嬉笑对唱《花柳曲》，还有拜佛的"莲池会"、道教的洞经音乐。这些迎神佛的车辆，北边的游行到南边

[①]《中国少数民族社会历史调查资料丛刊》修订编辑委员会编：《白族社会历史调查（二）》，北京：民族出版社2009年版，第46页。

去，南边又游到北边去。① 被选中的小伙子必须是身强力壮，品行端正的，一旦被选中是小伙子一生的荣耀。

可见，从白族人对本主神普遍存在的敬畏之心，再到他们敬畏神灵的具体行动，既体现出白族人民崇尚礼节、淳朴善良的道德风尚，当然也体现出部分白族群众尚存在因循守旧、听天由命的消极道德观念。从能够举办上千人的"庙会"而言，这也是白族人民团结互助、群体内聚道德精神的展现。

清明节。

各地的白族在过清明节时，节日活动和形式有些许区别，但这些区别不是很大。一般来说，清明节前后10天左右，人们要扫墓祭祖。

海东的白族家家户户都插柳，老人腰间也插柳，扫墓时，必须先用生的猪头、鸡以及米等向山神献牲，然后煮熟献祭。凡是新婚夫妇必须上坟扫墓，女婿也要送给岳丈家猪头和鸡。② 目的是让子孙后代铭记祖先的功德。

那马人过清明主要是给刚去世的人上坟。前一年有家人去世的人家，这一年要上坟祭奠、垒坟，连续3年，且3次之中初次上坟最为隆重。初次上坟的人家要杀1只鸡祭山神，祭完山神后再垒坟。祭山神不是到山神庙祭，而是祭坟旁1棵树（叫山神树）或1块石头（石头是山神树的标志），请它保护祖坟。上坟的人有时也为祖先的旧坟修补一下。那马人给村中死去的最年长的老人垒坟时，全村每家都要去一两个人，带上好吃的东西，去后把东西交给主办的人，大伙一起吃，热闹一天，人数有时多达四五百人。那马人头年没有家人去世的人家一般就不去上坟了，在家里过清明。那马人也会把柳枝别在腰上，据说这样以后劳动时腰就不会疼了。③

大理白族人民十分重视清明节，出门在外的人都要回来，邀请亲戚朋友参加，并且在这一天，青年男女都会精心打扮。上坟祭祖扫墓时，除了供上丰盛的鱼肉酒席外，家家户户都要在墓前插上杨柳，并先"安龙谢土""谢山神"。祭拜祖先后，就在墓前席地举行家宴，大都请客人参加。大理白族除清明扫墓外，在正月和十月还要各上坟1次。大理清明节的特别之处还在于，大多数的坟墓都在苍山半山腰，上坟的人流经过十字路石碑坊前（院旁村下），有白族

---

① 《中国少数民族社会历史调查资料丛刊》修订编辑委员会编：《白族社会历史调查（三）》，北京：民族出版社2009年版，第129页。

② 《中国少数民族社会历史调查资料丛刊》修订编辑委员会编：《白族社会历史调查（一）》，北京：民族出版社2009年版，第134-135页。

③ 《中国少数民族社会历史调查资料丛刊》修订编辑委员会编：《白族社会历史调查（二）》，北京：民族出版社2009年版，第46页。

妇女设摊卖雪,搅上煮梅和糖汁,或卖冰粉凉宵,这些小吃都有沁人心脾的体感。凡是出门在外的白族人,都想回家过清明节,上坟后,到十字街喝大理特有的雪啤。①

白族的清明节与汉族相似,但又有自己的特色,体现出白族人民与人为善、自强不息、善于适应环境的优秀道德品质。以祭祖为核心的清明节就能体现出白族人民遵从礼节的道德风尚;从祭祖先祭山神又可以看出白族人民敬畏神灵的道德信念;从乐于与众亲朋好友一起团聚可以看出白族人民和睦共处、团结友爱、热情好客的道德风尚。

端午节。

大部分白族人都过端午节,只有保山白族不过端午节。白族端午节的习俗和汉族的相似,当日,一般都喝雄黄酒、包粽子,挂艾草菖蒲于门上,用百草煎水给孩子洗澡。海东一带的白族还习惯全村杀一头猪,各家均分,并蒸包子,做麻花糖,煮芽豆等加餐。② 届时,全村家家户户请回出嫁的姑娘,邀请亲朋好友一起来过节,来者要带上礼物。礼尚往来是白族人与人相处的基础。

那马人有在端午节喝雄黄酒、上山采药的规矩,但那马人端午节最大的特点是,对大部分青年男女来说,端午节成了他们的狂欢节、恋爱节。如中排、石登、中甸、河西、拉井等地的青年男女(大多未婚,个别结过婚)都在这天穿上最好的衣服,带上酒、肉、饭、粑粑等好吃的食物奔向雪门槛、韭菜坪、韭菜山等几座大山。上山后,姑娘、小伙子把所带的美食放到一处,一块儿吃,唱调子,谈情说爱,痛快地玩上一天。由于山高路远,有些男女当天回不去,就一起在归途的道路两旁的庄房(临时性的窝棚,农民看守庄稼时居住)中过夜。有的就此订了终身。1950 年后还有过了端午节,就把姑娘领回去做老婆的。只要男女双方自愿,便可结婚;而父母不同意时,有的就双双远走高飞。③那时男女恋爱自由,结婚仍然受父母及社会的约束。

大理白族端午节的习俗也与其他地区的白族大同小异,吃包子、粽子、豆芽、"生皮"(火烧猪肉)、药酒、药面。小孩擦雄黄,擦在耳朵、手和脚趾缝中。走百病:通常吃过中饭,长辈带领小辈到本主庙或者寺庙去祭拜,当地白

---

① 《中国少数民族社会历史调查资料丛刊》修订编辑委员会编:《白族社会历史调查(三)》,北京:民族出版社 2009 年版,第 198 页。
② 《中国少数民族社会历史调查资料丛刊》修订编辑委员会编:《白族社会历史调查(一)》,北京:民族出版社 2009 年版,第 198 页。
③ 《中国少数民族社会历史调查资料丛刊》修订编辑委员会编:《白族社会历史调查(二)》,北京:民族出版社 2009 年版,第 47 页。

族认为在端午节祭拜神佛会使人百病不生。手背或脚缠五色线，挂药荷包，门上插艾虎蒲剑，还可以划船游海。这一天他们也会增添佳肴，吃食极为丰盛。①有的甚至杀猪杀鸡，招待亲朋好友。

白族的端午节有自己的特点，也是与其他民族长期交融的结果。在节日里，不仅体现出白族人民与人为友、团结互助、善于适应环境的优秀道德品质，那马人独有的端午节即是青年男女的恋爱节这一特点，也折射出白族人民恋爱自由的婚恋道德观念；同时，还反映出白族青年男女勇敢真诚的道德品质，及白族人民敬老慈幼、团结和睦的道德风尚。当然，这其中也不乏有分配上的绝对平均主义等消极道德观念的存在。

三、不同地域中火把节的方式与规范

火把节又叫星回节，是包括白族在内的许多少数民族的特色节日。现在能够明确意思的白语火把节称谓有七种，一类是取自火把节的时间，即六月末；一类是取自节日的内容，包括点燃松明、柴火，祭祖先，彩绘木船等。②

火把节是白族最古老的盛典，仅以汉文明确记载的就有七八百年的历史。如元代李京的《云南志略》说："六月二十四日，通夕以高竿缚火炬照天，小儿各持松明火，相烧为戏，谓之驱禳。"③ 历史久远的白族火把节也是白族最盛大的节日，也许就是因为这个原因使其保存至今。火把节蕴含着大量白族人民的道德规范。

火把节由于盛大，准备时间和准备活动自然也要多一些。火把节前几天，白族人中的年轻父亲和新婚夫妻会上山砍火把杆；妇女和小孩就开始忙着捂红指甲（一般是用凤仙花来捂），并准备火把节饮食。临近火把节，各家各户都会把已出嫁的女儿接回家团聚，特别是刚出嫁不久的女儿，一定要接回到娘家来，有了孩子的年轻媳妇也要带着孩子到外婆家；女婿则不在邀请之列。④ 火把节的准备活动中更多的是体现出白族人团结互助、勤劳淳朴的道德风尚，还

---

① 《中国少数民族社会历史调查资料丛刊》修订编辑委员会编：《白族社会历史调查（三）》，北京：民族出版社2009年版，第143页。

② 《中国少数民族社会历史调查资料丛刊》修订编辑委员会编：《白族社会历史调查（三）》，北京：民族出版社2009年版，第150页。

③ 《中国少数民族社会历史调查资料丛刊》修订编辑委员会编：《白族社会历史调查（三）》，北京：民族出版社2009年版，第150页。

④ 《中国少数民族社会历史调查资料丛刊》修订编辑委员会编：《白族社会历史调查（三）》，北京：民族出版社2009年版，第150页。

有家庭和睦、敬老慈幼的优秀道德品质。火把节当天，活动则有许多规定，主要表现如下：

（一）祭祖的规矩及特别的饮食要求

祭祖的规矩。火把节祭祖不像清明节那样正式，不需要全家出动，只要几个精壮的人就可以。也不一定要到坟上去祭拜，坟地离家太远的，在家祭即可。最重要的还是全家人在一起欢欢喜喜地吃晚饭。① 按照这个要求，是日全家人必须回家一起团聚，家人在一起才是家庭和睦的象征。无论过去还是现在，白族人非常重视家庭成员之间的团结。

特别的饮食要求。火把节当天的饮食各地白族略有不同。有的地方以甜食为主，早上要蒸米糕、馍馍、糖包子；有的地方以咸食为主，早上则吃面条、饵丝。但晚餐大体相同，无论是吃大米饭，还是吃面食，都喜欢就着凉拌菜和腌生肉吃。② 特别的饮食要求，无论你家有钱还是贫困，节日都要按照约定俗成的传统习惯来准备食材，参加到传统的节日中。此间，村落里家家户户还要相互传米糕、馍馍、糖包子、水果，互相品尝各家的味道，互通有无。这既证明白族人对火把节的期盼，还体现出白族人崇尚礼节的道德风尚。

（二）各式各样火把的准备

火把节，顾名思义必定要用火把。白族火把节的火把有两种：一种是竖在村头村里的大火把，另一种是拿在手中的小火把。③ 火把节前一两天，村里有新出生孩子的父亲和新婚夫妻都会相约上山砍火把杆，破坏松林是平日严禁的，但这一次是得到特许的，连护林人有时也帮助选最标直、最高大的松树来做火把杆。杆子扛回村后，各家各户凑集柴草，生了男孩的年轻父亲们就开始扎火把，用竹篾绳把烧柴一圈一圈地捆扎在火把杆上；生了女孩的年轻父亲们则主动去挖深坑，以便将火把杆竖在坑上。④ 按照传统性别分工，生女孩的家庭这

---

① 《中国少数民族社会历史调查资料丛刊》修订编辑委员会编：《白族社会历史调查（三）》，北京：民族出版社2009年版，第150页。
② 《中国少数民族社会历史调查资料丛刊》修订编辑委员会编：《白族社会历史调查（三）》，北京：民族出版社2009年版，第151页。
③ 《中国少数民族社会历史调查资料丛刊》修订编辑委员会编：《白族社会历史调查（三）》，北京：民族出版社2009年版，第151页。
④ 《中国少数民族社会历史调查资料丛刊》修订编辑委员会编：《白族社会历史调查（三）》，北京：民族出版社2009年版，第151页。

年在立火把时挖基坑竖火把,来年就会生儿子。

大火把的形式根据各地的具体条件来扎,一般都十分高大、壮观。火把也会有精心的装饰,各地因具体取材不同而略有差异,但都有"国泰民安""人寿年丰""风调雨顺""五谷丰登"等祈祷丰年和平安的寓意。① 从人们只在火把节才能上山砍火把杆可以看出白族人日常生活中是非常注重保护环境的,而从突出年轻父亲和生男孩父亲的作用可见白族人重男轻女的传统伦理道德观念是根深蒂固的。火把装饰的因地制宜也体现出白族人民能够适应环境、利用环境的民族精神,火把上的装饰则体现了白族人抑恶扬善、趋利避害的道德主张。

跑马。火把节这天的晚餐大家吃得早,太阳还没落山,人们便出来看火把,养马的人家则在火把下面跑马。大人、小孩各自骑着自家的马来回赛跑,绕着火把跑过三圈以后再向远处跑去,有些八九岁的小孩既是家庭放牧的主要成员,亦是火把节跑马的主要骑手,他们不用马鞍,骑在光马背上拼命从火把下冲过,像一道闪电划过,往往使观者惊叹不已。② 周围的人们则放声高呼,热闹非凡。

在城镇,晚饭后大家都喜欢成群结队上街观赏各家门前的小火把,称为"逛火把",看谁家的火把竖得大、扎得好、装饰得漂亮。不时传来"嗒嗒嗒嗒"的马蹄声,骑着马的青少年你追我赶,欢快异常,"逛火把"的人则闪到街道两旁,观赏跑马人的骑术。③ 村寨的跑马主要凸显的是白族青年的勇敢无畏,而城镇的跑马当然也能展示白族青年的勇敢,但主要体现的是节日的氛围,还有与人为善、和睦相处的精神。

(三) 点火仪式及抢升斗

点火把。点大火把是一项极为隆重的活动。燃火前,年轻的妇女要打着花伞,背着新生的小孩在火把下转两圈。村里家族中的老人带头向火把献祭品,下拜叩头,同时由村里老人们组成的乐队则在旁边吹唢呐、弹三弦、唱白族调。点火把往往由一个勇敢的小伙子去执行,他举着小火把攀爬到大火把顶部,点

---

① 《中国少数民族社会历史调查资料丛刊》修订编辑委员会编:《白族社会历史调查(三)》,北京:民族出版社2009年版,第151页。

② 《中国少数民族社会历史调查资料丛刊》修订编辑委员会编:《白族社会历史调查(三)》,北京:民族出版社2009年版,第151–152页。

③ 《中国少数民族社会历史调查资料丛刊》修订编辑委员会编:《白族社会历史调查(三)》,北京:民族出版社2009年版,第151页。

着火后迅速地滑下来。①

　　点大火把以大理喜洲、周城一带所举行的仪式最为隆重，这一带每年都由几家人承办竖大火把，诸种费用一般都由这几家人负担。承办的人家一般都认为是一种荣誉，十分高兴。这些承办人家在当晚要用炒蚕豆、糖果、酒、米糕、小包子等招待大家。剑川、鹤庆等地点燃大火把时要放鞭炮，说吉利话，场面非常热闹，但当地的火把一般只十多米高，点火时只消爬竹梯或用长竹竿就行了。②

　　点火仪式，体现的便是白族人非常难得的敬老慈幼、长幼有序的美德，还有白族人乐善好施、与人为善、和睦共处的道德要求。能够爬上高高的竹竿，也能体现出白族人的勇敢。

　　抢升斗。升斗是安在大火把上的，大火把烧到一定的时候，升斗会凌空而降，这时人们便一拥而上、奋力去抢，只有会看方向和力大者才能抢到。不论谁抢到手，人们都会高兴地簇拥着他，向他贺喜，跟着他往家里跑去，他们全家人立即行动起来，用烟、茶、酒款待大家。这家人的家长便理所当然地成为次年活动的承办人，据说抢到大火把上的升斗是一件十分吉祥的事，它意味着一家人将有吉星高照，会幸福吉祥，所以次年的升斗由该户准备。③ 抢升斗的过程更集中地体现出白族人的智勇双全，不论谁抢到，大家都给予祝福，也体现出白族人民淳朴善良的美德。孩子抢升斗、家长当承办人，则体现的是白族人父慈子孝、家庭和睦的道德风格。

　　大火把下的聚会。在许多村寨，百分之七八十的人聚集在火把下面欢度节日。在大理和剑川，生了头胎的人家欢欢喜喜地在大火把下向大家敬茶、敬酒，将大盘大盘的炒蚕豆散给大家吃。挑出一桶桶红糖开水请大家喝，然后登门向没有出门的人敬茶、酒、糖食。上了年岁的老人们穿上新衣服，笑逐颜开地被人们推举在长桌子旁，说古论今，开怀畅饮，四周站满了中青年人和小孩。有的村请来弹唱白族大本曲的歌手，边弹边唱更是热闹非常。④ 大火把下的聚会，

---

① 《中国少数民族社会历史调查资料丛刊》修订编辑委员会编：《白族社会历史调查（三）》，北京：民族出版社2009年版，第152页。

② 《中国少数民族社会历史调查资料丛刊》修订编辑委员会编：《白族社会历史调查（三）》，北京：民族出版社2009年版，第152页。

③ 《中国少数民族社会历史调查资料丛刊》修订编辑委员会编：《白族社会历史调查（三）》，北京：民族出版社2009年版，第152页。

④ 《中国少数民族社会历史调查资料丛刊》修订编辑委员会编：《白族社会历史调查（三）》，北京：民族出版社2009年版，第152页。

集中体现的是白族人民团结和睦共处的美德。

耍火把：照岁、照穗、照秽。耍火把是火把节的最高潮部分。至今在大理、剑川、鹤庆等地大火把点燃之后，白族青年男女竞相出动，各人手执一小火把，身挎一小挎包，里边装满松香面，见到人就抓出一把，用力向火把撒去，霎时一团火苗便扑向对方，被撒的人都认为这样可以烧去自己身上的晦气。遇到老人则要说"敬上一把"，方能撒去。年轻人往往成群结队，手执火把深入到邻村邻街与人对撒，有的青年男女则跑到田野小路上去对撒，有的青年男女也因撒火把而恋爱。耍火把的另一种形式叫"点谷火"，即照穗。人们成群结队地举着小火把互相追逐到田间给谷物照穗，据说这样稻谷会出得好一些，还可以烧死危害庄稼的害虫。① 来年稻谷丰收。耍火把不仅体现的是白族自由恋爱的婚恋观，而且体现出他们对庄稼丰收的期盼。

跳火把。将近午夜，当大火把已经燃到根部的时候，人们便相继从篝火上跨过去，来回跨两三遍，叫作"烧晦气"，即"驱禳""去邪"。小孩子和年轻人在行过"跨火把"仪式后，又比赛从根火上跳过去，比谁跳得高、跳得远，这叫跳火把。火把残骸已经燃烧得差不多时，老年人便在火上架起铁三脚烧开水泡茶喝。在火把上烧的开水叫"火把开水"，相传喝了可以免除疾病。也有人在炭火中翻找已烧熟了的火把梨、花红之类的水果吃，据说吃了就不会闹肠胃病。人们纷纷把烧剩的柴棍抢回家，有的用作拌猪饲料的猪食棍；有的挂在猪厩、牛厩上，据说这样所饲养的家畜就不会遭瘟疫，来年家畜家禽能够六畜兴旺。②

（四）水上火把节

一些白族地区还有独具一格的水上火把节活动。③ 洱海东岸的白族至今一直保持着一种古老的水上火把节活动，即"花舟竞渡"。在火把节到来之前，下秧村一带就各以家族或村子为单位彩画好大船，船的桅杆上扎一个大升斗，上书"五谷丰登""六畜兴旺"之类的字句。桅杆下右边站立一位白包头，戴墨镜，额上贴太阳膏，手执一牦牛尾巴的滑稽老人。他右手扶摇一棵松树，松

---

① 《中国少数民族社会历史调查资料丛刊》修订编辑委员会编：《白族社会历史调查（三）》，北京：民族出版社2009年版，第153页。

② 《中国少数民族社会历史调查资料丛刊》修订编辑委员会编：《白族社会历史调查（三）》，北京：民族出版社2009年版，第153页。

③ 《中国少数民族社会历史调查资料丛刊》修订编辑委员会编：《白族社会历史调查（三）》，北京：民族出版社2009年版，第153-154页。

树上挂一棵大葫芦,葫芦下有几只大铜铃。他是船上右排划桨人的指挥者,这是由古代白族的巫师"朵希薄"演变而成的,桅杆左边架一面铜锣(据说古代用铜鼓),由另一位老人负责敲打,指挥左排划桨人,在船舱里坐一吹唢呐的人,在大船比赛开始后奏"猜呼园"的曲子。①

赛船一般在中午一时许开始,早了不行,因要等待接了本主神上船以后才行动。赛船开始后,高昂激越、节奏欢快的唢呐声响彻洱海,船上右排的10多名男子由执树老人指挥,老人把牦牛尾巴一甩,手一摆松树,大铜铃就发出一串声响,右排的就划一下桨;左排的听到铜锣一声响也划一下,花船就破浪而行了。② 这一天,海东各村都沉浸在欢乐的节日里。人们都穿戴上最好的白族服装,杀猪宰鸡,欢庆一天。据说这是为了纪念柏洁夫人,洱海沿岸各村都要象征性地打捞柏洁夫人的尸体。白族人民把柏洁(后取谐音称为"白姐")奉为本主神,立庙供奉。大理、剑川、洱源一带遍布"白姐庙"。据我们统计,仅在鹤庆县境内,就有白姐庙22处之多,足见白族人民对白姐的崇敬。③

在水上火把节的"花舟竞渡"活动中,老人担任着重要角色,可见白族人是非常敬重老人的,而"竞渡"本身便体现着白族人勇敢的品质。水上火把节的本主崇拜也体现出白族人民对神灵的敬畏。

每年农历六月二十五日白族地区的火把节,无论是由当年生有子女的家庭负责操办,还是由村民们自愿有钱出钱,有力出力,共同来筹办当年的火把节,人们都会当作是自己事情来对待,不推诿、不计较。火把节当晚,全村老少都聚集在火把周围,婴儿的父母逐一向参加火把节的村民们递烟敬酒,或送糖献茶;爷爷奶奶抱着婴儿,向到来的邻里乡亲问好,乡亲们则向婴儿献上自己最美好的祝福,祝愿他们身体健康,前程似锦。人们在节日中,相互献上自己最诚挚的祝福。

四、烧包祭祖中的美德传承

农历七月十四是那马人烧包祭祖先的日子。据说这一天,死去的祖先都要回来,过年时没回来的祖先也都会回来。因此,那马人对七月十四日这一天祭

---

① 《中国少数民族社会历史调查资料丛刊》修订编辑委员会编:《白族社会历史调查(三)》,北京:民族出版社2009年版,第153页。
② 《中国少数民族社会历史调查资料丛刊》修订编辑委员会编:《白族社会历史调查(三)》,北京:民族出版社2009年版,第153页。
③ 《中国少数民族社会历史调查资料丛刊》修订编辑委员会编:《白族社会历史调查(三)》,北京:民族出版社2009年版,第153-154页。

祖先活动比较重视。过节前，要先买好纸包，把金、银纸都折成金锭、银锭，装入一个大纸袋内，纸袋封面上写着死去祖先的名字。烧包前，还要泼出酒饭一碗，意思是给那些无儿无女、无家可归的鬼吃。然后，在祖先牌位前摆上肉、饭等供品，有的人家还要杀鸡来祭祀祖先。烧包时，由户主跪着在门外烧，烧一个包念一个祖先的名字，意思是这个包是祭给这个祖先的。包灰要倒在河中，让河水冲走。七月十五日这一天，人们不能到河中去洗衣服、洗农具、洗菜，认为这天在河中洗东西是不吉利的。烧包时，还要在大门口烧一个火盆，里面装上灶灰，将骨头、粑粑等物放在火上燃烧，直至发出一股臭气，以示燔祭。然后将骨灰、灶灰一起送到村外倒掉，表示瘟疫被撵走了。[①] 从那马人的七月十四节日中可以看出那马人对祖先和神灵的敬畏，同时也表现出他们因小农经济造成的因循守旧的伦理道德思想。"泼出酒饭一碗"则将白族人民的乐善好施、淳朴善良的品德发挥到了极致。

七月十四也是大家熟悉的中元节，是祭祖的节日，从初一接祖回家，每天每食必须供祖，到十四日为大祭，为祖先饯行。大摆酒席供奉祖宗并举行"烧包"，表示送给祖宗衣服、金银纸钱等。届时置一口大铁锅于天井内的供席前，由儿孙们跪着将事先备好的一封一封的"包"先诵后烧，每烧一"包"还要加烧一些祭祀专用的金银纸钱及衣裤纸鞋等物。十五日送祖。晚间撒粥给无后人的孤魂野鬼。七月十五以前这段时间，祖宗在家堂，多数人家夜间还请来唱大本曲的艺人二人，一人弹三弦，一人唱各种大本曲本子故事，让祖先也共同享受。[②]

七月十四祭祖的节日，在白族聚居区是家家户户十分重视的节日，因为在这个节日里，一是缅怀祖先的功德，二是传承祖先的美德，三是教育子孙后代牢记祖先功德。同时，该节日凸显白族人民崇尚礼节，重视家庭美德教育。

中秋节。中秋节和端午节一样，也是白族人民传统节日，既有浓重的地域特色，又有各地不同的道德约束及行为规范。

白族人在中秋节也吃月饼，还准备各种果品，如雪梨、石榴、核桃、煮黄豆、板栗等，用以晚上供月、祭祖，然后一家人围坐而食，所以中秋节又称为"团圆节"。

大理喜洲白族中秋节的特色风俗是家家户户要蒸大麦面糕，这种糕非常大，

[①]《中国少数民族社会历史调查资料丛刊》修订编辑委员会编：《白族社会历史调查（三）》，北京：民族出版社2009年版，第50页。

[②]《中国少数民族社会历史调查资料丛刊》修订编辑委员会编：《白族社会历史调查（三）》，北京：民族出版社2009年版，第154－155页。

而且有十多斤重,像个大包子。所以,蒸这种糕需要特定的技巧,并非人人都能够蒸好。蒸好之后,还要用一种大红色的颜料,当地人叫"洋膏之",来画一个圆圈,写个"月"字,周围还要画月牙和花朵。更有意思的是,妇女们还会用面糕来比赛,比谁家的面白、蒸得熟、不开裂、手艺好。第二天早上或当晚,她们就把面糕切成片,送给邻居或亲戚。有送去就有送来,无形中就会有比赛。① 在村落里不仅要看谁家媳妇的手艺好,还要看谁家的孩子送得早,谁家的孩子有礼貌懂规矩。

每年中秋节前后,邓川沙坪渔潭坡还举行盛大的渔潭会,这是大理白族地区历史悠久的盛会之一。这个盛会的起源有两种不同的传说:一是起于元代,由元世祖忽必烈南征大理国发展出来的。第二种说法是,渔潭坡濒洱海北端,附近是产鱼集中的地区。若干年前,这一带村子的渔民便在渔潭坡定期买卖渔具,后来逐渐发展,交易中增加了其他物品,最后成为一年一度的定期集市。赶会日期原仅八月十五日一天,后来又增加到三五天甚至七天。② 总之,渔潭会主要是物资交换的一个盛会,会上只能买卖农副产品,不能买卖其他物品,这也是约定俗成的,谁也不能违反。

故中秋节作为白族的一个传统节日,在节日里白族人民注重家庭的团结和睦、一家人的团圆,共同享受中秋节特色美食,体现出白族人民崇尚礼节、互相帮助的品德,自强不息、团结友善的精神。

冬至节。农历的十一月二十二日为冬至节,这天一般只做糯米粑,无其他活动。但有些地区也比较重视,如海东一带白族,村村都杀猪,并接出嫁的姑娘回家过节。保山白族人民还举行"上刀会",敬献观音老母。③

而那马人过冬至节的当天中午,男人要带上吃的东西到祖先曾生活过的地方祭祀。祭时,要杀一只鸡,点三炷香,还要做五块"弓北"放在野餐的地方。"弓北"是用木片削成叶状,中间用火炭画出叶状网纹做成的,"弓北"后面用一根木棍支撑。祭完,把带去的蔓菁、饭豆、油炸糯米粑粑等食物吃掉,

---

① 《中国少数民族社会历史调查资料丛刊》修订编辑委员会编:《白族社会历史调查(三)》,北京:民族出版社 2009 年版,第 161 页。

② 《中国少数民族社会历史调查资料丛刊》修订编辑委员会编:《白族社会历史调查(一)》,北京:民族出版社 2009 年版,第 198-199 页。

③ 《中国少数民族社会历史调查资料丛刊》修订编辑委员会编:《白族社会历史调查(一)》,北京:民族出版社 2009 年版,第 199 页。

吃完后回家。据说过这个节，以后不会摔倒、受伤，受伤后也不会出血。①

大理喜洲的白族人民在这一天，家家户户都会蒸糯米饭、打糍粑，先供祖先而后吃，并传送给亲朋好友和邻居。②

冬至节顾名思义是根据节气而产生的节日，白族人从来遵循着自然规律，按照自然节令生产生活。故在冬至节的节日活动里体现出白族人对祖先的敬重，对亲朋好友的友善，以及彼此之间的团结与和睦。

过年节。过年节是白族人民重大的节日之一，也是庆祝活动最盛大、最热烈的节日之一，相当于汉族的春节，但是有些白族地区的日期会与汉族春节有所出入。过年节节日时间较长，从正月初一起，一般至少是三五日，有的多至十天半月。节日期间，人们烧包祭祖，杀年猪，吃酒吃肉和进行其他民族形式的文娱活动，互相庆贺，十分热闹。如鹤庆一带每年过节时，村村寨寨都接菩萨、赶庙会、请巫师跳神，到处耍狮子、耍龙、唱花灯、唱戏，人们尽情欢乐。又如，大理海东的白族，一般每家都杀猪请客，人人身着盛装，接出嫁之女回家过节，全村也要耍龙灯狮子，唱花灯和大本曲。③

居住在碧江四区的勒墨人的过年节不论在日期上和活动内容上，都与大多数白族地区不同。这里一年有13个月，除第二月（又叫休息月）和第十三月不一定足30天外，其余每月均以30天计算。年节即选择在第十三月的下旬的属龙或属蛇日，而且由一个村的人们共同商量决定。④

在节日的前一天清晨，以1个村寨为单位，全村男女齐集村子两边大树下祭树。祭前由每1个小氏族选出一位长者主祭，祭品是30、15、10块不等的糯米粑。主祭者向大树祈祷，祈祷词的内容一般为祈求人畜兴旺、庄稼丰收、平顺安康之词。祭毕，人们当场互赠糯米粑，然后各自返家。返家后开始宰年猪（少数人家不宰）。凡宰猪的人家，每户拿出一块10斤左右的猪肉，全村一起煮熟，然后按人口平均分配，并同样分给没有杀年猪的人家一份。不杀年猪的人家，除分有一份儿外，亲友还另送给他们一些肉，谓之"亲肉"。因此有些不

---

① 《中国少数民族社会历史调查资料丛刊》修订编辑委员会编：《白族社会历史调查（二）》，北京：民族出版社2009年版，第48页。

② 《中国少数民族社会历史调查资料丛刊》修订编辑委员会编：《白族社会历史调查（三）》，北京：民族出版社2009年版，第162页。

③ 《中国少数民族社会历史调查资料丛刊》修订编辑委员会编：《白族社会历史调查（一）》，北京：民族出版社2009年版，第199页。

④ 《中国少数民族社会历史调查资料丛刊》修订编辑委员会编：《白族社会历史调查（一）》，北京：民族出版社2009年版，第199页。

杀猪的人家存有的猪肉，反而比杀猪的人家多。①

祭祀总是能体现白族人的敬畏，不管是对祖先，还是对神灵。互赠糯米粑、分食猪肉则体现了白族人民乐于分享、团结互助、和睦共处的道德风尚。当然分食猪肉也带有分配原则上绝对平均主义的思想，所以最终会导致出现不杀猪的人家反而肉多的现象。

晚饭之前先祭家祖。饭后，烧几个小米粑粑祭一切用具，祭时，在用具上粘一块小米粑，并念祷词，这些用具主要有木柜、锅、三角架、房柱。②

除夕，每家都在屋内撒上松毛，竖一棵松树，初三方把松树送出。送时也要行祭，祭时也有相应悼念的颂词。初一清晨，在1个筛子里盛上大米、苞谷饭各一半，上面放少许猪肝、猪肉、猪血、猪腰子，房内地上撒满松枝针，面向东方祭祖，边祭边说祭词，内容都是祈求在天的祖先保佑之词。祭毕，把祭品倒给狗吃，并对狗说："给我们大丰收"，之后，又用糯米粑、米饭、肉祭三脚架。③

这里的祭祀过程非常复杂，人们对祖先和神灵的敬畏之心非常虔诚。祈求祖先和神灵保护的内容一般都是人畜两旺、庄稼丰收、平安康健之类，可见小农经济背景下因循守旧思想在部分白族人民的头脑之中根深蒂固。

过年一般休息20天，在此期间，不舂米，不外出砍柴，更不下地生产，只是背水煮饭。④ 息耕是人的休息，也是大自然的休整，白族人尊敬自然，遵守自然规律，并且自觉地去适应自然规律、利用自然规律。

五、节日中的道德约束

白族地区除了以上主要而普遍的节日外，各个地区还有一些规模大小不等的传统节庆活动。例如，鹤庆的朝山会，每年农历三月十五日举行，是鹤庆白族纪念牟伽陀祖师开辟鹤庆的一个盛会。以后由于受了佛教的影响，变成了一个拜佛念经的庙会。在会期里，人们成群结队、络绎不绝地往石磴山朝佛。老

---

① 《中国少数民族社会历史调查资料丛刊》修订编辑委员会编：《白族社会历史调查（一）》，北京：民族出版社2009年版，第199－200页。

② 《中国少数民族社会历史调查资料丛刊》修订编辑委员会编：《白族社会历史调查（一）》，北京：民族出版社2009年版，第200页。

③ 《中国少数民族社会历史调查资料丛刊》修订编辑委员会编：《白族社会历史调查（一）》，北京：民族出版社2009年版，第200－201页。

④ 《中国少数民族社会历史调查资料丛刊》修订编辑委员会编：《白族社会历史调查（一）》，北京：民族出版社2009年版，第200页。

人们虔诚地烧香拜佛,青年男女则用这个难得的机会尽情娱乐,互相倾吐爱慕之情。①"烧香拜佛"体现的是白族人对佛教文化的吸收,而盛会的举行则体现了白族人民团结和睦的品德。大多盛会都是青年男女的恋爱盛会,是白族人自由恋爱婚恋观的体现。

又如,大理的三月街是远近闻名的物资交流大会,也是大理一带白族人民的盛大节日,于每年农历三月十五日到二十五日在大理城北的旷地举行。关于它的来历,有两种不同的传说:一说来自《白国因由》中"观音伏罗刹"的故事,人们为了纪念观音大士的善举;另一说则是观音大士在今三月街所在地讲经发展出热闹的集市。这两种传说都与观音大士有关,因此三月街又称"观音市"。从上述传说中,可见三月街具有悠久的历史,很早就是白族地区盛大的物资交流会。在历年赶会期间,白族人民都要在此表演赛马等民族歌舞和民族传统体育活动,附近几县的各族群众也来买卖物资,观看热闹。②

物资交流大会的形成一般会有许多由来的传说,体现出白族人民可贵的创造精神。很多传说都是与神灵有关,表现出白族人民对神灵的崇敬。

大理海东一带,每年农历四月初八日有"太子会",五月十九日有"老太会",六月初一至初六日有"朝斗会";保山的白族二月初八日家家要祭祖;云龙宝丰的白族是日迎接观音老母;农历七月十五日,鹤庆松桂的白族举行盛大的骡马大会,而八月上旬,剑川金华也有盛大的骡马大会;等等。这些都是各地白族人民传统的节庆,他们采取各种不同的形式庆祝节日。除骡马大会外,都具有浓厚的宗教色彩,或者完全是祭神、祭祖的宗教活动。③

不要说以祭神、祭祖的宗教活动为核心的盛会,就连其他节日,祭神或祭祖也是必不可少的,由此可见对神灵、祖先的崇敬已成为白族人生活的一部分,这之中体现出白族人民的宗教信仰及人们日常生活中的行为规范,通过节日活动规范人们的行为举止。

天人合一,崇尚自然,这是中华民族处理人与自然关系的思想和智慧,在白族的节日中多有体现。每年农历四月二十三日至二十五日是大理白族"绕三灵"的节日,在白语中也称为"拐上呐"。参加绕三灵队伍的人员普遍在太阳

---

① 《中国少数民族社会历史调查资料丛刊》修订编辑委员会编:《白族社会历史调查(一)》,北京:民族出版社2009年版,第201页。

② 《中国少数民族社会历史调查资料丛刊》修订编辑委员会编:《白族社会历史调查(一)》,北京:民族出版社2009年版,第201页。

③ 《中国少数民族社会历史调查资料丛刊》修订编辑委员会编:《白族社会历史调查(一)》,北京:民族出版社2009年版,第201-202页。

穴上贴太阳膏（纸质）。太阳照射的多少，关系到气候的冷暖，农业的丰歉。在部分白族村中，村民们把太阳神作为本主神供奉，正是反映了白族对太阳的崇拜。绕山林队伍前面的男女共扶着柳树上悬挂着的葫芦，则是出于"祈子嗣"的目的。葫芦形如女性怀孕的模样，且葫芦多籽，象征女性的生殖能力。他们将自己多子多福、谷物丰收的美好期许，寄托在某一具体的自然物上，并通过节日将这种愿望表达出来，正是对自然的一种崇尚。

友善互助，其乐融融。重视亲情，阖家欢乐。不论是中华民族的传统节日，还是白族地区具有民族特色的节日，都有其特定的来历，多是出于祭祀、缅怀先人、庆祝等多种原因。各种节日发展到如今，更多是家人团聚、阖家欢乐的日子，即使是出嫁的姑娘，在某些特殊的节日里，也定要回娘家中一起过节。这些都体现出白族人重视亲情的特征。

六、节日文化中的道德观念

节日文化属于历史文化的范畴，是民族文化的一种历史积淀。一个国家或民族的任何一个节日，都是在漫长的历史中萌发而形成的，都有广泛而深刻的历史文化寓意。[①] 白族的节日文化也正是在漫长的历史中沉淀、积聚而成，特别是白族特有的民族传统节日，更是充分体现了其民族特色。因此，在白族的传统节日文化中，不论是从具体的节日活动，还是与节日相关的传说，都能够感受到该民族的道德礼仪要求。

（一）兼收并蓄包容开放的思想

白族节日众多，各地白族间受地理的阻隔，节日又具有地域特色，为当地所特有，以白族本主节为例，其地域特色尤为明显。本主，即本境之主也，乃白族人民奉祀的民族神。本主崇拜作为白族特有的一种宗教信仰，在佛教、道教传入白族地区之前，也是白族唯一的宗教信仰。道教和佛教传入后，善于兼收并蓄的白族人将其融入本主崇拜而独树一帜。[②] 本主崇拜是一种多神崇拜，各个白族地区或者各个村寨本主的身份都不一样，但也有几个村寨共同信奉一个本主的情况，这正反映了白族的包容开放。每逢本主的诞辰日，村中就会举行大型的祭祀活动，也就是人们常说的本主节。因各村寨信奉的本主不一样，

[①] 陈自仁：《陵谷沧桑：八千年陇文化》，兰州：甘肃人民美术出版社2014年版，第327页。

[②] 赵寅松著，杨伟临等摄影，大理州白族文化研究所编：《守望精神家园中国白族节日文化》，哈尔滨：黑龙江人民出版社2007年版，第52页。

因此本主节也并没有固定的日子。祭祀主要在于祈求阖家欢乐、家人健康、一生平安。

白族的包容性体现在本主节中，首先是对待外来宗教的态度上，并非一味排斥，而是将其融入自己的本主信仰之中；其次，白族的包容性还体现在多本主崇拜的多神信仰上；最后，体现在节日的时间规定上。节日中的祭祀活动，更多的在于表达对本主的尊重与敬爱，寄予自己最美好的愿望。

（二）崇尚正义以白为贵的观念

白族人崇尚白色，因此特别喜欢雪白色的梨花。居住在剑川的白族人在每年梨花盛开的季节，都要举行传统的梨花会。而关于梨花会的传说，正是体现了白族人对正义的崇尚，白色也正是代表了正义、纯洁。传说在很久以前，白族人民就特别喜欢开白花的梨树，因此，只要有白族人居住的地方，其房前屋后都要种上几棵梨树。这件事惹恼了黑魔鬼，黑脸、黑牙、黑心、黑肝的黑魔鬼施起妖术，霎时间，正在开花的梨树都枯死了，凡是世间白色的东西都变成了黑色，人们的生活变得昏暗，没有了光泽。传说只有白龙潭中的龙乳能够破掉黑魔鬼的妖术，白龙潭位于老君山上，老君山的山上共有九十九个龙潭，其中之一便是白龙潭，而老君山的地理位置极偏僻、险峻。这时，一位叫梨花的白族姑娘为了制服魔鬼，不畏艰险，爬过了三十三座高峰，越过了七十七条山涧，找遍了九十九个龙潭，终于取回了白龙潭里的龙乳。她把龙乳喷在黑魔鬼的身上，黑魔鬼马上变成了一块石头。世界开始恢复光明，白色的东西恢复了本来的面目，枯死的梨树重新开出了耀眼的白花。而善良勇敢的梨花姑娘却因为劳累过度，在梨花树下永远地离开了大家。人们把梨花姑娘安葬在梨树下，每当梨花盛开的时节，人们就也想起了舍己为人、正义的梨花姑娘。为了纪念她，白族人民每年都要举行梨花会。[①]

（三）铭记先辈恩情弘扬祖辈美德

白族人的节日中，很多都是纪念祖先、亲人的。如农历三月清明节、农历七月烧包节（汉族的中元节）、农历十月上坟节日等大型的祖先祭祀节日。在祭祀的这一天，人们为逝者寄去冥衣、冥钱等物件，希望逝者在那一边能够衣食无忧，也算是献上子辈们的一片孝心。

---

① 赵寅松著，杨伟临等摄影，大理州白族文化研究所编：《守望精神家园中国白族节日文化》，哈尔滨：黑龙江人民出版社2007年版，第94－95页。

先辈的肉体虽然已经离世,后人仍时刻铭记先人恩情,铭记当前的幸福生活来之不易。不仅是在节日这一天,白族人祭奠祖先其实是不分时日的,只是平日里的规模较小,也是吃什么就用什么祭祀。在白族人家中,家家都设有祖宗牌位,时刻提醒自己不忘祖辈恩德。

(四)尊师重教不忘师恩

农历八月十五是中国传统的团圆节——中秋节,白族也过中秋节,他们给节日赋予了白族的文化内涵。接近农历八月十五时,白族家中的女性成员就开始烙月饼,月饼在白族地区被称为"吞一"。月饼有大小之分,一般会烙两个大饼,象征"太阳"和"月亮",还有各式各样的为节日准备的小饼。在中秋节当晚,全家人一起祭拜过天地、日月后,便开始赏月吃月饼。在这样家人团聚的时刻,他们也不忘记平日里辛勤育人的老师们,在节日后的第二天,小学生都会将自家的月饼带给老师,向老师表达自己的敬意和感恩之情,老师则会将收到的月饼与全班同学一起分享。白族人历来都有重视教育的传统,并在节日中得到充分体现。

白族传统道德的特点

在中华人民共和国成立之前，白族的生产方式仍然比较落后，所以人们的道德观念中大量地保留着原始先民道德观念的遗迹，处于朦胧性和直观性状态。

一、自发而又淳朴

人与人之间的道德行为多半是在感情和感觉、生活习俗和惯例直观形式上加以具体概括，把握人与人之间的道德关系，并且自发地用本民族历史上传承的行为准则来调节或规范自己的行为。可以说，白族的传统道德礼仪是自发形成，世代相袭的。

淳朴是白族传统道德礼仪的又一特点。淳朴道德是指人类世代传承并且没有受到污染、扭曲的优良传统。白族历史上形成的与其他民族大杂居、小聚居的特点，加之自然环境极为复杂、交通不便等原因，造成白族传统道德较少受到外在影响，使反映白族原始社会经济生活的道德行为和规范，在人们的思想和行动中得到巩固和发展，并在白族社会生活的各个方面发挥作用。因此，白族传统道德基本上直接继承了原始社会白族先民丰富淳朴的美德，这些美德构成白族传统道德礼仪内容中的主流。

白族传统道德礼仪的表现形式是淳朴的，这一点突出地表现在人们的道德情感上，白族人民一般都具有坦荡正直、诚实无私、刚毅勇敢的品质，这既是白族的民族性格，也是白族的道德礼仪风尚。他们认为劳动是每个民族成员最基本的义务，不劳动就不能生存，勤劳受人尊敬，懒惰可耻。他们待人热情、诚恳、笃实可信，与他人相处时，使人感到有一种安全感。在处理是非问题时，好坏分明，一是一，二是二，直来直去，道德情感直接表露于外，极少有私心杂念。在洱海区域的白族传统社会几乎无偷盗现象，故过去白族社会有"路不拾遗，夜不闭户，外出不锁门"的习惯。而一旦路见不平，人们便会挺身而出，为他人打抱不平，这也是白族的社会风尚之一。

白族传统道德的淳朴性，主要表现在白族传统道德内容上。无论是社会公德、劳动职业道德、贸易道德、恋爱、婚姻、家庭道德、宗教信仰以及丧葬道德等等，都较为淳朴。白族始终保留了人类社会的许多优秀的道德传统，既与原始社会的道德有联系，带有原始道德的痕迹，又不等同于原始道德。随着社会的发展，白族淳朴的道德观曾受到阶级社会中奴隶社会道德、封建社会道德、资本主义社会道德的影响，但并没有被取代。1950年以后，社会主义制度的建立，从根本上消灭了剥削阶级道德生长的基础，又使白族传统道德中的淳朴性得到保护，并在跳跃式的社会形态变迁中保存和发展起来，形成优良的道德传统，比如热情好客、平等待人、文明礼让、崇尚勤劳、鄙视懒惰、谦虚谨慎、恪守信用、团结和睦、尊老爱幼等在白族社会中形成的风尚。白族的人们从小就生活在有良好风尚的人群中，受社会风尚的熏陶，养成朴实善良的民族性格。如果个人的言行与群体道德规范不一致，就要受到社会舆论的谴责。在社会公德方面，白族都有团结友爱、互相帮助的传统。在一些社区内，人们婚丧嫁娶、修房盖屋，都要相互帮助；农忙收割或栽插季节，相互换工；出现天灾人祸，人们都会无偿互助。久而久之，这些长期形成的习惯和礼仪自然成为人们的自觉行动。在贸易交往中白族人诚实守信；在恋爱、婚姻、家庭道德等方面，白族人民重情轻财，自古以来就有男女青年自由恋爱的习俗；家庭生活的和睦，源自白族妇女历来是农业生产劳动的主力，故她们在家庭生活中的地位较高。家庭中父母有抚养子女的责任，子女也有赡养父母的义务，也就是哺育与反哺的传统。在白族村落，若有人抛弃年幼子女而不顾，或遗弃父母而不养，特别是虐待老人者，定会受到社会舆论的谴责，为村落道德所不容。在处理个人与个人、个人与社会的关系上，白族重"义"轻"利"，讲团结，维护集体和社会利益。因此，白族为了生存和发展，在不断调试内部关系，增强内聚力的过程中，以前主要靠淳朴道德来实现。现在，在某种程度上仍然需要淳朴道德来维持和发展。所以说，淳朴性是白族道德礼仪的一个重要特点。

二、交融性

道德礼仪与文学艺术、风俗习惯、宗教等同属于社会意识形态，它们之间既有联系，又有区别。如白族传统道德与白族文学艺术、风俗习惯、宗教信仰、节日活动等各种文化现象是交织在一起，相互渗透与交融的。白族民间文学艺术、风俗习惯、宗教信仰、节日传统等成为白族道德礼仪的主要载体；道德观念对文学艺术、风俗习惯、宗教节日活动，也产生极大影响。

首先，白族传统道德与白族神话史诗、谚语、民间故事传说相交织。史诗、谚语、民间故事中包含着许多伦理道德观念，其中有赞美德行高尚的人。如《慈善夫人》的本主故事就是其中之一。慈善夫人又称"柏节夫人""白洁夫人"。元人张道宗著《记古滇说》一书中有记载：皮逻阁见其聪慧异常，要强娶为妻。在统治者的淫威下，她勇敢、坚强、对爱情忠贞不渝、发誓一女不事二夫。她坚持正义，反对强暴的品质，是白族人民的传统美德的表现。也正因为此，白族人民尊她为本主而加以供奉，还把火把节作为纪念慈善夫人的节日。

白族视慈善夫人为正义、真理、智慧和纯洁爱情的化身。

在白族的民间故事中，有很多为民除害的英雄人物故事，如杜朝选、段赤诚、孟优等；有为民所敬仰的"节烈""孝子"的故事，如阿南、阿利帝母等；还有南诏大理国的"帝王将相本主"，如细奴逻、蒙世隆、赵善政、杨干贞、郑回、段宗牓、段思平，以至唐军将领李密、明军将领傅友德等都被列入本主神中，因而封建社会伦理的忠孝节义等观念，也体现在神话和民间故事中，形成丰富多彩的白族民间故事。这些故事世代相传，长期在民间传颂，从而体现在神话和民间故事中的伦理道德、规范的观念，由此也就深入人心，形成牢固而有力的白族民间传统和民族精神的一部分，长期支配着白族的道德风尚。

其次，白族传统道德与白族风俗习惯交融在一起，是白族传统道德的又一显著特点。白族的风俗习惯广泛存在于白族的生产、生活、丧葬婚嫁、节日、禁忌之中，形式多样，内容丰富，而且在同一民族的不同支系或同一支系的不同地域也有所不同。正如民谣所云："五里不同天，十里不同俗。"因此，白族的风俗习惯，是在白族长期的社会历史发展过程中形成和发展起来的，风俗习惯与伦理道德相交融，风俗习惯是道德观念的具体生动的表现。如白族少女长到12～15岁就要穿耳洞。穿耳洞一般在每年冬至节这天，届时，由一位经验丰富的大婶操作，她手拿穿有红丝线的绣花针，把针尖在火上烤一下，然后手捏少女耳垂，在耳垂上擦点香油后迅速穿过，留丝线小圈在耳垂上，半个月之后拆下丝线，便可戴上耳环。穿耳洞是白族少女必须履行的一个人生礼仪，象征着少女逐渐成熟，可以恋爱了。白族支系勒墨人，当女孩长到13～14岁，父母就要为她盖一间小屋，让其单独住和在此接待来访的男青年，这就意味着女孩长大成熟了，可以结交男朋友，享有氏族外婚的权利。

在白族婚姻、丧葬、礼仪、禁忌等方面的风俗习惯中，所反映出的道德观念、道德情感就更加明显了。又如白族人的"打老友"习惯，就是年龄相同，性别一样的人在交往中，情投意合者常自愿结为老友，互相馈赠，或备酒宴为结拜之仪，节日里互相贺喜，遇事必尽力相助。有的成为世袭老友，一代代往下传。因此，白族"打老友"的习惯从一个侧面反映了白族好客、重感情的道德传统。

白族的丧葬习俗，也与伦理道德交织在一起。白族的治丧习俗也有自己独特的方式，包括背棺、接气、喂百果、净身、入棺、哭丧、报丧、问吊等程序，表示了生者对死者的哀悼与祝福，尽子孙后代的孝道。而丧葬过程中的每一环节，与其说是为了死者，还不如说是为生者，使灵堂变成课堂。让人们通过丧葬仪式，普遍受到本民族伦理道德规范的教育。

白族传统道德礼仪与白族的宗教信仰相互交融，是白族传统道德的又一突出的特点。宗教信仰在白族社会生活中，无论是过去，还是今天普遍存在的社会现象，它渗透到白族人生活的各个领域。长期以来，白族之中盛行佛教、道教和本民族的宗教本主信仰，还有巫教。这些宗教信仰相互渗透，遍及白族聚居区，影响着白族的社会生活和思想道德观念。

早在公元8世纪末，即晚唐时期，佛教已在洱海地区传播和盛行。南诏和大理国的统治者在国内竭力推行佛教信仰。先后封了许多僧侣为"国师"，授予其极高的权利，王室成员全部皈依佛教，有的国王也逊位为僧。就以大理国为例，国王段氏，自段思平起到段兴智，凡二十二主，其中有七位禅位为僧，一主被废为僧。他们"劝民每岁正、五、九月持斋，禁宰牲口"，"每家供奉佛像一堂，诵念经典，手拈素珠，口念佛号"。因而形成当时国内官员上至国相，下至一般官吏，多从佛教徒中选拔；连学校也设于寺院，学生也是僧侣。可见当时佛教在白族地区的盛行。于是，清代诗人吴伟业曾说："苍山与洱海，佛教之齐鲁。"早期在白族之中盛行的是大乘佛教中的密宗，即"阿吒尼"，教徒崇奉释教，习儒书，也就是"其流则释，其学则儒"。到了明代，朱元璋特申禁令，不许传授密教，代之而起的是禅宗佛教，"土俗奉之，视为土教"。道教在南诏初期盛行于白族之中的是天师道，在唐德宗贞元十年（794年），西川节度使韦皋派巡官崔佐时与南诏王异牟寻在苍山神祠定盟时的誓词"谨旨玷苍山北，上请天地水三官，五岳四渎及管川谷诸神灵，同请降临，永为证据"。这是当时道教在白族地区流行的写照。至今洱海区域流传的"洞经音乐"，便是道教谈经会演奏的乐曲目；一些村庄留存的"三教宫"建筑，就是白族信仰佛、道、儒三教合流的遗迹。表现在白族伦理道德礼仪规范上，宗教信仰的教义要求，与人善处，慈悲为本、极乐好施及因果报应的各种戒律和规范，渗透到人们社会生活之中，成为人们的道德礼仪和行为规范。

然而，尽管佛、道、儒在白族地区广泛流行和传播，但白族始终保持本民族宗教信仰"本主"崇拜。"本主"即本境之主，即村落的保护神。故在白族聚居区（包括湖南省桑植县的白族），几乎在每一个村落均有自己的"本主"，有的一个村落祭祀一个"本主"，有的几个村落祭祀一位"本主"，并建有本主庙，庙内供奉木雕、泥塑和石雕的本主像，个个村寨每年在本主寿诞之日举行迎接"本主"的庙会。届时全村男女老幼身着节日盛装，杀猪宰羊，制备丰盛的食物，宴请亲朋好友聚会，欢度"本主"佳节，还要到本主庙献祭、念经、唱大本曲，在村落里耍龙、耍狮子，以示与"本主"同乐。各村寨祭祀的本主来历不同，其中有自然崇拜之神，有驱散云雾的太阳神、洱海河螺神、石头之神本主等；有为民除害的英雄人物之神本主，如斩蟒英雄段赤诚、杜朝选、孟优等；还有南诏大理国的"帝王将相"本主，如细奴逻、蒙世隆、赵善政、杨干贞、段宗牓、段思平、郑回等。白族人认为,凡"本主"均有过功绩或道德高尚而受到人们的尊敬和祭祀,所以,白族人不但在本主诞辰之日到本主庙祭祀,每月初一、十五或平时生老病死、婚丧嫁娶、出门做手艺或经商,都要到本主庙祭祀,祈求本主保佑平安。白族人还认为,本主也有婚姻家庭和七情六欲,因而"本主"只管今生,不管来世。于是,体现在本主崇拜中的白族伦理道德观念,就表现为对改造自然、征服自然、惩恶扬善行为的颂扬,以及人们对真、善、美的追求,对假、恶、丑的谴责。

白族的传统道德礼仪又与白族的岁时节庆相交融,是白族传统道德的又一突出特点。白族的节日很多,其中有一些节日与汉族相似,如春节、元宵节、清明节、端阳节、中元节、中秋节、重阳节、冬至等节日,但过节的形式与内容又有自己的特点。此外,白族还有一些具有本民族特点的节日,有来源于生产和生活的节日,如栽秧节——田家乐,是白族一年一季与农业生产栽秧相结合的活动,也是白族民间栽插中临时性的劳动组织。人们一面劳动,一面高歌,企盼五谷丰登,六畜兴旺。

有的节日则来源于对英雄的纪念,如火把节便是洱海区域的白族人民对慈善夫人的纪念,用火把象征光明,冲破黑暗。慈善夫人勇敢、善良的品质,也正是白族先民的主要道德规范。周城北村本主节(正月十六日),祭祀杜朝选;绿桃、德和两村(七月二十三日)祭祀段赤诚的本主节日,则反映了古代白族英雄为了人民的利益,英勇奋斗,不惜牺牲自我的大无畏精神,也表达了人们征服自然灾害的坚强意志和信念。杜朝选和段赤诚,为了洱海周围人们的安居乐业,挺身而出,并勇敢、机智地杀死恶蟒,为民除害,这正是白族高贵品质的集中表现。

有的节日来源于宗教信仰,如三月街,又名观音节。它起源于佛教的庙会。南诏大理国时期,由于受印度和唐朝佛教的影响,白族普遍信仰佛教,连国王也皈依佛教,到处造佛殿,建筑佛塔,被人们称为"仙都"的中和寺,"佛都"崇圣寺及三塔都是在三月街傍边兴建的。因此,古代称三月街为"观音市"或者叫"观音节",每年农历的三月十五日至二十日在大理苍山中和峰下,古城苍山门上边,背靠苍山,面向洱海的广阔地带举行,至今一千多年时间、地点都没有变。所以,三月街始于唐代永徽年间,最早是佛教的讲经庙会,后来逐渐发展成为物资交流盛会。

关于三月街的传说很多,据《白国因由》记载,在南诏时期,观音到此传教,讲授《方广经》,农历三月五日驾云西去。此后善男信女年年按时到此聚集,用蔬菜祭观音,后人来此交易,故名"祭观音街"。大理凤阳邑《方广经序碑》也载:"相传方广经始自观音伏罗刹,后地方人不知修缮,观音说法于三月街，演说《大乘方广经》。其时人不通汉语，悉将经文编为土语，以教民众。由普众宣传，仍大传经文于妙香古国。"证明三月街的起源与宗教有关。民间传说古代白族妇女随丈夫到天宫赶"月亮会"回来后，仿照举办起三月街。而随着历史的发展，三月街除了商品交易外，还是大理乃至滇西的歌舞表演、民间工艺品展示、赛马竞技的场所。

据史料记载，到明代，观音市已发展成为西南地区重要的物资交流中心。在明嘉靖《大理府志·市肆》中说："府观音市，在城西校场，以三月十五日集，至二十散，十三省商贾咸至，始于唐永徽间，至今不改，以民便故也。"在《徐霞客游记·滇游日记》中也记载："俱结棚为市，环错纷纭，千骑交集，男女杂沓，交臂不辨，十三省物无不至，滇中诸彝物也无不至。"明代全国只13个省，可见三月街的影响在那时已遍及全国。《大理县志稿》亦载："盛时百货生易颇大，四方商贾如蜀、赣、粤、浙、湘、桂、秦、黔、藏、缅等地，及本省各州县云集者殆十万计，马骡、药材、茶市、丝棉、毛料、木植、磁、铜、锡器诸大宗生理交易之，至少者亦值数万。"说明参加三月街人已经扩大到东南亚，货物交易规模和金额不断提升。乾隆时期，大理举人师范有诗："乌绫帕子凤头鞋，结队相携赶月街。观音石畔烧香去，元祖碑前买货来。"说的就是人们从四方八面来赶三月街的景况。清代白族音乐家李燮曦作《竹枝词》描写三月街说："昔时繁盛几春秋，百万金钱似水流。川广苏杭精巧货，买卖商场冠亚洲。"形容那时三月街上就有省外的商品，而且交易金额多。在民国初年，仍以集市贸易为主，改称三月街，时间不变，"各省及藏缅商贾争集，官署遣戍卒卫之"。三月街期间，省外和省内的各族人民云集而来进行物资交流，以大牲畜、山货药材为大宗，其他各种百货、土特产品琳琅满目，应有尽有。可见，传统三月街的物资交易主要以骡马、山货、药材、茶叶为大宗。同时，白族要对歌跳舞，彝、白、回、藏各族还要赛马欢歌。伴随着社会历史的发展，白族三月街已经成为白族的一种民族精神，正是这种精神对边疆民族地区经济的发展，促进各民族的交流、互动及和睦相处，推进与东南亚、南亚国家的经济交往与合作都发挥了重要的作用。所以，三月街就是各民族交流、融合的盛会，也是白族"包容""开放"的民族特点之精髓。

还有十分广泛、规模极大的传统节日，如绕三灵、蝴蝶会、三月三（又名小鸡足歌会）、耍海会等，人们从四面八方聚集到一起，届时人山人海，在欢乐和喜庆中欢度节日。如绕三灵，是大理白族的一个盛大的传统节日，也是一个富有生活气息的群众性歌舞活动。因此，有人将它称为白族的狂欢节。每年农历四月二十三至二十五日，大理、洱海、宾川、巍山等地的白族群众，男女老幼身着盛装，成群结队地来到苍山洱海之间，排成长蛇阵队伍边走边唱，祈求风调雨顺，人寿年丰。通常队伍最前面的是两个身着盛装的老人（称花柳树老人），他们同时手持一棵挂有红彩和葫芦的杨柳枝。一人右手手扶柳枝，左手拿着蝇帚；另一人左手扶柳枝，右手甩着一条毛巾，两人边走边唱"花柳曲"。后面的大队伍有的唱白族调、对歌，有的打霸王鞭、敲八角鼓、双飞燕，边走边歌唱，一派狂欢的景象。白族人民的道德情感、礼仪正是在这各种各样的节日中得到尽情表达，各种不同的节日从不同角度、不同侧面反映了白族的道德观念，其中有一些节日活动规范人们如何为人处事、从善积德、爱憎分明。因此，白族不仅节日多，其节日内容又丰富多彩，具有广泛的群众性和全民性。故白族的传统道德礼仪在众多节日中得到广泛传播，白族传统节日成为白族传统道德礼仪代代相传的载体与场所。

三、权威性和多层次性

白族的传统道德礼仪，在白族社会生活和人们的相互交往中表现出来，无时不在，无处不起作用，与人们的生产生活密切相关，具有一定的权威性。中华人民共和国成立之前，白族社会生产发展缓慢，生产力水平较低，与生产力发展状况相适应的白族传统道德礼仪，自然也就把道德上的义务及评价，归结于神灵、传统习俗的要求和力量。于是，社会生产、生活似乎成为"风俗习惯势力的统治"。正如列宁指出的那样："我们看到的是风俗的统治，是族长所享有的威信、尊敬和权力，这种权力有时是属于妇女的。"接着他又说道："公共联系、社会本身、纪律以及劳动规则全靠习惯和传统力量来维持，全靠族长和妇女享有的威信或尊敬来维持。"[①] 又比如，白族家庭内部矛盾、兄弟之间分家，尤其是为争夺财产引起的纠纷，只要家族中长者出面，一切矛盾就会迎刃而解。因为家族中族长或村落长者，会按传统习惯，妥善地解决家庭分家时财产的分配、老人的赡养等问题。

民族内部村落与村落之间为水利引起的械斗，或者是与其他民族之间的矛盾，白族历史上均采用族谱、家训、乡规民约、刻石立碑等方法去解决。如清光绪十七年（1902年）八月，今鹤庆县的松树曲、邑头村、文笔村与西甸村、文明村、象眠村同用羊龙潭水灌溉田亩。水由高处平流对绕进文明村边向北，水往桥下过，复东流至西甸村背后，照例分水立有石闸。然而，西甸三村凿挖水道，屡坏古规，偷放羊龙潭水，以充碾磨之用，使得松树曲三村沟田水竭，禾苗枯槁，无奈只得将西甸三村的碾磨打坏，引起争执。为平息事端，以敦和

---

① 列宁：《列宁选集》第4卷，北京：人民出版社1995年版，第44-45页。

好，便立下《羊龙潭水利碑》，从而使得一代又一代的人相安无事。

又如鹤庆县金墩积德屯的《公立乡规碑记》、剑川东岭乡的《新仁里乡规牌》、大理旧辅村《护松碑》《种松碑》等，都是通过人们自订的乡规民约，联系本民族、本地区和本乡本土的实际情况，以本民族传统道德观念和行为准则为基础，把对人们进行传统教育和一定的奖惩制度相结合，必然也就具有一定的权威性。随着社会的发展，尤其是改革开放以来，在市场经济下，白族地区社会风气、治安秩序、人与人之间、个人与社会之间等出现了一些新问题。解决这些问题，除了借助于法律，依靠国家制订的各种法规外，白族传统道德尤其是乡规民约，也仍然在起作用。这些乡规民约的建立制定，说明白族传统道德在白族社会生产生活中，在为维护集体与个人的正当利益、协调人与人之间的关系、保持社会秩序的稳定、促进白族经济社会的发展等方面，发挥着积极作用。

多层次性是白族传统道德的一个特点。由于历史的原因，直到 1950 年以前，白族社会政治、经济、文化等方面发展不平衡，使得同一民族的不同支系，分别处于前资本主义社会的各个历史发展阶段，即分别处于原始、奴隶、封建和具有资本主义萌芽等不同社会形态，因而也分别具有与社会形态相适应的原始社会道德、奴隶社会道德乃至资本主义社会的道德。加上地理环境、生活差异，与周围其他民族状况的不同等原因，使得白族传统道德也存在多种层次。

同一民族内部道德形态的差异，是白族传统道德的显著特点，差异的形成直接源于白族社会经济发展的不平衡性。早在 20 世纪 30 年代初，怒江勒墨人和那马人还盛行以物易物，而在"碧江的知子罗、福贡上帕有了街子，人们通过物物交换的方式互通有无。街子上进行交易的物品是：碧江白族生产的生漆、黄连；内地商人运进来的盐巴、布匹和铁制生产、生活用具。"手工业和商业尚处于原始状态，没有专业的手艺人和商人。而在下关、大理、鹤庆等地，商业迅速发展，商帮开始形成，商帮的经营活动由原来的以藏贸易为主转为以滇缅贸易为主。出口以烟土为大宗，药材、山货、宝石、玉器次之，入口以川广丝布、洋货为大宗。到 20 世纪 40 年代，仅下关商店发展到三千余家，下关商会有"银行业、银楼业、织染业、纱业、百货业、制茶业、堆店业、国药业、中医师业、绸布业、酒肆业、皮革猪鬃业、马车业、旅店业、食宿业、肉案业、盐业、理发业、缝纫业、印刷业、木作业、烤饼业、靴鞋业"等二十五个同业公会。当时也是下关、大理、鹤庆商帮繁盛时期，其中喜洲商帮发展最快，以永昌祥、锡庆祥两家为首发展成了"四大家""八中家""十二小家"的白族地区最大的商帮。其中永昌祥在国内有分号七十余个，国外分号六个，拥有四个茶厂、八个丝厂、四家银行、五个矿山，流动资金折合黄金 1.8 万两左右，成为白族商业界首富。与社会经济发展形态相适应的道德观念，在勒墨人和那马人中，则普遍表现为安贫知足、平均主义、重乡守土、鄙视商品经济等；而在洱海区域的白族则有进取的思想，开始重视商品经济，逐渐出现了民族资本家。资本家垄断市场，并为牟取暴利，囤积居奇、投机倒把，任意抬高物价的事时有发生。这便是社会形态的差异，带来了同一民族内道德形态的差异。

在生活习惯、宗教信仰、恋爱婚姻家庭等方面，在白族同一民族内不同支系、不同区域或不同支系的不同发展阶段上，也还不同程度地存在差异，如勒墨人和那马人以血缘为纽带的父系家庭公社，分属虎、鸡、木、菜四个氏族，分别在不同山寨中，在洱海区域的宗法大家庭中，除去包括四五代成员的大家庭外，多数分解为一个宗族有许多个小家庭了。恋爱婚姻的观念也不一样，仍然存在多种多样的道德层次。白族传统道德仍然呈现出丰富多样的特点，主要表现为占主导地位的社会主义道德与本民族传统道德相并存；同一民族不同特点的传统道德相融合；本民族内部不同的道德层次相并存；本民族内由于地理环境差异和社会经济发展不平衡造成道德观念的差异仍然存在，所以，必然带来白族传统道德多层次性的特点。

学术界有的学者则把民族伦理道德的特点归纳为时代性、阶级性、民族性、批判的继承性。其观点如下：

（一）时代性

关于民族伦理道德礼仪的时代性，学术界主要参考德国哲学家狄慈根的观点。狄慈根曾经说过："时代不同了，道德也不同。"[1] 我们理解这个问题，应从各个民族社会的一定生产方式或经济关系中去寻找，即各民族的伦理道德是在该民族社会的生产方式、经济关系中产生的，一方面受到各民族经济关系的制约，而另一方面又必然会随着各民族社会经济关系的变革而发生变化。所以，民族伦理道德总是具体的和发展变化的，不同历史时代的民族由于受其所处生活方式的制约而总是会出现不同的伦理道德类型。

同一个民族在不同的社会形态中会产生不同的伦理道德，如原始社会的伦理道德既不同于奴隶社会，也不同于封建社会或社会主义社会的伦理道德。这正是由于时代不同，所以才有不同的伦理道德。于是，民族伦理道德也有其时代性。

---

[1] 狄慈根著，杨东莼译：《狄慈根哲学著作选集》，北京：三联书店1978年版，第16页。

(二) 阶级性

如前所述,少数民族传统道德是在本民族社会的一定生产方式和经济关系中产生的。它既受本民族物质生活、经济关系的制约,又必然会随着本民族社会经济的发展而发生变化。故此,随着原始公有制关系解体,原始社会的民族道德即被否定,进入阶级社会各民族的道德具有鲜明的阶级性。也就是说,在不同形态的私有制社会中,统治民族中的剥削阶级道德与被统治民族中的被剥削阶级的道德,在利益冲突上是根本对立的,绝没有共同之处。正如恩格斯在《反杜林论》中指出的那样:"我们驳斥一切想把任何道德教条当作永恒的、终极的、从此不变的道德规律强加给我们的企图,这种企图的借口是,道德的世界也没有凌驾于历史和民族差别之上的不变的原则。相反地,我们断定,一切已往的道德论归根结底都是当时的社会经济状况的产物。而社会直到现在还是在阶级对立中运动的。所以,道德始终是阶级的道德。它或者为统治阶级的统治和利益辩护,或者当被压迫阶级变得足够强大时,代表被压迫者对这个统治的反抗和他们未来的利益"[①]。可见,不同阶级的经济地位和社会地位,决定了各自不同的道德观念。在阶级社会里,各民族伦理道德的本质都是从各自阶级的经济、政治利益中引申出来的,并为其阶级经济、政治利益服务的。因此,各民族在其各阶级伦理道德的体系结构、基本观念、根本原则和主要规范等方面,都必然会留下各自阶级的烙印。关于这一点,1949 年之前,白族支系勒墨、那马及洱海边城的民家的例子最具代表性[②]。

(三) 民族性

少数民族的伦理道德除了具有时代性、阶级性以外,还具有民族性。民族性,就是为一个民族所具有的、不同于其他民族的那一部分特有的属性。在人类社会历史发展的过程中,由于民族不同,民族间的道德表现也完全不一样。关于这一点,黑格尔曾经在他的《历史哲学》一书中提出:"民族的宗教、民族的政体、民族的伦理、民族的立场、民族的风俗,甚至民族的科学、艺术等等都具有民族精神的标记。"[③] 伦理道德也不例外,每一个民族共同体,由于某些相似或相同的经济条件、文化背景和民族心理,也必然会存在着某些相似或

[①] 马克斯、恩格斯:《马克思、恩格斯选集》第 3 卷,北京:人民出版社 1972 年版,第 133 – 134 页。
[②] 杨国才:《白族传统道德与现代文明》,北京:当代中国出版社 1999 年版,第 31 页。
[③] 黑格尔:《历史哲学》,上海:上海书店出版社 2006 年版,第 104 – 105 页。

相同而又有别于其他民族的属性。比如，在民族道德观念的主体性认识和理解上，在民族道德评价的标准上，在民族道德情感的表达方式上，在民族道德行为的准则及其实际操作标准上，往往都会因民族不同，而表现出天壤之别。关于这一点，德国空想共产主义者威特林在他的《和谐与自由的保证》一书中说："在这一个民族叫着善的事，在另一个民族叫着恶；在这里允许出现的行为，在那里就不允许。"①

关于各个民族表达情感、观念的方式的不同，表现为道德行为和准则以及道德评价的标准也不一样，恩格斯在《反杜林论》中曾经指出："善恶观念从一个民族到另一个民族，从一个时代到另一个时代变更得这样厉害，以致他们常常是互相直接矛盾的。"②

德国哲学家狄慈根说："民族不同，道德也不同。"③ 所以，我国各民族的伦理道德也不例外，少数民族的伦理道德的民族属性的确是一个不容忽视的重要问题。④

(四) 批判的继承性

少数民族的伦理道德同其他各种知识形态一样，也具有继承性。因为，任何伦理道德的产生和发展，都有一个承前启后、前后相续的历史联系性过程，截断民族伦理道德的历史联系性与传承性，只能导致民族虚无主义。

因为道德的批判继承性是指道德的发展过程中，新旧道德之间的客观必然联系，也就是摈弃其糟粕，吸收其精华；在摈弃中包含必要和肯定，在吸收过程中也包含着必要和改造。任何道德都是一定社会经济状况的产物，也是一定社会经济关系的反映。因此，社会经济关系的道德性决定了道德的继承性，每一个时代的思想家和哲学家，在认识和解决当前社会存在的问题时，都要利用前人创造的成果，加以改造和发展。至于舍弃了哪些，继承了哪些，那是由当时思想家和哲学家的阶级地位所决定的。

---

① [德] 威廉·威特林：《和谐与自由的保证》，北京：商务印书馆1979年版，第154页。
② 马克思、恩格斯：《马克恩、恩格斯选集》第3卷，北京：人民出版社2012年版，第132页。
③ 狄慈根：《狄慈根哲学著作选集》，北京：三联书店1978年版，第76页。
④ 杨国才：《白族传统道德与现代文明》，北京：当代中国出版社1999年版，第34－37页。

近代白族商帮的道德规范

云南大理白族聚居区，是滇缅、滇藏公路交汇地，滇西的交通枢纽；是历史上我国与东南亚各国文化交流、通商贸易的重要门户；是唐代南诏和宋代大理国五百年对外开放城市；是中国首批公布的 24 个历史文化名城和 44 个风景名胜区之一，也是中国文化及优秀旅游城市。大理地处云南省西北部，区位优势明显，投资环境优越，是商贸交易的理想之地。东距省会昆明 398 公里，西离中缅边界 580 公里，近代修筑的 320、214 两条国道交汇于此，使大理成为连接滇西各州陆路的交通枢纽，自古以来白族人民在这里生活，并逐渐形成了独具特色的商品贸易、民族企业及企业道德文化。

一、云南白族集市贸易的形成

在人类历史上简单的物物交换和货币流通是商品存在的基础和条件，商品交换发展到一定规模便产生了集市。集市的出现，促进了商品贸易交往；商品贸易的发展，加快了白族商帮的形成和白族地区商业资本的繁荣及贸易道德的形成。

(一) 白族地区集市的出现

集市，就是专门用于商品流通和交换的场所。商人们往返于集市中，贱买贵卖，从中追求价值的增值和促进商品的流通。故汉代开通的博南古道，是一条从四川经云南到印度的古老商道，被称之为"西南丝绸之路"。另外，洱海区域从剑川海门口和祥云大波那出土的文物，证明白族先民有与中原地区初期的商品交换的痕迹。方国瑜先生曾指出："开发蜀道、天竺道，从建立在沿途各地之驿站、集市可知，是时西南各部族社会，已发展到与邻近部族发生物质交换，相与贸易往返，开通道路。即甲部族与乙部族之间有通道，乙部族与丙部族之间有通道，丙与丁、丁与戊……之间亦通道路。递相联络，而成为长距离之通线。"① 通道的建立为各民族的集市提供了方便。元初李京的《云南志略》记当时白族地区"市井谓之街子，午前聚集、抵暮而罢"。而当时仅在大理县

---

① 方国瑜：《云南史料目录概说》，中华书局 1983 年版，第 81 页。

内的集市，据《大理县志稿》卷三载，即有 13 个：

内市：自双鹤门至安远门大街，逐日集市，贸易率以为常。

月集市：每月初二、十六两日集。旧在演武场，嗣移大街鼓楼左右，南门外西北城墙隅，历无定所，今定为初二日在五华楼左右，十六日在城西北隅。

上关市：在关内丑未二日集。

下关市：在关北巳亥二日集。

喜洲市：在县北四十里辰戌二日集。

草帽街：在城南十五里六日一集。

龙街：在作邑、向阳溪西村之间，辰日集，每街销售洋纱、土布各百余驮。

狗街：在喜洲弘圭寺山脚下，戌日集，销售品以洋纱土布为大宗，与龙街同。

菜市：旧在大街五华楼以北，逐日小市，自开办巡警新辟地，设场于文庙后空地以集之。

潘溪街：丑巳日集，民国六年设。

头铺街：寅申日集，宣统二年设。

五官庄街：朔望日集。

观音塘街：子午日集。

此外，大理境内还有小西城街、弯桥街、仁里邑街、狗街、龙街、周城街、上关街、沙坪街、江尾街、右所街、双朗街和挖色街。这些街子，都是根据十二地支来安排街集的日期。喜洲街是子、卯、午、酉日（即空二赶三，中间空两天，第三天为街期，即十二天中赶街四次）；狗街是戌日，龙街是辰日，各隔十一天为一街；仁里邑和周城，每天下午都赶街；右所街和小西城街是卯、酉日；沙坪街是丑、未日；江尾街是子、午日；挖色街是子、卯、午、酉日；弯桥街是寅、申日；双朗街是寅、巳、申、亥日。大理街每月初二、十六为大街，初九、二十三为小街；下关是四天一大街，两天一小街。而在这些集市中，又以大理、下关两处为总枢纽，其他各街的市场商品价格，主要以这两地为转移。集市的街子在一片空地上，无店铺，都是摆临时地摊。商品一般多为土杂、百货，以棉纱、土布为大宗。这里的集市，主要满足人们日常生活、生产之必需品，受农业季节性影响大，每年春秋两季收获后，集市活跃，交易频繁，而在青黄不接时，则比较清淡。集市交易中，白族人都遵循纯朴的道德原则，讲良心、公平买卖、不掺假、不抬价、一是一、二是二、直来直去。至今，白族地区这些古老的集市还一直沿袭下来，白族人民将自己的土特产品送到街子上叫卖，然后又买回自己所需要的工业品，集市贸易更为活跃。

(二) 白族地区的贸易交换

古代洱海区域，集市除按"十二属相"循环，定期举行外，还有一些大型的商品贸易会，如一年一度的三月街、渔潭会、松桂会，这些商品贸易交流会规模大，其中尤以大理三月街规模最大，是云南闻名遐迩的物资交流大会和白族传统街期及盛大节日。每年农历三月十五日在大理古城西举行，会期5~10天。三月街又名观音市。相传南诏细奴逻时，观音于三月十五日传授佛经。因此，每年会期，信徒们搭棚礼拜诵经，并"以蔬食祭之"，故三月街又称祭观音街。后来又由于大理是贯通中土和天竺的要冲，随着社会经济发展需要，逐渐演变而成具有浓厚民族色彩的贸易集市和节日盛会。据文献记载，三月街始于唐代，明清时期已具规模。早在明代中叶，每年三月十五日，就在"苍山下贸易各省货"。公元1636年，徐霞客在游记中记有"俱结棚为市，环错纷纭……千骑交集……男女杂沓，交臂不辨……十三省物无不至，滇中诸蛮物无不至"。清《大理县志稿》载："盛时百货生易颇大，四方商贾如蜀、赣、粤、浙、桂、秦、黔、藏、缅等地，及本省各州县之云集者殆十万计，骡马、药材、茶市、丝棉、毛料、木植、磁、铜、锡器诸大宗生理交易之，至少者亦值数万。"至今街期不变，届时白族与当地各民族和国内外客商云集于此，各种贸易布棚鳞次栉比，人山人海，各种农具、骡马、山货、药材、日用品、白族木雕、大理石制品，应有尽有。尤其是从1992年开始三月街又被定为白族民族节，届时除贸易交流外，还有民族文艺体育表演，特别引人注目的是赛马活动。

如果说三月街是白族春季商品贸易会，则渔潭会便是秋季物资交流会，其规模略次于三月街。会址在洱源县邓川的沙坪渔潭坡，每年农历八月十五开始，会期5~7天。这里是苍山洱海的尽头，山垂海错，有水运码头，又在滇藏公路沿线，是水陆交通要冲。会上以驰名远近的邓川奶牛以及各种农具为大宗交易物资。此外，出售嫁妆用具，故渔潭会又被称之为白族嫁妆会。准备秋后嫁娶的人家，都要来这里备办嫁妆，有来自剑川的木雕家具、腾冲的玉器、金银首饰，以及白族民间剪纸、刺绣等。会上还进行赛马、游泳竞赛、对歌等。

松桂会则是白族地区闻名的牲畜贸易交流会，同时也是白族传统的节日。会上以骡马交易为主，因此，又称松桂骡马会，每年农历七月二十二日至二十九日在鹤庆县松桂区团山举行。

正是由于商品交换市场的出现，促进了市场的繁荣，而市场的繁荣，又带来了交易的扩大。现将19世纪末洱海区域大型集市贸易辑录如下：

19 世纪末洱海区域大型物资交易集市一览表①

集市名称	会　期	地　点	集市特征	商业交往
下关	日日为市	今大理市下关	清雍正至道光年间，川滇、川藏贸易加强，下关成为滇省西部商业交通枢纽，商号开始出现，下关逐渐成为云南西部商业贸易中心，各地商人往返，日日为市	以下关为中心，形成四条商道： ①下关—大理—丽江—永胜—会理—西昌 ②下关—昆明—昭通—四川 ③下关—大理—丽江—中甸—西藏 ④下关—保山—腾冲—缅甸
三月街	每年夏历三月十五至二十日	今大理城西	"苍山下贸易各省货"。交易物质以骡马、山货、药材为大宗，是大理地区春季物资交流会	"十三省物无不至，滇中诸蛮物亦无不至。"商旅遍及西南、东南及华中各省及东南亚诸国
渔潭会	每年夏历八月十五日至二十二日	今洱源县沙坪	交易商品以衣服、鞋、刺绣品、木材、木器、家具、大牲畜为主。是大理地区秋季物资交易会	商旅以滇省为主，尤以大理、保山、丽江、迪庆、楚雄各地为主
松桂会	每年夏历七月二十二日至二十九日	今鹤庆松桂乡西山	是大理地区闻名的牲畜交易会。以骡马交易为主，又名"松桂骡马会"	商旅大部分为大理各地的商人，少部分为云南西部及川、藏商客

大量的商品贸易的发展，促进了白族农业和手工业的发展，人们定期将自

---

① 转引自李东红《从洱海区域商品经济发展的历程看大理州市场建设的思路》，载《白族学研究》1994 年第 4 期，第 134 页。

给有余产品投放市场，商人们看准市场，连接着生产与消费，循回交易；或坐定市场开店长期经营，从事转手贸易。因此，白族贸易集市的发展，促进了白族商品经济的繁荣。

（三）白族商帮的兴起

洱海区域集市贸易的发展，促进了白族农业和手工业的分离；手工业的发展，又促进了商品贸易和商业资本的发展。故从明清以来到20世纪50年代，是白族地区从自然经济向商品经济不断发展的时代，也是白族社会从封闭日益走向开放，面向国内及东南亚地区的时代。在这一变化发展过程中，洱海区域商业的繁荣，导致了经济贸易中心的形成。各地商人纷纷在下关开设堆店和商号，从事转手贸易。从1723年至1850年，下关已有堆店七八家，商号三四十家，成为滇西北的贸易中心。也就在这一时期，专门从事商品贸易交换的白族商帮应运而生。据《白族社会历史调查》第一辑载，下关先后有鹤庆、腾冲、喜洲、四川、临安等五大帮。其中四川、腾冲、临安三大商帮都是外来汉商，惟有鹤庆，喜洲两大帮是洱海区域白族商帮。

鹤庆帮是白族地区最早形成的一个商帮。在清代以后，人们将鹤庆帮与腾冲帮一起，合称迤西帮。此后商号增多，才细分鹤庆、喜洲、腾冲三帮。可各帮的发展与经营状况亦不同，各自成体系。鹤庆帮在1875年以后得到发展，新的商号不断出现，仅1875—1908年间，新起的大商号就有月心德、鸿兴昌、宝兴祥、宝天元、文华号、德兴隆、怡和兴、义盛公、德庆兴、盖通祥等十余家；中等商号发展到二十余家，在清末成为下关第一大商帮。到1921—1931年间由于负债，有所衰。1945年以后，仅鹤庆帮就有"恒盛会"等四五十家大商号，现将李东红先生统计的鹤庆帮经营状况一览表辑录如下：

鹤庆帮1940—1950年间发展情况一览表

商　号	户　主	发展经过	资本总额	国内外主要设号点
恒盛公	张相对 张相如 张相成	1945年前只有几万元资本，主要在1945年期间发展起来，是鹤庆帮中的大商号之一	1945年左右有资本四五百万元半开，1950年估计资金为三十四亿人民币（旧币）	加尔各答、噶伦堡、仰光、上海、武汉、昆明、丽江、下关、鹤庆等地

续　表

商　号	户　主	发展经过	资本总额	国内外主要设号点
南裕商行	李懋柏	1945年前经商，但资本不多，主要是1945年发展起来	1949年有资本三四十万元半开	腊戌、昆明、下关、重庆等地
德泰昌	罗顺臣	1945年发展起来	1946年左右，有资本十万元半开以上	昆明、上海、广州、保山、鹤庆、下关、香港以及印度各地
庆顺丰	蒋砚田	1945年间发展起来	1950年有资本十五六万元半开	上海、香港、广州、保山、下关、鹤庆、昆明等地
福兴昌	华吉三 华吉天	主要在1945年前后发展起来		昆明、下关、鹤庆、丽江、中甸、拉萨

喜洲帮发展最快，这个商帮起于鹤庆商帮，约在光绪末年形成。第一次世界大战期间，该帮虽有发展，却不如鹤庆帮和腾冲帮。自1921至1929年间，鹤庆、腾冲两帮许多商号因负债而垮台后，特别是第二次世界大战以来，喜洲帮得到迅速发展，帮内形成了严、董、杨、尹四大家；1937年前后又出现了"八中家"和"十二小家"，共二十四家，其中以"四大家"为首，而"四大家"中又是严、董两家最大。

喜洲商帮的兴起，是白族商品贸易兴盛的反映，他们的商品贸易活动，促进了洱海区域白族社会发生了根本性变化。这一时期，由于商业贸易的高速发展，产业资本也得到长足发展。洱海区域三大商帮中的大、中商号都开办了企业，仅喜洲商帮就在四川、昆明、个旧、下关、喜洲等地创办工矿企业和加工业。可以说喜洲商帮的兴起，是云南企业的前生之一。

喜洲商帮有四大家企业，当时的经营情况如下：主要企业有裕利丝厂，号永昌祥，于1919年在四川乐山开办，1924年扩办为五个厂；钨锑公司，号锡庆祥，与省财政厅合办，1933年成立于昆明向外输送钨锑矿；火柴肥皂厂，号锡庆祥，1937年在昆明开办，生产"双飞牌"火柴，"花石"牌肥皂；复春和下关茶叶加工厂，号复春和，于1937年在下关开办，雇佣工人400~500人，运销茶叶至宜宾、成都、拉萨;振华织布厂,号永昌祥、锡庆祥,于 1938 年在五台中学开办,工厂有铁织布机十架,花线机四架,工人 40 多人;大成实业公司,号锡庆祥,于 1938 年在昆明成立,工人 300 余名,生产面粉、味精、电石等;昆明茶厂,号永昌祥,1943 年,在昆明成立;喜洲电力股份有限公司,属永昌祥、锡庆祥合资,1944 年,于喜洲下辖喜洲万花溪水电厂、碾米厂,共有工人 13 名;丽华猪鬃厂,号永昌祥,1944 年开办于喜洲,产品主销印度市场;玉龙电力公司,属永昌祥、锡庆祥及官僚合资 1946 年建成水电厂,有两部机组,装机容量各为 200 瓦,线路全长 20 公里,工人 50 多名,主要供下关、大理两地照明和生产用电;缅甸黄丝厂,号永昌祥,1947 年因受日丝抵制,1949 年卖厂结束。

除开办企业以外,各商帮还投资于金融业,或开办银行,或向金融企业投资。洱海区域三大帮中的大、中商号都与金融业有联系,改变了过去单一的经营方式,产销有机地结合,即商业的繁荣促成了产业资本的诞生,而产业资本的发展,又需要商业贸易流通来完成。喜洲商帮的兴起正是以满足市场需求为宗旨,"工厂生产,商号销售",又由商号购进原料、工厂加工生产,然后再由商号在市场上销售。形成垄断"原料—生产—销售"① 三大环节。因此,白族商帮在促进白族商品贸易发展中起了积极的作用。与此同时也形成了守信用、重承诺、视品牌如命根子的商业贸易道德,并且有自己的企业文化特征。

二、白族商帮传统贸易道德文化及特点

白族在长期的集市贸易交往中,形成了内容丰富、形式多样的传统贸易道德,并具体表现在传统贸易习俗、行规行话、商幌商联、商谚中,从而形成自己的特点。

(一) 传统贸易习俗中的规范及行规行话中的准则

白族在商品贸易中,遵循着特有的商品贸易习俗,这些商品习俗久而久之,成为白族传统集市贸易中约定俗成的普遍的行为规范和特征。这些行为规范和特征大都随着集市贸易的发展而产生、变化而消亡。而有些商俗中的道德规范和特征至今还在白族民间传承。

白族人一旦进入集市贸易,都祈盼财源茂盛,生意兴隆。可那时人们又无

————————

① 李东红:《从洱海区域商品经济发展的历程看大理州市场经济建设的思路》,载《白族学研究》1994 年第 4 期。

力控制市场行情，只好祈求神灵保佑，故白族中很早就有财神传说。传说中的财神又有文武之分，文财神为先贤子贡（孔子的弟子）善于经商；武财神为赵公元帅。每年农历三月十五日和七月二十三日为两财神诞辰日，商界要举办财神会，祭祀财神。在这时要把各商店的度量衡器集中起来，校正准确，以免差错坑害顾客，损害顾客的利益，从而使店铺和商号不失信于民。而且在每年除夕之夜要祭祀财神，感谢财神一年之中给予的恩赐。大年初一早上，选择家中的童子，扮成"送财童子"，手端盘子，盘里要放红烛（象征红火）、韭菜（象征长久）、糖（象征甜美）、鱼（有余）的盘子到堂屋，堂屋里的大人便高声喊到："财门大打开，金银财宝滚进来，滚进不滚出，滚得满堂屋"。以示新的一年里财源开始，祈求财神赐给生意兴隆。初二以后店铺商号开张营业，要燃放鞭炮，悬挂彩灯，以图利市。而且要对第一位进店购货的买主以烟茶招待，商品给予优惠，称之为开张大吉。每个月的初二、十六日商号、店铺对店员、徒工给予改善伙食，招待肉食，称之为"打牙祭"，这一习俗逐渐演变，后来发展成为商界的交际宴俗。

白族地区除了按十二属相有各种集市外，还有庙会，通常也称为庙市。从南诏时起，白族地区佛教盛行，各处大兴庙宇，各种庙会应运而生，香客、游人纷至沓来，商人见有利可图，前来摆摊售货，遂成庙市，如大理三月街便是由观音会演变成的典型庙市，还有正月初五崇圣寺（大理三塔寺）葛根会、正月初九中和寺的松花会、农历二月十九的观音塘会、感通寺会、四月二十三至二十五的绕三灵会、四月十五的蝴蝶泉会、八月初八材村的耍海会、八月十五的将军洞庙会等。伴随着宗教信仰盛会还有一定规模的商品贸易交流，人们在对宗教虔诚信奉的同时，很注重经商道德，认为经商是一种高尚的事业，要付出艰辛和努力贩运销售。同时强调在商品贸易中，一定要讲良心、重信誉，不能以假乱真、以次充好，否则善有善报、恶有恶报，相信因果报应。

白族传统集市交易中，各个行业都有自己的行规，尤以马帮业的行规最为突出。因为马帮长年累月在外奔波，时常遇上各种险情，易出事故，而延误时机，影响贸易，失信于买卖双方。因此在行路中有严格规矩：由于山道狭窄，上下坡弯太陡，马队在头骡和二骡中间有一人专敲锣，其敲法有一定的章法。在深山密林里，锣响了，有惊吓飞禽走兽的作用。在宽道上的马队要让从狭道上来的马队，上坡的马队要让下坡的马队。请人让路就敲"咚——咚——咚"；有事告急就敲"咚、咚、咚"，不照此办理，就算犯讳，重则械斗出人命，影响正常贸易交换。所以，马帮商业贸易有自己严密的组织和规律，谁违规，谁的行为就是不道德的。白族传统贸易中，不仅有严格的行规，商人们在集市贸易交往中，常以手指比划十个数字，用暗语灵活而神秘地进行成交，形成了自有特点的经商局话、行话。如屠宰业、牛马行用以代替一、二、三、四、五、六、七、八、九、十的局话是从（小）、大、川、苏、妈、乱、此、靠、弯、从（大），其中"一"和"十"均叫"从"，区别是小从为一，大从为十，十大从为百，以此类推。① 理发业的行话称老板"昭阴"，统称女子为"长草子"，男子为"短草子"，脸称为"盘子"，眼睛叫"招子"，嘴叫"吃口子"，鼻子叫"烟囱"，手叫"五抓龙"，推剪叫"老嘎"。顾客理好发，走时满意地说："老本台！"意思是称赞理发手艺好。饮食业的行话独具风格，它是一种把一单词通过浓缩、提炼而形成顺口溜或带有一定韵尾的喊话。饮食业称"码前"——提前制作，"码后"——菜肴稍压后制作。把肉称为"姜片子"，鱼叫"摆尾子"，鸡叫"太子登"或"小冠子"，油叫"滑水"，舌头叫"口灵"。把烧烤的肉食品统称为"烤方"，抹布叫"随手"。此外，饮食业把制作菜肴切、配、烹调工序称为"红案"，制作面食工种称"白案"，等等。

喜洲商业不论行商或店铺的从业人员，都有成文或不成文的守则，现简介如下对信号货员的基本要求：

（1）店员（售货员）必须热情接待顾客，满足顾客的要求，回答顾客的询问，并主动向顾客展示商品、介绍商品，提供挑选。顾客选定货物后，要量尺寸、称分量、包装等，要做到顾客满意。遇有困难问题，必须为顾客尽量设法解决，不得简单甚至粗暴地回绝。

（2）向顾客介绍商品特点、使用价值，消除顾客顾虑，促使其下定决心购买。

（3）对甲顾客洽谈商品时，必须注意到其他顾客的情绪与要求，吸引其跟着购买货物。无论出现何情况，必须保持冷静，避免冲突。

（4）积极协助本号铺改善经营管理，时刻牢记要保证满足各方面顾主的需要，使号铺的业务得到发展。

（5）尊重和热爱每位顾客，要为他们创造良好的气氛，使他们在与本号铺接触中心情舒畅。

（6）安心本职工作，钻研本职业务，不断提高自己的业务能力。②

此外，喜洲商帮还对从业人员，尤其是售货员也有职业规定，如从业人员（售货员）职业修养规则：

（1）对于来到本号铺的所有顾客都要热情接待，讲究礼貌，态度和蔼。

---

① 马维勇：《大理商俗》，载《大理市文史资料》第4辑，第112页。
② 云南省编辑组：《白族社会历史调查资料》四，昆明：云南人民出版社1991年版，第302页。

（2）服务周到。虚心听取顾客的意见和要求，努力改正和解决；出了问题，勇于承担责任。

（3）顾客的要求虽因人而异，但对之态度则要一视同仁，不能厚此薄彼，偏爱某些而厌恶另一些顾客，切忌看麻衣相的市侩作风。

（4）售货员应该工作熟练。

（5）售货员应该熟悉商品的用途和价格。

（6）售货员应该熟悉量尺寸、称分量、计算价格，做到迅速准确，分毫不差。

（7）要赢得顾客和同事的尊重和信任。

（8）切忌对顾客讽刺、戏弄或吵嘴、打架，或发生此类情况，按情节轻重以违反号规处理，情节严重的报请有关机关法办，或令其"出号"（开除）。

（9）谨记商业四句箴言："涵养怒中气，谨防顺口言，斟酌忙里错，爱惜有时钱。"①

不仅如此，在白族传统贸易的发展过程中，许多商帮商号在经营贸易中，积累了许多宝贵的经验，制定了一些行则、号规。现将喜洲商帮永昌祥商号的重要号规辑录如下：

（1）凡是本号经理及各职事、从业人员必须遵守号规，如违反号规，情节严重者，开除出号；轻者酌情处理。尽职好的，分别予以奖励。

（2）本号人员严禁营私舞弊、假公济私、帐外经营等行为。

（3）不许有不道德行为，如抛妻娶妾、吸鸦片、赌、嫖、游、违法乱纪等。

（4）不得泄露本号行情消息、密码、计划等机密事项。

（5）不许结交游杂、流氓等胡行乱为的人，与之称朋道友，并将其窝留号内。

（6）必须维护信用，礼貌待客。不许以假货充真货，以次充好，短斤少两等。

（7）不得擅离职守，无故旷工，如遇特殊情况，说明后经同意才行。

（8）尽职尽责，在经营中有显著收益效果者，进行奖励，分享收益提成。

（9）经营踏实、行情消息准确者分别享受奖励。

---

① 云南省编辑组：《白族社会历史调查资料》四，昆明：云南人民出版社1991年版，第302页。

（10）遵守信账财务制度。账务数据准确及时、方便经营结算者，从优受奖。①

白族传统贸易道德便是通过各行各业的行规、号规、行话中折射人们应遵守的行为准则，从而规范人们的行为，明确在什么情况下该做什么，在什么行业、什么工种中该做什么事，说什么话，才不至于影响正常贸易，从而保持本民族贸易遵循的道德及特点。

（二）善于经商是白族的普遍特点

洱海区域是白族主要聚居区，这里自古以来是云南政治、经济、文化的中心。尤其到了近代，白族与其他民族及邻近国家的经济贸易日益增多，商品交换也日趋繁荣，以致清末民初白族地区三大商帮形成。白族商帮的形成促使商业资本迅速发展，并在发展过程中形成白族固有的传统贸易道德特征。

众所周知，白族不仅以勤劳善良而闻名，而且又以商品经济发达与善于经商而著称。有人曾经把白族和其他少数民族这种商品经济观念上升为"民族精神"的高度，认为中国历史上由于长期受重农贱商思想的影响，阻碍了商品经济的发展。但在一些民族地区，正是由于这些民族善于经商营利的民族精神，促进了该地区与民族商品经济的发展，②白族正是这样。元代以来，领主经济在洱海区域确立，明初改土归流和大批中原汉族迁入，进一步促进了白族地区地主经济的发展，农民失去土地不得不转业经商。而即使以务农为本维持下去的农民，也因为农业生产资料对商品市场依赖的加深，而不得不自觉地卷入商品市场，接受商品经济的"洗礼"。如许多农民在稻作收割后，不得不将一部分粮食转化为商品出售，购买生产生活必需品；有的则是购买家庭手工业生产所需的原材料；或作为商贩、小摊贩的资本。因此，农产品商品化的发展和扩大，说明白族自给自足的自然经济，由于商品市场的发展和巨大冲击，已逐渐向商品经济发展。故洱海区域经商的人多，他们承担了这一地区商业"货迁"有无，调节余缺的责任，并联系白族社会城乡经济、生产和消费、促进洱海区域贸易往来和白族商品经济的发展。一些白族商人深入周围民族地区，直至印度、缅甸等东南亚国家，进行大宗货物的长途贩运，而且精细盘算，积极经营，寻找货源和买主，靠贱买贵卖，低进高出的商品交换规律，从中营利。还有一部分白族人无本钱做大生意，他们只能向厂家或大货主赊销，故赊销也是白族

---

① 云南省编辑组：《白族社会历史调查资料》四，昆明：云南人民出版社1991年版，第306页。

② 赖存理：《民族精神与商品经济的发展》，载《民族研究》1989年第5期。

人经商的一个特点。尤其在喜洲大理有相当一部分人先做无本生意，即向货主赊销火柴、纸烟、棉线等小商品，用一个箩筛挂在胸前，街天在集市上叫卖，平日走街串巷叫卖。获一点余利后，先还清赊借的货价，再行赊销，称之为"赊新给旧"。

另外，白族城乡还有许多肩挑贸易的小商贩，最简单的是一个小筛中放几块毡子和几筒布筒，上面插满各个型号大小不一的缝衣针、缝鞋针、一面走一面叫唤，"头发换针！"用针换来的头发，自制成毡子出售。在货郎担中，最受欢迎的是"糖水豆腐脑"，尤其是老人、小孩最喜欢饮用，小孩没钱时，可以赊吃，待大人回来一次付清。还有糖沙林果串等。"货郎担"走村串寨，穿街过巷，肩上挑着一个小小"商店"，担上挂满五颜六色的小食品，嘴里不断发出各种不同的吆喝声，招徕生意。而靠赊销的小商贩，要严格遵守如期如数归还货款的赊销道德，即诚实守信的经商特点。靠"苦心经营""薄利多销"的经营管理，以"和气生财""摸准行情涨跌，掌握货物盈缺"等规律经商，久而久之，世代相袭，形成了白族善经商的特点。故在洱海区域白族中，经过长期发展，有不少专门从事商业者，他们在实践中积累了丰富的贸易经验，有的由族人编成文载于家谱中，以传后人。现辑录大理喜洲上洪坪张姓珍藏的《敬告商业练习生金石良言》，简称《商业良言》如下：

（1）凡社会子弟自小学毕业后，有力、有人手者，供给升入中学；无力、无人手者，即从实业想办法，请亲友介绍到商号操习商业。子弟诚实，专心学习，三年后即有上进。号上发展，即委以重任，往远方设号，当经理矣。

（2）商业号规。凡子弟进号，黎明即起，洒扫庭除，要内外整洁。应对进退，出必告，返必面。尊亲敬长，不耻下问，号事问明，遵示办理。清清白白，有始有终。生意一言为定，当面斟酌看货，过后不许退还。公平交易、童叟无欺。

（3）爱惜光阴。大禹惜光阴，陶侃惜寸阴。人生百岁，疾病老幼去其半，能为有用者时光几耶。古今来的伟人、大学问家、大英雄、大豪杰，多出于贫贱，他们爱惜光阴，努力造化而终有所成。富家子弟饱食终日，无所用心，求诸身而无所得，施之世而无所用。少壮不努力，老大徒悲伤。日耶！月耶！少而壮，壮而老，老而衰。时乎！刻乎！青春不复见！南柯一梦，轮回再来。同志者，宜勉之。

（4）存良心秉至诚。仙佛良心功果满，圣贤良心留芳名。英雄豪杰良心造，富贵君子本良心。心思胸怀，得心应口。祸福无门，惟人自招。做好人说好话，愚者智，贫者富。躬自薄，而厚待于人，博爱恻隐，排难解纷。真心、诚心、忠心、孝心，前途光明。

(5) 负账目货物责任。凡号务执事者,各事其事,各负其责。司账务者必勤笔勉思。现款交易者,账上实出实入。未见款而拨账者,账上虚入虚出。照流水逐一眷底,勤笔登,良心销。按日扎结。一天手续一天清。每年账目必须告一段落,结束一度。有操伙者,必须注意,慎之于始,悔之于后。号内摆设,物须款制,爱心爱意。传家贵宝,必须留意。货仓堆货,必须注意。门必须关,自锁小心。倘若不慎,遗失人赔。各货次序,清点必明。收入付出,勤笔登记。莫使鼠咬,莫沾潮气。货存满仓,金财血本,随时经心,以免吃亏。

(6) 谨慎小心。防人之心不可无,害人之心不可有。清白乃身,莫贪意外之财。财帛试人心,一芥不以取诸人。莫多言,多言多累。莫多事,多事多患。谦受益,满招损。非礼勿视,非礼勿动,非礼勿言,非礼勿听。百闻不如一见。违禁莫做,越理不为,自由活动,圆满如意。敬号务,负责任。始终一致,前后一辙。洁己克己,忠心小心。拾金不昧,待旦还人,无愧我心。曾子曰:"吾日三省吾身,为人谋而不忠乎,与朋友交而不信乎,传不习乎?"吃亏人常在;不吃亏者,不能常在。

(7) 宽宏大量。交道接礼,一团和气,近悦远来,四海春风。同事欺我、笑我、骂我、辱我,我忍他、让他,过后我又再看看他。韩信胯下之辱,张良敬履之谦,若要人服侍,先要侍奉人。娄师唾面自干,颜子忧道不忧贫。不奋不发,不刺不激,吃得苦中苦,方为人上人。尽心竭力,维持号务。能亏己,不亏人。财钱如粪土,仁义值千金。量小非君子,宽宏感化人。

(8) 勤苦俭约。一年之计在于春,一日之计在于寅,一生之计在于勤。祖逖闻鸡起舞,越王卧薪尝胆。岳母背刺精忠,欧母画荻学书。孟母断机教子,郑母纺绩传家。诸葛一生惟谨慎,子贡货殖以兴家。陶朱致富,端木遗风。涵养怒中气,谨防顺口言。斟酌忙中错,爱惜有时钱。练习生必勤俭,衣服自洗,我敬衣服新,衣服敬我身。君子正其衣冠,尊其瞻视,俨然使人望而畏之。半丝半缕,恒念物力维艰。慈母手中线,游子身上衣,临行密密缝,意恐迟迟归。

(9) 练习生学做饭。检点一粥一饭,当思来处不易。锄禾日当午,汗滴禾下土,谁知盘中餐,粒粒皆辛苦。惜物惜福,淡泊明志,众口难调,做时必问盐为味,调和百珍,酸、甜、苦、辣必须均。蔬素可口,肉食致病,薪炭必熄。浊水洗秽,清泉烹茶。火烛火星,必须留心。荧荧不灭,炎炎奈何。清洁卫生,随时经心。

(10) 授训圆满。良药苦口利于病,忠言逆耳利于行。天之将降大任于斯人也,苦尽甘来。世事顺境少而逆境多,乐极生悲。昔日学徒布衣布鞋,俭约为本。蒙东家之信,三年学满,酬劳奖金。交则执事先生,可服毛呢矣。昔日正直无私,囊无半文,今则东家分给鸿彩,堆金积玉矣。昔日无商业常识,敏而好学，不耻下问，立志专心，授训圆满，今则有眼光、有把握、战胜商场矣。昔日贫穷，今则买田置地，起盖新屋，光宗耀祖。孝敬双亲，和乡里，顾朋友，疏财仗义，修桥补路，乐善好施。助公益，助国家，国史流芳。同人勉之。①诸如此类的商业良言，在白族传统社会的商帮、商号和大商业户中普遍流行，成为人们初步商海中必读之书和必须遵守的准则。

（三）视招牌如命信用第一的贸易特征

白族在长期的经商贸易中，无论是小商小贩，还是行商，或是坐商开店，都坚持"诚实、信用"的原则。视招牌如生命，信用第一，尤其是白族马帮要为商号驮运商品，不仅要为商品的数量负责，还要为商品的质量负责。如果不负责任，不守信用，这个马帮就没有生命力。如果没有商号信任，也就没有主顾。因此，马帮必须取信于商家，在与商家交往时，要来得明，去得清，有信义，重诺言，这样马帮才有生命力。特别值得一提的是白族马帮在与藏族和其他民族进行商品贸易中，尤以忠厚朴实而著称。在交易上，以信为本，诚恳待人。因此，藏商来到白族聚居区大理、下关，他们首先确认商品，选择最好的主客关系，故他们常常只承认第一次与其业务成交的商号或个人。自此以后，一切交易均与其来往，买卖双方说定价格，有无现款支付都无关紧要，只要买方说明何时交付，即可将货物运走，但必须遵守诺言，到时一定付清，这种信誉建立之后，尽管成交的数额很大，他们不立合同，勿需证据，只以一言为定。在交易中一般都能信守诺言，较少出现欠债、诈骗等纠纷，买卖双方大都能建立起"信得过"的关系。②

所以，白族在进行商品贸易中，特别重视招牌和信誉。"招牌"原是一种在商店门外表明所卖货物之标识物，又称商幌或望子，类似现在用广告宣传所卖的货物。其来源较早，战国时的《韩非子》中说："宋人有沽酒者……为酒甚美，悬帜甚高。"可见，商店悬挂招牌，是古老的商业风格。这一习俗在白族中被广泛运用，有的大商号为显示其资金雄厚，特用金箔贴字的招牌或黄铜招牌，俗称"金字招牌"。白族人视招牌为商家致富的命根子，把商店的招牌看得如同生命一样珍贵，因此有"招牌是命"之说。在白族人的传统观念里"招牌砸了"，是商界最严重的事，商店倒闭了，信誉没有了，致富也就无望了。所以，白族人在贸易交往中，把招牌视为命根子。如喜洲商帮复顺和从丽江买到

---

① 云南省编辑组：《白族社会历史调查》四，昆明：云南人民出版社1991年版，第308-309页。

② 陈汛舟、陈一石：《滇藏贸易历史初探》，载《西藏研究》1988年第4期，第56页。

10多斤名贵药材麝香,运到下关后才发现是假的。如果卖出去,就会影响商号招牌信誉,为了"信誉"二字,店主不得已只好在深夜悄悄把假麝香倒入河中。① 以保证商品质量和商号的信誉,宁肯自己吃亏而不坑害顾客,保护自己的招牌,取信于民。因此,视招牌如命根子,不仅大商号是这样,就连做小本生意的饮食业,也十分注重招牌信誉和名声。如喜洲一家油粉(豌豆粉)店,店主叫沈定珍。她家做的油粉必须选择上好的白豌豆来做,在任何情况下都不用蚕豆或别的豆类来代替,各种配料缺一不可,保质保量,决不克扣。以前在大理喜洲街上出现过六家脍炙人口的食品铺,那就是妇孺皆知的"孙定周油粉""大苟破酥""显杨腌菜""张子惠酱油""李士财牛肉""喜财饵块",这几家创出招牌是经历了艰苦的过程的,因而,在取得社会承认后,延续几代享盛名而不衰,直到现在。如"大苟破酥",人称喜洲破酥,现行销云南省各地,昆明大街小巷有销售。因此,无论是昨天,还是今天,白族不仅比较善于经商,而且也比较注重经商的道德,久而久之,形成了本民族固有的经商特征。今天仍有许多商业谚语在民间流传,如"酒好不怕巷道深""一分钱一分货""坚持质量,广招顾客"② 等等,来保证商品质量,坚持信誉第一的商品贸易道德。

(四)公平交易童叟无欺的贸易准则

白族在商品贸易中求信誉,视招牌为命根子一样,不仅表现在买卖中坚持商品质量,而且还表现在买卖中公平交易。无论是大宗商品交易,还是日常生活中的油盐柴米、大葱白菜,都要遵守称平斗满,公平买卖的原则。白族俗话说:"大不过理,平不过秤。"就是要求人们在商品交易中,可以讨价还价,但一旦说好价格,就要称足称够,假如短斤缺两,被人们视为最缺德,干缺德事是会遭报应的。故白族人经商一般都遵循商德。因此,白族商谚说,"生意不成仁义在""公平交易、秤平斗满、童叟无欺""诚招天下客、誉从信中来"。这就是告诫人们,即便生意做不成,也要讲德行。所以,喜洲商帮在长期的经商过程中,通常一般都要遵循"货真价实、童叟无欺"的宗旨,还要遵守四句箴言:"涵养怒中气,谨防顺口言,斟酌忙里错,爱惜有时钱。"永昌祥商号在贸易交换中有三句名言,即:"为卖而买""莫买当头涨,莫卖当头跌""人弃我取,人取我与"。③ 这些可以说是白族商人在长期经营活动中,根据成功和失败的经验总结出来的经商要诀,又称为生意经,也就是经商的准则。白族商人在

---

① 杨宪典编纂:《喜洲志》,打印稿。
② 马维勇:《大理商俗》,载《大理市文史资料》第四辑,第121页。
③ 马维勇:《大理商俗》,载《大理市文史资料》第四辑,第121页。

遵循本民族传统商德公平交易的准则下，白族商业资本的发展几乎依靠商业贸迁起家的，在商业利润有一大幅度增长后，有的先后抽调一些商业资本，以独办或合营形式开办工矿企业和原材料加工业。例如大理喜洲商帮就曾开办电力、织布、碾米、制茶、制革、火柴、肥皂、酒精等小型工厂；锡庆祥等还在昆明开办了"大成实业公司""玉龙电力公司"，并与官僚资本合伙开办了"个旧锡矿公司"，在四川曾建黄丝加工厂，在国外开办木材加工厂；永昌祥在缅甸开办黄丝厂等，使商业直接参与了生产过程。诚然，不与相应的生产相结合的商业资本，虽然以货币流通为条件而单独地发展起来，但这种情况的价值取向仅仅只能通过贱买贵卖活动来增殖自身，是早期的较封闭的商业资本；而相对封闭于流通领域内的商业资本，对社会所起的作用是十分有限的。因为它不能为白族社会创造更多的财富，而将商业资本投资于工矿企业和原材料加工生产时，使商业和商品结合，商业直接参与生产，并且还能支配生产时，商品经济也就发展了。故白族传统手工业者或大商号一般均采取厂号结合，工厂生产，商号销售；小手工业者均承袭前院开店，后院生产的模式。生产中注重产品质量，销售中注重公平买卖，视招牌如命的经商特征。并一代代传承，形成白族传统经商道德。

此外，白族商人靠经商致富后，还将盈利中的一部分用于公益事业，如修桥、修路、兴修水利；创办学校、医院；开办工厂等造福于人民。如大理白族人严子珍在20世纪40年代初经商致富后，在喜洲捐款办中学，建图书馆、教育馆，开办贫民工厂、染织厂，在大理创办医院、助产学校，等等。

三、现代市场经济下白族商帮的道德文化

现代市场经济的自主、平等、公正、公平、公开、开放、竞争等原则，让各民族从以往的那种人身依附关系以及相应的道德观念的精神束缚下解放出来，白族也不例外，从而为新的贸易道德和新的商业风尚的形成和发展提供了条件。结合白族现代的商品贸易实际，市场经济下白族贸易道德可归结为如下原则。

（一）集体主义的原则

集体主义原则是现代道德的原则，也是现代社会贸易道德的核心内容。因为现代社会的市场，是以公有制为主体，实行按劳分配，最终实现共同富裕，避免两极分化。所以，在市场经济发展过程中，尤其是商品贸易中，必须始终把国家、集体、大多数人的利益放在首位。人们充分认识到企业、公司、团体利益的重要性，个人利益与集体利益紧密相联的，两者互相依存，相得益彰，没有个人利益就没有集体利益，没有集体利益也没有个人利益。白族传统社会

或在资本原始积累时期靠资本家个人奋斗已过时，集体精神应运而生，人类整体利益高于一切的思想逐渐成为人们的共识。

（二）义利并举的原则

白族传统社会贸易交往中，人们往往爱面子，重人情，讲义气而不顾经济效益；如今有的人在商品交易中则见利忘义，坑蒙拐骗，忘恩负义。这两种现象都严重地影响着白族商品贸易的发展。在市场经济条件下，白族贸易道德必须坚持现代社会的集体主义原则，遵循以国家和社会的利益为重。同时，也要按照市场经济的规律，义利并举的原则，才能将白族地区市场经济推向一个新阶段。

（三）平等互利的原则

在白族传统社会，由于社会等级差别，导致商品贸易中很难做到平等互利，表现为尔虞我诈，大鱼吃小鱼。而在现代社会市场经济条件下，各族人民都是商品的生产者或经营者，人们的地位和人格是平等的，没有剥削和压迫，不承认门第和权势，故市场经济要求平等互利、互相尊重的原则。人们在交易中平等相待，互通有无，承认对方的利益，自己赚钱，也要使别人赚钱，提倡一种"我为人人，人人为我"的风尚，反对那种损人利己，自私自利的不道德行为。

（四）竞争的原则

竞争原则是白族在市场经济中主要的贸易原则之一。在市场经济条件下，市场主体追求个体利益的最大化是市场竞争的要求。因为，市场竞争最大限度地调动了市场主体的活力，促使市场主体尽可能地提高素质，优化经营，市场竞争是个体活力的基本保证；市场竞争必然造成资源的合理配置和更有效地开发利用；市场竞争不断刺激需求多样化的增长，促进生产经营的优质高效，甚至引发出各种创造性的生产经营活动，由此而带来白族社会财富的不断丰富和不断发展。

（五）照章纳税的原则

白族传统的商品贸易中，人们纳税的观念较弱。在计划经济转化市场经济不久的现在，照章纳税仍然没有提到议事日程上，因而造成不少人纳税意识较差，更没有成为自觉行为，有的人甚至偷税漏税，钻国家流通领域的空子，给国家造成一定损失。近年经过广泛宣传、教育，白族经商者逐渐提高了纳税意识，认为商品贸易交换，照章纳税是贸易最基本的原则之一，应该自觉遵守，才能使白族贸易得到发展。

（六）诚实守信的原则

白族传统贸易道德重承诺、守信用、讲信誉，诚实买卖、公平交易等，曾被视为是经商的美德，并一直在白族社会中传承。近年来，在白族社区集市贸易中，不讲信誉、不遵守承诺、以假乱真、以次充好事件时有发生。这既是对白族传统美德的践踏，也是对市场经济原则的违背和破坏。所以，在市场经济条件下，商品贸易交换必须遵循和坚持诚实守信的原则。因为，诚实守信、实践成约是市场经济的普遍法则。"诚招天下客"，"和气生财"，白族靠信誉创造财富和带来效益的传统告诉人们，允诺守信，顾客至上的言行既为社会赞许，又能得到回报；同时又反过来促使人们去改进服务质量，充实扩大承诺范围，以满足服务对象的需求，从而使人们保持诚实守信的原则，推进白族在市场经济条件下的贸易道德建设。

（七）依法签约的原则

在白族传统贸易中，尽管贸易双方成交数额极大，但彼此间不立合同契约、不需证据，只以一言为定，双方信守诺言，很少出现诈骗等纠纷，故一直被白族人视为美德加以传承。然而，市场经济条件下，依法经商、依法签约、订立合同、按合同经商是市场经济中贸易的基本原则。故白族经商者必须改变不立合同、不需证据的做法，而必须以法律为依托和准绳。因为在贸易交往中，法律和道德共同起着调整和规范人们行为准则的作用。法律靠外在的强制力量，道德靠社会舆论和人们内在的自觉和自律，二者各自发挥不可替代的作用，同时又是相辅相成的。

（八）变粗放经营为集约经营的原则

变粗放经营为集约经营的原则是白族现代贸易道德建设的主要原则之一，也是市场经济发展的需要。建立在自给自足的自然经济基础上的白族贸易只能是与此相适应的粗放经营方式。而现代社会化产生集约化生产已在白族社区中发展，与集约生产相适应的集约经营应运而生。有种粮专业户、养鱼专业户、养猪专业户等，必然也就有专营粮食、水产品、肉食等的商人，并将过去分散的个体经营者集中组织起来，兴办民族贸易公司，如大理周城镇就是这样，民族贸易公司下分设旅社、饭店、民贸商品经营等，既活跃了市场，又发展了民族经济。

总之，白族地区市场经济的发展，要靠优质产品和优质服务取胜，要讲信誉、重承诺、文明经商、礼貌待人，不断发展和完善自己，以市场经济的这些企业道德原则来严格要求和规范自己的行为，才能使白族的商贸道德文化与人类社会经济的发展相协调。

白族本主信仰中的伦理观念

白族信仰本主，崇拜本主。作为遗传和变异了的宗教形态的本主，至今还保留在白族社会生活中，不论男女老幼，无一不信仰。就连远在湖南桑植县的白族（即在元初随元军征南宋时爨白军遗留在那里的白族军人的后裔）也仍然信仰本主。本主信仰反映了白族人民的共同心理素质、社会风俗、生活习惯、伦理道德的准则。因"伦理、道德、规范要靠信念、传统、习俗和舆论的力量来维持，而信念、传统、伦理、舆论往往要由宗教信仰来培养、扶持。甚至某些宗教观念，同时也就具有伦理道德规范的作用"[①]。因此，本文试图从白族本主信仰中探讨其伦理观念。

一、本主概念及作用

本主，过去的地方志书里多称"土主"，也就是本乡本土的主宰者。白语称之为"老公尼""阿太尼"，总称"本任尼"或"兜波泥"。"老公尼"指的是男性始祖，"阿太尼"指的是女性始祖，"本任尼"或"兜波泥"就是始祖之意，它具有鲜明的祖先崇拜的特征。这种由原始宗教的自然崇拜和图腾崇拜发展而来的祖先崇拜，在白族地区很普遍，并在白族社会生活的伦理道德中有着极大的影响。这种特殊的信仰正是白族人民在长期的社会生活中产生、发展而自成体系的。因此，几乎在每一个白族村寨都有自己的本主，有的一个村寨奉祀一个本主，有的几个村寨奉祀一个本主，有的本主分别为不同村寨崇拜的对象，村民们把用泥塑或木雕的本主偶像贡奉于本主庙内。本主与本主之间一般没有统属关系，但人情味很浓。他们有妻室儿女、朋友兄妹，也有喜怒哀乐的感情，甚至还有恋爱关系。每年在本主寿辰之日举行"接本主"和"本主庙会"，这是白族最盛大的宗教节日。节日里，全村男女老幼身着节日盛装，把村里打扫得干干净净，杀猪宰羊，制备丰盛的食物，宴请亲朋好友，接回出嫁的姑娘，就连在外工作的白族儿女也要回来与家人聚会，欢度本主佳节。唱戏、唱大本曲、歌舞、耍龙、耍狮子、踩高跷、唱花柳曲、白族调等等，以示与本

[①] 伍雄武：《原始意识和哲学、宗教、道德、文艺、科学的起源》，载《云南社会科学》1987年第2期，第28页。

主同乐；歌颂本主的功绩。他们认为本主就是掌管本境之主，也就是本地区的主宰神，它管天，使风调雨顺；管地，使五谷丰登；管人，使人们消灾免难，阖境清洁；管畜，使六畜兴旺；管山，使山村茂盛；管水，使水源丰富，避免洪水泛滥。总之，本主主宰境内的一切，甚至生死祸福也由本主管，人们相信，本主有战无不胜的力量，无论本境内有什么困难，只要祈祷本主，都会得到解决。因此，白族人无论什么事，都要到本主庙祭祀。如结婚、丧葬、疾病或自然灾害，都要到本主庙祭祀，祈求本主保佑平安。又如生小孩、小孩满月、周岁、小孩出牛痘、生疮，砌房盖屋，农业生产中的播种、栽插、收割前后，也要到本主庙去祭祀，祈求本主保佑一切吉利。甚至外出经商，做"手艺"等，也要到本主庙去祈祷，祈求本主保佑生意兴隆，发财致富。

可见，白族的本主信仰是很虔诚的，它与白族人民的生产、生活有着密切的关系。白族人民祈求本主保佑自己生产、生活能顺利进行的观念，正是建立在他们现实生产、生活基础之上，是他们实现生活的反映。马克思和恩格斯指出："意识在任何时候都只能是被意识到了的存在，而人们的存在就是他们的实际生活过程。"[①] 白族信仰本主的观念，正是白族先民们的"实际生活过程"所决定的。"这些个人所产生的观念，是关于他们同自然界的关系，或者是关于他们之间的关系，或者是关于他们自己的肉体组织的观念。显然，在这几种情况下，这些观念都是他们的现实关系和活动、他们的生产、他们的交往、他们的社会政治组织的有意识的表现（不管这种表现是真实的还是虚幻的）。"[②] 白族信仰本主，认为本主生前为人民做过好事，有德，有功，死后也能保佑本境之民。祭祀本主，就是追奉英烈，让英烈的光辉永远鼓舞着人们，使人们牢记，做人必须有功于民，才能被人们赞颂、奉祀。所以，白族信仰的主本，似人非神，近似于希腊神话中的神，却又比希腊神话更具有人情味，并且来历各异。他们之中有"自然之神本主"，如云雾、太阳、月亮、石头、树桩、鱼、螺等；有"龙本主"，如大黑龙、小黄龙等；有为民除害的"英雄人物本主"，如杜朝选、段赤诚、孟优等；有为民所敬仰的"节烈、孝子本主"，如阿南、慈善夫人、阿利帝母等；都被列入白族崇拜的本主神中，因而封建伦理道德的忠孝节义等观念也体现在本主信仰中。这些本主都有神话、故事伴随，形成丰富多彩的白族本主神话故事，这些本主神话故事世代相传，长期在庄严的祭祀中朗诵，

---

① 马克思、恩格斯：《马克思恩格斯全集》第3卷，北京：人民出版社1960年版，第29页边注。

② 马克思、恩格斯：《马克思恩格斯全集》第3卷，北京：人民出版社1960年版，第29页边注。

从而体现在本主信仰中伦理道德、规范的观念，也就由此深入人心，形成牢固而有力的白族民族传统和民族精神，长期支配着白族的道德风尚。

二、本主崇拜的类型

白族的本主信仰在白族先民社会意识的伦理道德中具有一定的价值。马克思说："贫困教人去祈祷，而更重要得多的是教人去思考和行动。"① 众所周知，原始宗教是人们在极端低下的生产力状况中，在极差的物质生产条件下，在自然灾害的威胁下，把自然力和自然物质神化的结果。这时所产生的是自然崇拜和图腾崇拜。白族自然崇拜和图腾崇拜的本主多属自然现象，如大理阁洞磅本主，相传就是太阳神。传说由于村后的苍山沧浪峰被浓云厚雾笼罩，天空日夜阴暗灰蒙，致使庄稼不能成熟，人民生活贫苦，难以生存。太阳神来了，驱散了沧浪峰上的云雾，从此阳光普照，庄稼丰收，人畜兴旺。白族村民就拜太阳神为本主，封号"东君炎帝"。宾川江股村的本主庙里供奉着一块巨石，这块巨石与本主伊千祖共享人间烟火。大理河埃城村本主称为"洱河灵帝"，被称为海螺神。在本主庙中，其左侧立一神人，双手捧一托盘，内盛一个大海螺，神龛上悬一题为"玉螺现彩"的匾额。其右侧一神人，帽上有一条鱼，神龛上悬有"金鱼现身"的匾额。据《白古通》记载："点苍山插入洱河，其最深长者，惟城东一支与喜洲一支，南支之神，其形金鱼戴金线；北支之神，其形玉螺。二物见则为祥。"② 在《南诏中兴国史画卷》上也题有："西洱河者，西河如耳，即大海之耳也。河神有金螺、金鱼也。"谢肇淛《滇略》说："崇圣寺三塔，中高者三十丈，外方内空，其二差小，如铸金为金翅鹏（金鸡、即金凤凰）立其上。"王昶《金石萃编·跋》也说："三塔……如铸金为顶，顶有金鹏。"这种将自然物——植物、动物、岩石作为崇拜对象的情况，在苍洱白族地区是很普遍的。今天它仍然是白族先民自然崇拜和图腾崇拜的遗迹和明证。广泛流传于苍山洱海间，有关龙为本主的神话故事，既有历史和哲学的价值，又反映了古代白族人民的伦理观念。由于白族主要聚居在苍山洱海一带，广袤的三百里洱海，险峻的十九峰苍山，造成这里溪流纵横，经常发生水害。与水患作斗争，便成了白族先民们的重大任务。有关龙的故事自然也就比较多，人们把龙加以神化，把龙想象成是能战胜洪水的力量。如《小黄龙与大黑龙》《牟伽陀开辟鹤庆》《独脚龙》等，都十分生动地反映了白族先民们依靠自己的力

---

① 马克思、恩格斯：《马克思恩格斯全集》第2卷，北京：人民出版社1957年版，第398页。

② 李元阳：《万历云南通志》卷十二《祠祀》。

量和智慧,战胜灾害的业绩。在这里,广泛被人们传颂的故事是《小黄龙与大黑龙》,这个故事说:"大黑龙盘踞着洱海,有一次因寻找一件龙袍,竟不管人民的生命财产,用尾巴闸起海尾不让水流出去,以致海水骤涨,淹没庄稼房屋。人们非常痛恨黑龙,这时,小黄龙为民除害,在人民集体力量的支持下,它勇敢、机智地打败了大黑龙,大黑龙逃出洱海。"① 小黄龙为民除了水患。显然,小黄龙是正义善良、机智、勇敢的化身,是人民力量的代表;而大黑龙则是邪恶、残暴、贪婪、失败者的化身,是丑恶势力的代表。小黄龙造福于白族人民,是对白族人民有贡献的"好龙";大黑龙则是施灾祸于人民,毁灭人畜田地房产的"坏龙"。好龙终要胜利,恶龙总是失败。所以小黄龙在人们心中有重要的地位。白族人民尊敬它,歌颂它,供奉它,尊它为马甲邑村本主,封为洱海龙王。这就是白族先民们从龙支配人,人幻想支配龙,到人实际上支配龙的演变过程,也是白族先民们从畏惧大自然到幻想征服大自然的历史记录,从中体现了白族先民对真、善、美的追求,对假、恶、丑的遣责。

随着历史的发展、社会的进步,白族先民从游牧到定居,发展为强大的部落和集团,人们控制自然、战胜自然的能力也日益增长,先民们逐渐认识到人的力量是可以战胜神的威力,甚至认为神、龙也是由人创造出来的,因而原来对自然灾害破坏力的恐惧心也慢慢转变为征服和战胜自然力的自信心;并且在灵魂不死古老观念的基础上,氏族、部落英雄成为人们崇拜的对象。因而也就从原始的自然崇拜、图腾崇拜、龙崇拜发展到对氏族、部落的祖先、英雄的崇拜。这些被崇拜的绝大多数人在实际生活中或多或少地做了有利于人民的事。他们为民除害,不惜牺牲自我,造福于人民。如杜朝选、段赤诚就是白族先民与大自然作斗争的优秀代表。"传说,杜朝选是一个青年猎手。有一天,他去云弄峰打猎,在神摩山洞遇到了危害人民的妖蟒,立即射了妖蟒一箭。第二天又在洞里遇见洗血衣的女子,得知她是妖蟒掠到洞里的二女之一。杜朝选于是随女子进洞奋力杀死妖蟒,救出二女,为周城人民除去妖蟒的大害。"② 这一动人神话,徐嘉瑞在《大理古代文化史稿》中把它与《天问》后羿射河伯、妻雒嫔相联系,把杜朝选比作希腊神话的神。杜朝选是白族历史上出现的英雄,他战胜了神化的自然力,并表现出他的灵活、机智、勇敢和自我牺牲的精神。由于他为人民做了好事,人们便敬奉他、崇拜他,尊他为周城北村的本主,至今周

---

① 张文勋:《白族文学史》,昆明:云南人民出版社1983年版,第31~32页、120、121页。

② 张文勋:《白族文学史》,昆明:云南人民出版社1983年版,第31~32页、120、121页。

城北村本主庙内还塑有他的神像,两侧还有二女子相陪,相传这二女子就是他从蟒洞里救出的,后来成了他的妻子。这个神话故事,反映了古代白族先民与自然灾害的斗争,体现了白族先民英勇无畏的坚强性格,乐于助人的高尚品质。

段赤诚也是这一时期所产生的由英雄崇拜而形成的本主。相传,在唐代,"洱海里出现一条大蟒蛇,吞食人畜,淹没田园,苍洱人民无法生活。有一个智勇双全的白族青年段赤诚,决心为民除害。他身缚钢刀,手持双刀,跳入洱海,投入蟒腹,刺死蟒蛇,自己也死于蟒腹。段赤诚舍己为民的英勇行为,深深地感动了白族人民,人们把他的尸体埋葬在马耳峰下,并毁蟒骨建宝塔,名叫"蛇骨塔",至今仍矗立在羊皮村外,段赤诚被崇奉为羊皮村本主"。① 这里,段赤诚是群众力量和智慧的化身,而兴风作浪、淹没田园、吞食人畜的大蟒蛇则是给人民带来灾害的祸首。段赤诚与大蟒蛇搏斗,直到刺死大蟒,除去水患,这正是白族先民与大自然搏斗、征服大自然的象征,段赤诚与恶蟒以死相拼而毫不犹豫,最后除去恶蟒,不惜牺牲自我,拯救人民的大无畏精神,正是白族人民高贵品质的表现,至今仍然是白族人民的道德准则之一。

当白族先民们进入阶级社会之后,残酷的阶级压迫使他们幻想神能帮助自己去战胜人间的恶人,因此在"本主"崇拜中,出现了为民敬仰的节烈、贤贞女神。其中以节义女神阿南为其先导,把贞洁和富于反抗的性格注入整个白族青年爱情生活中,至今影响着白族青年男女的爱情准则。广为人们传颂的《慈善夫人》的神话传说在元人张道宗著《纪古滇说》和《南诏野史》中都有记载。五诏之一逻登的夫人慈善夫人聪明、机智,在统治者皮逻阁设宴欲害五诏时,她就识破了阴谋,劝阻其夫逻登不要去,其夫不得不去,慈善夫人不得已以铁钏穿于夫臂使之前往。后慈善夫人从铁钏认到夫尸。皮逻阁见其聪慧异常,要强娶其为妻。在统治者的淫威下,她勇敢、坚强,对爱情坚贞不屈,发誓一女不事二夫。在统治者的威逼下,她敢于反抗;在统治者的利诱下,她毫不动摇。既保持自身不辱,又敢于蔑视权贵,这种坚持正义、敢于反抗强暴的品质,正是白族人民的传统美德。也正因为此,白族人民尊她为本主,被许多村庄所供奉,并以火把节作为纪念她的节日,用火把象征冲破黑暗社会,争取自由、光明的未来。这则传说赞颂慈善夫人对压迫、残暴的反抗,反映出白族妇女的民族性格,揭露了统治者的狡猾、阴险、毒辣。所以,慈善夫人成为正义、真理、智慧和纯洁爱情的化身,至今仍为白族妇女纯洁爱情的象征。

---

① 张文勋:《白族文学史》,昆明:云南人民出版社1983年版,第31~32页、120、121页。

在南诏时期被封为本主的大理帝王将相如段宗榜,他是大理国开国主段思平的曾祖父,南诏国清平官大军将。《南诏野史》中记载:"世隆立,以王嵯巅摄政。段宗榜救缅,回至腾越,闻佑卒世隆立,(王)嵯巅摄政,移书王嵯巅曰:'天启不幸驾崩,嗣幼,闻公摄政,国家之福。榜救缅以败狮子国,缅酬金佛,当得敬迎,奈国中无人,惟公望重,当抵国门之日,烦亲迎佛,与国增光,云云。嵯巅不知是谋,至日迎之,榜令巅拜佛,突斩之于佛前,讨其弑劝隆晟之罪也。"① 故民间把段宗榜称为神中之神。因其战胜狮子国,其神号又称"狮子国——德天心中央皇帝""神明天子"或"福祚皇基清平景帝",庙号建国神宫,为上阳溪、寺上寺下、马久邑、上登等村本主,在上阳溪遗爱寺北殿内祀之,殿中一对联曰:

清暴除纛乱救民济苦功绩大
平蛮治滇西卫国保家武略高

民间相传段宗榜为马久邑人,到上阳溪上门。因此,马久邑、上登村村民每年五月端午到上阳溪迎接本主,回马久邑住一个月,至六月六上阳溪又到马久邑迎回本主。马久邑、上登村有一对联歌颂说:

统千军铁甲援缅甸平狮夷本大义抚缓宜在奇谋服众实恩威并至酬
舍利以报公功克宽仁北朝尚仰无双品
半片简书诛权奸扶幼主非精忠奋发安能妙计擒渠真智勇并全披肝
胆而完巨节允文允武南国咸推第一人

横批:"造一方福"。可见,人们把段宗榜作为举国英雄来祀之,至今仍然传颂着他的丰功伟绩。

有一种本主,原是内地汉族进入大理地区后成为南诏大理国的官吏,世代居住在那里,繁衍子孙,食邑一方,成了后代及食邑地的本主。如郑回,《南诏德化碑》的撰文者,因其有知识,官至南诏清平官,被封大理城东郊各村本主,建有"清平官庙"祀之。还有杜光庭,《南诏德化碑》的书丹者,封为大理南门本主,建有"杜公祠"祀之。

还有的本主原是南诏时代征战白族地区的内地将官,如李宓等十八将军。相传李宓征大理,进军至下关的中哨,他和部下二十万兵马被歼,其亡魂作祟人民,各村人民为安慰其亡魂,立为本主进行祭祀,建有"将军庙",位于苍

---

① 胡蔚本:《南诏野史》卷上《丰佑传》。

山斜阳峰下,特封为"利济将军",为下关上村等村民的本主,每年八月十五为李宓将军庙会,人们尊奉他,祈求生活平安。

由此可见,白族本主崇拜中的本主神的组成是各种各样的。它展现了本主崇拜是从原始崇拜的自然崇拜、图腾崇拜、氏族村社神、祖先英雄崇拜一步步发展而来的。白族先民无法理解变化莫测的自然界,认为万物有灵,把自然现象看成是超自然力量的作用,因而把祸福归于超自然的神的力量,所以用祭祀来祈求消灾降福。进入阶级社会后,统治阶级成为政治、经济的最高主宰,所以,大量的帝王将相和统治阶级著名人物就代替了原来的神。人间的统一,也使神间统一起来,人间有最高君主,神间也就出现了最高神。大理国皇帝段思平的曾祖父段宗榜被封为本主神王,列五百神王之首。并在苍山五台峰麓庆洞村设了神都——神明天子庙,出现了一年一度的众本主朝贺神的绕三灵盛会,以此极力宣扬帝王将相的功绩。这与白族在长期的生产生活中形成名人崇拜的观念分不开,因为他们认为凡名人均有德行、有威力,死后就能成为神灵,可保护一方之民。于是,他们将自己的愿望要求寄托在历史人物身上,并通过神话、故事的方式留传下来,约束着白族的道德行为。

三、本主崇拜中的道德规范

如上所述,白族信仰、崇拜的本主很多,而每个本主又都有故事传说。其中有原始神话,有英雄传说,有历史故事,形成丰富的、具有民族特色的本主神话中故事。鲁迅说:"神话大抵以'神格'为中枢,又推演为叙说,而于所叙说之事,又从而信仰敬畏之。于是歌颂其威灵,致美于坛庙……"① 所以,在本主神话中被神化的英雄,或被人化的自然力,在神话中被歌颂,在本主庙坛上被赞美、膜拜。于是,他们的品格和业绩也就一代代传下来,成为白族人民的道德理想。无论是太阳神,还是小黄龙,或是杜朝选、段赤诚,还是慈善夫人等等,这些被颂扬的"天神""英雄"、节烈身上共同的道德品质就是勤劳、勇敢、智慧、不惜牺牲,这些都是白族先民的主要道德规范。人们世代相传,以此来作为调节和评价自己和别人的道德行为的标准。

进入阶级社会后,封建统治阶级的帝王将相大量列入本主神中,封建伦理道德的"忠孝节义""三纲五常"等观念也体现在本主信仰中,至今仍有一定影响,约束着人们的行动。然而,白族信仰的本主,无论是统治者或平民,都贯穿着有德、有功于民、助人的精神,这种建立在小农经济基础上的伦理道德

---

① 鲁迅:《中国小说史略》,北京:人民出版社1973年版,第3页。

观念，有其封建性的糟粕，但也有一些具有现实意义的东西，这就是说它教育人们应为社会和人民做有德行的事，成为有德行的人，这样，才能得到人的尊敬。在白族地区，白族民众从小就会讲本主故事，尤其是"太阳神""小黄龙和大黑龙""杜朝选""段赤诚""慈善夫人"等本主故事脍炙人口，白族民众从小就受到这些故事中伦理道德的熏陶。体现在他们身上的善良、诚恳、正直、乐于助人、尊老爱幼、团结互助的精神，都与民族信仰和民族意识的伦理观念教育有关。

本主信仰扎根于白族人民的现实生活中，是白族人民的现实生活在他们思想意识形态领域里的一种特殊反映，它富有生活气息，并且有鲜明的民族特色。于是，本主信仰和白族先民的伦理观念浑然一体。人们信仰它，是希望它能解释人们现实生活中的问题。当然，这只能是一种幻想，但同时它也给人们一种精神上的寄托、安慰和鼓舞；给人们勇于生产、敢于生活的力量和信念，并非消极、厌世，让人们脱离现实去苦修。而体现在本主祭祀中英雄崇拜的观念，便是"法施于民则祀之，以死勤事则祀之，以劳定国则祀之，能御大灾则祀之，能捍大患则祀之"。[①] 也就是纪念本境内历史上有功于人民的人。所以，本主庙会可称为本地区历史上英雄人物的纪念会，从这一点说，本主崇拜与迷信思想是有所区别的。

作为白族历史上的一种社会意识形态，它代表了本民族的一部分思想意识，体现了一定的伦理道德观念。它在历史上起过一定的积极作用，主要是鼓舞人们同大自然作斗争和协调人们之间互相关系。它对于白族人民在建设具有民族特色的社会主义物质文明和精神文明的今天，用历史唯物主义的观念来分析白族本主信仰中体现在伦理观念，实事求是地加以评价，去其糟粕，取其精华，无疑是有益的。

---

① 左丘明著，陈同生译：《国语·鲁语》，北京：中华书局 2018 年版。

白族民居照壁建筑中的伦理道德观念

照壁，乃是白族颇具特色的建筑，是白族文化的精华之一，亦是白族伦理观念的重要载体。照壁在白族及大理地区的历史中源远流长，其中蕴含着白族人民的艺术修养及审美情趣，其上的题字亦与白族伦理观念有密不可分的关系，举其题字，杨姓的"清白传家"告诫人们要清白，张姓的"百忍家风"要求人们要忍让，严姓的"富春家声"教育人们要淡泊名利，赵姓的"琴鹤家声"鞭策人们要清廉高洁，等等，无不闪烁着白族伦理道德教育的光辉；其共性是崇尚树立榜样，注重民族姓氏的特色，重视家风教育，传承家规家训。白族照壁所体现的伦理思想博大精深，值得继承与发扬光大，必将为新时代中国特色社会主义道德教育事业贡献一份力量。

白族是一个勤劳智慧的民族，白族先民创造了丰富多彩的民族文化，其中，民居照壁建筑文化，也有自己的特点。通常白族民居布局一坊单元房子，可以单独加围墙、厨房、厕所、照壁等建成为一般普通民居建筑。可以组成"三坊一照壁"的形式，即由三坊单元房子同一方围墙即照壁组成三合院；也可以组成"四合五天井"，做成有走廊小厦瓦屋面，四坊房子楼层相互不连通、或相互连通不设小厦瓦屋面，而是设楼层走道为木栏杆的形式。而无论是"三坊一照壁"，还是"四合五天井"，还是"六合同春"转角楼，照壁是不能缺少的，也是白族民居区别于其他民居建筑的一大特色，别具一格。因此，白族民居照壁有自己的特点、内涵，又蕴含着丰富的伦理道德观念及行为规范。

一、白族民居照壁的缘起

照壁，通俗地说，就是面对着自己的墙，有点类似于北京四合院的影壁，但是，照壁在白族民居建筑中是其文化的一个重要载体。白族民居照壁上一般会题字，表达着白族人家的伦理观念，也是白族文化与中原文化特别是儒家文化深度接触、沟通、交融的体现。因为，白族民居长期受儒家文化的影响，属于中国古建筑范畴。但是在漫长的历史进程中，由于白族先民的不断继承和创造，结合当地的建筑材料、气候、地理条件、文化艺术、思想观念等，又具有其独特的风格。在屋面、木构架、飞檐、斗拱、木雕、门窗、装修、藻井、台基、阑干、彩画、照壁、庭院布局等方面，日臻完善而自成一体。

白族民居照壁其实古已有之，古时建筑必分院内与院外，院内的东西要隐藏好，院外的东西要隔挡开；院内外之间隔一道小墙即能达到此目的，照壁便由此而来。早在汉唐时期，有不少中原的汉人迁居洱海地区。《通典》卷187载：初唐时期洱海东部地区"数十百部落，大者五六百户，小者二三百户，无大君长，有数十姓，以杨、李、赵、董为名家。""自云其先本汉人，有城郭村邑，弓矢矛铤，言语虽稍讹舛，大略与中夏同；有文字，颇解阴阳历数，而以十二月为岁首。其土有稻、麦、黍、豆，种获亦与中夏同。"可知，到唐代初期，已有不少汉族移民在洱海地区定居，而且年代颇为久远。① 他们互相交流，共同生活在一起，互相影响。

　　根据考古发现，在4000多年前，白族的祖先已在金沙江以南，苍山洱海以北的地区定居下来。长期以来，白族先民居住在这里，与其他民族共同生产，和睦相处。在儒家文化影响下，白族地区的社会经济和文化艺术在10世纪时，就有了较大的发展。在建筑方面，从历史记载和巍立千年的大理三塔来看，可以说明白族的建筑艺术和技术在唐宋时就有了很高的成就。在这段期间，白族和汉族文化交流极为密切，对白族建筑的发展有一定的影响。到了元朝，在大理设路，明清两代设村和县，明朝从中原地区大量移民到云南大理等地，必然促使和内地文化不断地交流融合。所以，就白族建筑的现状来看，大体与内地相似，但又具有自己的民族特点。② 白族建筑文化中的照壁不仅深受汉文化的影响，也逐渐形成自己的特色。

　　在大理国时期，白族是云南的统治民族，但是汉文化对白族的影响依然不断。元代郭松年《大理行记》说："大理与宋王朝相与使传往来。故其宫室、楼观、言语、书数、以至冠婚丧祭之礼，干戈战阵之法，虽不能尽善尽美，其规模、服色、动作、云为，略本于汉。自今观之，犹有故国之遗风焉。"可见，即便在大理国白族居统治地位时，汉文化始终对白族的社会经济文化等有长期和深远的影响。③ 今天，白族民居建筑照壁可以在鹤庆、诺邓、大理喜洲、周城等白族传统民居建筑群落中找到依据。

　　如喜洲白族民居建筑的历史：从喜洲宏圭山墓地中出土的三国墓和喜洲镇凤阳村南和庆洞出土的晋墓，说明汉以后就有一部分汉官到大理了。隋代，据传史万岁曾驻师于此，故名"史城"。唐代南诏时，蒙归义袭破哶逻皮，取大厘城，此时喜洲又被命名为大厘城。南诏统一六诏后，把阳苴哶城、邓川、大

---

① 林超民：《滇云文化》，呼和浩特：内蒙古教育出版社2006年版，第127页。
② 云南省建筑工程厅设计院：《少数民族民居调查之三——云南白族民居调查报告》，北京：民族出版社1963年版，第2页。
③ 林超民：《滇云文化》，呼和浩特：内蒙古教育出版社2006年版，第132页。

厘城视为同等重要，苦心经营。到明正统九年，曾在喜洲建有的城池已毁没。如今喜洲白族民居多是明清以来保存下来的。① 到了1938年，引进了现代建筑风格。如今喜洲白族民居建筑群既保留中国古代的民族特色，又有近现代的和外来的特色。② 今天喜洲的董家大院、严家大院，不仅有白族传统民居的照壁建筑，还有法国式建筑的小楼。

照壁是中国受风水意识影响而产生的一种独具特色的建筑形式，北方称之为"影壁"。白族十分重视照壁建筑生态环境，讲风水。认为风水讲究导气，而气不能直冲厅堂或卧室，否则不吉。为了避免气冲，便在房屋大门前面置一堵墙。为了保持"气畅"，这堵墙不能封闭，故形成照壁这种建筑形式。为了遮蔽风雨，家家都有照壁。照壁在白族建筑中便应运而生。照壁除具有挡风、遮蔽视线的作用外，还有一个重要作用是采光。当太阳西下时，阳光直接打在照壁上，再反射到屋里，可以让屋内依然敞亮，所以也称之为"照壁"。同时，照壁又有吉星高照、吉祥如意的伦理内涵。

二、白族民居照壁的内涵

白族民居中的照壁是人们最喜爱、并具有艺术欣赏价值的建筑。照壁的构造、雕塑、砖雕工艺、彩画工艺反映出白族人民的文化艺术和白族古建筑的风格。照壁有建造在村头或庙宇前面的，村头照壁和庙宇照壁是独立的，墙较厚。民居中的照壁中间高两边低，以泥作工艺为主，墙头瓦面的檐口及瓦脊的起翘要做得自然美观。通常照壁中间安设高级彩花大理石，或安贴书写有"清白传家""紫气东来""苍洱毓秀""耕读传家"等汉白玉大理石。经过纸筋灰粉饰后的照壁，再通过白族民间艺术画匠的传统精心彩画，反映出白族建筑文化艺术的个性及内容。民居照壁也有简易做法，即檐口不做斗拱花饰，飞檐石下只做飞砖、飞瓦线条及花框、花格、彩画也以淡墨彩画为主。这样做成的照壁较为经济，民间所设较多为"三坊一照壁"中的照壁和"两坊一照壁"中的照壁也各有自己的特点。

鹤庆、喜洲近代民族商业的迅速发展，为其民居建筑发展奠定了重要的物质基础。"喜洲商帮"经过长期的商业经营，积累了大量资金，有很大一部分资金被投放到民居建筑和办学校、办医院、建造图书馆等福利事业上面。我们今天在喜洲见到的一幢幢青瓦白墙的"三坊一照壁""四合五天井""一进两

---

① 宋丽英：《云南特有民族文化知识》，昆明：云南大学出版社2007年版，第9页。
② 宋丽英：《云南特有民族文化知识》，昆明：云南大学出版社2007年版，第11页。

院"等院落,除少数是明代建造的外,其绝大多数都是清至民国时期的建筑。据赵勤先生调查统计,喜洲有明代至民国年间的房屋建筑达101坊间。保存如此完整、建筑艺术水平如此之高的民居建筑群在云南乃至全国也是难以找到的。由于喜洲白族民居建筑具有很高的历史研究价值、科学价值和艺术价值,1987年被云南省人民政府公布为第三批省级重点文物保护单位。2001年6月23日,喜洲白族民居建筑群又被国务院公布为第五批全国重点文物保护单位。[1]

喜洲白族民居建筑群中的"三坊一照壁"是大理白族民居的主要形式,是合院式建筑的典型代表。每一坊房屋的照壁上都要请书法家题写与本家姓氏有关的四个大字。如杨家要题"清白传家",张姓要题"百忍家声"或"百忍家风"[2],王姓要题"三槐及第",李姓要题"青莲遗风",赵姓要题"琴鹤家声",何姓要题"水部家声",杜姓要题"工部家声",董姓要题"南诏宰辅",还有村子东面的照壁上大多题"紫气东来"。这些照壁上题写的大字,是白族建筑艺术的一个重要内容,具有很深的文化内涵[3]及伦理道德的要求。

(一) 杨姓"清白传家"

杨姓照壁上题写的"清白传家"。"清白"就是操行纯洁,没有污点。王逸《离骚序》:"不忍以清白久居浊世,遂赴汨渊自沉而死。""清白传家"这个典故取自东汉杨震的故事。杨震,从小好学,人称"关西孔子",可见其学问之精深及做人之高尚。有一次,他赴任路过昌邑,当时昌邑县令曾受杨震举荐,为答谢举荐之恩,深夜带了黄金十斤想要送给杨震,杨震责问县令"故人知君,君不知故人,何也?"县令以为杨震有顾虑,急忙申明"暗夜无知者",杨震反驳说:"天知、地知、我知、子知,何谓无知者?"县令羞愧万分,慌忙退下。后转涿郡太守。性公廉,不受私谒。子孙常蔬食步行,故旧长者或欲令为开产业,震不肯,曰:'使后世称为清白吏子孙,以此遗之,不亦厚哉!'"安帝时官至太尉。安帝乳母王圣及中常侍樊丰等骄侈横行,他多次上书直言劝谏,被樊丰所诬罢官,遣归本郡,愤而自杀。中国封建社会的官吏,大多营私舞弊、贪赃枉法。而杨震身居太尉,能够拒绝重金贿赂,这是极少见的。

杨姓照壁上题书的"清白传家"就是教育、启迪后代子孙做人要一清二

---

[1] 大理白族自治州博物馆:《大理考古与白族研究——田怀清文集》,昆明:云南人民出版社2013年版,第312页。

[2] 彭多意:《人神之间——白族》,昆明:云南大学出版社2001年版,第19页。

[3] 大理白族自治州博物馆:《大理考古与白族研究——田怀清文集》,昆明:云南人民出版社2013年版,第312页。

白，清廉，不贪污受贿，"与其浊富，宁比清贫"。故在大理许多杨姓的大门及堂屋门上，有这样的三幅楹联，第一幅书"历时阴阳本有脚，清白传家夜辞金"；第二幅书"世继鳣堂清白远，家传雀馆吉祥多"；第三幅题书"谦恭处世严三畏，清白传家守四知"。① 可见，杨姓的为人处世的价值观念即凡不清白之事，皆有天知、地知、我知、子知。因此，告诫杨姓子孙做人做事要清白，要想人不知除非己莫为。所以，笔者的奶奶经常告诫我们："不是自己的东西，一针一线也不能拿，手脚要干净，千万不能见钱眼开，要管好自己的手脚，认认真真做事，干干净净做人。"这就是我们杨家的家规及家训，也是我们做人的行为规范及价值要求。

（二）张姓"百忍家风"

张姓照壁题书"百忍家声"的典故出自唐代张公艺传说故事。据《旧唐书》一八八《张公艺传》和《旧唐书·刘君良传》记载："郓州寿张人张公艺，九代同居……麟德中，高宗有事泰山，路过郓州，亲幸其宅，问其义由。其人请纸笔，但书百余忍字。"高宗有所体会，随后大加赞赏，赏赐给张家大量金子。后来张姓常以"百忍"为堂名。因为，古代的封建家族制度，聚族而居，易起纠纷，非百般忍耐，不能相安。唐代张公艺的"百忍"家风被张姓一直传承下来。一个家庭，相互之间，如果没有必要的忍让，是不能和睦相处的。所以，忍学是中国的传统文化，是中国儒家思想的精髓。在中国历史上，凡是显世扬名、名垂千古的英雄豪杰、仁人志士，无不能忍。人生在世，生与死较，利与害权，福与祸衡，喜与怒称，小之一身一家，大之天下国家，都离不开忍。古代先哲对"忍"字有很多精辟的解释：《说文》中说："忍，能也。"《广雅·释言》中说："忍，耐也。"孔子说："百行之本，忍之为上。"还说："小不忍则乱大谋。"宋代文学家程颐说："愤欲忍与不忍，便见有德无德。"把忍看成是道德修养的重要组成部分，从中可看出人的品德操行。陆游说："小忍便无事，力行方有功。"元代的许名奎、吴亮还专门编纂了《劝忍百箴》和《忍经》供后人学习。清代的《忍字辑略》一书也说："古圣贤豪杰所以立大德而树大业者，莫不成于忍，而败于不忍。"提倡"忍为高，和为贵"是弘扬传统的尚和精神。俗话说得好，"家和万事兴"，人与人之间和谐相处是社会长治久安的重要保证。②

---

① 杨铜斌、赵勤：《喜洲古今对联选》，昆明：云南人民出版社2011年版。
② 大理白族自治州博物馆：《大理考古与白族研究——田怀清文集》，昆明：云南人民出版社2013年版，第313页。

另有记载,相传张姓始祖在汉代时,被人欺辱,九十九次皆忍下气来,后来成了仙。① 可见,张家是我国历史上治家有方的典范,其治家之道与其"百忍家风"是分不开的。时至今日,白族张姓的人家为人处世的主要伦理观及行为规范,仍然是凡事皆以忍为上,一忍到底,海阔天空。并且要求后代子孙以忍为贵,告诫张姓子孙要秉承百忍家风,让其世代相传。

(三)严姓"富春家声"

"富春家声"这个典故取自东汉严子陵的故事。严子陵,东汉著名隐士,少时即名声在外,与东汉光武帝刘秀是同学,亦是好友,为刘秀夺取政权出了不少力,刘秀即位后,多次延聘严子陵,但严子陵坚决不受,隐居至死。后世范仲淹曾予以"云水苍苍,江水泱泱,先生之风,山高水长"的赞语,使严子陵以高风亮节闻名天下,富春江即为严子陵隐居之地,昭示着那一段佳话。时到今日喜洲"富春里"住的大多都是严氏子孙,而巷道取名为"富春里",是望佳话再续的美好期盼。

由此可知,严姓的为人处世的主要伦理观即君子爱财取之以道,不因为权力、名利而堕落,时常应以严氏祖先子陵为警策、为榜样。因此,告诫严姓子孙虽然大多经商有成,但必须善护己节,不为钱财所吞噬而失节。

(四)赵姓"琴鹤家声"

赵姓照壁上题书的"琴鹤家声"这一典故,取自北宋赵抃的故事。据宋沈括《梦溪笔谈》九《人事》一,《宋史》三一六《抃》本传记载,赵抃(1008-1084年)字阅道,衢州西安(今浙江衢州)人。景祐进士。任殿中侍御史时,弹劾不避权贵,人称"铁面御史"。后知睦州(今浙江建德东)、虔州(今江西赣州)及成都。以一琴一鹤自随,为政简易。神宗初参知政事。赵抃任成都转运使时,随身只带一琴一鹤,比喻为官清廉。《全唐书》六七四郑谷《赠富平李宰》:"夫君清且贫,琴鹤最相亲。"宋苏轼《苏文忠诗合注》三十《题李伯时画赵景仁琴鹤图》之一:"清献先生无一钱,故应琴鹤是家传。"清献,即赵抃,有《赵清献集》。

因此,赵姓照壁上题书的"琴鹤家声",同样是表达为官清廉,不贪污受贿,清清白白做人的理念。赵姓门联书:"吾家门前常栽竹,琴鹤家风只爱

---

① 彭多意:《人神之间——白族》,昆明:云南大学出版社2001年版,第19-20页。

莲。"① 说明赵家不避权势地弹劾奸臣，时人称为"铁面御史"。其日所为之事，夜间必端正衣冠，焚香以告天地。琴鹤家声取自其日常行仪常以一琴一鹤自随。证明赵姓为人处世主要伦理规范：即以一琴一鹤象征先祖为政简易，为官清廉的高尚人格为景仰、为趣向、为榜样；告诫赵姓子孙不忘先祖之道，树立为人为官的高尚品格。

（五）董姓"南诏宰辅"或"九隆之裔"

董姓照壁上题书"南诏宰辅"，有时也题"九隆之裔②"，说的是董姓始祖董成曾经为南诏清平官的事。喜洲《董氏族谱》称其始祖为董成，传至今日，已有40余代。董成是南诏蒙世隆时期的清平官。据《新唐书·南诏传》记载："初，酋龙遣清平官董成等十九人诣成都，节度使李福将廷见之。"董成到成都的时间为唐懿宗咸通元年（806年），因与节度使李福抗礼，被逼囚禁。刘潼代李福节度四川，上任成都后，即释放董成一行，奏请遣还南诏。唐懿宗诏令董成等至京师，给予接见，赐予甚厚，慰劳之，遣反南诏。（见《资治通鉴·唐懿宗咸通七年》）故董成是一位十分忠诚于南诏蒙世隆时期的清平官，是官居要职，声势显赫的人物。董姓照壁上题书"南诏宰辅"，就是要显扬祖先董成的功绩。《礼记·祭统》载："显扬先祖，所以崇孝也"。③ 至今，喜洲董家祠堂里，还有"为官要清正廉洁，为人要诚实厚道，办事要认真负责"的家风记载。

（六）"紫气东来"

喜洲镇东南建有一个照壁，其上书写着"紫气东来"四个大字。"紫气东来"这一典故出现的时代较早，传说老子出函谷关，关令尹喜见有紫气从东而来，知道将有圣人过关。果然老子骑了青牛前来，尹喜便请他写下了《道德经》。④

喜洲白族民居照壁上题书的常见文字还有"书香世美""理学传家""廉吏

---

① 大理白族自治州博物馆：《大理考古与白族研究——田怀清文集》，昆明：云南人民出版社2013年版，第314页。

② 彭多意：《人神之间——白族》，昆明：云南大学出版社2001年版，第19页。

③ 大理白族自治州博物馆：《大理考古与白族研究——田怀清文集》，昆明：云南人民出版社2013年版，第315-316页。

④ 大理白族自治州博物馆：《大理考古与白族研究——田怀清文集》，昆明：云南人民出版社2013年版，第316页。

家声""科甲联芳""陇西世第""双铭宅第""宏农世第""连壁生辉""雀馆生辉""太尉微风""彩云南现"等典故及历史传说。① 诸如此类的白族照壁题词，举不胜举。

可见，白族人无论哪个姓，都非常重视照壁建筑的雕刻图案，各家所建的照壁不仅显得高大又顺应各家的自然特征，又根据各家祖先遗留的家规家训，在照壁上彰显，体现自家的伦理道德观念及做人做事的准则。有的家族也喜欢在照壁上书写福字，来表示家庭幸福平安。

三、白族民居照壁中蕴含的伦理规范

白族不仅有灿烂的文化，也有优秀的传统伦理道德。白族传统道德中的自强不息、敢于适应并不断改造环境的民族精神；群体内聚、维护统一和爱国主义传统；为人正直、诚实守信、勇敢的品德；办事公道、乐于助人、互相帮助、尊老敬贤、养老扶幼、父慈子孝的美德；崇尚礼节、淳朴善良、热情好客的道德风尚；重义气，坦诚相见、疾恶如仇的道德品质；夫妻互敬、家庭和睦的道德观和勤俭节约、反对浪费的传统美德；抑恶扬善、趋利避害、爱憎分明的道德主张、还有尊师重道、与人为善、和睦共处、仗义疏财等道德规范②，都一代一代地延续下来，并以照壁为载体，在照壁题词的内容中体现出来，各有特点，但又有其共性。分别为：

（一）照壁题词崇尚英勇树立典型榜样

崇尚英勇正义的美德，抑恶扬善是白族照壁内容的共同点。比如杨姓以杨震为荣，张姓以张公艺为榜样，赵姓以赵抃为典型，严姓以严子陵为警策，董姓以董成为榜样等等不一而足；可以看出几乎每一姓人家在题写照壁上的词时，都会树立一个本姓人为典型榜样。因为，榜样的力量是无穷无尽，可以世世代代相传，不断鞭策、激励后代子孙，以祖训为准则，规范自己的行为，符合家规家训，才能做一个有道德的人。可见，白族照壁伦理观中崇尚典型、树立学习榜样是人们的共同需要。

（二）照壁题词注重姓氏特色各有不同的伦理观

注重姓氏特点各有不同的价值观，这一点从上面论述中的杨姓、张姓、严

---

① 大理白族自治州博物馆：《大理考古与白族研究——田怀清文集》，昆明：云南人民出版社2013年版，第316页。

② 杨国才：《白族传统道德与现代文明》，北京：当代中国出版社1999年版，第9-12页。

姓、赵姓、董姓照壁的伦理道德规范可以看出，其伦理思想都是各有侧重。比如杨姓重清白；严姓重淡泊；张姓重忍让；赵姓重尚清廉；董姓彰显祖先功绩，要求做官要清廉，主持公正。不同姓氏各有不同的价值观，百花齐放百家争鸣，为我们带来了丰富多彩的照壁建筑中折射的伦理道德规范及标准，让人们遵守，成为自己的行为规范。

（三）照壁题词重家风家训的教育

照壁是白族人家一进门皆会看到的一面壁，上书富含伦理思想的四个大字，使家中之人皆受其熏陶，无不发生潜移默化之改变。白族家家户户几乎都有照壁和题字，折射出照壁题字是白族文化的一个固有模式，也是白族伦理道德传承的一个重要方面。亦即证明白族文化中重视教育，其中，重视伦理道德教育是白族重要的任务，而家风家训教育是其核心，已经深入骨髓。

可见，照壁在白族民居建筑中占有重要的地位，它不仅集中反映了具有悠久历史和丰厚文化的白族人的审美意识，而且折射出白族做人的行为准则与伦理道德观念。在白族民居的照壁、大门及房屋檐口部分到处是古色古香的民间彩画和题词。这些彩画和题词有其民族特色，是历代白族能工巧匠经验和智慧的结晶，也是白族伦理道德观念的总结。从色彩上讲，自古以来白族喜爱白色，以白色为吉祥。所以，民居照壁建筑墙面多为白墙，照壁墙中间部分不能随意着其他色，一定要用白色。在白墙上面彩画着色以素雅清淡为特色，给人以幽雅舒畅之感；题词以家风家训为准则，主持公正、伸张正义，又传承各家自己的特色，给人以道德的力量。因此，白族照壁建筑的题词中蕴含着丰富的伦理道德规范及要求。

总之，白族照壁中蕴含的伦理观具有故事性、简洁性、精华性，是中华伦理道德文化的重要瑰宝，也是白族优秀传统道德的重要组成部分。进入新时代，也可作为我国伦理教育的重要借鉴，特别是少数民族伦理道德教育，要可持续地永恒的坚持下来，才能不断弘扬光大。

（原载蒋颖荣等主编：《优秀传统文化与伦理学的使命》，北京：中国社会科学出版社2021年版。）

儒家家庭伦理思想在大理碑刻中的彰显

在云南大理地区的碑刻中，儒家家庭伦理思想有着比较充分的彰显和体现，其内容涵盖了孝悌、宗族、教育、家庭等方面，探讨勤俭、和善、严教、孝道等因素在家庭发展中的作用，反映出勤劳节俭是持家的关键，和气良善是发家的根本，严格施教是治家的保障，父慈子孝是兴家的传家宝。儒家孝道文化在大理民族文化中占有举足轻重的地位，其发展历史源远流长。

云南大理地区的碑刻文化中有关儒家家庭伦理的内容多以乡规民约的形式出现，这与当时大理地区宗族制度的影响有很大的关系。在古代，历代中央政府对于大理地区的管理多采取因俗而治的政策，基层民众的治理主要依靠当地的宗族团体，大理民众对于有血亲和姻亲组成的宗族大家庭十分的认可，宗族团体在当地都有一些公田、公林等物质基础，同时也是基层民众与上层中央沟通的桥梁，因此许多乡规民约形式的族规祖训成了大理民众的家规家训，许多家庭伦理道德在一些乡规民约中都能找到其内容来源。重视孝道、遵守族规、提倡教育、主张与人为善的儒家思想，成了大理乡规民约碑刻文化中主要的家庭伦理道德规范。

一、大理碑刻中儒家家庭伦理思想的内涵

在大理传统家庭结构中，一家一户的自然家庭和宗族大家庭是其主要的形式。对于封建中央政府，一家一户的小家庭有利于增加国家赋税，削弱反抗其专制统治的基层力量，同时宗族组织的管理者一方面深受封建儒家忠孝思想的影响，另一方面也是基层民众利益的代言人。基于此，为了维护基层社会的稳定，提倡家庭和谐、邻里和睦成为基层家庭道德教育的主要内容，同时大理民众自古深受中原儒家文化影响，十分重视对子弟的教育，教育兴家的观念深入民心。

（一）碑刻中的家庭和谐观

家和万事兴，大理人民十分重视良好家庭关系的培养，在处理家庭关系时主要表现为夫妻关系、父母子女关系、兄弟姐妹关系的和谐相处，并对各个个体单位进行了伦理道德的规定，如为父正，为母慈，为兄爱，为弟恭，为夫义，

为妇顺，为子孝。①对于夫妻关系，在长期的封建社会发展进程中儒家三从四德的思想深深影响着大理民众，表现为妇女在家庭中的从属地位，倡导贤惠顺从的"妇德"，《山花碑》中就有"为妇顺"的内容。同时大理地区由于其有特殊的地理环境、民族成分、宗教信仰，使得大理地区的妇女受封建礼教的束缚程度相对较轻，这与大理地区妇女在家庭经济生活中的重要性是分不开的，她们不仅是家庭劳动、农业生产的主要参与者和承担者，在许多经济活动中也活跃着她们的身影。英国社会学家费茨杰罗德在大理调研考察后，曾在其《五华楼》一书中说：妇女们在田间薅草、耕耘、栽秧、协助男人收割，把收下来的谷子背回家里。集市贸易通常由妇女参加，她们把商品背进城里，白天在集市上出卖，傍晚带着钱回家。基于此，大理地区妇女在家庭中的地位相对于中原地区又有很大的提高，与丈夫之间的关系也就趋于相对平等，尤其到了近代后，封建自然经济遭到资本主义经济的冲击，同时大理处于古代茶马古道和东南亚贸易活动的重要枢纽地，妇女参与经济活动的影响使得妇女地位进一步得到解放，夫妻关系也更加和睦。

对于父母和儿女的关系，大理民众秉持儒家"父慈子孝"的传统道德思想，在日常生活中，父母讲求慈爱并严加教育子女，子女讲求孝顺不忤逆父母，做到父母与子女关系的和谐稳定，建立其乐融融的家庭氛围，这在大理民族地区的许多碑刻中都有体现。

如《洗心泉诫碑》记有"为父正，为母慈，为子孝，为女洁"。《山花碑》记有"虔诚敬天地父母，教育子孙尊释儒"②。《上食村村规民约碑》有记"一敦人伦。人生之百行，以孝弟为首，倘弟子有负性愚顽入不孝、出不弟者必究"③。

对于兄弟姐妹之间的关系。在古代儒家思想讲求"兄友弟恭"，和气至上，讲求父殁长兄为父，长嫂为母的思想原则，白族官员杨金南在其"居家四箴"碑刻中就有"兄须爱其弟，弟必敬其兄；勿以千豪利，伤此骨肉情"的内容。由于封建家族制管理在古代大理地区为基层管理的主要形式之一，同时大理地区又深受汉文化的影响，因此"兄友弟恭"的观念深入民心，成为人们指导家庭关系的重要道德原则。

---

① 段金录，张锡禄：《大理历代名碑》，昆明：云南民族出版社2000年版，第327页。
② 李荣高：《云南林业文化碑刻》，德宏：德宏民族出版社2005年版，第39页。
③ 云南省编辑组编：《大理州彝族社会历史调查》，昆明：云南人民出版社1991年版，第31页。

(二) 碑刻中的乡邻和睦思想

大理碑刻有关儒家家庭伦理道德的内容往往都是以乡规民约的形式出现的,而制定乡规民约的主体往往是宗族组织。宗族是封建土地所有制结构的产物,乡绅集团的依靠,它是以地缘或血缘为基础建立起来的地方自治组织,有一定的行政管理权力,也是中央政府管理底层民众的重要依靠。宗族组织为国家提供钱粮人力,同时它也是底层民众的意愿表达通道,是中央政府与底层民众之间联系的桥梁。宗族管理者往往是由退休的本族官员或有功名身份的秀才举人以及德高望重的长者来担任,许多事情都是先通过宗族内部核心管理层人员商议再通过召开宗族大会公开商议后进行决议,因此许多决议内容具有群体认同性,具有一定的法律作用,甚至有时比中央和地方的法令更加具有执行力。大理在明清时期宗族根系十分庞大,小到十几户大到百户千户,为了很好地管理本族民众就制定了一系列的乡规民约,其主体内容主要强调宗族内部成员和睦相处、守望相助。白族官员杨金南的《洗心泉诫碑》记有"邻保相助,患难相恤。过失相劝,德业相成"[1]。《上食村村规民约碑》记有"凡乡村之中和气致祥"[2]。从碑文中可以看到这些乡规民约提倡邻里之间互帮互助、守望相助,目的是建立一个和谐安定其乐融融的生存环境和民风淳厚、明礼尚德的人文环境。

(三) 碑刻中的教育兴家观念

大理民众自古都有重视教育的传统,家庭教育、私塾教育、村中义学教育等形式成为日常大理民众生活的一部分。大理《学仪功德碑》就教育当地子弟一事进行了详细的论述,现摘录如下:"盖古者家有塾,党有庠,州有序,国有学,无人不在所教之中,即无人不归于醇良之地也。兴隆一村,虽僻居一隅,可不明礼仪以厚风俗,训子弟以戒非为哉。然无所籍赖则父兄之教不先,子弟之率不谨,纵有读书之质,难于供给之资。是以教读不继,礼义不明,终无以成也。今合村公议,捐谷数石,连年生息以作教读之费。切恐贤愚不一,假公肥己,间为染指,至今学馆荒废也。故勒石以垂不朽云。"[3]

大理州云龙县诺邓古村的民众十分爱好读书,几乎家家藏有"四书",在

---

[1] 段金录,张锡禄:《大理历代名碑》,昆明:云南民族出版社2000年版,第37页。
[2] 云南省编辑组编:《大理州彝族社会历史调查》,昆明:云南人民出版社1991年版,第327页。
[3] 大理文史资料委员会:《学仪功德碑》,大理:《大理市文史资料》第3辑,大理文史资料委员会编印。

走访的一些老人中,许多人都能背诵《论语》《道德经》《大学》等书,几乎每户人家中都有擅长毛笔书法的人,自己动手写对联成为当地人代代相传的传统习惯,这种现象在大理地区并不鲜见,从这一点我们可以看到大理民众对教育的重视程度。大理地区许多碑刻中都有关于重视教育的记载。《山花碑》中有"三教经书代代传",《公立乡规碑记》第五条记有"提倡教育:本村学校之经常经费,以本村公碾之收入为主体。凡教育设备前途,需由阖村热心提倡。倘有障碍情事,罚洋十五元"①。在《新仁里乡规碑》碑文中,把村中子弟不良行为原因归为缺少教育教化,建议设立义学,义学的费用花销由村中的公田收入进行支付,为了义学的顺利进行,村中决议除了祭祀费用外,所有公共收入皆投入到义学的创办之中,由此可见大理民众对教育十分重视。另外,还规定有财力的大家庭一姓设立一个学馆,财力不足的几个姓氏家庭设立一个学馆,并且要求聘请名师大儒教授村中子弟。

二、大理地区碑刻中家庭伦理思想的基本特征

云南大理地区碑刻中有关儒家家庭道德的内容涵盖了孝悌、宗族、教育、家庭等方面,其中勤俭、和善、严教、孝道四个因素在家庭发展中具有重要的作用,反映出勤劳节俭是持家的关键,和气良善是发家的根本,严格施教是治家的保障,父慈子孝是兴家的传家宝。

(一)持家以勤俭为要

大理地区在秦汉时期人口较少,生产水平较低,生存环境恶劣,大理先祖以其大无畏的精神,用辛勤的双手一步步把大理建设成适合人居的"风花雪月"之城,当我们置身于苍山洱海之间,欣赏大自然鬼斧神工的美景之时,我们的祖先们当年却在寒风中辛勤耕作,为下一顿的饭食而忧愁。正是基于祖先们的辛勤劳作、勤俭持家才开创了这一番美好天地。勤俭持家是大理人民的传家之宝,几乎在许多先祖的家训遗言中我们都可以看到,明代白族儒学大师二艾在《教家录》中曾说,"居家宜俭,待客宜丰,但不可如小人斗胜,遇知己即一羹一蔬有无穷况味",强调居家生活讲求勤俭,粗茶淡饭中才有真味。在大理州云龙县诺邓古村,民众家中多有《菜根谭》一书,许多老人对一些句子都能朗朗上口,如:"醲肥辛甘非真味,真味只是淡;神奇卓异非至人,至人只是

---

① 国家民委:《民族问题五种丛书》云南省编辑组编:《白族社会社会历史调查》,昆明:云南人民出版社1991年版。

常。"保持平常心，清心寡欲，从"菜根"中咀嚼出人生百味方为人生上上之境界。在发现的许多大理地区碑文中，许多内容都有戒奢侈，勤耕读，崇尚俭朴的古风。如《洗心泉诫碑》有云"为士廉，为仆勤"，"不可相效奢侈"，"不可敛用金玉"，"务要用力农种，勤看经史，严防水火，保护身家。无田产者，或施训迪，或行医药，或学手艺，或习推卜，或做买卖，或开山冈。诸事不能自胜者，为人佣工，为人服役，为人牧放，为人栽培"①。

从最后这段碑文内容我们看出，大理民众很早就有"百技之工，不分贵贱"的职业平等思想，好奢安逸者众人鄙弃，勤劳俭朴者众人尊敬有加。大儒杨黼的《山花碑》有云"常追求月白风清，不贪摘花红柳绿"，要求人民以清淡之心，不贪图奢华美色，安于清贫，保持安贫乐道的情怀。另外《上食村村规民约碑》有云"一勤本业。语云一家之计在于勤，但弟子有游手好闲，以至田园荒芜，不顾父母之养者必究。""一戒奢侈。凡喜忧两事，趁家有无，倘是家贫而妄事奢侈，以致负债不清者必究。"② 反对游手好闲，不务正业者，并且对于这样的子弟，家族内部会进行处罚，另外对于红白喜事大肆操办，借债以充脸面的行为加以责罚，这对于我们现代家庭教育也是具有很好的指导意义。

（二）兴家以和善为优

家和万事兴，是儒家"和"思想的精华，大理民众在过去长期受到宗族制度和一家一户的自然经济的影响使得"和善为优"的儒家思想在振兴家庭中具有很重要的意义。"和善为优"思想集中表现在两个方面：家庭关系和睦及邻里关系和谐。

大理地区许多碑刻中都有体现家庭关系和睦的内容，父慈子孝和兄友弟恭的儒家家庭伦理原则是家庭关系和睦的集中体现。

人是社会性的动物，个人必须加入到社会大家庭中才能使自己得到很好的发展。大理地区许多乡规民约碑刻中都有重视邻里关系和谐的内容，提出"守望相助，患难相恤"的伦理思想，这里的家尤其是指的宗族大家庭，家庭成员指的是邻里乡亲。《新仁里乡规碑》第九条乡规民约记有"守望。出入相友，守望相助，古乡法孔"③。第四条记有"急难。不测之事，何家蔑有。凡遇水火

---

① 段金录，张锡禄：《大理历代名碑》，昆明：云南民族出版社2000年版，第327页。
② 云南省编辑组编：《大理州彝族社会历史调查》，昆明：云南人民出版社1991年版，第30页。
③ 云南省剑川县志编纂委员会编纂：《剑川县志》，昆明：云南民族出版社1999年版，第1013页。

盗贼，闻声即趋，毕集其处，以明相应相救之意。如有置若罔闻，安眠在家，不出救应，为丧绝天良，合村重罚"①。

对于邻里之间的困难要及时帮助，文中提到邻里遇到水火贼盗的要自发去帮助，否则会受到全村人的责罚。明代致仕官员杨金南的《洗心泉诫碑》中有一句话可以概述邻里关系处理原则就是，"邻保相助，患难相恤。过失相劝，德业相成。"大理人民把它传之子孙，世代相传，在现代生活中我们也可以经常看到，笔者走访大理州洱源县郑家庄，探究"七个民族一家亲"关系形成的根源发现，患难相恤的古风能够薪火相传是其主要的一个方面，如同郑晓东老人所说，"郑家庄各个民族团结互助，很早之前就很团结了"。

（三）治家以严教为旨

言传身教祖先家训是大理民众世代相传的生活习惯。对于家中儿女和村中子弟的教育主张言传身教，严加训导，并制定了相应的处罚措施。其重视教化的深切程度我们可以从相关碑文中看到，如《新仁里乡规碑》有云"窃以风俗之厚薄，端在乎人材，而人才之兴起，必资乎教化"②。常言道，"道德传家，十代以上，耕读传家次之，诗书传家又次之，富贵传家，不过三代"，大理民众强调道德教化的世代相传，耕读传家，诗书传家的思想在许多碑刻中亦有体现，如在《洗心泉诫碑》除了一系列的道德规范以外，还有"务要用力农种，勤看经史"。在《山花碑》中有"教育子孙尊释儒，念礼不绝钟磬声，消灾又添福。躬行仁义讲礼仪，不逞匈恶和弊逆，三教经书代代传"③，强调长辈不但要身体力行言传身教，还要发扬诗书传家的优良传统，使之"风化之中传万代，传万代千古"。同时碑文中还有子孙不肖，家长要承担相应责任，接受处罚的规定，这一点是比较有特色的。如《长新乡乡规民约碑》规定"乡间子弟，父兄各宜严禁非为，以归正路，如不严禁，罪归父兄"④。

（四）传家以孝道为宝

《上食村村规民约碑》有言："人生之百行，以孝弟为首。"重孝悌是儒家

---

① 云南省剑川县志编纂委员会编纂：《剑川县志》，昆明：云南民族出版社1999年版，第1013页。

② 云南省剑川县志编纂委员会编纂：《剑川县志》，昆明：云南民族出版社1999年版，第1013页。

③ 李荣高：《云南林业文化碑刻》，德宏：德宏民族出版社2005年版，第39-40页。

④ 段金录，张锡禄：《大理历代名碑》，昆明：云南民族出版社2000年版，第540页。

思想的重要内容，大理人民在教育子孙中十分重视对于"孝道"精神的传承，并表现出新的内容，具体体现在一是子对父孝。《洗心泉诫碑》有云"为子孝"，杨金南《居家四箴》有云"子孝父心宽"。二是强调孝悌为人伦之本。《蕨市坪乡规碑》有云"孝悌乃人伦之本，能孝悌则不作犯上"。三是尊敬乡里长者为孝。洱源县凤羽乡铁甲场村的《乡规碑记》规定"见有卑幼欺辱尊长，罚银十两。"碑刻中甚至规定在老人居所附近乱唱淫曲也是不敬的行为，会受到处罚。如《蕨市坪乡规碑》有"凡里巷五伦所系，长者出入，不得乱唱淫曲"[①]。

"百善孝为先"，孝道精神自古都是大理地区家庭道德的根本，在大理地区发现的一系列有关儒家家庭道德的碑刻中，"孝道"始终是家庭道德教育的重心，大理白族人民居多，在长期的民族大融合中，白族人民吸收汉族文化内容以丰富白族文化体系，在这个体系中，白族孝道文化的传播和发展十分的典型。

三、大理地区碑刻中的儒家孝道思想

大理孝道文化是深受传统儒家孝文化的影响的，从"四面征战、凶恶难狡"到"华夏之风、灿然可观"；从"地卑夷杂、礼仪不通"到"尊宗敬祖""出入孝悌"；从"隔绝中华""杜绝声教"到"四时墓祭""咸遵家礼""仁孝之风漓尽"，都是孝道的体现。大理人民在与中原汉族人民的民族大融合过程中相互学习、相互交流，逐渐把以孝为主要精神的儒家思想融入自己的日常生活之中，并与本主崇拜、巫师巫术、道教、佛教有机的结合，从而形成了独具特色的大理孝道文化。

孝文化是中国传统儒家思想的核心，在长时间的民族大融合过程之中，大理人民渐渐接受儒家思想，研究大理文化史几乎等同于在研究儒家文化在大理民族地区的渐进历史过程。孝道文化显然成为大理人民的主体性文化，渐渐融入到大理人民的生活之中。比如《包大邑本主的来历》中就讲述了一位孝子为给母亲采药治病而摔死在山崖下的故事。孝文化在大理社会进行升华，由孝转为爱、敬、亲、善、礼、让等思想。敬老慈幼就是大理的传统社会美德，大理社会中有"见老要弯腰，见小要抱抱；见老要尊敬，见小要亲近"的民间谚语。老年人无论在家里还是在社会团体中都是历来受人尊敬和爱戴的，小孩起名要尊重老人的意见，红白事都要请村里德高望重的老人主持，年轻人在路上遇到老人会主动让路，对老人说话要用敬语等等，这些都是大理文化彰显孝道的表现。

---

① 李荣高：《云南林业文化碑刻》，德宏：德宏民族出版社2005年版，第354页。

(一) 碑刻中传统儒家孝道文化发展的历史沿革

自汉武帝征服西南夷后，大量汉族民众迁入西南地区和原来的西南蛮族进行民族大融合，在大理民族地区逐渐形成了以宗法血缘关系为主导的新部落联盟，当时就有乌蛮和白蛮之分。

1. 南诏大理国时期的孝道文化在大理地区的传播

在南诏国时期受中原文化影响的大姓部族开始出现，他们渐渐进入西南统治阶层内部，依靠凝聚起来的力量加强地区统治，南诏灭六诏依靠的主要力量就是当时的十六大姓部族，汉族大姓宗族的加入提高了西南地区的经济水平，同时也把先进的汉文化引进其中。南诏国时期，南诏和唐王朝进行了多次战争，大量的汉族人口被掠夺到洱海一带，直接加剧了民族融合。被誉为"云南第一碑"的《南诏德化碑》，全文共三千八百余字，全部用汉文书写，碑文中说阁罗凤自小熟读孔孟之书，"修文习武"深爱儒家思想，对于和唐朝发生的战争是因为"奸佞乱常，抚虐生变"，至使"万里忠臣"受害，是不得已而为之的，南诏王在碑文中一再申明"我自古及今，为汉不侵不叛之臣"，永远臣服唐朝。在与唐结盟后所立的《异牟寻誓文》中一再申明十分珍惜来之不易的君臣关系，后来唐朝在册封皮罗阁的诏书中说皮罗阁孝且兼忠，既有统率民众的才能，又有事奉君王的忠心。在南诏国国君的影响之下，碑中记载南诏民众贵族"不读非圣贤之书"。这个时期以忠孝为特征的儒家思想也成了当时社会的价值评价标准如《南诏德化碑》记载："诚节王（皮罗阁）之庶弟，以其不忠不孝，贬在长沙。"唐时期大理的《王仁求碑》，其碑文在颂扬墓主时，"字里行间充斥着忠、孝、节、诚、仁、义、礼、智等儒家信条"[①]。

大理国在宋朝时期，依旧与宋为臣属关系，这使儒家思想在大理地区的传播极为兴盛，当时的宋王朝虽然军事软弱，但是经济文化十分发达，海上丝绸之路的兴盛以及大儒朱熹推动下的理学使得大宋王朝无论在经济上还是在文化上都对大理国具有极大的吸引力。宋明理学以理气作为研究主题，推崇礼教，其中孝道就被上升为一种"无所逃于天地之间，天之所以命成"的天命观念，这对大理国的影响之为深远，我们看大理国的国名就有以礼教治国的意思，在许多大理国时期的碑刻中也有许多关于忠孝仁义的内容。大理国历代国君都对中原儒家文化很是崇拜，这直接影响了大理国的民众，于是民众贵族争相学习儒家文化，以说汉语，读儒家经典为荣。

---

① 林超民：《唐代云南的汉文化》，昆明：云南大学出版社1993年版。

2. 元明清时期孝道文化在大理地区的传播

公元 1253 年，元灭大理国，随后设置云南为行省，在大理设大理都元帅府。建设云南府学宫，推行儒家思想，平章政事赛典赤·赡思丁"创建孔子庙，明伦堂，购经史，授学田。"后来忽必烈"命云南诸路皆建学以祀先圣"。元政府在文治上标榜"稽列圣之洪规，讲前代之定制"，选拔儒生才俊者进入朝廷，《中庆路学讲堂记》中说："爨僰亦遣子入学，诸生将百五十人。"自此云南开始走上开科取士的道路。其中以孝为核心精神的儒家思想渐渐成为大理地区的社会价值标准，在当时的许多墓志铭中都有体现，《故大理路差库大使董踰城福墓志铭》中载："长有奇操，忠信立节，孝义扬声，阊里称善，其子皆具为孝，友于兄弟之道焉……爱及我君，礼仪是尊。"而且通过元政府一系列的努力，儒学在大理地区的推广成果是可观的，不仅促进了民族之间的大融合也加强了中央政府对大理民族地区的统治。明朝时期，大理人民几乎对儒家思想进行了全盘接受，一方面是由于明朝平定云南后对以往书籍文献全部付之一炬，同时大量开办学校，全面推行儒家文化。洪武二十三年（公元 1691 年），已有大理地区的生源入国子监学习儒家思想；另一方面是大理民众对汉文化的深度认可，尤其是对孝道文化的崇尚，明代名碑《洗心泉诫碑》中就记有"为父正，为母慈，为子孝。"另外，大理孝道文化在白族祭祀文化上表现突出，《嘉靖大理府志》曰："戌日祭先，数而不读。"明代白族地区有每月戌日在家祭祀祖先和四时墓祭的风俗，在祭祀的礼仪和内容上和中原已经没有多少差距了。同时明朝政府对大理地区采取"移民就宽乡"的制度，通过军屯、民屯及官屯将大量汉族人口迁移到大理等少数民族地区。大理人民直接和汉族民众在劳动、生活、学习中进行文化及习俗交流，儒家文化思想在原来"付之一炬"的思想空地上迅速生根。明代时期，书院在大理民族地区的发展对于儒家思想的传播也具有很大的影响作用，比如大理府苍山书院、龙华书院、秀峰书院、象山书院等。儒学文化的兴盛为大理地区造就了一大批思想家，这里面以杨黼、杨南金和艾自新、艾自修兄弟等为代表。杨黼曾为《孝经》作了数万字的注释，我们从《山花碑》上的字里行间中看得出他对"孝"的重视，"恪恭敬父母天地，孝养教子孙释儒"[1]。

3. 清朝及近代时期孝道文化在大理民族地区的推广

清朝在统一全国后，在云南地区推行"改土归流"，设置流官，对于中原汉民族和西南少数民族进行了区分对待，对大理地区的少数民族多采用宽容的政策，这些都有利于民族间的交流和融通。加之明清时期国家大一统环境"最

---

[1] 赵橹：《白文〈山花碑〉译释》，昆明：云南民族出版社 1988 年版。

终改变了云南民族的构成，以汉文化为主体的格局从此成为定局"①。清《滇志》也说："白人，迤西诸郡强半有之。习俗与华人（汉族）不甚远，上者能读书。"出现了"理学名儒，项背相望"的局面。② 这个时期有关孝道文化的碑刻比比皆是。如《上食村村规民约碑》有记"一敦人伦。人生之百行，以孝弟为首，倘弟子有负性愚顽入不孝、出不弟者必究"③。《蕨市坪乡规碑》记有"敦孝悌以重人伦：孝悌乃人伦之本，能孝悌则不作犯上"④。

在 20 世纪 40 年代，西方人类学家费茨杰拉德在对大理白族地区进行实地调查后之所以发出"白族人比汉人还汉人"的感慨，其中之一就表现在当时基督教在云南地区传教招收的信徒寥寥。在当时物质相对匮乏的年代，基督教对当地民众的救助对许多人是有很大吸引力的，但是大理地区民众对基督教传教的反应之所以如此淡薄主要还是深受儒家思想的影响，尤其是孝道文化，在大多数的白族民众眼中他们尽孝的对象是父母双亲、宗族长者，本主崇拜是他们最富有民族特色的宗教信仰，拜天、拜地、拜父母的理念已经深入民心，对于外来神虽不排斥，也没有多少接受的空间。

（二）乡约民规碑刻中的孝道文化

在早期的民族融合过程中，大姓宗族势力对大理地区的政治经济文化影响深远，南诏依靠大姓宗族势力消灭六诏的事件中就深有体现，云龙县诺邓村有"九杨三李二张黄二十"的族姓。大理传统家庭结构中由宗族血缘关系结合而成的大家庭即联合家庭在其中上千年的大理历史发展中占有主要力量。为了维护宗族大家庭的利益，协调族群之间的关系，乡约民规便应运而生。

古代士大夫们以"三不朽"为终身奋斗目标，分别为立言、立功、立德，许多深受大理人民拥戴的本地士大夫们为大理人民制定了许多乡约民规，其中对于孝道文化的推行可谓是不遗余力。杨南金在《居家四箴》碑文中训诫后辈要力行孝道，"子孝父心宽，斯心诚为确。不患父母慈，子贤心自乐。父母天地心，大公无厚薄，大舜目夔夔，瞽瞍亦允若"。

大理传统社会基层管理主要依靠宗族管理，一般都是合村全族进行公议，最后制定一系列的管理规范，这些规范多以乡约民规的形式出现，其内容涵盖

---

① 刘小兵：《滇文化史》，昆明：云南人民出版社 1991 年版，第 244 页。
② 龚友德：《白族哲学思想史》，昆明：云南人民出版社 1992 年版，第 128 页。
③ 云南省编辑组编：《大理州彝族社会历史调查》，昆明：云南人民出版社 1991 年版，第 30 页。
④ 黄珺：《乡规民约大观》，昆明：云南美术出版社 2010 年版，第 143 页。

了乡民的家庭教育、社会教育等内容,全族或全村同商共议、共同立约、相互监督,具有很大的约束力。在这些乡规民约中孝道文化尤为突出。例如《新仁里的乡规碑》中记有"家常,父慈子孝,兄弟友恭,兴家之兆也。倘有不孝子弟,忤逆犯上,被父兄首出申言者,阖村重治"①。

(三)传统孝道在现代的传承与调适

《尔雅》中解释孝为"善事父母为孝"。《说文解字》说:"孝,善事父母者,从子,子承老也。"② 从孝字的小篆体字形可以看到孝为一个孩子搀扶一位老人,即孝道为子女对老人的一种美德行为。传统的大理孝道文化是以父权社会为基础的孝道文化,子女在行孝道时表现为顺从父母,甚至有些愚孝,比如在个人婚姻上遵守"父母之命,媒妁之言",这些都是深受儒家思想影响的。在经济全球化的今天,我们的改革开放和互联网技术的发展让许多年轻人有了大有可为的发展空间,许多大理年轻人依靠自己的勤奋与才智合法获得社会财富,能够在物质上更好地对父母行孝道。他们诚实守信,具有奉献精神,得到社会的好评和认可并为父母赢得了尊重,他们是在以实际行动诠释着新时代大理孝道精神。大理地区许多女性在新时代获得了极大的解放,她们和男性一样接受高等教育,参加社会实践,"不孝有三无后为大"的思想在慢慢沉入历史的长河中。在家庭中,传统男权主义思想渐渐被男女平等,夫妻相敬相爱的家庭伦理观所替代。在许多家庭和宗族活动中年轻人和长辈们济济一堂、相互尊重、群策群力。新时代的孝道精神,更是表现在一种经过理性思辨的积极有为的孝道。

总之,云南大理地区传统文化深受儒家思想的影响,在许多大理地区的碑刻资料中有关儒家家庭伦理的内容无论是行文格式、文字内容等都与中原地区无异,儒家家庭伦理思想有着比较充分的彰显和体现。大理在南诏国和大理国时期曾经作为政治文化中心,元朝以后中央对其采取因俗而治的政策,使得其文化因子中不仅有儒家思想内容,还深受佛教、道教、本主信仰和后来的基督教等文化因素的影响,加之民间贸易曾经盛行一时,使得大理地区的家庭观除了体现出封闭性、依赖性、传统性以外还具有了一定的开放性、独立性和现代化特征。

(原载《曲阜师范大学学报》,2016年第6期)

---

① 云南省剑川县志编纂委员会编纂:《剑川县志》,昆明:云南民族出版社2020年版。
② (清)段玉裁:《说文解字注》,杭州:浙江古籍出版社1998年版。

大理碑刻中伦理道德在乡村治理中的功用

大理碑刻中的伦理道德涉及生态伦理、家庭道德、社会公德等方面，对于民族地区乡村治理具有重要的指导作用。其中碑刻中的生态伦理观有利于保护乡村生态，培育人才和加强乡村生态法制建设；碑刻中家庭道德观有利于兴家立业，敦化乡风和弘扬孝道精神；碑刻中的社会公德思想有利于团结宗族，亲睦乡邻，兴仁讲义。

古代大理乡村治理主要依靠道德教化的影响加之以宗族乡绅力量的维持，这里面的道德因素起到很大的作用，大理碑刻中伦理道德的内容一般集中在护林碑和水利碑，乡规民约碑以及综合类碑刻最多，同时许多碑刻资料都是以生态伦理、家庭道德、社会公德等伦理道德内容展现的。生态伦理观的形成是古人在耕读劳作，亲近大自然、热爱大自然的深厚感情中慢慢积淀下来的；家庭道德观念是先辈们长期自我完善，自觉培育仁厚之风，积极教化子孙的行为彰显；社会公德内容是大理人民共同培育，薪火相传的道德传家宝。

一、碑刻中生态伦理的功用

大理地区的生态环境类碑刻其内容特色是追求人地和谐，认为良好生态环境与家庭幸福是有着密切关系的，强调可持续发展，栽种林木，封山育林不仅仅对当下的民众有利，而且有利于后代子孙，即"不言利而利在其中矣"。对于自然的敬畏与热爱而产生的各种民族信仰活动，使得大理民众对山川大地有着一种虔诚的热爱之情。良好的生态环境是营造人才荟萃人文环境的物质保障，严格订立乡规民约是敦化乡风的法制保障，虔诚崇拜自然神灵是护佑生态环境的精神保障。

（一）养风脉以育人才

立于清光绪二十六年（公元 1900 年）的《阁村公山松岭碑记》，碑文中阐述了人居环境与人才培养的辩证关系。"从业人才之生，由于风脉之盛，而风脉在于培养。培养如何？亦曰保其树木耳。"① 讲述植树造林有利于造就风水宝地，从而带来人才之盛，虽有封建风水说在其中，然而从唯物主义论分析，草木丰盛之地，物产必然丰富，迁居民众必然很多，经济文化教育必然集中，进而可以培养出大量的人才。

国家兴盛的原因在于人才，人才培养在于兴建学校，营造良好的学习氛围要有青山绿水，要植树造林，绿化山川大地。立于乾隆四十年（公元1775年）的大理市凤仪《仪山种树记碑》，用简练的语言概括出生态环境与人才培养的密切关系，"盖培学必先培山，培学必先栽树"，"十年树木，百年树人"②。良好的自然环境是产生人文环境的基础，"盖天地精华之气，含英挺秀而钟灵于斯"。正是由于古代大理人们对环境的热爱和保护，才使得文庙兴盛，人才辈出，才会有"云龙风虎，炳蔚文章"，才能"光景常新，郁乎苍苍"。文中记载当地士绅自发组织在一起商讨种植树木，从碑文中所记载的合州民众争相种树来看，当时大理人民就已经认识到良好生态环境的建设对人才培养具有很大的意义。再看明嘉庆年间御史雷应龙所做的《文庙花木记》碑文，文中记载作者号召民众在巍山文庙种植花木，"郡人士闻风而靡，争献所有者，唯恐或后"③，最后作者从树木与树人之间的关系中强调"树德务滋"，告诫民众争相植树造林与积极教育人才是一样重要的。

(二) 严民约以强法制

严格订立乡规民约，在执行中强调惩罚分明是大理地区生态碑刻的一大特色，大理地区的许多生态碑刻对于处罚的内容进行了详细的记载，其内容具有很好的借鉴意义和现实意义。大理地区生态碑刻中的山林河流管理的内容都是大理人民在长期的生产劳动中渐渐积累起来的经验，这些内容往往都是根据当地实际出发，符合当地人的文化思想，具有很大的道德约束力和法律精神，其中一些内容的细致程度令后人惊叹。如洱源县的《阁村公山松岭碑记》，在经过民众公议后制定保护生态环境的10条民约，都是具体而有见效性的规定。如"一、远近昼夜，不得偷刊（砍）；三、禁止刈割树枝叶"；"十、看沟人等，不得从中取柴"。④

总结有关惩处方式及保护林业方面的碑刻发现有三个特点：

---

① 李荣高：《云南林业文化碑刻》，芒市：德宏民族出版社2005年版，第450—451页。
② 李荣高：《云南林业文化碑刻》，芒市：德宏民族出版社2005年版，第132—137页。
③ 李荣高：《云南林业文化碑刻》，芒市：德宏民族出版社2005年版，第48页。
④ 李荣高：《云南林业文化碑刻》，芒市：德宏民族出版社2005年版，第453—454页。

一是大部分的官方立碑注重严惩重责。如弥渡县红星乡《大三村封山育林告示碑》记有："估伐松树，盗修松枝者，准乡约、伙头、管事、老民，将人畜刀斧，连所砍之树及柴送官究治。"①

二是大部分的民间立碑以保护为主兼以严惩。其中有些山林生态遭到破坏后所立的民约处罚程度比官方处罚更加具体和严厉。处罚的形式基本为三种：分别为罚钱、罚物（一般为米粮）、人身处罚（包括扭送官府监禁坐牢），清朝后期的处罚多以银钱为主。如洱源县《观音山护林碑》记有："马驮松柴，每驮罚银伍两；过年栽松，每棵罚银四两；肩挑背负，每人罚银三两；刀获松枝，每人罚银二两"。

三是组建护林队严加保护山林资源。大理生态碑刻的另一个特色就是除了规定了处罚的措施外还组织民众建立护林队进行巡防，直接监督法规的实施，成为当地民众自治管理的一大主要内容，在碑文中还对巡林队人员的工钱进行了规定。如"每年到栽插之天，尊举三人巡，工价送定叁仟。"②

（三）拜神灵以护自然

大理地区是一个少数民族聚集区，民族成分除了以白族、汉族为主体民族，还有回族、彝族、藏族、傈僳族等民族，各个民族都有自己的文化内容，其中宗教文化最为突出而各具特色。对比各个不同民族的宗教文化，我们可以总结出其所包含的共同点：相信万物有灵，对自然神灵崇拜；追求清心寡欲，对世俗权力不太热衷；崇尚宗教道德，严守教规戒律。由于少数民族历史与地理以及科技等方面的原因，使得对于自然现象的恐惧和惊奇归因于天地间的神灵，如刮风、打雷、下雨等自然现象归于神灵的喜怒无常，把万物看成一个有感情的，有灵性的生命体，可以主宰人类的生命。所以就有了祭山神、祭河神、祭神木、祭蛙神蛇神等活动，慢慢演变成各个少数民族具有代表性的民族节日活动，在一些节日要吃斋数日甚至数月，即使池塘里的鱼虾成灾也不会去打捞捕获。对于列为本民族神灵的动物、神木也是不允许捕捉杀害和砍伐的。大理地区普遍存在佛教、道教、基督教、本主崇拜相交融的现象，以白族为例，当我们进入白族庭院后，首先映入眼帘的往往是刻有"紫气东来"的墙壁，客厅有佛龛供奉，楼上有祖先牌位，庄内基本都有本主庙。佛教主张"万物平等"，"不杀生"，道教主张"道法自然"，"仙道贵生"，"戒杀生"，基督教主张以平

---

① 李荣高：《云南林业文化碑刻》，芒市：德宏民族出版社2005年版，第473页。
② 李荣高：《大理州林业文化概述》，载《大理文化》2008年第172期。

等之心对待万物，这些思想和自然神崇拜结合在一起，使得白族民众潜移默化地形成爱护环境，不杀生，保护生态的积极生态价值观。

位于鹤庆县的《菩提寺碑记》中记载了菩提寺前的一棵神树，相传为赞陀崛哆祖师用一粒菩提珠所种，菩提寺因此而得其名。这棵树逢战乱而枯死，遇盛世而繁茂，当地人对其进行嫁接都未能成功，使得此树成为当地的一棵神木受到周围民众的保护和膜拜。

总之，关于生态环境保护的碑刻在大理地区十分的常见，尤其是护林碑居多，这也是大理地区碑刻文化的一个特色。许多碑刻内容对于今天民族地区乡村生态环境保护工作依然具有很好的现实借鉴意义，一些具体而有成效的惩罚措施，体现了当时乡民的生态法制观。

二、碑刻中家庭道德的作用

习近平总书记说："优秀传统文化是一个国家、一个民族传承和发展的根本，如果丢掉了，就割断了精神命脉。"[①] 家庭伦理道德是传统儒家文化其中的一个重要组成部分，大理地区自汉代以来深受儒家文化的影响，儒家教义是许多大理宗族大家庭组织的思想基础。在大理地区佛家思想、道家文化、本主崇拜、基督教信仰等多元文化交织在一起，特殊的文化土壤和特殊的地理环境孕育出特殊的家庭伦理内容，在许多存留的碑刻资料中都有着鲜明的体现。

（一）勤本业以戒奢侈

古人云"业精于勤荒于嬉"，只有专心本业戒奢以俭才能成就一番家业，大多数富裕之家由于家庭教育的失误，子弟们纵情享受安于现状而逐渐衰败，可见戒奢以俭的重要性。"勤本业"有两个含义一是勤守本业，不逾规；二是勤于开拓创新，不墨守陈规。只有在坚守本业的基础上才可以开拓创新，这里有点难以理解似乎有些矛盾。比如古代大理人民最基础的本业就是田地山林，只有勤力劳作保证家人基本的吃穿用度的基础上，农闲时节，家中其他闲散人员就可以利用田亩所出的积蓄组建马帮经营民间贸易以增加家庭收入，这也是早期茶马古道由来的一个重要因素。"戒奢侈"含义对于大理白族地区普通民众，主要指的是红白喜事上反对负债及铺张浪费，生活上提倡俭朴，即所谓的俭以养德。《上食村村规民约碑》记有："勤本业。语云一家之计在于勤，但弟子有游手好闲，以至田园荒芜，不顾父母之养者必究。"

---

① 摘自2014年9月24日《习近平总书记在纪念孔子诞辰2565周年国际研讨会上的讲话》。

（二）笃宗族以昭雍睦

由于古代大理宗族力量的强大，传统大理家庭伦理文化已经成为维持宗族大家庭团结进步的重要精神力量，使得我们研究大理地区的家庭伦理道德不能仅仅从小家庭着手，而应该着眼于宗族大家庭。在长达数千年的历史长河中，大理地区宗族大家庭的力量十分强大，比如大理云龙县诺邓村就有"九杨十八姓"的记载。对于宗族的解释，大理《蕨市坪乡规碑》记有："宗即祖宗之宗，族是宗之族派，笃厚以一族之人，需厚待之，与之和睦□得，有□外人不□宗族即乡□□和睦，勿得结仇搆怨。"从伦理道德的角度具体解释了良好宗族家庭是如何养成的，即乡邻和睦，不结私怨。在大理地区，祭天祭祖的仪式一直都是非常隆重的，《嘉靖大理府志》记有："戌日祭先，数而不渎。"维系宗族内部团结的根本是血亲和姻亲的力量，追溯其根本，代表仪式就是祭天祭祖活动。现代孩童教育提倡参加仪式活动的重要性，大理地区人民在孩子的教育中就比较重视仪式活动，通过一系列的祭祖仪式让本家子弟产生家族的荣誉感和归属感，通过仪式中的礼仪活动教授子弟们崇礼尚节以达到团结宗族内部各个家庭，凝聚宗族力量为宗族的生存发展贡献自我。

另外由于各个宗族都有各自不同的利益，在人地矛盾严峻，民间贸易活动遭受自然环境严重制约的情况下，为了协调各自的利益规定了厚待本族，亲睦外人的乡规，即"笃厚以一族之人"与"有□外人不□宗族即乡□□和睦"。

（三）敦孝悌以重人伦

《蕨市坪乡规碑》记有："孝悌乃人伦之本，能孝悌则不作犯上。"[1] 自汉唐时期儒家文化传至大理地区，孝道思想就渐渐成为大理人民重要的道德标准，《南诏德化碑》记载："诚节王（皮罗阁）之庶弟，以其不忠不孝，贬在长沙。"唐末与南诏国的战争，虽然加速了唐朝的灭亡，但是先进的中原文化深深吸引着南诏国君臣和民众，南诏国民众在洱海边收敛大唐将士尸骨竖立"大唐将士冢"碑，派遣使臣与大唐朝廷求和。在南诏王皮罗阁的带领下，南诏民众大臣纷纷以学习中原儒家文化为荣，碑文中皮罗阁的弟弟被贬长沙的罪名就是不孝不忠。中唐时期大理的《王仁求碑》，其碑文在颂扬墓主时"字里行间充斥着忠、孝、节、诚、仁、义、礼、智等儒家信条。"[2]

---

[1] 黄珺：《乡规民约大观》，昆明：云南美术出版社2010年版，第143页。
[2] 林超民：《唐代云南的汉文化》，昆明：云南大学出版社1993年版。

自汉代举孝廉以孝治天下，孝道文化在整个中华两千多年的封建统治中占有举足轻重的地位，受中原文化的影响大理各族儿女十分重视孝道文化的传承，不仅在选拔官吏方面重视孝道，如《故大理路差库大使董踰城福墓志铭》中载："长有奇操，忠信立节，孝义扬声，阖里称善，其子皆具为孝，友于兄弟之道焉……爱及我君，礼仪是尊。"而且对孝道方面的书籍也是十分的推崇，如明代杨黼为《孝经》所作的注释就深受大理士子的喜爱。即使在士子大儒们吟风弄月的文章中也会自发地抒发对孝道的坚守，如《山花碑》中记有："恪恭敬父母天地，孝养教子孙释儒。"[①] 同时大理民众相信父慈子孝的家庭氛围不仅能使得人伦有序也是兴家立业的征兆，如《新仁里乡规碑》有记："家常父慈子孝，兄友弟恭，兴家之兆也。凡为弟子者，务须各务生理，出恭入敬。倘有不孝不弟忤逆犯上被父兄首出申言者，合村重治。"[②]

总之，大理地区有关家庭伦理道德的碑刻涉及宗族、孝悌、教育、宗教信仰等方面。大理地区特殊的地理环境、特殊的政治环境以及特殊的文化背景使得其家庭伦理道德在大理乡村民众的生活中起到黏合剂的作用。它不仅促进了宗族内部的团结，协调小家庭及宗族之间的利益关系，强化了乡民的受教育意识，敦化民风乡风，同时也为大理地区的乡村经济文化建设提供了精神支持。

三、碑刻中社会公德的功用

习近平总主席指出："精神的力量是无穷的，道德的力量也是无穷的。自强不息、厚德载物的思想，支撑着中华民族生生不息、薪火相传。"[③] 社会公德是我们推进改革开放和社会主义现代化建设的强大精神力量。大理地区碑刻中传统社会公德是指过去在大理地区发生的、世代相传下来的、至今仍然对大理地区的社会生活、家庭生活和环境保护等起到重要调节作用的道德规范、道德原则和道德观念，它对于维护国家统一和民族团结，营造明礼尚节的民风具有十分重要的作用。

（一）宣谕政令以昭团结

大理许多碑刻内容中都有宣谕中央政令，以中央指导精神制定乡规民约的

---

① 赵橹：《白文〈山花碑〉译释》，昆明：云南民族出版社1988年版，第8页。
② 云南省剑川县志编纂委员会编纂：《剑川县志》，昆明：云南民族出版社1999年版，第1012页。
③ 摘自2013年9月26日《习近平主席在北京会见第四届全国道德模范及提名奖获得者时的讲话》。

文字记载，这些乡规民约使得中央的课税命令在大理地区得到很好的执行。大理许多碑刻中都有教导民众积极纳贡交税的乡规，拖延迟缓者给予处罚，这从另一方面反映了当时的公共道德在培养民众的爱国爱家的热情，强化民众对中华民族的认同性上具有重要的作用。如《公立乡规碑记》记有："村政大纲：其目的在尊重三民主义，促进村中之自治，以期达到化合大同为标准。"①《有食村村规民约碑》记有："定国课。凡合村钱粮于开征之后，必早定纳，倘是故意拖延，以致累及户长者必究。"②

以上两通碑刻，从第一通碑文中可以看到当时制定村政大纲的目的在于以三民主义精神为思想指导，通过村民自治，实现五族共和的理想。第二通碑刻立于清咸丰五年（公元 1855 年）巍山大仓镇有食村的《有食村村规民约碑》，为村民自立的碑刻，文中强调要积极缴纳国家赋税，而且在政令下达后宜早交纳钱粮，不得拖延，否则会受到处罚。

(二) 严立乡规以兴仁义

古代政治中强调"以德治民"和"德主刑辅"的公共管理原则。但是对比中原乡规民约内容，我们往往可以看到大理地区碑刻内容有以下两个特点：一是乡规民约等碑刻中的民约法规内容详细具体，主要以护林、守家、教育、防盗、禁赌、劝农等为内容，既有传统儒家的德育内容，也有民族地区自身的教化内容。二是处罚相对较重，有些罚银的规定。如洱源县《观音山护林碑》记有："马驮松柴，每驮罚银伍两；过年栽松，每棵罚银四两；肩挑背负，每人罚银三两；刀获松枝，每人罚银二两。"③

有些碑文中还有记载对长者不敬、欺辱老幼和在寺庙随地大小便的处罚。立于清道光年间洱源县的《乡规碑记》记有："见有卑幼欺辱尊长，罚银十两。污秽寺院，罚银二两。"④ 十两银子按照道光年间的物价水平和今天的物价水平加以对比大概能合 2000 元左右人民币，这样的处罚在现代来看也是比较重的。

乡规民约的制定并不是为了处罚乡民而是为了制定规矩，这个规矩的目的就是敦化民风，兴仁讲义，使得乡民不敢行奸猾丧德的勾当，能够安守本分、和气致祥、友善乡里，使之形成淳朴和善、谦恭守礼的良好乡风。

---

① 黄珺：《乡规民约大观》，昆明：云南美术出版社 2010 年版，第 217 页。
② 云南省编辑组：《大理州彝族社会历史调查》，昆明：云南人民出版社 1991 年版，第 30 页。
③ 李荣高：《云南林业文化碑刻》，芒市：德宏民族出版社 2005 年版，第 469 - 470 页。
④ 黄珺：《乡规民约大观》，昆明：云南美术出版社 2010 年版，第 140 页。

(三) 明礼尚节以敦乡风

《长新乡乡规民约碑》记有:"从来朝廷之立法,所以惩不善而警无良;乡之议规,正以从古风而敦习尚,非互结相联而启讦弊之路也。"① 这里所崇尚的古风就是"明礼尚节"之风。

大理地区在明清时期由于宗族势力的庞大和接受汉文化程度较高,朝廷弱民愚民的政策可谓渗透至深,各个宗族内部都以奉公守法,安分守己为原则制定本族乡规民约(即习惯法)教导民众讲仁义,为人厚道淳朴,明礼尚节。抛开封建统治阶层的目的,我们从其公共道德教化的内容和现实效果来看是有值得称赞和借鉴意义的。父慈子孝、兄友弟恭、诚信不欺、患难相恤、守望相助、禁赌劝善、防贼防盗、和气致祥、严守法规、勤力劳作、封山育林、保护环境等碑刻内容就是放到现代也是我们所要学习的重要道德规范。如今,大理人民真正实现了人民当家做主,成为国家的真正主人,这些道德规范在我们的现代生活中又具有了时代性和现实进步性的特点,这需要我们用辩证的眼光继承传统公共道德内容,使其在现代能够发挥积极的作用。

总之,在大理地区所发现的碑刻资料中,有关社会公德的内容相对来说是比较多的,因为一些生态伦理和家庭道德内容也夹杂其中,比如提倡公益部分有关于教育和关于保护环境的内容,敬老爱幼部分从小的方面来说,可以作为家庭伦理的道德内容;从大的方面来说,也是社会公德的重要组成部分。这些碑刻以习惯法的形式对当时乡村秩序的稳定,村落经济的发展,民生的保障具有重要的现实意义。

我国正处于一个经济文化等各个方面的快速发展时期,在进行社会主义民族乡村建设的过程中,民族地区的道德建设始终处于极为重要的位置。妥善处理好人地矛盾以及人际关系、民族关系,发挥各民族的主动开拓创新精神,不断地吸纳各种有益文化,同时注重对传统民族文化的保护和继承,对于缓解民族矛盾,促进民族乡村道德文明建设有着重要的意义。发展才是硬道理,只有在伦理道德良好基础上的发展才是稳定而健康的发展。大理地区民族众多,各个民族几乎都有培育伦理道德的文化传统,又有许多有关伦理道德方面的碑刻。民族乡村治理重在文化建设上,民族地区的文化具有自然淳朴的天性,生态伦理、家庭道德和社会公德文化就是其典型的代表。研究大理地区的碑刻所表现出来的伦理道德内容,有助于为其他地区民族道德文明建设提供理论依据,同

---

① 段金录、张锡禄:《大理历代名碑》,昆明:云南民族出版社2000年版,第540页。

时可以丰富我们民族自治地区民族建设的内容，为民族地区乡村文化建设、生态建设、经济建设、基层行政建设提供理论与经验。

（原载《云南民族大学学报》哲社版，2016年第6期）

白族丧葬中的伦理道德观念

孝道观念是中国传统文化的重要组成部分。数千年以来，儒家文化熏陶下的中国人无论贵贱贫富，都深深地受到这种礼教影响。在儒家孝道观念中，人们都十分重视死，把安葬逝者看成是尽孝的主要标志之一。故《中庸》说："事死如生，死亡如存，仁智备矣。"《论语》曰："慎终追远，民德归厚矣。"从历代所编撰的正史、礼志和其他文献记载中可知，儒家历来提倡孝道，并把送死或丧礼看成是孝道的一个十分重要的方面。

因为，儒家文化中的孝道观起源于周代。人们受远古祖先崇拜的影响，在宗教观上表现为尊祖，在伦理观上表现为孝祖，在丧葬观上表现为厚葬。《周颂》曰："于乎皇考，永世克孝。念兹皇祖，陟降庭止……于乎皇王，继序思不忘""假哉皇考！绥予孝子。宣哲维人，文武维后。燕及皇天，克昌厥后。"《大雅》有："……昭兹来许，绳其祖武，于万斯年，受天之祜。"周人这些话，意即用追孝来表示子孙后代决心继承祖业，按祖先方式办事，这样一来才会燕及皇天、受天之佑。所以，先民们对死人，尤其对祖先的孝比对活人更重视。因此，丧葬习俗在经历了数千年漫长岁月的发展变化以后，依然成为儒家文化中"立人伦、正性情"的理论道德观念。并且由汉迄清，各代都奉行传统的慎终追远、事亡如事存的儒家孝道丧葬观，并且把丧葬视为人生礼仪中最重要的大事，认为孝，莫重于丧。在这种儒家孝道丧葬观念的支配下，儒家文化中的历朝历代都盛行厚葬。厚葬成为我国古代儒家文化中的主流丧葬方式。

丧葬是一个人最终脱离社会、人生终结的标志。本来生老病死是人类的自然规律，居丧哀悼发乎人之常情。然而在少数民族中，普遍存在灵魂不死观念，认为死亡是灵魂和肉体的分离，人死后，灵魂并没有死，继续产生社会作用。因此，灵魂不死观念便贯穿于整个丧葬过程中，并与人们的感情趋向，功利要求融合在一起，由此产生了丰富多彩的丧葬习俗。丧葬习俗反映出少数民族的价值取向和伦理标准。白族的丧葬，与其他少数民族一样，随着社会历史的发展而有所变化。明代以前，盛行火葬，以后则改为棺葬即土葬，一直沿袭至今，并有古老的习俗传承。

为了安抚鬼魂，达到安顿亡灵的要求，儒家丧葬仪式包括哭丧、讣告、殡殓、停尸、祭奠、送葬、服丧，以及各种不同的葬式。然而，儒家文化中的丧葬观念现在中原地区基本消失，而在边疆少数民族地区还保留着许多遗迹。令笔者惊讶的是儒家丧葬仪式的每个程序，还在白族古村完整地保留着。曾记得早在 1984 年笔者同日本学者横山广子在大理周城村调查时，参加过村里的葬礼；1999 年，当时，笔者为了完成美国大自然保护协会和云南省政府合作项目"滇西北地区传统文化的保护与发展"来到诺邓，在历时近三年多的调查研究中，笔者不仅听许多村落老年人介绍丧葬的习俗，并且参加过葬礼，发现古村的丧葬和葬礼保持了儒家葬礼的习俗，又有自己的特色，而且白族自己的特点十分突出。

大理白族的丧葬包括一套十分繁缛的过程，如临终关怀、治丧、丧礼，殡葬等程序，每一具体程序所含的内容都表现出生者对死者的关怀、哀悼：缅怀死者一生的辛劳与功德。而超度亡灵，是在让死者的灵魂得以安息的同时，通过各种祭奠仪式，解除生者对死者的惧怕心理，寄托生者对死者的美好愿望和对生者的期冀。

一、临终关怀与治丧

白族古村的临终关怀与治丧习俗，充分表现了白族的特点，诸如对死者临终前的关怀与对尸体的处置，都有自己独特的方式，包括临终守侯、备棺、接气、喂百果、净身、入棺、哭丧、报丧、问丧等程序，表示了生者对死者的哀悼与祝福和子孙后代对死者尽终及尽孝道。整个过程包括备棺、临终守侯、接气、喂百果等程序。

（一）备　棺

在白族人家中，无论富裕还是贫穷，敬老慈幼是村民普遍的道德规范，养老送终是做儿女责无旁贷的义务。通常家中有老年父母，特别是父母年近半百的时候，儿女必须省吃俭用，千方百计地筹集经费，购买木板，为老人备好棺木，俗称"寿房"。同时，还要为老人缝制好寿衣、寿裤、寿鞋，准备好发丧时用的麻线、草纸、草鞋、孝布，一并装入寿房内存放起来。古村的人们认为，这是生活中必须做的一件大事。只有这样做，儿女才认为自己尽了职责；老人认为儿女孝顺，自己百年后有归属，衣棺齐备，生活才安心。在古村里，如果谁家儿女没有给老人准备棺木，不仅会受到家族及村落人们的谴责，还会被人们看不起，受到嘲笑。因此，备棺修建"寿房"的习俗一代又一代被延续下来。

（二）临终关怀

在白族人家中，老年父母一旦到了病入膏肓的时候，儿女、亲属首先要把老人移到堂屋里来住，特别是老人久病不愈时，儿女一定设法把老人床铺搬至堂屋内（若自家没堂屋，也得搬至本家族别家的堂屋内）。病危时，儿女亲属要日夜守护在老人病榻前。离家出远门或在外工作的亲属也要立即通知赶回，儿女亲属要日夜在床头守候，喂开水、喂饭，老人想吃什么，要千方百计满足老人的要求，日夜轮流守护，问长问短，无微不至地关怀，尽儿女对老人的孝道。

"接气"。白族人称之为"送终"，这在人们的观念中是十分重要的。在他们看来，接住"祖先的气，比继承祖先的财产还重要。因为，这不仅是继承祖先的血脉，而且意味着继承长辈的气质和品德"[1]。所以，古村中每到家里父母病危的时候，全家兄弟姐妹都要轮流守护在老人的床头，共同为老人送终，大家轮流盘坐在老人床头，问长问短，尽量满足老人的最后要求，防止老人停止最后一口呼吸时没有人知道。因此，当老人处于弥留之际，一定让儿子（膝下无子就由侄子或女婿）把老人抱在自己的怀抱，使老人的背靠自己的胸膛，让老人在自己热乎乎的怀抱中落气。这样才算接住气，送了终。如果没有儿子或者亲人接气送终，或外出赶不上送终，也就是没有接住老人的气，这样，按照人们的传统说法，就等于老人死于非命，那被人们认为是不孝顺的表现。即使你日常多么孝敬，都被视为尽孝没尽终，死去的老人不满意，有的甚至为某个儿女临终前没在场给老人送终而使其死不瞑目；儿女在外工作没有赶上送终，也是自责悔恨终生，并且认为对不起父母的生养之苦、培育之恩。因为，在人们的传统观念里，父母生育儿女，儿女赡养父母，关键是临死的送终，这是报答父母生育、养育之恩的最后机会。

（三）喂银气（含口钱）

喂银气，即喂百果，白语叫"尼气"。在老人临终咽气，停止最后呼吸时，由儿女往死者嘴里喂一粒大枣，有的除银末外，要加茶叶、米粒等，并用一根红绿丝线包扎起来，线头留在嘴外一节。认为死者嘴里含有银气，两腮可以张开，一则便于出气，这样灵魂才能尽快离开躯体，升入天堂，而且来世投胎时，才不会变成哑巴，二则是死者在阴间，经过各种关卡的时候用于买路钱，在阴间生活也才有钱用。而且死者在阴间有钱用，死者才不会再找家人的麻烦，活在阳间的子孙后代才清洁平安。

通常白族老人咽气后，就进入买水、净身、入棺、哭丧、报丧、问丧的过程。

---

[1] 杨智勇，秦家华，李子贤编：《云南少数民族丧葬志》，昆明：云南民族出版社1988年版，第12页。

买水。老人辞世后，首先要请风水先生看死者的属相与家人生辰八字相不相克，如果死者的生辰八字不跟家人冲撞，就尽快买水洗尸入棺；若有冲撞，则一切都不能动，择吉日行事。通常老人咽气后，孝子头戴斗笠，身披棕衣在亲人的簇拥下，左手拿两对香，右手拿着土罐，痛哭流涕地到井边或河边买水。先点香，磕头祭祀，再由孝子将几枚铜钱扔进水井里，象征买水钱，再把一土罐水带回家，烧热后用一块毛巾从头到脚洗尸。洗尸均由家族长者和亲人用温水从头到脚洗下来，包括梳头、理发、刮胡须，使其眼睛闭合，最后还用蒿板蘸一些水洒向全身，象征全身洁净后，便用一块白布盖在死者的脸上。然后为死者更换衣服，换上死者生前备好的寿衣、寿裤、寿鞋和生前喜爱的衣物。这是早就准备好的，一般为三、五、七层，这要根据死者家庭经济情况而定。穿寿衣要人们一件一件在自己身上穿好，然后再脱下来给死者穿上，使死者干干净净地到达极乐世界，与祖先团聚。

入棺。白族语叫"尼棺"，"尼棺"的时间，由阴阳先生定。"尼棺"时儿女、直系亲属必须在场，除了给死者穿戴、铺垫好寿房，由孝子抱尸装入棺内居中仰卧，头放正，四肢伸直，两脚上栓一根麻线，盖好寿被。棺内四周还用草纸扎紧，以免殡时尸体在棺内晃动，而棺盖只是搁着。因为，固定与合封棺盖和棺体的是四个木楔，白族语称为"银钉"，"银钉"要留到盖棺的时候才能钉。然后将寿房放在堂屋正中的高凳上，寿房上缚着一根麻线和一个犁头，两旁的地下铺满稻草，供守灵儿孙坐在草上放声痛哭。

哭丧。白族村中的老人去世，举家放声痛哭，以痛哭的方式诉说对老人的哀思，有的且哭且诉，颂扬死者生前的才能、功德、养育儿女的辛劳，以及家人失去依靠的苦衷。哭丧一般从咽气开哭，一直哭到安葬完毕，而盖棺是哭丧的高潮，儿孙们以哭来表达自己的感情和失去亲人的哀思。

报丧。白族语叫"通闻"。装殓好死者，由家族长者主丧，根据阴阳先生看死者与家人的生辰八字测定安葬日期，由丧家孝子和一位族人前往亲朋好友家叩头报丧，但作为孝子，不能入亲朋好友的家门，由陪同的族人在门外或进门将主人叫出门外，主人无论辈分大小或男女老幼，孝子都要就地磕头，让陪同说完事由，方可起身告辞。

问丧。白语叫"别西"。这在白族古村的人际关系中也是一个重要环节。老人去世、家人放声恸哭，收尸入殓完毕后，再把死者生前用过的衣物被子，如果死者是男性老人，还包括他老人家生前用过的烟斗、烟盒、烤茶罐、拐杖等用品收拢放置到院门外，村里人见此，四邻听到哭声就知道这家人有丧事，无论忙于什么事都得停下来，纷纷跑到丧家去问丧，接到通闻（即消息）的亲朋好友也纷纷赶来问丧，一则表示对死者的哀悼和对家属的慰问，并征询家属的意见，表示人力物力的支持和赞助，自觉主动地从各方面加以帮丧。白族民间有句俗语："喜事请，丧事问。"即便是日常发生过纠纷的家庭、人与人之间的矛盾，也借丧事之机去问丧，以达到消除矛盾、互相理解、相互帮助的目的。因此，古村中一直保留着家人死亡，周围邻里的问丧的习俗。这有利于古村人们之间的感情调适，也容易引起家族成员之间和乡邻之间的情感认同与内聚趋向：不仅能消除人与人、家族与家族之间的隔阂，而且有利于增强人与人之间和乡邻间的感情和联系。

二、丧礼中的伦理规范

丧礼是白族丧葬中的重要一环，普遍受到重视。停尸居丧，祭奠亡灵，灵堂闹丧教育，严盖、点主、出殡，与其说一切为了死者，还不如说也为生者。为什么呢？使灵堂变为课堂，使人们通过丧礼仪式，普遍受到本民族伦理道德规范的教育。

丧礼仪式包括停尸、祭奠、闹丧的仪式。

（一）停　尸

白族均有停尸在家的风俗习惯，而停尸日期长短，靠阴阳先生择吉日发送而订，一般为3～5日，特殊情况下较长一些，以3日居多。停尸在家期间，儿女亲朋好友必须披麻戴孝、日夜守候灵前。灵前置有供桌，桌上点长明灯，燃三柱香，供有茶、酒、米饭、鸡蛋和猪头、猪脚等肉。第二天凌晨，孝子孝女哭喊三声老人，传说这时老人还会苏醒，能听到儿女的呼唤。因此，人们都是很珍惜这个机会，让老人再次听到自己的声音。届时供上肉稀饭，好让其飨食，白族叫"先拍书"，这份供饭一直到出殡送到坟上。平时照常一日三餐供献菜饭。亲友来吊唁，孝子要磕头答谢，孝女们要放声痛哭，直到出殡的头一天晚上，半夜三更，守灵的孝眷从灵堂哭着出来，带上置放在院门口的死者生前行装用具，到山神庙的三叉路口去焚化，白语叫"素铺乘"，意为打发死者去阴间的行装。凡是死者生前所用之物，必须此时焚化，否则就带不到阴间，而时常回来扰乱活人的生活。

（二）祭　奠

祭奠是丧白族礼仪式中表现最重要的一环。要请和尚念经，现均为请村寨"度经会""老奶奶的连池会"，念超度经，作家祭、包括开堂、孝眷们的祭诗，内容为颂扬死者一生经历和功绩。如一位85岁老太太的丧礼度经，首先是开堂祭诗：

一

慈母高堂八五享,
一树兰花放双光。
六男二女各完全,
四代曾孙喜哀堂。
段氏淑女归三策,
喜怒哀乐经已过。
一身勤劳持家务,
永别子孙俱悲伤。

二

吾母辞尘返仙乡,
绕膝儿孙泪汪洋。
乃子乃孙乃曾念,
日福日寿日裕曷。
只诵心惟慈悲善,
知情达理世人扬。
子孝孙贤宗有德,
依依不舍报亲丧。

谱天乐

时蓬甲子年,
慈母返归西。
摇池蟠桃会,
赴宴乐九泉。
灵堂汤饭祭,
归吊褐麻衣。
八五寿终别,
客情尉高年。
夏木阴鹃杜,
白鹭叫青天。
子孙含孝意,
一去永无回。①

---

① 1984年11月20日,在大理周城村参加一位老奶奶葬礼时所记录。

接着长子、次子、三子、侄子、媳妇、长女、次女、三女、侄女以及孙辈逐个念度经，各有经词（从略）。

家祭超度完毕，紧接着为客祭，最后才轮到亲友和后家祭献。孝子们跪在灵前，孝女们跪在两旁，每逢亲友祭奠，都要频频磕头，来祭者首先念祭文，后献上用托盘托着的米和钱，还有饵馈捏成的各种鸟兽虫鱼、花果、饼干、糖类，茶酒等祭品。

祭奠丧家的礼物由专人登记，便于日后礼尚往来。凡来祭者都给孝布，直系晚辈还给孝衣孝鞋，得到孝布者均在灵前戴孝。死者亲属有重孙、曾孙的均要戴红孝，以示子孙满堂，后代兴旺。有的乡邻们也争着要红孝给自家小孩戴，认为让孩子沾福气，健康长命百岁。祭奠结束，主人设宴招待宾客，席间，孝眷们要到桌前磕头致谢，宾客吃完就便把碗筷带走，日后让小孩拿此碗吃饭，意在沾福气。待过客便进入闹丧。

（三）闹 丧

闹丧又叫闹孝、骂孝，这时丧礼进入高潮。白族村里的长者、家族老人，死者后家、宾客都聚集在灵堂前。孝眷们全部跪在众人前面，痛苦流涕诉说从此失去父母教导，恳切请求大家赐教；另外请众人指拨老人生前子孙不恭不孝之处，便于日后更好做人。

在白族人们的观念里，家族老人、村寨长者是本民族道德规范和道德行为的楷模，又是实际生活中道德教育与道德评判者。此时，老人们纷纷议论，有的赞扬死者一生勤俭持家，热爱劳动，善于助人，教子有方等良好品德，有的也称赞儿孝孙贤，家庭和睦，老人生前享尽儿孙福。这里，真、善、美得到颂扬，而假、恶、丑也遭到抨击。在大庭广众之下，人们指名道姓，让不恭不孝者跪于桌前，众人指责他（她）的不孝行为，数落他（她）在日常对待老人的不恭之处。有严重者，还被后家人当众打骂，让其丢丑，令其悔改，否则，不让严盖启棺发丧；有的子女好逸恶劳，不勤奋治家，也在灵前被指责，有的不敬重家庭成员，做过损害家庭的事，也被指出。

总之，凡有不规范的行为，在此时都会被众人直言不讳地责骂。此外，就是一贯敬老孝顺的子女，在此时，也要受到死者后家人的指责，大声责骂，即便说的不是事实，任何人也不得出声辩驳，否则会被认为是大逆不道、不忠不孝。孝眷们只能频频磕头认错。在他们的观念里，"骂孝"不仅教育丧家子孙，也是对本家族、民族的人们进行心理教育、民族传统道德教育的极好机会，让人们懂得家族、民族的历史，前辈业绩，有功有德于民才受人尊敬和上敬老人、下睦族人、互相帮助、团结奋斗、振兴家族等民族传统道德。可见灵堂也是教育的课堂。

闹丧结束，紧接着就是严盖、点主、出殡。

（四）严　盖

紧接闹孝以后，是严盖，将棺盖钉死，有的此时再从缝上看一眼死者，与遗体告别。棺盖上的固定与合封棺盖和棺体的是四个木楔，白族语称为四颗"银钉"，先由孝子孝孙把其中的三颗"银钉"钉死，留着一颗银钉，若死者是男性老人，则由其家族亲人钉；如果是女性老人或者是入赘的男性老人，则由死者娘家或父家的人钉；如果死者娘家人不满意死者的儿女在死者生前对待老人不好，或对寿房、寿衣稍不如意，就会拒绝钉。每当此时，孝眷们总是千恩万谢，千方百计地满足娘家人所提的要求。如果不满足其要求，棺盖不封，也就意味着不能出殡。所以，孝眷们只有频频点头，尽量满足娘家人提出的要求。

（五）点　主

点主，由死者直系血统中最小的孙子捧死者灵牌，端坐于灵前，全部孝子向灵牌磕头，后取捧灵者左手中指一滴鲜血在灵牌上，以示血脉相连，这样死者的牌就有灵了，供入祖宗牌位之列。

启棺出殡。丧礼到达高潮，唢呐高奏出殡调，孝子孝眷放声痛哭，鞭炮齐鸣，气氛悲壮又热烈。这时由4~8个青壮年迅速抬起棺材，急步走出堂屋院门，把棺材头朝西放在村口高凳上，拴绳结杆抬。送葬队伍在引魂幡下痛哭，慢慢徐行。走在最前面有一男子，身背装有香柱和黄钱纸的篾箩，边走边丢，意为为死者发放买路钱，有的称为给死者开路，让死者亡魂顺利到达坟地，与前辈祖先相聚。引魂幡连接一匹白布，后头栓在棺材上，孝孙弯腰在前引路，孝子双手柱着哭丧棍一步一叩头地前进，孝眷和其他送葬队伍跟其后，路遇过桥时，均由孝子争着匍伏在桥上，让棺材从身上抬过，这就是背死者过河。到山神庙前，抬棺者很快冲向前，送葬队伍被劝回，在大门口用蒿枝柏火熏一下才回家，意在与死者亡魂分离，去掉邪气。跑回堂屋靠柱而坐，意为靠得住，日后生活清洁。堂屋里守灵时放的稻草和杂物与棺木出殡同时清扫送出焚烧，堂屋内留有灵牌、香炉和煮着一锅热气腾腾的甜汤圆（白语称为扎米知），送葬者人人有份，意为后继有人，子孙兴旺发达。

三、殡葬与服丧

坟墓是人的最终归宿，因此，在诺邓古村人们的观念里，坟墓也就象征着另一个世界，它是人们依据现实社会对阴间的一种构想。事实上殡葬也就是围绕着怎样把死者送入阴间，这是人们的普遍观念。早在汉代的镇墓文中，就有"上天苍苍，地下茫茫；死人归阴，生人归阳，生人有里，死人有乡"的说法，被诺邓白族完整地保存下来。死者怎样才能进入阴间，到达家族坟地？诺邓古村有自己一套完整的程序，择墓穴、下葬、垒坟、扫墓祭祖等方式。

（一）家族墓地

白族均有本家族的世袭家族公共墓地，一般在山坡上。家族内老人去世，只能安葬在本家族坟地，在古村人们的观念里，他们认为活着是一个家族的成员，共同劳动生活在一起；死后也是本家族的祖先，要埋葬在一处，享受本家族后人的祭祀。

如诺邓村民有"九杨十八姓"之说，村民都是自元、明开始由大理及南京、浙江、福建、湖南、江西等地来的移民，或因经商或因仕宦之故陆续迁来，在同当地原住民融汇结合后，形成了诺邓村现有居民诸家族。根据诺邓各家的家谱记载，诺邓古村的古墓葬，集中在村前的"杉林箐"一带，那里不仅有由明初至明中期来开发盐业的移民火葬墓，也有不同时期各个家族的墓地。诺邓村各个家族的墓地除了集中在"杉林箐"一片及北山一带，更多的主要集中在东山和七曲两大片。

而且在白族村里各个家族公共墓地内，墓葬还要按照家族辈分高低，由长到幼依次排列，同辈人辞世，只能安葬于本辈分系列中，不得超越辈分乱葬。按古村传统习俗，夫妻俩无论是分别病故还是同时病故，坟墓均按同一排男左女右的位置安葬和留下生者的墓穴的位置。这样，若老人去世一个，另一个的坟地也就留好了；也有合葬，但仍是两副棺材，垒一个坟头而已。从中不仅反映了男尊女卑的封建伦理观念，而且按辈分排列安葬也反映了白族牢固的血族观念，表明他们都是某一共同祖先的后裔，彼此间是共同世系，也便于后代记载辨认。

在白族人们的观念里，死后能否葬于祖坟是十分重要的。因为在现实生活中，不是每一个成员都能上祖坟，只有结了婚、有子孙、年纪大、辈分高、因病正常死亡、上门女婿改了姓的男女才可入祖坟；而非正常死伤如枪杀、妇女难产、偷盗、违法犯罪者、小孩和无子女者都不能埋入祖坟。这里儒家伦理中"不孝有三，无后为大"的观念，也在诺邓古村丧葬习俗中反映出来。有的能进入祖坟也只能在偏避的角落，这在古村传统伦理规范中有明确规定。这里也蕴含着鼓励人们勤奋劳动、诚实生活、遵纪守法和生儿育女、教养后代、承继祖先宗嗣的观念。

将墓地风水与子孙命运相联系，又是白族丧葬中的一大观念。凡家中老人辞世，都要请和尚或土地师占卜，看风水，择地脉，以求子孙发达兴旺。到发丧日清晨，请人到家族墓地择好的位置挖墓穴，先祭土地神，择好墓基方向才动土，之后便等棺到达坟山。因此，在古村里，人死后能否顺利下葬，这也是人们很关心的问题。下葬、垒坟、扫墓祭祖，整个丧葬才结束。

（二）下　葬

抬棺者按时辰到达坟山，坟山上早就有人按照土地师占卜，看风水，择地脉选择墓基，下葬前先在墓穴内安放风水罐，罐内装有井水、几尾活鱼和螺，白语叫"吾漆""庆漆"，这就是鱼、螺崇拜，据说坟地风水好，几十年后井水罐都不会干，这样的坟地子孙后代一定很兴旺。

棺木下葬，白族人一直沿用四块青石板围着，棺木直接下葬在青石板的井里的习俗。他们认为这个时候，人不能站立于西面，以免光照人影投入坟坑，引起生病。棺木安放好后，先由孝子扔土填埋，后用石头砌坟头。

（三）垒坟安墓碑

坟头类型多，且多半为圆型，常见有"一层轿"，或"两道花门"，较富有的人则竖"三碑四柱"，"城门洞"式的墓道，并立有石人、石马、石狮等。现在一般为安葬石碑砌石成圆型墓较普遍。中间填土，以便灵魂出入升天，上面撒五香子，意为子孙繁荣昌盛。同时还要安龙谢土，将一鸭蛋埋在坟前小坑内，意在安抚地脉龙神切勿折腾，使死者在九泉之下得以安宁。在新坟周围插一圈点燃的香炷，叫"香城"，意为守卫整座坟，最后做一碗有各种各样食材的杂样水饭，泼撒在自家坟前和整个家族坟地，意在为让家族祖先分食。安葬后，人们回来时需过熏烟后才进家门，丧家盛情款待帮丧者的辛劳。

下葬后三天要再一次去谢土、扫墓、祭坟，全体亲属都要去，这样整个丧葬才结束。随后转入七月十四烧新包（烧钱纸）和三月清明祭祖上坟的阶段。

（四）上坟祭祖

"清明时节雨纷纷，路上行人欲断魂"，自古以来，清明扫墓，都笼罩着一层愁苦凄凉的气氛，而在白族各家族中，人们总是以欢天喜地的精神来迎接一年一度的上坟祭祖的日子，特别是小孩，总是期待着。因为上坟祭祖不仅可以漫山遍野地去玩，可以去采集各种各样的野花，还可以吃到平时不能吃到的精美食品。因此，每当清明节到来，古村的人们充满了欢乐的气氛。到上坟的那天，每个家族总是要把所有的亲朋好友都邀约在一起，就连在外工作的人们也要请假回来，与家人一起赶着骡马，驮起腊肉、鲜肉，带上大公鸡和各种各样、花色齐全的菜蔬，到坟地聚族野餐。到了墓地，大人们忙着砍柴、烧火、做饭，孩子们则满山奔跑，有的去爬树，有的去赶画眉，有的去掏鸟蛋，有的去拔吃"布谷草"。更多的时候，则是比赛着去把风筝放得很高很高、很远很远。

午餐的食品也是多种多样，有白族特有的蒸糕、馒头、包子、常以"煎面"（夹糖的糯米面饼）为主，大家围绕着食品，席地而坐，每人一碗甜白酒，用"煎面"蘸着吃。"煎面"有两种，一种叫作"叫化子卷铺盖"，把稀面摊在放有香油的热锅底上，压成片状撒上红糖，卷起即成；另一种叫"天鹅蛋"，把糯米面做成有糖馅的汤圆状，再放到油锅上煎成。大家一面吃一面听家族中的长者给大家讲述前辈的德行、事迹，教育青年一代要永远缅怀前辈祖先的功绩，继承前辈祖先的勤劳、朴实、善良、聪慧的优秀品质，进一步和睦邻里，宽以待人，勤俭持家，艰苦创业。

午餐过后，人们把以肉食为主的食品放到墓前，焚上清香，斟上香茶、醇酒，插上杨柳枝，由长者带领儿孙，到每一个坟墓前焚香、插上杨柳枝，同时，家族长者给大家介绍每一位死者生前的事迹，举行祭奠仪式。接着，草地晚餐开始了。这顿晚餐一般是十分丰盛的。人们围着食品兴奋地谈论着，欢笑着，洋溢着一种热闹、欢乐而又温馨、和谐的气氛。

所以，殡葬也同治丧和丧礼一样，为加强本民族家族心理教育与传统教育，通过习俗的作用唤起巩固祖先崇拜的意识，加强血族家族内部的团结。

综上所述，白族的丧葬习俗中体现出来的伦理道德观念具有传统的力量，调整着社会生活中家族与家族、家族与家族成员之间的关系，给人们揭示了一种既定的价值观念，体现了白族丧葬以忠、孝为轴心的思想。通过治丧，使人们懂得热爱劳动、勤俭持家、遵老爱幼、家庭和睦、团结族人、助人为乐的传统美德，它们至今仍是古村儿女做人的准则，丧礼教育后代要明辨真善美与假恶丑，懂得只有坚持正义、摈弃邪恶、努力劳动才能创造幸福美好的生活，并经过丧礼传扬本民族文化、家族历史、前辈业绩，教育族人团结奋斗，保持民族的传统道德和行为准则。告诉人们为人要正直诚实，廉洁奉公，遵守社会法规与公共美德，才能生前被人爱戴，死后被人纪念，如此等等。通过丧葬习俗世代相传的礼仪，自然就成为调节和评价自己和他人道德行为的标准。

可见，白族的这些伦理道德观念通过丧葬文化传承下来，并有一系列用以影响和维护社会公益、人们日常行为规范的习惯，使风俗习惯与道德规范联系在一起，互为补充，相辅相成。风俗习惯有赖于道德的支持才能延续，道德观念与规范借风俗习惯的力量得以再现。诺邓古村的丧葬习俗，也就是他们伦理道德借以表现的形式之一。虽然古村的丧葬习俗随着社会发展、科技进步、人们觉悟的提高而需要不断改革，特别要改革、摈弃丧葬中人力、物力、财力的浪费和一切影响生产、生活的封建迷信思想，但是，古村丧葬中体现的伦理观念中，也有许多提倡人们应为社会和他人做奉献的道德规范，使人成为一个有道德的人的朴素观念和互助友好、充满集体主义的思想，它教育人们敬老爱幼、团结互助，增强民族内聚力和协调人与人之间的相互关系并引导人们极积向上，通过舆论进行道德评价。这对于抑恶扬善，树立良好的道德风尚，建立社会公德意识，都具有理论和现实的积极意义。

中篇

白族村落文化的保护与发展

白族传统文化的内涵与传承

大理地区历史悠久,白族文化源远流长,内涵丰富多彩。然而,白族文化多样性保护的内涵是什么,现状怎样呢?笔者认为,白族文化多样性保护的是白族优秀的传统文化,是指在白族地区特定村落里人与自然、人与社会长期互动中创造的有形文化(工具、饮食、服饰、建筑),行为文化(风俗、制度、社会组织、婚姻、家庭、族群),精神文化(民间神话传说、音乐舞蹈、文学艺术、宗教、哲学),语言文化等。根据白族传统文化的特点和实际,本文将较有影响、有代表性,并至今还存活于白族社会生产生活之中的文化事项,分叙如下。

一、南诏大理国历史文化遗存名城名村及现状

据剑川海门口遗址发掘出土的石器、陶器、青铜器以及碳化稻谷证明,早在4000多年前,大理地区的白族先民就已经在这片土地上生息繁衍。秦汉时期,白族先民创造了古滇国文化。有唐一代,白族先民——白蛮是南诏主体民族之一。到了宋代,白族正式形成。南诏大理国历经500多年,直到元世祖忽必烈革囊渡江建立云南行省,大理洱海区域便一度成为云南政治、经济、文化的中心。在漫长的历史发展长河中,每个历史发展阶段都在这里留下了丰富的遗迹。

(一)南诏古城遗址太和村

南诏古城遗址分别有太和城(含南诏德化碑及碑亭),位于大理市北3公里太和村;阳苴咩城,位于大理苍山中和峰、龙泉峰、玉局峰等三峰之下;三阳城,位于大理市银行乡灵泉溪南峰;龙尾城,位于大理市西洱河北岸,从苍山斜阳峰南坡一直延伸到洱海的大关邑村;龙口城,位于大理市喜洲上关村西侧;大理府城,位于苍山中和峰下,即今大理古城;德源城,位于洱源县邓川镇东北方向1公里处,古为邓赕诏地。而在这7座南诏古城中,现今唯有太和城和大理府城保存下来,其余只留有一些城墙。大理府城即今大理古城,南北城墙、城门、门楼保存完整,现城内重新修复了五华楼和文献楼,西城墙及南城墙已作了维修,使古老的文献明邦重放光芒。

南诏太和城原为"河蛮"所居之地,开元二十五年(公元737年),皮逻

阁"逐河蛮"夺据太和城，南诏都城由蒙舍迁至太和。① 直到异牟寻迁都阳苴哶城，这里一直是南诏前期（公元739年—779年）政治、经济、文化的中心。樊绰《蛮书》中记载："太和城北去阳苴哶城一十五里，巷陌皆垒石为之，高丈余，连延数里不断。"② 然而，随着历史发展、社会变迁，昔日辉煌的古都早已不复存在，至今尚存只有古城遗址太和村，一个有1450户、5610人的村落，及南北两道夯土城墙，南城墙西端从马耳峰五指山麓起，向东延伸到洱滨村，全长3350米，北城墙从佛顶峰起，向东至洱海岸边，全长3225米，还有现存值得白族人和太和村民骄傲并引以为自豪的《南诏德化碑》。此碑是云南境内现存最大的唐碑，系南诏王阁逻凤所立，碑文记载了南诏的政治、军事、农业、物产以及南诏与唐王朝、吐蕃之间的关系，是保存较好的研究南诏历史文化的宝贵材料。故南诏太和城遗址和《德化碑》于1961年3月4日被国务院公布为全国重点文物保护单位。遗址村内还有许多地名、景物、传说，均折射出南诏故都历史文化的痕迹，如南诏阅兵台、练武场、御马柱、美女石等。现村中大照壁上书有"南诏故都"四个大字。然而，如此珍贵的历史文化遗址村落，许多遗存遗迹逐渐消失，村中古石板巷道逐渐被水泥路取替，传统的民居中出现了现代水泥房，原历史遗址被占用，巷道狭窄拥挤，卫生条件较差等一系列问题亟待解决。否则，不能很好地保护丰富的历史文化遗存，使优秀的历史传统文化变为村落旅游文化的依托与资源。所以，将传统历史文化遗产与现代发展有机统一，便是我们深究的问题。

（二）南诏遗存古村落诺邓

崇山峻岭包围中的诺邓，系白语（nuo deng）的音译名，意为有老虎的山坡，位于云龙县境中部的果郎乡，是个偏僻而优美的白族传统古村落，相传为南诏时的遗留村。据《万历云南通志·盐务考》载："汉代云南有二井，安宁井、云龙井"。③ 又据《新纂云南通志》147卷《盐务志》称"清盐法志载云龙井大使四员，又证《滇系》所载诺邓井在云龙州西北35里，所辖有石门井，乾隆时诺邓师井二大使已载，今存在大井一人"。④ "汉代云龙井"即今之"诺邓

---

① 大理白族自治州地方志编纂委员会：《大理白族自治州志》卷二，昆明：云南人民出版社1998年版，第304页。
② （唐）樊绰：《蛮书》卷五，北京：中华书局1962年版。
③ 李元阳：《万历云南通志》第6卷《盐课》万历元年大理府原刻本铅字排印，1943年版。
④ 周钟岳：《新纂云南通志》第147卷，昆明：云南省印制局铅字排印本，1948年版，第14页。

井和天耳井。"而在樊绰《蛮书·云南管内物产第七》中也有"剑川有细诺邓井"的记载。① 在南诏时期，云龙境内澜沧江以东一带属剑川节度使地，细诺邓即今天的诺邓。这些记载说明诺邓最迟在唐代就开井制盐，是以盐井为生的古老村落。若从樊绰《蛮书》成书年代推算，即唐懿宗咸通四年（863年），诺邓至今至少已有1137年以上的历史②（P734），是云南境内少有的千年村名不变、居民（白族）不变、习用白语、着白族服装不变的古村落。该村因出产食盐且盐质好畅销滇西北，直达东南亚缅甸而家喻户晓，又因历史上该村黄家曾有一门两个进士（祖孙进士）③、许多举人贡生之荣而小有名气，再因该村整个村落傍山构舍，依台建筑，完整地保存着古代白族村落建筑特色及村中的玉皇阁、香山寺、文武庙、木牌坊等宗教建筑群引来众多香客文人而远近闻名，真可谓"山不在高，有仙则名；水不在深，有龙则灵"。然而，诺邓古村因现在产业结构变化，盐井被封，世代以盐井为生兼营其他副业的村民只能以毁林开荒种苞谷、豆类的农业为生，农业收入不能满足温饱，而毁林开荒造成整个村落山体滑坡，再加上泥石流冲毁了村边河堤，严重地威胁着整个村落。还有整座玉皇阁等宗教建筑群长期被学校占用，许多古迹被毁坏，古老的牌坊、碑文、匾额和整个村落房舍亟待维修，若不及时加以抢救，许多古老的传统文化将会消失。

（三）南诏大义宁国杨干贞故里荋村

荋村位于宾川县大营乡，与大理市的海东、挖色相邻，离县城牛井30多公里，处于大理市和宾川县交界。以前这里交通不便，与外界联系不多，相对封闭，故保持着浓郁的白族民族传统文化。荋村是一个典型的白族聚居古村落，又是杨干贞故里。据《南诏大义宁国杨干贞故里碑记》记载："南诏大义宁国尊圣杨干贞者，洱海东宾川村渔人子弟。由平民起家，官至东川节度使，声望赫然。适南诏郑氏，王政不纲，乃拥赵善政继位，期有改善。赵氏登位后，政治依然颓废，人心归杨，杨乃代赵而王南诏疆宇。"至今荋村本主庙中供奉的本主便是杨干贞与赵善政（均为本村之先祖）。如今村中老人还能讲许多有关杨干贞的故事，村内诸多地名、景物、传说也与杨干贞有关。除杨干贞本主庙外，还有天子庙、圣母庙、文昌庙、官墓地、杨干贞墓、尊圣皇帝大小古印、牌坊

---

① （唐）樊绰：《蛮书·卷七云南管内物产》，北京：中华书局1962年版。
② （唐）樊绰：《蛮书·卷七云南管内物产》，北京：中华书局1962年版。
③ 朱保炯等：《明清进士题名碑录索引》，上海：上海古籍出版社1980年版，第2730、2783页。

等等，都是南诏历史文化遗迹。

但这些传统历史文化资源与遗迹逐渐在村落中消失，特别是了解并能讲述杨干贞故事的老人先后逝去，故事也就随之被湮没。现45岁以下的村民只是听讲过，而自己不能讲述，所以村落中特有的文化亟待抢救、保护和传承。

二、白族宗教文化及现状

白族传统社会是一个具有多元宗教信仰的社会，人们普遍信仰佛教，形成释、儒、道兼容并包的特色。但是，一直存活在白族民间的主要是佛教密宗和本主崇拜。

（一）佛教密宗

佛教传入白族地区的时间，史学界一般认为在南诏时期。然而，佛教从传入到兴盛这个过程从南诏中期开始至大理国有几百年。在元以前，白族所信仰的佛教主要是密宗阿吒力教（Acalay），后来才信仰从内地传入的禅宗。现在白族地区遗存的典型的佛教密宗遗迹主要为石窟和梵文碑。

1. 典型的佛教密宗

密宗是在公元8世纪传入南诏的，因为当时南诏与吐蕃结盟，密宗从此传入。到公元9世纪中叶，密宗在白族地区已经很盛行。在整个南诏大理国的几百年间，密宗被奉为国教，上至帝王将相、达官贵人，下至民间百姓都信仰之。至今，白族民间多数人仍信仰佛教，每月初一、十五食斋，不杀生，而且还保存着相当数量的阿吒尼乐舞及以佛教密宗为题材的民间故事等。而最具典型的密宗遗存便是剑川石钟山石窟，其中，尤以第六窟明王堂最有特点，也是密宗石雕造像保存最完好的遗存。

2. 顺荡梵文碑火葬墓群

白族地区的梵文碑刻、砖刻、火葬墓群都是佛教密宗在该地区的历史遗存。现该地区还保存着大量的梵文火葬墓碑，主要分布在宾川村、剑川沙溪鳌峰山、洱源凤羽狮山、云龙顺荡莲花山等地，其他散见于白族聚居区内。这其中又只有顺荡火葬墓地保存得比较完好。现该墓地有火葬墓1000多冢，梵文碑84通，其中完好无损的有60通左右，梵文经幢6座，是迄今云南省发现保存梵文碑刻最多的墓地。这些梵文碑主要是《佛顶尊胜陀罗尼经》中的咒语碑，又由于陀罗尼经咒体现了密宗的观念，因此，顺荡火葬墓梵文碑幢是十分珍贵的佛教密宗的历史遗存。

正如历史学家方国瑜教授说："唐宋以来石刻《陀罗尼》，见于著录的甚多，大都以汉字译梵音，只有云南才有梵文碑刻，且数量甚多。"[1] 而云南境内也只有大理地区最多。1989 年，周祜先生与大理图书馆老师受国家图书馆特藏部委托，在大理州的白族聚居区内拓了梵文碑幢 900 多张，现存于国家图书馆。据周祜先生考察，"白族地区存在的这种梵文碑，不仅省外没有，据说连梵文的出产地印度，现在也没有梵文了。"其价值不言而喻。然而，现存于白族地区的梵文碑刻至今尚未引起人们足够的重视，洱源凤羽狮山的梵文碑火葬墓地，不提保护时大家都忽视，而一提保护反而被纷至沓来的盗墓者挖得乱七八糟，许多碑刻被砸烂打碎；而顺荡火葬墓地前几年也惨遭盗墓者或附近村民破坏。因此，梵文碑也必须尽快加以清查、收集、保存，这是迫在眉睫之事。

（二）本主崇拜

本主崇拜，是白族特有的土生土长的宗教，它起源于原始崇拜，形成于南诏大理国，盛行于元明清时期，一直沿袭到现在，是白族人民特有的宗教信仰。这种由原始宗教的自然崇拜和图腾崇拜发展而来的祖先英雄崇拜，是白族人民在长期的社会生活中产生、发展而自成体系的。至今在白族聚居区，几乎村村有本主，用泥塑或木雕成偶像供奉于本主庙内，本主庙成为白族村落的象征和民族特有文化的标志。每年在本主寿诞之日举行的迎接本主和本主庙会，是白族最盛大的宗教节日，届时人们身着盛装，置备丰盛食物，宴请亲朋好友，唱大本曲，演奏洞经古乐、歌舞、耍龙、耍狮子、更换对联等，以示与本主同乐，歌颂本主功绩。本主节日和庙会成为白族民族民间歌舞音乐的传播地和传承场。在白族人的观念里，本主就是掌管本境之主，人的生老病死均离不开本主。本主是白族人民意识的载体，精神的支柱，使神助凡人，追求现世的幸福和真善美，战胜假恶丑。于是，本主均有神话、故事伴随，这些神话故事又世代相传，长期在白族人的社会生活中起到调节、规范人们行为的作用，从而形成牢固而有力的白族民族传统和民族精神文化。

三、民族音乐歌舞文化及现状

白族人民不仅能歌善舞，而且喜歌好舞，在长期的生产生活中，他们创造了多姿多彩的音乐和舞蹈，并至今还存活在人民的生产生活中。

（一）民间音乐

白族聚居区流传最广，深受老百姓喜爱，并具有普遍性和代表性的民间音

---

[1] 方国瑜：《云南史料目录概说》，昆明：云南大学出版社 1995 年版。

乐有白族洞经音乐、唢呐吹奏乐、吹吹腔、大本曲等。

1. 洞经音乐

白族洞经古乐作为一种富有地方特色的音乐体系，它的形成和发展经历了一定的过程，据施立卓先生考证，大致在明代中叶经文人的规范和推广，在洱海周围传播。在传播过程中经过不断丰富和发展，从各种音乐中汲取养分，成为现在遍布白族聚居区村落中数以百计的洞经古乐。从大量资料和在白族社区的调查表明，白族地区的洞经古乐不仅包含道教音乐、唐宋音乐、龟兹音乐、佛教音乐、江南丝竹、南北曲及儒教音乐等，同时还吸收了大量的白族特有的南诏、大理国宫廷音乐和民间音乐，是中国古代音乐的"活化石"。它不仅音乐风格奇异，曲调优美古朴，且曲牌丰富。据何显耀先生调查统计，仅大理市就有能独立成套的曲牌近千首。全州有洞经古乐会340多个，其中规模较大、能独立演奏各种曲目的有98个，各类乐手有2000多人。白族聚居的村落，均有洞经会。但总的感觉各村落洞经古乐手水平参差不齐，经谱、曲牌掌握也不平衡，加之许多古乐手年事已高，中青年人少，面临着怎样培养传承人、保存曲牌、经谱、乐器等问题。

2. 唢呐吹奏乐

唢呐是倍受白族人民喜爱的一种吹奏乐，具有音量大、声音穿透力强、曲调高亢激越等特点，适宜于广场吹奏。唢呐吹奏手在五县一市均有分布，白族人婚丧嫁娶、宗教节日活动，都少不了唢呐吹奏，其中最具特点的是洱源县茈碧乡松鹤村彝族唢呐队和鹤庆县六合乡五星白依人的唢呐队。然而，这种吹奏乐的传承方式通常为师带徒或为家传，当今普遍缺乏后起之秀。在有的村落，连一般为婚丧吹奏者都很难请到，同样面临抢救民间艺人、培养传承人和传承场的问题。

3. 民间戏剧吹吹腔

吹吹腔是白族民间戏剧。据戏剧家杨明先生在其《曲艺杂谈》中讲："吹吹腔的出现距今约有五百年的历史。"在民间广泛流传，到清代，逐渐发展成两个流派，分为"南腔"和"北腔"，到了近代，受滇剧、京剧和外来文化的冲击而日渐衰落，至今在大理周城、洱源、鹤庆、剑川、云龙山区还有流传，大达村就是现今保存吹吹腔戏剧最完整、最典型的村落之一。但存在戏班子成员年龄老化、戏服破旧、道具简陋，传统剧目、曲牌逐渐消失的问题。

4. 大本曲及本子曲

大本曲和本子曲是白族独特的说唱艺术。所谓大本曲，是因演唱的故事较长，唱词就一本书而得名。在洱海周围的大理、海东、挖色，宾川的大营，洱源的双廊、邓川一带流传。大本曲本子有116本，现能找到的有95本，唱腔丰富，有三腔（以源流分为大理城南的"南腔"，大理城北的"北腔"，海东、宾川大营的"海东腔"三派）、九板、十八调。大本曲演唱活动曾一度兴旺繁荣，演唱队伍不断发展壮大。至今在白族乡村，如宾川大营，逢年过节，村落中少不了唱大本曲这一活动，倍受老百姓喜爱。但是，近20年来许多老艺人相继去世，后继乏人之势有增无减，许多村落中不仅缺乏后起之秀，连年轻的伴奏人才也很难找到，急需采取有效措施培养传承人。

（二）民族歌舞

白族人自称会说话的人就会唱歌，会走路的人就会跳舞。人们把大理白族聚居区称之为歌的世界、舞的海洋。白族歌舞是白族文化的重要特征之一。

1. 歌　会

白族人生产生活离不开歌，深受民众喜爱的是白族调，最具代表性的是大理"小鸡足山"歌会和石宝山歌会。每年农历三日三，白族聚居区的人们从四面八方涌向湾桥保和寺"小鸡足山"，这是洱海区域大理坝子中白族人民的一个传统歌会，故民间有"年年三月三开曲头，一直要唱到九月九"的俗话。而石宝山歌会是白族地区又一次盛大的民族传统歌会，每年7月27日至8月1日，来自剑川、鹤庆、洱源、大理、兰坪等地的白族群众纷至沓来，方圆十几里的乡间小道上，人流如潮，宛若一条色彩斑斓的长龙。来赶会的白族姑娘打扮得像喜鹊一样漂亮，唱着悠扬舒展的白族调，小伙子们胸前挂着别致的龙头三弦，弹着明快的三弦曲，歌声弦音此起彼落，令人陶醉。大家即兴编歌，赛唱对歌，经三天三夜的对歌弹唱才尽欢而散。

白族的传统民歌也面临危机，年纪大的人都能唱会对，而年青人大多数不会唱。有的虽然能唱曲子，但不能见景生情即兴编歌对答。因此，传统民歌也需抢救和保护，才能发展。

2. 舞　蹈

白族舞蹈历史悠久，内容丰富。从南诏奉圣乐舞、燕会笙舞、菩萨蛮、紧急鼓到现仍存活于白族民间的大理白族绕三灵、洱源闹正月（舞）、田家乐、云龙"围棺舞"、耍龙、耍狮子、耍白鹤、鹿鹤同春、凤赶麒麟、耍马、耍牛等舞蹈，舞姿欢快、奔放，极富节奏感，生动、形象地再现了白族人民的生产与生活。现在白族乡村，每逢节日集会，都少不了这些舞蹈，尤其是剑川石龙村的对歌打跳，三合村的阿达茵，洱源双廊霸王鞭舞，鹤庆五星白依人的"苏北阿里噜"舞，等等，具有鲜明的群众性和代表性。然而，这些民间舞蹈面临现代舞的冲击，存在着抢救和传承问题。到白族村落，均看到老年、中年人的表演，而年青人能熟练地跳本民族传统舞蹈的不多。

四、民族传统工艺文化及现状

大理白族聚居区，较有影响和独具特色的民间传统工艺，主要有木雕石刻、大理石工艺、金银铜器皿饰品工艺、扎染、编织、刺绣等。这些工艺经过白族人民一代又一代传承，现仍然存活于民间，并在白族人民的生产生活和社会经济发展中发挥着作用。

（一）雕刻文化

在白族民间，历朝历代都有大批专门从事雕刻的能工巧匠，具体又分为木雕和石刻。木雕最有代表性的是剑川木雕。

1. 剑川狮河木雕村

剑川素有白族木雕之乡的美称，木雕艺术历史悠久，早在唐南诏时，剑川白族木匠就承担了南诏五华楼木雕构件的制作，县境内沙溪兴教寺、石宝山宝相寺及大理五华楼、文献楼，宾川鸡足山的寺庙，昆明的金马碧鸡坊、筇竹寺，建水的孔庙等古建筑或其木雕工艺均为剑川木匠所建。据考证，西安、北京等地的皇宫园林建筑中的木雕工艺，大部分也出自剑川木匠之手。至今剑川木雕工艺有了长足发展，剑川民族木器厂的木雕工艺精良，风格独特，如陈列在人民大会堂云南厅的"孔雀开屏"木雕屏风、第三届中国艺术节上的吉祥物"三塔金鸡"及大型浮雕壁画《南诏奉圣图》等木雕工艺品，深受中外游客喜爱。1996年，剑川被文化部命名为全国木雕艺术之乡，而狮河村是剑川木雕之乡中的典型木雕之村。然而，因为木雕技能通常为家传，也有部分师传徒，在村落里形成不了强有力的传承链，子不继父业的现象时有发生，加之木雕耗费木材量大，随着天然林禁伐和保护，怎样培植建设用材林基地，也是现实问题。

2. 云龙大达和剑川梅园的石刻

白族石刻历史悠久，技艺精湛。从事石刻的人在白族民间又称之为石匠，几乎与木匠齐名。石匠居城镇者不多，民间几乎村村均有，通常为自带工具帮别人盖房子，白族俗话说："大理有三宝，石头砌墙永不倒"。因白族民居均以石材下石脚，有的连墙都用石材砌成，而石匠便是专门从事石头开采加工和雕刻的。白族石匠以云龙长辛大达一带和剑川梅园村的最出名。

云龙虎头山道教建筑群的石雕塑像和众多浮雕，均出自大达村石雕艺人之手。而剑川满贤林"千狮山"上形态各异的大小狮子和"千狮壁"上各呈异彩的千狮图，是剑川梅园村的工匠们雕刻的。梅园村几乎家家是石匠，男子人人会石刻，他们除雕刻民居建筑柱石和其他装饰外，也雕刻动物，用于园林建设，而比较有特色且使用范围广的就是石狮子。因为石雕这一民间工艺是白族民居建筑的需要，就一代一代传承下来，但它也存在后继乏人的问题。

（二）大理石工艺文化

大理石，又名础石。蕴藏在大理苍山山麓，储量非常丰富，白族人民把它开采出来，加以精心琢磨，制成各式各样的手工艺品。所以，大理石加工也是白族民间历史悠久的传统手工艺之一。至今矗立的大理崇圣寺三塔，是南诏时的建筑，塔的基石和塔身的部分佛像、碑文，均用大理石雕刻而成。宋代大理石开始作为贡品进献朝廷，元明以来，特别是20世纪80年代至今，大理石的开采加工规模日益扩大，苍山脚下，三塔周围的村落，一度成为大理石加工中心。大理三塔、古城、喜洲、蝴蝶泉等风景名胜旅游区成了大理石销售点，大理石工艺品成为旅游产品，远销国内外，深受游客欢迎。而大理石开采加工最具特点的是三文笔村，该村历史上就以加工大理石而驰名，曾有"石户村"之称。现在全村加工销售大理石的农户占总户数的70%以上，销售收入占总收入的60%还多。村内除少数规模大、资金和技术雄厚的大理石专业加工户外，大部分是家庭小作坊，自产自销，兼营收购和批发，收入颇丰。因此，大理石的加工和销售，一方面使白族传统础石加工技艺得到传承和发展；另一方面为农村剩余劳动力找到出路，同时为村民增加收入。

然而，值得注意的是，当大理石加工工艺迅速发展时，大理石的石源矿床苍山，从1997年就明令禁止正面开采，并封闭了老矿，而对新石源如海东孔雀石、宾川的汉白玉、玛瑙石等的野蛮开采，使当地的自然生态环境面临着新的威胁与破坏。另外，由于传统技能正逐渐被新技术和新工艺所取代，传统与现代技术脱节的局面正在形成，故必须考虑如何使传统技艺在现代生产加工中得以发扬，使传统工艺与现代技术有机结合。同时消除生产过程中引起的污染。

洱源起凤砚台，是白族传统手工艺中的又一独具特色的墨石加工产品。起凤村利用传统手工艺制作凤砚，始于明末，发展于清初，村民就地取材，采用罗坪山的墨石，先锯成菱形、正方、长方、椭圆、月牙等形状，再凿好砚池，然后精工雕刻各种立体图案。1999年在昆明举行的世界园艺博览会，其中中国馆展出的"九龙砚"，便是出自起凤村手工艺人之手。起凤砚台不仅造型美观，图案鲜明多样，且在传统图案基础上增加了许多花色图案，"九龙砚"是其珍品。

（三）金银铜铁器皿饰品工艺文化

打制金银铜铁器皿和饰品的手工艺匠，在白族民间称之为"小炉匠"。据《鹤庆县志》记载，早在明朝中期，鹤庆就有加工、制作金银铜铁器皿和饰物的工匠。到清光绪年间，仅大理就有三元号、恒丰号、天宝号等 10 多家银匠店，通常是前店后厂，以自产自销为主，也接受少量来料加工和订货。而在白族聚居区，则以鹤庆新华村的艺匠最为著名。进入 20 世纪 90 年代以来，大力发展个体、私营经济的政策给新华村手工艺品生产注入了新的活力，从而使得许多面临消失的祖传绝技得以传承，生产出各式茶具、酒具、炊具、刀具、首饰、吉祥物等，还有名目繁多的各类宗教法器用品，涉及藏、苗、彝、白、纳西、傣、景颇等 30 多个民族用品近百种。目前的问题是怎样使传统手工技艺得到传承，并发挥应有的作用。

（四）扎染、编织、刺绣文化

扎染和编织也是白族民间传统手工技艺之一，具有悠久的历史和独特的文化内涵。

1. 扎 染

古称绞缬染，民间俗称扎花布，是白族的一种古老的手工印染工艺。通常在浸染之前，先在白布上印花纹图案，然后再用针线将"花"的部分重叠或撮绉缝紧，呈"疙瘩"状，经反复漂染后，色未渍达的"疙瘩"（扎起处）即成各种花形，蓝底白花，清新素雅。白族聚居区剑川、鹤庆、洱源、大理一带的农家，到处可见扎染制品，扎染工艺世代相传。至今，大理周城村的扎染最有特色。随着我国改革开放政策的实施，扎染这一民族民间工艺也获得了发展生机。从 1983 年开始从事扎染的农户重新率先开办扎染作坊，如今私营扎染作坊有 15 个。1984 年 5 月，建立了村办企业周城民族扎染厂，当年固定资产才 3.5 万元，发展到 1999 年已拥有固定资产 149 万元，并在传统的手工艺中注入了现代技艺，使花色品种由原来的 10 多种图案、几种针法，发展到现在的 40 多种针法，1000 多种图案，从而使周城的扎染发展为重要的旅游用品，畅销于全国各地，并漂洋过海，远销世界 40 多个国家和地区，成为大理州出口创汇的重要产品之一，先后多次荣获国家对外经贸部、农业部的各项大奖，1997 年周城村还被文化部命名为"民族扎染"之乡。如今，周城扎染厂已成为传承民族民间工艺，安排村里剩余劳动力，保护和发展民族民间技艺文化遗产的重要基地，对增加周城村民经济收入，为周城村落旅游文化的发展发挥了应有的作用。

2. 编织（竹编、草编、制毡）

白族聚居区的编织技术也源远流长，随着农业、畜牧业的发展，白族的编织技术逐渐从农业和畜牧业中分离出来。最初将棕榈树叶、草片之类简单地编连起来（至今白族民间还沿袭着编草帘子、草席等），后来发展到用植物纤维或动物毛纺线织布。因此，白族的编织业不仅品种多，而且编织手艺高。不但有草编，还有竹编，竹子不但能编制生产用具，还能编制生活用具等等。而白族编织品中最具特点的还是麦编，这是白族特有的传统手工艺，有着悠久的历史。从古至今，大理古城内太和村草帽街的草帽畅销不衰，深受其他民族的喜爱。

白族的纺织技术，早在唐南诏时期就有长足的发展，樊绰《云南志》卷七载："自银生城、柘南成、寻传、祁鲜已西，蕃蛮种，并不养蚕，唯收娑罗树子破其壳，其中白如柳絮，纫为丝，织为方幅，载之为笼段，男子、妇女通服之。"说明早在南诏国时期白族的纺织业开始发展，直到20世纪50年代初，白族社会还基本保持着男耕女织的特点。

在白族的纺织品中，则又以羊毛毡子制作为其特色，并在南诏大理国时期就已流行。因为羊毛毡有隔潮、防风、保暖等特点，至今是白族人喜爱的传统工艺品。随着大机器生产和工业品的增多，竹编制品被大量塑料制品取替，手工纺织品则被现代各种棉毛制品代替。因此，编织技艺要在继承传统工艺的同时，根据时代的需要，对技艺和产品进行更新换代，才能适应消费者需要。

3. 刺　绣

白族传统刺绣，原来主要是满足自己的需要，仅作为民族传统服饰中的点缀，属自给自足的手工艺品，而现在富有民族特色的各种各样手工艺刺绣品越来越引人注目，成为旅游产品中的紧俏商品，深受国内外游客的喜爱。然而，现在白族聚居区擅长刺绣的大多限于中老年妇女，青年女子对刺绣不擅长，也不感兴趣。所以，刺绣同样需要保护和传承，使其在现代旅游产品中得到发展。

（原载《中南民族大学学报》哲社版，2004年第4期）

白族非物质文化与生态环境的关系

少数民族都有自己独特的生产方式和生活习俗，为了表达自己喜庆时辰和农事季节、宗教信仰，每个民族都有自己特定的节日，内容丰富，活动方式各异，充分展现出各民族的文化特征。

一、白族非物质文化的内涵

（一）民族节日文化及现状

白族地区的节日很多，其中有一些节日同周围的汉族和其他民族一样，只是过节的方式各不相同而已。此外，白族还有一些具有浓郁民族特色的节日，如"绕三灵""本主节""石宝山歌会""小鸡足山歌会""青姑娘节""三月街""渔潭会""松桂会""火把节""耍海会""蝴蝶会""葛根会""松花会""栽秧会""田家乐""尝新节"等，又具体分为集市贸易节日、宗教节日、农耕节日。

1. 集市贸易节日文化

蜚声中外的白族传统集市贸易节如三月街、渔潭会、松桂会等，街期时间长，有固定的时间和定点，一年一次。三月街从农历3月15日~21日，届时白族与当地各民族和国内外客商云集于此，各种贸易布棚鳞次栉比，人山人海，各种农具、骡马、药材、茶叶、日用品、木雕、大理石制品、金银铜铁器皿、饰物、刺绣品等等应有尽有；还有丰富多彩民族民间歌舞和体育竞技表演。尤其从1992年开始，三月街又被定为白族民族节日，届时除贸易交流外，每年均有大型民族文艺体育表演，还有白族传统洞经古乐、白剧吹吹腔等，充分展示出白族节日文化的特色。特别引人注目的是节日期间赛马活动和男女青年相互对歌择配，此情此景已在电影《五朵金花》和《五朵金花的儿女们》中反映出来。

如果说三月街是白族春季商品贸易盛会，则渔潭会便是秋季物资交流集会，其规模略次于三月街。会址在洱源县邓川的沙坪渔潭坡，每年农历8月15日开始，会期5~7天。会上以驰名的邓川奶牛及各种农具为大宗交易物资。此外，出售嫁妆用品、白族传统红木柜子、剑川木雕家俱、腾冲玉器、鹤庆手工艺匠加工的金银首饰，以及白族民间剪纸、刺绣应有尽有；会上还进行赛马、游泳竞赛，对歌及其他传统歌舞洞经古乐等表演。

松桂会则是白族地区闻名的牲畜贸易交流会，同时也是白族传统的节日集会，每年农历7月22日~29日在鹤庆松桂乡团山举行。

这些集市贸易交流会，从古一直沿袭至今，随着时代发展，内容越来越丰富，白族传统文化中独特的歌舞、音乐、体育竞技等，都能在节会上得到充分展示。因此，可以说，大型的集市贸易交流节会，也是白族文化赖以生存和发展的载体与传承场，保护白族传统文化，节日文化是其中主要的一部分。

2. 宗教节日文化（本主节、绕三灵、耍海会）

白族对所信仰、崇拜的本主神灵怀着一种纯朴、神圣的感情，到一定时间（通常为本主诞辰日）要对其举行祭祀活动，久而久之，这种活动就成为白族独特的宗教节日。

本主节是白族最盛大的宗教节日。普遍在白族聚居区流行，每个村落都有自己特定的本主节日，只是时间不同，其中较有鲜明特色的为"绕三灵""蝴蝶会""耍海会"。通常每当本主节日到来，村民们最热心的便是迎佛接本主活动。尤其是大理庆洞村、宾川上沧、和村、云龙的天井、洱源的双廊等村落接本主活动最热烈。届时，全村男女老幼身着节日盛装，把村落打扫的干干净净，然后抬着轿子，或用木轮大车，或骑马，前面由锣鼓手乐队开路，后面跟随着浩浩荡荡的队伍，一路舞着霸王鞭、敲着双飞燕到本主庙将木雕本主神像抬到轿子里，然后在村落中游行，每到之处均有供献、祭祀、歌舞表演，最后将本主神像接到村落的斋堂供奉，村民们日夜唱大本曲、表演吹吹腔、耍龙、耍狮子、耍百鹤，以示与本主同乐，祈求本主保佑本境之民风调雨顺、五谷丰登、人畜兴旺；同时歌颂本主的功绩。本主传统节日不仅活动内容丰富，且每位本主又均有相应的民间故事或神话传说，又为节日增添了生动的文化内涵，它通过栩栩如生的艺术形象，把道德观念具体化，反映了白族人民对真善美的追求，对假恶丑的摒弃的道德风尚和行为准则。

盛行于白族村落中的本主节日，在极左路线干扰时，曾一度衰弱，进入20世纪80年代，随着宗教信仰自由政策的落实，被毁坏的本主庙得以重建和维修，本主节日也得以恢复，本主文化的功能与作用得到发挥。当然，在保持本主节日这一白族特有文化的同时，应对本主节日的大吃大喝、铺张浪费、烟雾燎绕的烧香拜佛等现状，予以规范和引导。

3. 农耕节日文化（田家乐、火把节、尝新节）

白族在长期的生产劳动实践中形成了富有独特文化内涵的农耕节日，展现不同的劳动方式，表达人们对稻作生产丰收的喜悦，和对幸福生活的追求。具有代表性的有田家乐、火把节、尝新节等，普遍在白族聚居区流行。

白族是以农耕稻作生产为主的民族。传统的稻作生产从共耕到伙耕，直到今天互助协作式的换工劳动活动中，形成了传统农事节。如在夏季稻作栽插中，于开秧门的第一天，要举行庄严而欢乐的仪式，清晨身着艳丽白族服饰的劳动队伍，敲锣打鼓来到田头，插彩色"秧旗"，吃糖果、喝酒，互相吟唱祈求丰收的民歌，然后在锣鼓唢呐声中开始栽插，乐队在田边助兴，人们劳动的兴致更高。到栽插结束的当天，又称"关秧门"，人们兴高采列地在歌声中完成栽插。然后全体劳动者化装成渔、樵、耕等角色，抬着彩旗，打着霸王鞭，从田间转到村里，轻歌曼舞，庆祝栽插结束，祈求水稻丰收。这一活动称之为"田家乐"。

农历 6 月 24 日火把节村落中立大火把，载歌载舞、赛马欢庆；同时各家各户又拿着小火把，到稻田边去游行，意在驱除稻田病虫害。

白族尝新节有的在水稻成熟时举行，到田间摘取新稻穗，煮成新米饭祭献谷神预祝丰收；有的则在水稻收获后举行。节日里，人们聚集于村落的本主庙或村落活动场上，载歌载舞祝贺五谷丰登、六畜兴旺；并取旧米新米各一半，以示年年丰收有余，新旧衔接不断。

而火把节稻田驱虫现在白族地区还普遍流行，田家乐与尝新节 20 世纪 80 年代初还普遍流行，但现在田家乐与尝新节只有在洱源凤羽、云龙长辛、大达等地区还保持着。在大理及交通方便的白族地区这一传统农耕节日文化已基本消失，或正在消失之中。

(二) 语言服饰文化及现状

语言和服饰是一个民族区别于另一个民族的重要特征和标志。在长期社会历史发展中，白族先民不仅创造了自己独特的语言，而且创造了绚丽多彩的服饰。

1. 语　言

白族有自己的语言白语，民间又称之为"民家话"。属于汉藏语系藏缅语族的彝语支，依地域分为几个方言区，大理、洱源、宾川语音基本一样，剑川、鹤庆、云龙语音相似，但又各有其特点。通常人们把大理一带的白语称为汉白语。因大理一带地处南方丝绸之路蜀身毒道要冲，又是南诏大理国都城所在地，自秦汉以来与内地汉族交往密切，故这里的白语中保留着大量的古汉语词汇；近现代又属滇西北地区交通枢纽，多数现代词汇进入白语中；而剑川、云龙一带白族则被称之为古白族。白语在长期发展过程中除吸收了大量汉语外，也吸收了其他民族语言中的一些词汇，并在多民族聚居区，许多民族如彝族、纳西族、傈僳族等民族也会讲白语，白族人也会讲其他民族语言。白语保持较好的是剑川县，这里的白族不仅日常交往中习用白语，就连县委县政府开会也讲白语，中小学教学沿用双语教学。

白语在民间一直被习用，近年来随着改革开放的深入，国内外对白族文化研究的深入，曾有美国、日本、瑞士等国的学者到白族地区，学习白族语言和文化；同时，外来流动人口的增多，各种语言同时涌进白族地区，对白族语言文化造成极大冲击，许多城郊结合部的白族，逐渐在交往中不用白语，有的则为了小孩子上学，让小孩很早就接受汉语，且在家庭中也不讲白语，这样下去，势必导致白语的消失。因此，国家必须尽快制定措施，对白语进行保护。

2. 服　饰

白族文化的多样性，构成了白族服饰的丰富性。在白族服饰中，又分为男装和女装、童装。其中，白族妇女的服饰最具有特色。仅就妇女的包头，就把大理风花雪月概括在其中，富有深厚的文化内涵。在白族服饰中，各种年龄段、各个不同的地区又各自具有自己的风格和特征。有代表的分别为大理周城、海东、挖色（包括宾川上沧、和村）；云龙庄坪、大达（戴黑包头、包头上绕几根绿色绸带、长围腰，围腰下摆绣花，两角绣图案）；鹤庆服饰中有代表性的为甸北姑娘服饰和甸南新娘服；剑川三河妇女头饰上留有两只角，象征着游牧迁徙民族的特征；吉祥的"登基"少女服饰也很有特点，东山少女的头饰也与众不同；大理、海东、挖色、宾川、大营和村的儿童凤尾帽、狮子帽、虎头帽、鸡冠帽、鱼尾帽、兜肚、围腰、小马甲、绣花布凉鞋；等等，充分展现了白族多姿多彩的服饰文化。

白族服饰文化，基本在白族聚居区一代一代传承下来，有的地区保持了传统服饰特色，有的地区在传统基础上有所发展，如新设计制作的妇女短袖、短围腰，较简结、实用、好看，增添了时代内容，从而更富有民族特色。然而，我们所到村落，服饰在女性身上还完整保留和传承，许多地方妇女在劳动生产、集会、参加宗教活动均着传统白族服饰；而白族男子服饰，只有少数老年人还保持着，中青年早就被轻便西装、夹克衫、运动服、休闲装取而代之，中青年妇女着传统服饰的也越来越少。然而，服饰是我们民族特征的重要标志，对此进行有效保护，在保护基础上创新发展，才能保持民族服饰文化特色。

（三）饮食文化及现状

饮食是人类文明的重要标志，白族的饮食是白族生产状况、文化素质和创造能力的反映。白族喜欢饮茶，食文化也异彩纷呈。

1. 茶文化

白族地区产茶和饮茶的历史源远流长，《茶叶通史》中《神农本草》记载："茶生益州，三月三日采"。汉代有"叶榆焙茗"，尔后又有"茗出南夷"之说。唐代《蛮书》有"茶，出银生成见诸山"，宋代已在云南永胜设茶马互市。明代得到进一步发展，《茶苑》中有"感通寺山岗产茶，甘芳纤白，为滇茶第一"。《明一统志》中曰："感通茶、感通寺出，味胜他处产者"。这些史料说明，早在古代，云南大理白族地区就是驰名的产茶区，今天的田野考察也证实了这一点。时至今日，感通寺永兴茶厂还保存有近百年的茶树。白族人在长期与自然和疾病的抗争中，最早把茶作为药用，经过神农尝百草之后，茶作为一种饮料，逐渐在白族民间流行，后来随着佛教的传入，僧人传教，以茶代酒，故形成白族聚居区"有寺必有茶，有僧必善茗"发展到"名山有名寺，名寺出名茶"，茶又由寺院到皇宫贵族、文人雅士，最后在全社会中盛行。从此，白族人视茶如同粮食一样重要，形成人人有瘾、个个爱喝茶的饮茶习俗。在日常生活中，根据不同的需要，饮用不同的茶，人们宁可三日无油盐，不可一日不生火烤茶。尤其是中老年人，更是嗜茶如命，不管自酌自饮，还是招待客人，都在自家堂屋里火盆上支三角架，铜壶煨水、用小砂罐烤茶。烤茶白族民间称其为"百抖茶""雷响茶"或"功夫茶"，有的也称其为"苦茶"。

把茶作为一种祝福，白族也喜欢喝甜茶，分为米花、乳扇、蜂蜜茶等。每逢传统节日或喜庆的日子，均以甜茶相待。在重大喜宴上，要上三次茶，即烤茶、米花茶、乳扇蜂蜜茶。

把白族饮茶习俗升华为三道茶，并用文字加以规范和介绍则始于 1980 年，首次在《春城晚报》副刊上刊出；1981 年在《大理风情录》和一些报刊上陆续报道，并逐渐在一些宾馆和旅游景点推出三道茶，从而使得白族传统饮茶习俗走进千家万户，同时又走出家门进入社会。特别是改革开放以来，为适应文化交流的需要，大理白族自治州有关部门和单位，将白族三道茶传统习俗与民间歌舞表演等形式结合起来，组织"白族三道茶文艺晚会"，极受国内外宾客欢迎。三道茶文艺晚会这一独具民族文化特色的茶会，很快推向省内外，并在亚运会期间登上了北京大雅之堂。至今，三道茶已基本发展成一项新型的文化产业，目前发展主流是健康的。但现状也令人忧虑：如有些地方三道茶传统文化特色不突出，文化气息不浓厚；有的茶道制作质量不高，卫生情况不佳；有的茶道与表演分离；等等，亟须调整、保护，才能使传统饮茶习俗与现代文明相结合，并发挥其作用。

2. 食文化

在漫长的历史发展过程中，白族形成了自己独特的食文化，并在不同的自然生态和地理环境中，又有不同的地方特色和风味。如白族待客八大碗、大理砂锅鱼、生皮；鹤庆白族宴席三滴水、猪肝；洱源邓川乳扇、梅子酸辣鱼、冻鱼；云龙白族待客喜宴六碗六盘，丧事五碗四盘；宾川鸡足山素食；等等，应有尽有，并具有深厚的食文化内涵。随着白族地区旅游业的发展，给白族传统饮食注入了新的生机，许多面临消失的菜谱又得以发展传承，白族传统民间小吃深受中外游客的欢迎。同时，白族传统食文化也受到外来饮食文化的强烈冲击与挑战，现状也不甚乐观，仍然面临着保护与发展的矛盾和冲突。

（四）民居建筑文化

白族建筑文化历史悠久，源远流长。白族先民们在历史发展进程中，根据自己的自然条件和生态环境，又吸收其他民族的建筑文化精华，从而创造和形成了自己特有的典型建筑形式和风格。具体又分为民居、村落和桥梁建筑。

1. 民居建筑特色

白族民居建筑，是白族传统文化的一个重要组成部分。它既是人与自然结合的产物，又是白族传统文化的象征，具有深厚的文化内涵。无论从内部结构，还是外观造型，都有着鲜明的民族特色。通常均采用土木结构，也用大量石材，建造一楼一底的瓦房，形式大多数为"一正两耳""两坊一耳""三坊一照壁"，也有人家建盖"四合五天井"，一进两院的"六合同春""走马转角楼"等，其中又以木雕格子门、门楼的飞檐斗拱、雕龙画凤及照壁最有特点，而外部的青瓦白墙画壁则是白族民居的标志，充分展现了白族人民智慧和富于创造的精神。

在白族民居建筑中，又以大理喜州、剑川金华镇名人故居、鹤庆云鹤镇、洱源双廊最有特点。据赵勤先生统计，至今喜洲镇还完整地保存着明、清、民国时期的白族民居建筑120多院。大多数都是一进几院、院中有院的民居建筑，有亭台楼阁、雕梁画栋、雕花门窗，是白族人建筑智慧的结晶。故喜洲白族民居建筑群于1987年被列为云南省第三批重点文物保护单位。近年来对董家大院、杨品相大院、严家大院等多次进行了修复。

剑川金华镇极富民族特点的白族传统民居，是白族民居建筑的精品。大门口的石雕狮子、门楼、堂屋门窗上精雕细镂的"松鹤同寿""喜鹊登梅"等，还有赵潘、赵式铭、周钟岳等名人民居，都是白族传统建筑的结晶，也是一份不可多得的宝贵的文化遗产。

鹤庆云鹤镇官巷白族民居建筑群也是白族民居建筑的象征，还有近年来建成的云鹤白族民居建筑一条街，也富有特点，也是对白族传统民居建筑的传承和发展。

然而，除喜州民居、剑川名人民居、鹤庆传统民居建筑群外，还有许许多多分布在各个村落的白族传统民居建筑,除在"文化大革命"期间遭受了严重的破坏以外,现在也面临外来建筑文化的冲击。于近几年内,许多白族村落的民居放弃了传统的土木结构,而采用钢混结构建成"火柴盒式"的洋房,大丽公路两旁就是最典型的实例,而且这种现象还漫延到剑川、鹤庆、宾川等白族聚居区,令人十分担忧,如按这样速度发展下去,不用说50年,就10年后白族传统民居建筑就会面目全非,好在针对这一状况,大理白族自治州从1999年开始就采取措施,并以法律条例加以规范和保护。

2. 村落建筑特点

白族的建筑文化,不仅传统民居有特色,村落建筑也有自己鲜明的个性和特点。白族村落普遍依山傍水,山清水秀。如鹤庆蓬密(龙潭边)、金墩(羊龙潭、温水龙潭)、剑川的狮河(剑湖边)、大理周城(苍山云弄峰下)、洱源凤羽(罗坪山下)、双廊村落民居建筑一条街(洱海源头),云龙诺邓村,时至今日,村落内巷道虽不宽阔,民居建筑大小不一,但错落有致,都是古建筑结构的瓦屋楼房,弥漫着古色古香的气息。整个村落傍山构舍,依台建造,完整地保存着古代白族村落的风貌。还有位于剑川石宝山脚下沙溪乡寺登村,整个村落保持了"青瓦白墙"和"三坊一照壁""四合五天井"的明清以来白族传统建筑的特点。村落里有传统小集镇四方街,四方街上铺有青石板路,有飞檐翘角、玲珑剔透的古戏台,还有两棵百年大槐树;而建于明代的兴教寺又给四方街平添了一分魅力,兴教寺内明代阿吒力佛教壁画更是令人叹为观止;村旁便是开云南青铜文化之先河的鳌峰山青铜文化古墓群;等等。在白族村落中,最引人注目的还是照壁、本主庙、古戏台和大青树。大青树被视为村落风水树,日夜守护着村落的安宁。于是,透过白族传统村落建筑,从中折射出白族对赖以生存的自然生态环境的亲和、遵从和利用,达到人与自然和谐发展的境界。

现在,白族聚居区的一些村落建筑上出现了与传统格格不入的任意建筑物,严重影响古村村容村貌;还有村落中许多民居、寺庙年久失修而自然倒塌;还有许多村落中对古巷、古井、古道、古青石板等都有不同程度的破坏,使一些古老的村落建筑群失去了本来面目。白族传统村落建筑不仅面临保护,而且首先要抢救,在抢救的基础上才能保护与发展。

3. 古桥梁建筑(云龙江上的古桥)

古桥梁建筑是白族传统建筑文化的另一特色,遍布于白族聚居区的篾绳溜索、藤编桥、木桥、石板搭桥、石拱桥、铁索桥、风雨桥等,是白族古桥建筑文化的历史物证和标志,形成了现存的一部古桥梁建筑史。而在众多的白族古桥中,云龙古桥最有特点。

云龙至今还保存着许多式样各异的古桥,其中有溜绳、藤桥、独木桥、浮桥、木梁桥、铁链桥、石拱桥等，浮梁吊拱齐全，被誉为"梁桥博物馆"。从白石乡金鸡桥，至沘江汇入澜沧江后的功果桥止，在123公里的江沿线，历史上曾有数不清、看不尽的各种古桥梁。据初步调查，现江沿线有保存较好的藤桥3座，木撑桥7座、伸壁式木梁桥5座、铁链吊桥3座、二进连跨铁链吊桥2座、古石拱桥8座。而这些桥梁中，又以青云桥、中州桥、惠民桥、安澜桥、永镇桥、通京桥、彩凤桥、安居桥等最有特点。这些桥是在云龙特殊的地理环境、古老的交通运输方式和经济发展条件下逐步形成的，它是古桥梁建筑的历史遗存，也是一份珍贵的实物史料。同时古桥梁建筑又为自然环境增色，它不仅便利交通，而且使人与自然和谐发展，体现了白族天人合一观念。

近几十年来，由于自然灾害频繁和某些人为因素，加之数百年来风雨剥蚀，有一些在历史上曾发挥过重要作用的古桥梁遭到毁坏，如云龙的惠民桥、果郎桥、永安桥等，剑川米子坪藤桥被拆、洱源乔后龙底河上的藤桥也被拆掉，有的古桥已在原址上重修，但彻底改变了原貌，成为"煞风景"的建筑，破坏了原有的自然环境和人文景观。因此，白族地区的古桥正在逐年减少，若不采取措施抢救、保护，再过10年、20年，我们很难再看到古桥梁建筑实物。所以，白族这一独特的古桥梁建筑文化亟待保护。

（五）传统教育文化及现状

白族在发展过程中，不断学习其他民族的先进文化，兼收并蓄地发展自己，成为既有丰富多彩的民族传统文化，又有较高汉文化素养的民族。白族自古十分注重教育，特别是职业技术教育和汉文化教育。

1. 职业技术教育文化

在白族的传统教育文化中，人们始终保持耕读传家的古规，并根据白族地区自然环境和社会发展的实际，注重职业技术的教育。云龙宝丰曾先后创办过"蚕桑教习所"，教授桑树栽培、养蚕及制种、制丝及杀蛹、蚕病理防治、农学大意、蚕桑理财等课程；创办"女子学校"，并开办"平民习艺所"，开设女子织布班，学习织布技术；开办"乡村师范"讲习所，为小学教育培养输送师资；创办"农业学校"，以农业技术教育为主，宣传农本思想，设置实验田，为学生提供实践机会。这些学校毕业的学生，后来多成为纺织、教育、农林战线上的技术骨干和专家，并使兴资办学的重教育重科技成为一种民风而世代传承。

2. 尊孔尚信教育文化

在白族社会中读书习儒之风曾盛极一时，据史书记载，早在汉代，白族先民世族就已通中原、习汉学，到南诏大理国时期就曾派学子赴长安成都等地学习汉文化，实行"礼乐治国"。至今还有许多孔庙、书院分布在白族聚居区，形成了许多文化底蕴深厚、人才辈出的社区和村落。如云龙诺邓在清乾隆年间就有一门两进士；清末石门王九龄和保丰的董泽出国留学，回国后献身教育，二人一起筹备创办东陆大学（现云南大学），董泽任校长，成为云南近代史上的教育家。还有剑川金华镇、鹤庆甸南金墩、洱源右所、大理、宾川的上沧等社区和村落，历来有热爱文化、重教育的古风，古代出过许多进士、文人、才子。现代有许多博士、硕士、高级工程师、教授等文化人、教育家。至今，白族聚居区的普通百姓，即使家境贫寒，也要供子女上学。"砸锅卖铁也要供孩子读书"，这是在白族村民中流行的口头语，故"耕读传家"已成为白族的传统和家训。因此，现在高考中白族升学率最高，这与白族传统重教育分不开。白族善于学习和勇于创造的民族精神，是白族拥有深厚民族传统文化的基础和前提。然而，随着社会的发展、文化的变迁，白族传统文化与现代文化正面临着互动与整合。创造富有鲜明特色的传统教育文化的现代化，并让其服务于现代化建设，这正是人们为之努力的方向。

二、白族非物质文化与自然生态环境的关系

大理白族聚居区优美的自然生态环境，温和的气候，丰富的动植物、水利、矿产、地热资源，还有苍山、洱海、石宝山、剑湖、天池、鸡足山孕育了丰富多彩的白族优秀传统文化。在长期的生产生活实践中，白族优秀的传统文化对自然生态环境又产生积极的影响和保护作用，二者之间的关系是辩证的。

（一）白族非物质文化对自然生态环境的影响

白族在长期的生存和发展中，形成了人与自然和谐发展的价值观念，这种价值观念又通过宗教信仰、乡规民约、族谱、家训、村落组织等形式体现出来。

1. 白族传统生态观对自然环境的保护。

在白族传统文化中，人们素有"靠山吃山，靠海吃海""靠山养山""靠海养海"的习俗和观念，故在白族中早就有护山碑、护林碑、种松碑，并刻石立碑，敬告人们遵守，以保护山上的一草一木，违者施以重罚。而湖泊、河流水资源，被白族人认为是自己赖以生存和发展的前提和条件。所以，在白族地区有水利碑、开河记、重修溪河记、开沟告白等保护水资源。此外，盐井、古桥被白族视作生存的根本。如云龙盐井中五井之人民，以前靠盐井生活，曾有以井代耕、以井养民、井养万家、久养不穷的实践和经历，故盐井是历代五井之民保护的重点，人们要靠它生存，让盐井造福于子孙后代，养育一方之民。

2. 白族多元宗教信仰对自然环境的保护

白族历史上曾信奉原始宗教、佛教、道教和本民族的本主宗教。在白族人的观念里，自然界中的万物都是有灵的，尤其是巨石、古树，被奉为神灵，故严禁敲打巨石和砍伐古树；海边、湖畔的水源林、水源是人们生产生活的命根，水源不容污染，水源林不许砍伐，否则会遭报应。在日常生活中，人们也就养成了保护树木，植树造林，爱护一草一木的习惯。

白族人普遍信仰佛教，而佛教圣地鸡足山的神山古木神圣不可侵犯。白族人从小受到保护神山树木和不杀生的教育，谁违之，将会遭到神灵的惩罚。所以，鸡足山的生物多样性保存得较好，现有高等植物 80 多科，500 余种，特有药用植物 100 余种，森林覆盖率达 85%。天池五宝山顶海头寺，寺内供奉有如来、弥勒、大黑天神、人皇帝君等佛道诸神和本主，这正是白族人民信仰佛教、道教、本主的具体体现。正是在宗教信仰的约束和规范下，人们自然也就养成保护生态、爱护环境的风尚和习俗。长期以来，天池不仅以其独特的自然风光而闻名，而且还以环山众多动植物著称。其植物群落多样，约 58 科 170 多种，以云南松为主，保持了许多原始森林群落；在云南松林下 10 多种杜鹃成片生长，形成一个天然的杜鹃花园。这里湖水无污染，云南松苍翠茂密，使得湖与林相映成趣，山得湖而俊秀，湖得山而明媚，山得林而丰润，原始自然气息浓郁，森林覆盖率高达 95%。这里的山、水、林等自然生态环境也为动物的栖息、繁衍提供了理想场所，有利于动物的南来北往。加之人们对佛教的信仰，不仅有不杀生的信念，而且还有放生的习俗。所以，这里野生动物种类较多，有许多被列入国家保护名录的珍稀动物。仅鸟类就有 118 种，分属于 16 目 34 科。人们普遍认为，神山、古木、动物是不能随意破坏、砍伐、猎取的，一旦犯忌，就要遭到神灵的惩罚。在剑川的"满贤林"，有至今还保存完好的"佛柏比高"的景观。传说那棵高约 70 米的摩天柏树，它想与半山腰飞阁里的接引佛比高，结果总长不高。后来有人用手帕蒙住接引佛的双眼，这棵柏树猛长起来，不几年就长成摩天巨柏。在"文化大革命"中，有人企图砍伐它，砍到一半时，突然火星四溅，偷伐者吓破了胆，不久即一命归西。如今，这棵幸运的古柏树却依然郁郁葱葱，令人称奇。

还有遍布于白族聚居区村落里的本主庙、观音阁、财神殿、龙王庙、魁星阁等建筑群，它们通常都坐落在依山傍水、山青水秀、地理环境优美的地方。如今，走进白族村落里，树木茂密、松柏翠绿的地方，一般为寺庙所在之地，而寺庙周围的树木，均受神灵保佑，人们不能随意砍伐，也不能在此大小便；村落中的古井、石板路、充口、巷道，不能随意污染和占用；村落中的大青树，便是村落的风水树、神树，不许砍伐和污染；就连这些院落里的燕窝也不能捣，否则会遭报应，得癫痫头。因此，保护村落环境、珍惜生存空间，爱惜花草树木，保护野生动物，便是白族人从小接受的教育和训诫。而这一切又通过多元宗教信仰的方式，借人们对神灵的敬畏而达到对自然生态环境的保护。

3. 白族乡规民约、族谱、家训对自然生态环境的保护。

白族聚居区的许多村落，早在宋、元、明时期开始直到今日，都相继制定过乡规民约、族谱、家训，让村民、家族中的人们共同遵守，作为自己的行为准则，保持人与自然的和谐。故白族地区有各式各样的乡规民约碑，反映了白族对赖以生存的自然生态环境保护的观念。其中如洱源铁甲村《乡规碑》、剑川蕨市坪村和新仁里《乡规碑》、鹤庆金墩积德屯《岔立乡规碑》《羊龙潭水利碑》《保护公山碑》等，至今仍在白族社区中起到保护生态环境、规范人们行为的作用。至今仍然流行于白族村落中的村规民约，如剑川新生乡《乡规民约》、黄花村的《村规民约》、石龙村的《村规民约》以及金华镇南门办事处的《街规民约》，洱源三营村公所的《村规民约》、宾川的《革弊碑》等，都对怎样保护山林、水源、道路、水沟水渠灌溉、土地资源、社会秩序、村寨卫生，修桥铺路、捐资建校、兴教育以及人与人，人与社会、人与自然诸多关系均作了规定，对什么能做，什么不能做，都是约定俗成的。而族谱中的《族规》《族法》《家规家训》，包括《禁烟歌》《戒赌歌》、洱源玉泉乡的《洗心泉诫》、明代学者艾自修、艾自新的《教家录》、杨南金的《居家四箴》，都是调整人与人，人与自然之间关系的行为准则和道德规范。并通过乡规民约和族谱、家训的形式加以规范，从而使得白族地区山林、水、土以及其他自然资源和生存环境得到有效保护，使人与自然和谐发展。

4. 村落组织对自然生态环境的保护。

白族村落中自古就有老人会（即绅士会）、洞经会、莲池会等组织机构，这些组织机构又对村落中的社区资源管理进行分工，最后达到协调管理。如公山、水利资源、公共道路、寺庙等由绅士会负责安排，公山由护山护林员管理；水利、公共设施使用，也是由绅士会负责安排，统一分配管理；而土地、坟山、宗教祭祀、节日、农耕活动，则由家族长和宗教神职人员负责管理。从而在村落里，家族与家族、人与人、人与社会，人与自然一切按规律有序发展。人们对自然资源加以保护，在保护基础上才能更好地利用和发挥其作用。

（二）白族非物质文化的沦落导致对生态环境的破坏

白族传统文化中许多有利于生态环境保护的形式，如宗教信仰、风俗习惯、乡规民约等传统道德规范以及自我约束力的消减，村落中组织机构和社区资源管理机制的衰落，导致对白族地区生态环境的破坏，具体表现为：

1. 毁林开荒，破坏森林植被

白族地区村规民约的失范，宗教信仰的淡化，导致对自然生态环境的践踏和破坏。从 1958 年开始，"大跃进"毁林炼钢铁，到"文化大革命"时期，村规民约、族谱、家训、寺观庙宇被视为是封建迷信而大部分被摧毁，白族传统道德中优秀的伦理道德规范也被视为"封资修"而被清除，大搞毁林开荒、乱捕滥杀珍稀动物，加之 20 世纪 70 年代森工队进入，连原始森林都不能幸免，再到 20 世纪 80 年代"两山"的划分，连村落四周的森林、家族、坟山森林都被砍伐。特别是鹤庆、剑川、云龙，森林破坏面既广泛又惨重，导致云龙生态失衡，多次发生泥石流，严重威胁着人们的生存环境。

2. 围海围湖造田，破坏水资源

仰仗着大自然的造化，白族地区水利资源富饶，土地肥沃，人们居住的海边、湖畔，一直是鱼米之乡，养育着一代又一代白族人民。然而，从 20 世纪 70 年代初开始一直延伸到 20 世纪 90 年代，在这美丽的自然生态环境里，大搞围海、围湖造田、围塘养鱼、网箱养鱼。洱海、上沧海、剑湖、茈碧湖、西湖都没有逃脱厄运。洱海被严重污染，如若 1996 年不采取紧急措施，禁止机动船行使，取消网箱养鱼，那后果就更惨。而上沧海，原有 7000 多亩水面，近几十年围海造田，现水面仅剩 2000 多亩，水上动物逐年减少，造成上沧海干旱不断，而且早已灭迹的农田病虫害现又逐年增多。这些都是人为的对自然的破坏，而自然又报复于人类的表现。

3. 侵占良田、占道建房，严重破坏生态环境

随着白族聚居区人口的增加，建筑的需要，侵占良田、占道建房越来越普遍，仅就大理苍山洱海之间，以前村落与村落之间是大片肥沃的田园，现在村落与村落，下关—大理—喜洲几乎连成一体。成片的农田被建盖成房屋，严重地破坏了人们生存环境。

三、白族非物质文化面临的挑战和机遇

（一）传统文化对生态环境的威胁和不利因素

1. 现代生产、生活方式的发展和外来文化的冲击。
2. 传统节日歌舞音乐被舞厅、卡拉 OK、电子游戏等取而代之。火把节、绕三灵、田家乐等也逐渐失去原来颇富特色的隆重场面。
3. 越来越多的人不讲白语，甚至有的小孩从幼儿园就开始习用汉语，独具特色的白族服饰被现行时装取替，年轻人多不着民族服装。
4. 在乡村几乎 40 岁以下的人不懂民族历史、村史、不会对歌、跳霸王鞭，

不会讲民族民间故事等。

5. 民族传统手工艺人的逝去，有些工艺无传承人和传承场。

6. 饮食文化也受到严重冲击，现代电饭锅、炒锅逐渐取替了铜锣锅、砂锅；各种饮料代替了烤茶，还有其他菜系进入大理，冲击着白族传统饮食。

7. 白族传统民居瓦房白墙、小河流水人家逐渐被"火柴盒"式的水泥钢混楼房所取代。

8. 片区内山高坡陡谷深和气候及生态相对脆弱，而人们对其掠夺性索取，致使生态环境日益恶化，气候变迁。

9. 片区内人口不断膨涨，外来人口增加，土地承载能力下降，资源逐渐枯竭。

10. 长期以来毁林开荒、围海、围湖造田，结果使生态遭到破坏，病虫害增多，水利资源逐渐枯竭。

（二）对白族传统文化和生态环境保护的有利条件

1. 中央实施西部大开发，给大理白族带来机遇。
2. 滇西北地区保护与发展行动计划，给大理片区带来契机。
3. 云南民族文化大省和大理州建立民族文化旅游大州，给白族传统文化保护、传承、发展带来了生机与活力。

（三）白族非物质文化的保护原则和发展的条件

保护原则：

采取抢救与保护相结合，当务之急是抢救富有特点又即将消失的白族独具特色的非物质文化，并在抢救基础上开展保护。

坚持对民族传统优秀文化的发掘、保护、传承、利用相结合的原则，坚持在保留、普及、巩固的基础上发展民族优秀文化。坚持在保留传统文化与保护自然生态环境的基础上，利用传统文化与自然生态，造福于人民。

发展的条件：

各级政府的重视及非物质文化保护项目的实施。省、州、县、乡各级政府内主要负责人直接抓，把对传统文化多样性的保护与发展纳入政府工作议事日程。

《云南省民族民间传统文化保护条例》的颁布与实施，为民族文化多样性的保护与发展提供了法律保障。

村落作为白族文化的载体和传承场的重要作用。白族文化的直接载体是白族村落与村落中的人群，传承人是指村落中健在的掌握非物质文化的艺人和村民中一部分具有保护传统文化觉悟与意识的文化人、离退休干部、教师，他们热情高，并有参加保护非物质文化的积极性。传承场包括村落中的广场、村委会办公地、老人协会、本主庙、斋堂等，它们是白族传统文化的重要传承场。

本主庙：白族文化的博物馆

白族是中国西南少数民族中古老而又文化发达的民族之一。据第六次全国人口普查数据，全国现有白族人口160多万人，云南省白族有141.16万人，大理白族自治州内有100.78万人，占全国白族总数的88.23%，占云南省白族总数的71.4%。以洱海为中心的大理，是白族的主要聚居区。从元谋猿人到大理宾川白羊村新石器文化遗址、剑川海门口铜石并用文化，从《史记》《汉书》到《华阳国志》《蛮书》，从《南诏野史》《白国因由》到《南诏德化碑》《元世祖平云南碑》的上下几千年中，这里形成了古滇文化、南诏文化、大理文化。所以，讲云南少数民族文化，离不开南诏大理的白族文化。

中国历史上"汉习楼船、唐标铁柱、宋挥玉斧、元跨革囊"等典故均与大理白族有关。白族文化源远流长，而白族的本主文化是白族最独特和最典型的文化。在本主文化中，本主庙又是其文化的核心和重要标志，它作为白族传统文化的传承场，承载着白族各个时期的历史和文化，使古老的文化从传统走向现代。因此，可以说本主庙是白族南诏大理国历史文化遗存的载体，是白族传统民居建筑文化的集中展现，是白族传统工艺美术文化的集合场，是白族民间传说神话故事、音乐歌舞的传播中心，是白族传统节日服饰饮食文化的展示场，同时也是白族传统伦理道德的传承场。所以，在白族本主庙里，白族固有的文化事项，均能在此凝聚和展示，应该说，本主庙是白族传统文化的保存库和博物馆[1]。

一、本主文化是白族文化的精髓

本主信仰是白族社会中一个最显著的文化现象，它熔铸了白族不同时期的历史文化和社会生活，白族的民族特征包容其中。因此，可以说本主文化是白族文化的缩影。

"本主"一语是汉语称谓，过去地方志书里多称"土主"，也就是本乡本土的主宰者。白语称之为"老谷尼""阿太尼"，总称"武僧""本任尼"或"波尼"。"老谷尼"是指男性始祖之意，"阿太尼"就是始祖的意思，它具有鲜明

---

[1] 杨政业：《白族本主文化》，昆明：云南人民出版社1994年版。

的祖先崇拜的特征。这种由原始宗教的自然崇拜和图腾崇拜发展而来的祖先崇拜，在白族聚居区具有广泛性和普遍性。在全国160多万白族中，除云南怒江1万多人以外，凡白族几乎都信仰本主。就连远在湖南省桑植县的白族（白族军人在宋末元初随元军征南宋时遗留在那里的后裔），至今也仍然信仰本主。在白族社会，没有本主信仰的人被视为"无主子"的人，是被世人瞧不起的人。在白族聚居区，几乎每一个村寨都有自己的本主，有的一个村寨奉祀一个本主，有的本主分别为不同村寨崇拜的对象；每位本主均有自己的本主庙，村民们把用泥塑或木雕的偶像（泥塑为坐像，木雕为立像）供奉于本主庙内。除大理市庆洞村神都段宗榜外，本主与本主之间一般没有统属关系，但人情味很浓。本主也有妻室儿女、朋友兄妹，也有喜怒哀乐的感情，甚至还有恋爱关系。每年本主寿辰之日举行"接本主"和"本主庙会"，这是白族最盛大的宗教节日，远在外地工作的白族人都要赶回家乡过节。在白族人的观念里，本主就是掌管本境之主，也就是本地区的主宰神，它管天，使风调雨顺；管地，使五谷丰登；管人，使人们消灾免难，阖境清洁；管畜，使六畜兴旺；管山，使山林茂盛；管水，使水源丰富，避免洪水泛滥。总之，本主主宰境内的一切，甚至生死祸福也由本主管，人们相信，无论本境内有什么困难，只要祈祷本主，都会得到解决。因此，白族人无论什么事都要到本主庙祭祀。如结婚、丧祭、疾病或自然灾害，都要到本主庙祭祀，祈求本主保佑平安；又如生小孩、小孩满月、周岁、小孩出牛痘、生疮、砌房盖屋等，乃至农业生产中的播种、栽插、收割，也要到本主庙中去祭献，祈求本主保佑五谷丰收；甚至外出经商、做"手艺"，或出远门旅游等，也要到本主庙去祈祷，请求本主护佑生意兴隆、发财致富、出门平安顺利。白族信仰的本主似人非神，近似于希腊神话中的神，却又比希腊神话更具有人情味，因为它从人本出发，并把追求人生幸福当作生活的目标，将信仰寄托于现世而不是来世，从而充分体现了白族的现实主义精神。白族信仰的本主神来历各异，他们之中有"自然之神本主""龙本主""英雄人物本主""帝王将相本主"以至唐军将领等都被列入本主神中，这些本主均有各自的庙宇、封号、塑像、神话故事、管辖的区域且世代相袭，长期在庄严的本主庙中供奉，并在祭祀中被颂扬，本主文化是白族特有的文化，而本主庙是本主文化的载体和传承场，五彩缤纷的白族文化在此传承。

二、南诏大理国历史文化遗存的载体

在洱海区域白族聚居区，凡白族村寨，几乎村村有本主，寨寨有本主庙。走进白族村寨，首先映入眼帘的是茂密大青树下雄伟、庄严、壮丽的本主庙和本主神。从前相传白族崇拜的本主有五百位，俗称为"五百神王"。1985年大理市文化局对辖区（包括原大理县、风仪县和下关市）的400多个村寨进行调查，共收集到200多个本主封号，除去汉、彝、回等族村寨外，几乎每个白族村均有一个"本主"。在众多的本主神中，除自然物、龙、祖先、英雄、帝王将相本主外，有些儒、佛、道的神成为本主，还有些汉族、彝族历史人物成为本主，但白族自己的本主神祇始终居主导地位。

在本主神祇谱系中，南诏、大理国的历史人物大量进入本主神谱系，而且是洱海区域最大的谱系，其中，上有最高本主即"中央本主"（又叫神中之神），下有"九堂神"，即九个本主；"九堂神"之下有"十八堂神"，即十八个本主；十八堂神之下有"七十二堂景帝"，即七十二个本主；"七十二堂景帝"之下有"五百神王"，即五百个本主。

这些大大小小的本主神各自均有独立的封号和辖区，如诸葛亮被下关温泉村奉为本主；孟获也被下关四十里桥和漾濞县石坪村尊为本主。有的历史人物则分别被不同地方所奉祀，如南诏国细奴逻被奉为巍山前新村和大理庆洞村的本主，而鹤庆西山本主庙祭祀的民间称为大老爷、二老爷、三老爷的本主神则就是南诏王阁逻凤、凤伽异、异弁寻祖孙三代。南诏大义宁国国王杨干贞、赵尚政分别为洱源县玉湖、宾川莉村的本主；赵善政被祥云县三角里村，鹤庆县积德、汤阱、姜营等村和大理市西窑村奉为本主。段宗榜是大理国开国国王段思平的曾祖父，南诏清平官大将军，因其战胜狮子国，其神号称为"神明天子"，封为"神中之神"，列五百神王之首，被奉为大理市庆洞、喜洲市坪、寺上、寺下和阳溪，马久邑等诸多村庄本主。段思平则被洱源县庄上、中所、前所、铁甲村和剑川、大理市的许多村庄奉为本主。

这些本主各自均有本主神像庄严、威武地立在本主庙中，供白族人瞻仰、祭祀，各有领地，管辖着一方。同时每位本主又有各自的生平、历史故事相伴随，在村民中一代又一代相传，久而久之反映在本主神谱系中的帝王将相历史也便深入人心。白族儿女从小随祖辈父辈进本主庙见过本主像，在村落里听过本主故事，从小就受村落本主文化的熏陶。本主信仰中反映的白族社会历史进程，白族历史上的南诏、大理国文化在本主庙中的长久保存，使历史人物在白族现存的社会生活——本主文化中得到印证，使历史文化依附于信仰本主这一独特途径而存活，这便是白族文化特别之处。若将本主庙中形形色色的本主神连贯起来，自然就是白族地区历史发展的一幅画卷。可见，本主庙是白族历史文化的一个重要载体，就连南诏大理国白族历史上灿烂辉煌的文化，也在本主庙中得到保留和存活。

三、传统民居建筑文化的集中表现

走进白族村寨，最耀眼的是本主庙，建筑装饰最豪华的也是本主庙，自然地理环境最优美的地方也是本主庙之所在地。

本主庙一般都建在依山傍水、山清水秀的地方，其建筑形式有宫殿式，一般由大殿（祀本主神）、配殿（祀其他配神）、门楼、古戏台、照壁等构成；少数本主庙中还设有鱼池（鱼池边上有石狮子围栏）、石拱桥、假山、花台等；而多数本主庙为白族民居式建筑，其中又以"三坊一照壁"和"四合五天井"的院落居多，也有一部分一进几院的建筑，供本主神和其家眷及其他神祇享用。

本主庙的坐向也如同白族民居一样，多数为坐西向东，个别的为坐北朝南。

本主庙虽然是神的领地，却又与白族人的民居相同，充满了人间的生活气息。如洱源县双廊乡红山本主庙，位于大丽公路旁双廊村北三公里处红山脚下，东靠红山，西临碧波荡漾的洱海，环境十分优美。该本主庙为清代四合院建筑，大殿单檐歇山，面阔三间，有檐廊。殿前两则建有三间重檐厢房，左右有单檐耳房。门楼与大殿遥相辉映，面向洱海。门楼前明间突出，建有如民居三叠水式的大门，楼门上建有戏台。大门和戏台出角架斗，雕龙画凤，十分精美，是典型的门楼、戏台、西厢、西耳和大殿呈对称的有机组合的四合院本主庙。而位于苍山五台峰下的大理市庆洞村"神都"段宗榜本主庙，居圣源寺北侧，是如今大理洱海区域本主庙中香火最旺盛的地方。"神都"大门为雕花斗角翘顶瓦屋面结构，进大门后为一重殿（财神殿），二重殿为六王殿（供奉六畜之王，与白族农耕稻作有密切联系），最后便是三重正殿，供奉"五百神王"段宗榜的大殿。在上大殿的石阶两侧，各有一水池，由寺外引入洁净的山泉水。这是白族一进三院具有地方特色的规模较大的本主庙，也是白族一年一度"绕三灵"盛会的聚集地之一。有的本主庙建在村落中心地带，有的位于村头，有的在村旁，有的在湖边，但无论居何位置，本主庙周围均有山、有水、有树，环境十分优美，而且保留着白族传统民居古朴典雅的建筑风格。

白族民居建筑中粉墙画壁装饰艺术，在本主庙建筑中反映最为完整。通常人们喜欢在灰瓦屋顶上，用青砖、简板瓦拼合成各种透漏图案的屋脊，再施雕塑的葫芦及龙、鳌鱼等动物；墙体的砖柱和贴砖均刷灰勾缝，墙心雪白，多绘有飞腾于云雾之中或滚身在大海波涛里的墨龙，有的则在前墙上部装饰亭阁，前廊端内墙进行淡墨彩画或贴上大理石；山墙的山尖泥塑或彩画多为卷草、莲花、盘龙等图案，最典型的形式为"莲、升、戟"构成的"连升三级"山尖花饰，有的则在花草之中书有"富""福""寿"等字样。而山墙则在防风防火的功能上延展出半圆型、马鞍型等各种形式；山墙腰檐及后墙檐下均要施砖框档，内绘鸟兽、花卉、山木、古代人物、神话故事及各种淡墨图画；台基多用青灰色麻条石支砌，用白石灰勾缝。

在本主庙的建筑中，又以门楼、戏台、照壁最有特色。白族聚居区本主庙的门楼一般都采用殿阁造型，其中以三叠水出厦式门头最为华丽多彩，并在门头瓦房上飞檐翘角，檐下以木质斗拱装饰，也有用砖瓦泥塑斗拱装饰的门檐。在门墩前墙壁上的砖砌格框内嵌大理石或彩塑翎毛、花卉，或画人物山水，或题古诗名句，把门楼装饰得富丽堂皇；有的为单厦大门头，在砖框内用泥塑、砖雕彩画、凸花青砖或镶砖等方式，把门头装饰得琳琅满目；有的门楼就地取材，全用青石条建造，上盖青瓦，清水石墙勾缝，显得格外简朴浑厚；有的在檐下、门墩作框格，格内题词或作书画。

本主庙门楼普遍为楼前明间向后突出、向内楼上建戏台。戏台多坐东向西，面对本主神。戏台平面多为凸字形，前台三面敞开，前后台之间以木结构隔开，开左右两小门；上部结构为抬梁式歇山顶，出角架斗。戏台两侧后台墙上均有山水、花卉彩画；有的则在戏台左右耳墙中圆框内画虎塑龙，极为华丽，如鸡足山下沙址村本主大庙古戏台等。

照壁是白族传统民居不同于其他民居建筑的一个重要表征，也是本主庙的重要建筑特色之一。通常白族的照壁多为迭落的山形，中间高两边低的三叠水式，青瓦屋顶四角起翘，中脊自然反曲，瓦檐下用砖瓦、泥塑斗拱出檐，或吊柱装板出檐。装饰主要以檐部为重点，勒脚以石砌筑饰浅雕，或以土坯筑成，墙体外抹粉灰，两边为青灰色，中间为白色。檐下额联部位及两端边框，用砖拼成形状格框档，框中饰大理石，或题诗词、书画，或塑人物山水及花卉。有的于照壁正中镶圆形山水画面大理石，圆边围花饰泥边框，有的直接在白底墙壁上题字，有的以示儒雅，有的以示本主功绩，有的以示其庙号。而照壁的中间底部多接花台和水池，以石砌成，并以浅浮雕装饰，使得花台与照壁轻巧的飞檐、优美的曲线脊顶相互对映，构成了清雅秀丽的特色。这是白族民居建筑艺术的精华，在本主庙中完整地被保下来。

白族民居建筑中的白色墙、灰白色瓦顶、淡墨彩画、青灰色台基、浅栗色门窗、梁柱斗拱，充分体现了白族人明快的性格特点，显示了白族人高雅的审美意识。综观本主庙的建筑风格，集中体现了白族民居建筑与人、自然、社会的和谐。同时，本主庙与白族传统民居一起形成了和谐完整的村落，呈现出庙与民居一体、神与人同居一处的美感。本主庙也因此而成为白族传统建筑的标志，白族传统工艺美术精品的集合场。

四、白族传统工艺美术精品的集合场

白族传统文化中的雕塑、绘画、对联、碑铭等在本主庙应有尽有。

本主大殿上的横披、板裙、耍天、吊柱上都有十分精致的雕刻，各种自然物象如卷草、飞云、波涛、飞龙、蝙蝠、玉兔等的图案，造型千变万化，其中以金狮吊绣球、麒麟望芭蕉、丹凤含珠、双凤朝阳等情趣盎然的图案最为常见。本主庙大殿的格子门（每堂为6扇，均为3堂18扇）都有玲珑剔透的三至五层透漏雕，那层层镂空的"松鹤齐寿""凤凰牡丹""喜鹊登梅""翠鸟荷花"以及山水人物、神话故事等传统图案雕刻精美，线条流畅、栩栩如生。在所有木雕本主神像中，宾川上沧本主庙供奉的九尊木雕本主雕像，系明代遗存，是大理州境内现存的雕刻时代最早的雕像。雕像大小不一，居中的一尊最大，是该村本主。每尊本主神态各异，威武雄壮，气势凌人。全堂本主雕工精细别致，充分展示了白族木雕手工艺人高超的技艺。

大理石的雕刻技术在白族地区历史悠久，民间石刻技艺几乎与木雕齐名。石雕在本主神像中遗存不多，以剑川石钟山狮子关区的"全家福"造像为最早，据考证为南诏时期的石雕像。雕像长1.24米，高0.6米，"右端是王者坐像，头戴黑色高冠，留满腮胡须，胡须着深灰色，衣上涂黄色，袖手执笏、睁着圆眼，态度颇为庄严，左端雕一后妃坐像，戴莲花冠……王者与后妃之间坐一小孩，左右两侧坐着男女孩各一人……坐像两端立男女侍者各一人"。[①] 雕像古朴生动，形态逼真。

在现存的本主塑像中，最常见、最普遍的还是泥塑本主神像。因为泥塑取材方便，材料价廉，可塑性强，表现力高。所以，20世纪80年代以来许多恢复、重建的本主庙中的本主神像，多数为泥塑，而泥塑本主神像形态、衣着又是白族人的形象，体现了人们按照自己的形象来塑造本主神，从而又具有独特的民族性。

本主大殿还有许多配神，活灵活现地被绘制在墙壁上，供人们瞻仰、祭祀，形成丰富多彩的本主庙墙画、壁画。白族的民间版画，即供祭本主的甲马纸，其图案多数是白族民间的图腾本主偶像，如人首蛇身的"飞龙娘娘""桥神""路神""殃煞之神"等。据统计白族中流传的甲马纸尚有近千种，目前在洱海区域流行较多的有如《武宣皇帝》《二郎景帝》《清宫本主》《本境土主》等，[②]

---

① 陈兆复：《剑川石窟》，昆明：云南人民出版社1980年版。
② 杨政业：《白族本主文化》，昆明：云南人民出版社1994年版。

多数为阳刻线条造型，人物作正面，动物作侧面，线条粗犷，人物变形奇异。所以，本主庙甲马纸也将白族传统的绘画、印刻、刻版等独特的文化保留了下来。

本主庙大门的对联，也充分凝结和展示着白族传统文化的内涵。通常本主庙大门和本主神大殿的对联是不能随意改换的，因而大多用木板雕刻制作而成，有的用红纸书写，每年本主节日或春节期间更换。

本主庙中的碑铭也是白族传统文化中不可分割的部分。本主碑记多数是记录本主的来历与功绩，如宾川有《南诏大义宁国杨干贞故里碑记》记述了杨干贞由平民至国王的事迹；又如大理龙凤村的《唐义士赤诚段公传》的碑刻，详细地记载了段赤诚为人民的利益英勇赴义，为广大民众而牺牲自我的精神。还有一种碑刻，是记载本境之民修建本主庙、购买公共田地或捐资的情况，这种碑刻几乎每座本主庙皆有之。本主庙中还有保护本境地域内自然、生态环境的《水利碑》《护林碑》，还有维护社会秩序和社会公益的《戒赌碑》以及其他伦理道德教化的碑文。可以说，白族雕刻、绘画、楹联、碑文的传统工艺都在本主庙中得到保存和保留。

五、白族传统节日、音乐、歌舞的传播中心

本主庙是白族传统节日的传承场。节日里，白族传统服饰、饮食在这里得以展示；本主庙中的古戏台则是白族传统音乐、歌舞的传播场。

白族每年在本主寿辰之日举行"接本主"和"本主"庙会，这是白族最盛大的节日，也是白族民族文化艺术活动演示和交流的盛会。节日里，全村男女老幼身着最漂亮的节日盛装，女性多着传统绣花衣裤，头戴象征"风花雪月"的包头，身上背着绣花荷包；男性多着对襟白衣黑领褂，腰带上系烟锅和烟袋；孩子们头带狮子头、虎头或鱼尾帽，被打扮得花枝招展。食物有白族传统的八大碗，还有许多白族独特的美味佳肴，如酸辣鱼、三锅鱼、生皮、凉拌菜等，还有白族独特的一苦二甜三回味的三道茶。节日里迎送本主，表演洞经古乐、吹吹腔、唱戏、唱大本曲、歌舞、耍龙、耍狮子、踩高跷、唱花柳曲、白族调等，以示与本主同乐。

白族聚居区各地本主庙会时间虽然不一致，然而，迎送本主和进行各式各样的文艺活动是一致的，而且是主要内容。如二月初八日是云龙天池村的本主节日，即接佛迎神日。是日天池各自然村均以村为单位举行迎奉本主活动，人们身着节日盛装，虔诚地将木雕本主神像从本主庙中接出，通常均以彩轿或木轮车迎送，并按吹打乐、社祭执事人员、抬香炉、执彩旗、扛"万民伞"、抬神轿、龙灯队、歌舞队的顺序，一路歌声一路舞接回村内，祈求本主保佑全境之民国泰民安、五谷丰登、六畜平安、子孙兴旺和有功名利禄。村民们除祭祀祈祷外，还要日夜举行歌舞娱神。天池村民通常表演"耍马、高台耍狮、舞龙、耍白鹤、田家乐"。田家乐的表演在这里很有特色，表演时有许多角色，如"春官""田公""地母""狮子""耕牛""秧官""平田""犁地"等，代表白族农耕生产中的三十六行，表演大多数环场进行。

　　洞经古乐是本主庙会期间最重要的演奏音乐。可以说遍布白族乡村的每座本主庙中几乎都有洞经古乐队，平日里本主庙为他们集合练习活动的场所，节日时古戏台便是他们演奏的舞台。而洞经古乐作为一种富有地方特色的音乐，它的形成和发展经历了一定的过程，据施立卓先生考证，大致在明代中叶经文人的规范和推广，在洱海周围传播，它从各种音乐中汲取养分，其中不仅包含道教音乐、唐宋音乐、龟兹音乐、佛教音乐、江南丝竹、南北曲及儒教音乐等各种古代音乐，同时还吸收了大量的白族特有的南诏、大理国宫廷音乐。迄今在大理地区所保存的古谱中有南诏大理国古乐《朝天乐》《奉圣乐》，均为南诏"慈爽"张洪纲所作，而《锦江春》则是大理国第十代王段素兴之作。洞经古乐中包含有许许多多的民间音乐，可以说是中国古代音乐的"活化石"。它不仅音乐风格奇异，曲调优美古朴，且曲牌丰富。据何显跃先生调查统计，仅大理市就有能独立成套的曲牌近千首。大理州有洞经古乐队340多支，其中规模较大、并能独立演奏各种曲目的有98支，各类乐手有2000多人。走进白族村落本主庙，不仅能欣赏优美的洞经古乐，而且能听到以洞经古乐为主线的唢呐吹奏乐、芦管乐、三弦乐、芦笙乐等，故有的村落于本主庙会时仅洞经古乐就要演唱几天几夜，是时乐声阵阵，群情激奋，其乐融融，热闹异常。

　　吹吹腔白戏在本主节日庙会中也倍受人们的青睐。吹吹腔是白族民间戏剧，据戏曲家杨明先生在其《曲艺杂谈》中讲，"吹吹腔的出现距今约有五百年的历史"，在民间广泛流传。到清代逐渐发展成为两个流派，分为"南腔"和"北腔"。到近代，虽受其他剧种和外来文化的冲击，但时至今天仍存活在白族民间，尤其在大理的周城、洱源、鹤庆、剑川、云龙的大达等山区，仍广为流传。

　　大本曲则是本主节日庙会上不可缺少的曲目。大本曲及本子曲，是白族独特的说唱艺术，通常人们讲的所谓"大本曲"，因演唱的故事较长，唱词源于同一本书而得名。大本曲在洱海周围的大理、海东、挖色，宾川的大营、上沧、沙址，洱源的双廊、邓川一带流传。据收集，大本曲本子有116本，现能找到的有95本。在大本曲的唱本中，大量的白族本主故事得到反映，如《白王的故事》《火烧松明楼》《磨房记》《蓝季子会大哥》等被编为大本曲；同时，这些故事也有吹吹腔唱本。大本曲唱腔丰富，三腔（以流源分为大理城南的"南腔"大理城北的"北腔"、海东、双廊、大营、上沧的"海东腔"三派）九板、十八调大本曲演唱活动在本主节日庙会上十分兴旺。笔者儿时曾在大理许多村落听过，20世纪80年代初在周城调查时参加本主节庙会也听过北腔，亲眼目睹和聆听过白族艺人杨汉先生、黑明星先生的演唱，十分精彩，至今记忆深刻难以忘怀。

本主节日期间的本子曲也是白族民众最喜欢的富有民族特色的曲目。本子曲为故事唱本，也就是唱述故事的唱本，现存的本子有56首，其常用的唱腔为白曲、泥鳅调、割田埂调、白子玉调、丝柳曲、青姑娘调、蝶双飞、一字腔等。这些曲本一年一度在本主庙会期间演唱，以此而家喻户晓，深入人心。

在本主庙会上，伴随各种音乐的歌舞随处可见。因为白族人自称他们会说话的人就会唱歌，会走路的人就会跳舞。白族人的生产、生活均离不开歌，连劳动、节日也和歌联系在一起，深受民众喜爱的有山歌和白族调。白族舞蹈有从南诏奉圣乐舞、燕会笙舞、菩萨蛮、紧急鼓到现在仍存活于白族民间的"神都"本主庙会"绕三灵"、云龙的"田家乐"、龙舞、狮舞、耍白鹤、鹿鹤同春、凤赶麒麟、耍马、耍牛等舞蹈，道具均以霸王鞭、八角鼓、手巾、扇子、双飞燕为主，舞姿欢快、奔放，极富节奏感。每逢本主节日庙会，都少不了白族特有的音乐歌舞，最典型的就是大理坝子"绕三灵"本主庙会，人们从四面八方纷至沓来，聚集在苍山洱海之间的"神都"，一路上来赴会的妇女唱着悠扬舒展的白族调；白族男儿胸前挂着别致的龙头三弦，弹着明快的三弦曲，歌声、弦音、舞步此起彼落。大家即兴编歌、赛唱对歌，一般要经过三个本主庙和三天三夜通宵达旦地对歌、弹唱、欢呼、跳跃、尽情地娱乐，白族的民族民间艺术在此得到发扬光大。

六、白族传统伦理道德的传承场

本主庙也是白族传统伦理道德的传承场。在白族人的意识里，本主不仅是掌管本境之主，而且起着维系民族群体利益和调整社会道德观念的作用。所以白族人的生老病死、生产、生活均与本主信仰有关，都受本主文化的影响。本主庙已成为白族民族意识的载体，人们精神生活的支柱，使神助凡人。白族信仰的本主，一般都有故事相伴随，这些故事又世代相传，久而久之便在人们的社会生活中起到调节和规范人们行为的作用，从而形成牢固而有力的白族民族传统和民族精神文化。在洱海区域一些村落的本主节日里，村民们在本主庙中念经，他们往往先念段宗榜，歌颂五百神王的功绩；后念本村落的本主神，赞颂本境之主的英明；再念毛主席，颂扬毛主席英明领导，使人民过上幸福生活；再念邓小平，歌颂邓小平使人民生活更美好，从而使得民俗宗教化，宗教世俗化和现实化，以至使白族历史人物段宗榜、村落英雄本主和现代伟人毛主席、邓小平等成为人们现实生活中幸福的符号。

白族认为本主生前为人民做过好事，有德有功，死后也能保佑本境之民。人们在本主庙中举行音乐歌舞活动，就是追奉英烈，使人们牢记：做人必须有德有功于民，才能被后人赞颂。白族信仰的本主，有"自然之神本主"，如云雾、太阳、月亮、石头、树桩、鱼、螺等。大理阁洞塝村本主就是太阳神，相传古代时村后的苍山沧浪峰被浓云厚雾笼罩，天空日夜阴暗灰蒙，致使庄稼不能成熟，人民生活贫苦，难以生存。太阳神来后，驱散了沧浪峰上的浓厚云雾，从此阳光普照，庄稼丰收，人畜兴旺。故村民们拜太阳神为本主，并封其为"东君炎帝"。

广泛流传于白族民间的有关龙为本主的神话故事，既有历史和哲学的价值，又反映了古代白族人民的伦理道德观念。由于白族主要聚居在苍山洱海一带，广袤的三百里洱海，险峻的十九峰苍山，造成这里溪流纵横，经常发生水害与水患作斗争，便成了白族先民们的重大任务，有关龙本主和龙神话的故事自然也就比较多，人们把龙加以神化，把龙想象成是具有战胜洪水的力量。

随着历史的发展和社会的进步，人们控制和战胜自然的能力不断增强，并认识到人的力量可以战胜神的威力，甚至认为神、龙也是人创造出来的，并在灵魂不死古老观念基础上，民族、部落英雄成为人们崇拜的对象，因而从自然、龙崇拜发展到祖先、英雄的崇拜。这些被崇拜的人在实际生活中或多或少地做了有利于人民的事，是真善美的代表和民族英雄的化身。如除蟒英雄杜朝选、段赤诚等，他们为民除害，不惜牺牲自己，造福于人民，是白族英雄的化身。[①]

在本主信仰中，还出现了为人民敬仰的节烈、坚贞女神。其中以节义女神阿南为其先导，把贞洁和富于反抗的性格注入白族青年的爱情生活中，至今影响着白族青年男女的爱情准则。广为人们传颂的"柏洁夫人"的神话故事，诉说了柏洁夫人的勇敢、坚强，对爱情坚贞不屈和敢于反抗强暴而保持自身不辱，又敢于蔑视权贵的精神，而这种坚持正义、敢于反抗强暴的品质，正是白族人民的传统美德。也正因为如此，白族人民尊她为本主，被许多村庄所供奉，并且把火把节作为纪念她的本主节日，用火把象征冲破黑暗，争取自由和光明的未来，同时也反映了白族妇女的民族性格。

尽管白族本主庙中本主神的组成是各种各样的，然而有一点是共同的，就是必须爱国、爱乡、有功于民，这与白族长期形成的名人崇拜的观念分不开。

[①] 张文勋：《白族文学史》，昆明：云南人民出版社 1960 年版。

在白族人看来，凡名人均有德行、有威力，死后能成为神灵，护佑一方之民。因此，人们将自己的愿望和要求寄托在历史英雄人物身上，并通过神话故事的方式在本主庙中传承下来。久而久之，名人的德行约束规范着白族人的道德行为。

白族信仰的本主，是在英雄神话中被神化了的英雄，或被人化的自然力；本主在神话中被歌颂，在本主庙坛上被赞美，在洞经音乐、大本曲中被传颂，在本主节日上被传播，于是，这些本主的品格一代代传下来，演化成白族人民的道德品质。这些道德品质正是白族人勤劳、勇敢、智慧的精神体现，并通过本主庙会、节日而世代相传，以此作为调节和评价自己和他人的道德行为的标准，并教育人们应为社会和人民做有德行的事，成为有德行的人。白族人从小在本主庙听各种各样的本主故事，从小受到本主故事中伦理道德的熏陶，体现在他们身上的善良、诚恳、正直、乐于助人、尊老爱幼、团结互助的精神，都与本主信仰和民族意识中的伦理教育联系在一起。

由此可见，白族本主信仰是扎根于白族人民的现实生活中，是白族人民的现实生活在他们思想意识形态领域里的一种特殊反映，它富有生活气息，具有鲜明的民族特色。本主信仰与白族的伦理道德观念浑然一体，人们信仰它，是希望解决现实生活中的问题。当然，这只能是一种理想，但它同时给人们一种精神上的寄托、安慰和鼓舞，给人们勇于生产、敢于生活的力量和信念。人们信仰本主的目的，是祈求国泰民安，并非消极厌世，所以，本主节和本主庙会可称为本地区历史上英雄人物的纪念大会。

白族聚居区众多的本主和本主庙，以村落为依托，以村民为本主文化传承的载体，以本主庙为白族传统历史文化遗存的保护所，集中展现了白族传统建筑文化、工艺美术精品、音乐歌舞，成为白族传统道德的传承场和民族文化的传播中心，至今依然存活在白族社会生活中，并发挥着维系民族群体，凝聚民族意识，调整人与人、人与自然和社会之间关系的作用，使人与自然和谐发展。因此，说白族本主庙是白族文化的保存库和博物馆，是名副其实的。

（原载中央民族大学学报》，2000年第4期）

藏族本教与白族本主

宗教是文化的深层结构，在宗教中往往积淀着一个民族的社会风俗、生活习俗、道德观念、伦理原则、审美情感、价值观念和民族的心理素质。因为"伦理道德、规范要靠信念、传统、习俗和舆论的力量来维持，而信念、传统、伦理、舆论往往要由宗教信仰来培养、扶持"①。这在藏族和白族的宗教信仰中表现得尤为突出。因此，了解藏族的本教、白族本主信仰的内涵，及二者之间的联系与区别，无疑是深刻认识其传统文化的重要途径。并对加快民族的经济建设和改革开放，促进民族团结、稳定，提高民族素质，建设具有中国特色的社会主义物质文明和精神文明，都是有益的。

一、藏族本教和白族本主的内涵

藏族和白族都是我国历史悠久、勤劳勇敢的少数民族。藏族主要分布在我国西南部的西藏自治区和青海、四川、甘肃、云南等省的部分地区。云南省的藏族主要聚居在迪庆藏族自治州，少数散居在丽江、贡山、永胜等县。自古以来，云南的藏族人民就与汉、白、彝、纳西、傈僳等各族人民一道，共同对开发和捍卫祖国的边疆作出了自己的贡献。藏族信仰藏传佛教，而在佛教尚未传入藏区以前，藏族普遍信仰本教。本教藏语称"bon"，汉文史书曾写作"钵、笨"，或作"波、波笨"，俗称黑教。它是佛教传入藏区之前，当地人们普遍信仰的一种本土宗教。这种宗教据清嘉庆年间藏族土观活佛善慧法日所著《宗教流派镜史》记载："在藏地，佛教法日尚未升起以前，作为黎明使者之辛派，即称为本教者首先来到藏地……其所出圣人则为辛饶，（旧称丹巴喜饶）即现在本教之始祖，氏生于象雄之魏摩隆仁，名辛饶弥倭。"②董绍禹先生在《滇西北民间关于黑教的传说》的调查中则认为，"钵教因受佛教的影响，钵教黑钵的起源传说中也渗入了许多佛教内容。滇西北的藏族（据说西藏的藏族中也基本相同）说：据《世代明镜》记载，黑教（即本教）的创始人是聂直赞布。自

---

① 伍雄武：《原始意识和哲学、宗教、道德、文艺、科学的起源》，载《云南社会科学》1987年第2期。

② 善慧法日著，刘立千译：《宗教流派镜史》，兰州：西北民族学院研究室编印，1980年1月。

佛灭后一百年到了阿育王时代，阿育王后再四传到霞巴王，王生三子，次子自幼相貌非凡，聪明过人，但不能继承王位，便向东出走至雪山，在雅尔龙赞塘地方传教。有一日聂直赞布游至拉日若波山顶，举目四望，见一美好地方，就是耶拉香波雪山麓亚隆地方。这里土地肥沃，人畜兴旺，风景壮丽。他正在四顾欣赏美景，被牧民看见，认为他是与众不同的圣者，便问他从何处来，他用手指指天。牧民们认为他是从天而降的仙人，就把他迎回村里，尊他为王。于是聂直赞布就成了藏族第一个国王。他登上王位后，创立黑教，向百姓宣传阴阳鬼神，天堂地狱的教义。他向百姓说，只要信他的教的人就能降神伏鬼，能察知人的善恶。他宣传人要向善去恶，善者死后升入天堂，能享受无穷快乐；恶者死后打入地狱，遭受苦难，各地百姓纷纷入他的教，他的第一个大弟子是丹巴喜饶①。这一调查结论与前述文献记载有所不同。而在巴卧·祖拉陈哇所著的《贤者喜宴》中也有类似记载，如说："当聂墀赞普降落到拉日江脱山巅时，被十二位本教智者所见，当他们问他从哪里来时，他不说话，用手指着天空说，我是从神域空降的赞普。众智者对他说：请你当我们的王吧。"②尽管记载和传说稍有区别，但都说明本教早在吐蕃王朝建立之前，就形成于卫、藏、象雄等地，后来逐渐发展到整个藏区，成为藏族固有的宗教，并且是古代藏族社会的精神支柱。

　　本教基本上属于原始宗教，信仰万物有灵。"在人们的生产生活的各方面，如出生、婚姻、疾病、丧葬、迁徙、出行、种植、渔猎、放牧等，都是通过专职的苯教巫师用巫术和占卜的方法卜问鬼神，决定人的吉凶与否"③。从而把世界划分成天、地、水（地下）三部分，崇拜天神与祖先合一，相传吐蕃王朝的第一代赞普系天神之子，是"天神之子做人间之王"的。唐德宗贞元十七年（公元801年）成书的汉文《通典》卷一九零中也说：吐蕃"始祖赞普，自言天神所生、号鹘提悉补野，自以为姓"。就是说"天"作为至上神，产生于聂墀赞普时代"④。这时天神观念业已产生和形成。佛教于吐蕃时期传入西藏后，

---

①　董绍禹：《滇西北藏传佛教调查：十五、滇西北民间关于黑教的传说》，载《民族调查研究》1986年第3期，第96页。

②　转引自肖万源、伍雄武、阿不都秀库尔主编《中国少数民族哲学史》（苯教的哲学思想），安徽人民出版社1992年版，第838页。

③　转引自肖万源、伍雄武、阿不都秀库尔主编《中国少数民族哲学史》（苯教的哲学思想），安徽人民出版社1992年版，第836页。

④　转引自肖万源、伍雄武、阿不都秀库尔主编《中国少数民族哲学史》（苯教的哲学思想），安徽人民出版社1992年版，第837页。

曾于本教进行了长期反复的斗争，与此同时又互相吸收融合，佛教在社会上取得统治地位，并吸收了本教的许多内容，走向本佛合流，最后形成藏传喇嘛教。本教在与佛教长期斗争中，虽然失去了政治上的统治地位，但本教一直在民间流传，并发挥其功能。

白族是云南少数民族中历史最为悠久的民族之一。历史上白族被称为"滇僰""叟""爨氏""西爨""白蛮""河蛮""白人""爨人""僰爨""民家"等，而无论是春秋末到秦汉时的"滇僰"、三国时的"叟人"、南北朝和唐初的"爨人"、唐代的"白蛮"、宋元时的"白人"、还是明清时的"民家"，都是白族在历史上不同时期的不同称谓。本民族自称"僰子""白子""白尼""白伙"等，居住在泸水、碧江一带的白族、傈僳族称之为"勒墨"；居住在维西、兰坪的白族、纳西族称其为"那马"。1956年根据广大白族的意愿，族称定为白族。白族语言属汉藏语系藏缅语族白语支。白族的宗教信仰主要是崇拜"本主"，同时也信仰佛教。本主即本乡本土的主宰者，白语称之为"本任尼""兜波尼"，汉语意为始祖，具有鲜明的祖先崇拜的特征。这种由原始宗教的自然崇拜和图腾崇拜发展而来的祖先崇拜，在白族中普遍盛行，并在白族社会生活中有着极大的影响。因此，洱海区域的白族村寨几乎都有自己的本主。有的一个村寨奉祀一个本主，有的几个村寨奉祀一个本主，有的本主分别为不同村寨共同崇拜的对象。村民们把泥塑或木雕成的本主偶像（泥塑为座像、木雕为立像）供奉于本主庙内。每年本主寿辰之日，举行"接本主"和"本主庙会"，这是白族最盛大的宗教节日。节日里，人们身着盛装，唱戏、唱大本曲；耍龙、踩高跷；唱白族调等，以示与本主同乐，歌颂本主的功绩。白族人认为，本主就是掌管本境之主，即本地区的主宰神，它管天，使风调雨顺；管地，使五谷丰登；管人，使人们消灾免难；管畜，使六畜兴旺；管山，使山林茂盛；管水，使水源丰富，避免洪水泛滥。总之，本主主宰境内的一切，甚至生死祸福也由本主管。人们相信，本主有战无不胜的力量，无论本境内有什么困难，只要祈祷本主，都会得到解决。可见，白族的本主信仰也是很虔诚的。

本主也起源于原始巫教，原始巫教归根溯源又起源于白族先民的万物有灵论。白族先民认为，不仅人有灵魂，动物有灵魂，就连石头、树木、云雾、雷电等无生物也有灵魂。据调查，现实本主神祇中，除南诏、大理国的国王、文臣武将，汉族历史人物，儒、佛、道教的神祇菩萨，其余的全是图腾崇拜、祖先崇拜、英雄崇拜的神祇，而英雄、祖先崇拜乃是从图腾崇拜演变、发展而来的。图腾崇拜的产物，则又以万物有灵论为基础。因此，白族本主崇拜，明显地经历了自然崇拜、龙崇拜、英雄崇拜的过程。本主崇拜在其发展过程中，虽然受到儒、道、佛教的影响和渗透，但白族土著的"本主"神祇始终居于主导地位，保持着自己鲜明的民族特色，成为白族的民族宗教，直至今日仍保留在白族社会生活中，不论男女老幼，无一不信仰。就连远在湖南桑植县的白族（即在元初随元军征南宗时爨白军遗留在那里的白族军人的后裔）也仍然信仰本主。

因此，无论是藏族的本教，还是白族的本主，都有各自特定的内涵。可就两种宗教信仰的形式而言，二者又有许多相似之处。

二、藏族本教和白族本主的联系

纵观云南民族史，早在唐南诏时期，南诏与吐蕃多次联合，在西洱河大败唐军，史称"天宝战争"，南诏王阁罗凤被吐蕃封为"赞普钟"（意为藏王弟）。此后，南诏在各方面受到吐蕃的影响，尤其是宗教信仰。藏族固有宗教本教，自然对白族特有宗教本主有一定影响。

从本教与本主称谓上来看：

本教藏语称"本曲"或"本波"，而在藏文典籍中则有"本波""拥宗吉本""贤本""都本""恰本""吉本""阿本""拉本""莫本"[1]等称谓；尽管称谓不同，却都与"本"联系在一起。"本"的含义是什么呢？一种认为"本"很可能是出于巫术符咒中对鬼神的祈祷[2]；另一种认为古藏文写本中仅有一汉藏对译字出之 bonpo 作"师公"解[3]。格勒先生认为，"本"最初不是宗教的教名，而是一种在远古时代流行于藏区的原始宗教巫师的称谓。诺布旺丹先生则认为，"本曲"和"本波"是对本教的总称，还有三种是对本教中某种思想成份的称谓。如"拥宗吉本"意为"不变的译传本"，"吉本"意为"译传本"，二者皆指远古时期从邻边地区或民族传播和译传到藏区的本教。"都本"意为"原始本"，是指在藏区本土产生的本教。此外，其余都是对本教中某种巫术的称谓。

本主白语称之为"老公尼""阿太尼"、总称"本任尼"或"兜波尼"，而"老公尼"指的是男性始祖，"阿太尼"指的是女性始祖，"本任尼"或"兜波尼"就是始祖之意；有的称之为"武僧""武僧尼"，意为"主人"，过去的地方志书里多称为土主，本主则是白语汉译名。可见在本主的白语称谓中，仍有"本"和"波"的称谓，这与本波教的称谓有相似之处；另外，藏族将"本波"

---

[1] 格勒：《藏族苯教名称的由来》，载《民族文化》1985 年第 6 期，第 20 页。
[2] 霍夫曼著，李有义译：《西藏的宗教》，北京：中国科学院民族研究所编，中国科学院民族研究所 1965 年版。
[3] 王忠：《新唐书·吐蕃传笺证》，北京：科学出版社 1958 年版。

作"师公"解，而白族"本主"就是"老公"或"兜波"，意即始祖；再则，"本波"是藏族最初对原始巫教巫师的称谓，这与白族先民最早便按性别称呼巫教神祇，把巫师称为"兜波"① 又是一致的。因此，无论是藏族之神，还是白族之神的称谓，都带有"本"和"波"，称谓上有许多相同之处，说明吐蕃和唐南诏之间的关系和本教与本主二者间的相互影响。

从本教和本主崇拜的形式上看：

本教和本主崇拜都源于原始宗教，信仰万物有灵，其崇拜形式包括自然崇拜、龙神崇拜、人神偶像崇拜。自然崇拜是一切宗教的早期形式，各民族的不同宗教形态大致经历了这个早期阶段。先民们拜天、拜地、拜山、拜川，都是直接从这些自然实体本身作为活的对象加以敬拜，后来逐渐拟人化。藏族的本教、白族的本主，早期的形态也是对自然界中各种不同事物的自然崇拜。

藏族崇拜白石，家家户户皆在其屋脊的正中供放三块洁白的石头，至今不少人屋顶上仍供白石。冕宁地区的藏族认为，白石既是天神，又是家庭保护神。房顶上供奉着白石可以辟邪避灾，保佑一家人和睦幸福、生产丰收、六畜兴旺。人死后坟堆上仍供一至三块白石，使其保佑死者灵魂顺利到达阴间。在庙顶堡和拉乌堡地区的藏族每家每户的门框顶上也要供一块石头，凡遇节庆或出远门须以鸡血、鸡毛祭献这块石头，目的在于辟邪避鬼、保家庭安宁，出门人一路平安②。至今还有一些藏族家庭的门框上仍供有这种蘸满鸡血和鸡毛的石头。白族先民对天上陨石的陨落不了解，认为有一种超自然的力量支配着，于是便产生了巨石崇拜。如大理市上阳溪本主为大石头；洱源县西山地区的本主也是一块大石；宾川江股村本主是一块巨石。巨石本主保佑人们生活平安，合家幸福。

藏族崇拜山神，每年农历三月初六是庙顶藏族最重大的敬山神活动。纳木依人祭山神的祭场为山梁上灌木林中用石头砌成的 1 米多高的石堆，传说石堆便是山神的化身，每当人们经过此地时，均要对石堆（山神）磕头祈祷，以求自己和家人万事如意。白族每个村寨外面均有山神庙，人们上山砍柴时，均在山神庙（有的为一堆石头；有的为一块巨石）前敬香、磕头，以求山神保佑上山平安顺利归来。

藏族还崇拜树神，其所崇拜之树是除马桑树之外的一切树，祭祀时则以完整高大的万年青树为对象，称为沙树坡，意为菩萨树，当地藏族每家都有一棵，

---

① 李缵绪：《白族"本主"文化简论》，白族学研究会主编，载《白族学研究》1991年第1期。

② 李绍明、童恩正主编：《雅砻江下游考察报告》，中国西南民族学会编印，第94页。

祭祀以户为单位进行。他们认为树神主宰家人的病痛，故每当孩子出生，都要祭树，祈求树神保佑孩子健康成长；家人生病时，令其向树神磕头，祈求早日康复。白族同样崇拜树神，直到今日，几乎每个白族村寨都有大青树，有的甚至是几棵。白族人认为：大青树既是村寨的风水树，也是神树。故有的村寨奉大树为本主，如洱源凤羽铁甲村本主便是大树疙瘩。

中华民族是龙的传人，龙神崇拜很普遍。信仰本教的藏族十分崇拜龙神，故本教有《十万龙经》，龙神是重要的崇拜对象。白族的龙崇拜最早是以白族氏族村社的图腾崇拜出现的，后来随着本主神的产生和发展，龙神便成为白族众多本主神中的一部分。据《华阳国志》记载，传说一个名叫沙壶的妇人，"于水中触一沉木……产子十人，后木化为龙"。阮元声《南诏野史》载："有妇名沙壶，因捕鱼触一沉木而感生十子，后木化为龙"。本主神小黄龙的传说，则是大理绿桃村一女子因食山水冲来的一颗绿桃而孕，生一男孩，后来男孩入水化为小黄龙，成为绿桃村本主。龙本主又分驱旱投雨之龙和排涝泄洪之龙，遍布于洱海区域的白族中，如洱源的九神龙王；鹤庆的龙本主多达十几位；大理有四海龙王、大黑龙、小黄龙等。人们在崇拜龙的同时，也崇拜水，因为龙与水是联系在一起的。故白族语将一潭水称之为"奴本"，意为龙潭。另外，白族喜欢在本主节日和其他宗教节日中耍龙，人们耍龙，就是为祭祀龙神、祈求雨水充沛、五谷丰登、人畜平安。

世界上的许多民族一般在其原始阶段就有神灵崇拜，人们崇拜的对象大多为氏族部落祖先的英灵和各民族的守护神，形成人神偶像崇拜。藏族和白族也如此。尤其是信奉本教的藏族，非常崇拜自己的祖先，家家户户供有祖先灵牌，以求其保佑后世子孙。在他们的观念里，祖先之灵是万能的，它既可使六畜兴旺，又可保各种农作物丰收；既可使子孙后代健康成长，又可使他们无忧无愁。所以，他们既想求助于祖先之灵去战胜自然灾害，又想依靠它去战胜来自社会的压力。为此，他们对祖灵的祭祀特别虔诚。父母亡故，要直接祭祀死者，并请宗教职业者"帕比"制作灵牌，供奉于神龛，享受家人的祭献，若干年后，还要隆重超度死者亡灵。同样，白族认为，亲人死亡，家人为之停尸居丧、祭奠、超度亡灵，并取死者直系血统中最小孙子左手中指一滴鲜血点在灵牌上，以示血脉相承，于是死者牌位就有灵，供入祖宗牌位之列，享受家人的祭献。因此，白族人家家都供奉祖先灵牌，许多家族还有祖宗祠堂。

随着历史的发展，社会的进步，人们控制自然、战胜自然的能力也不断增强，逐渐认识到人的力量可以战胜神的威力，甚至认为神、龙也是人创造出来的，因而原来对自然灾害破坏力的恐惧心理，也慢慢转变为征服和战胜自然力的自信心，并在灵魂不死古老观念的基础上，从对自然与龙的崇拜发展到对氏族、部落的祖先和英雄的崇拜。庙顶堡伍姓藏族认为："他们的始祖是喜饶旺金兰卡，他本是一位为民族创业的英雄人物，随着时代的推移，后来便成了庙顶堡藏族最崇敬的神灵。人们为纪念他而在庙顶堡坟场上建立了墓碑和石头雕像。"① 此外，人们还崇拜雕楼。雕楼最初是拉乌堡藏族的祖先用以抗敌的防御工事，"后来逐渐演变成藏族人民十分崇拜的民族英雄纪念牌。每逢节庆或宗教祭祀活动都必须杀牲祭碉并围绕雕楼转"②。白族崇拜的英雄也是在实际生活中为民除害，造福于人民的人。如除蟒英雄杜朝选，被大理蝴蝶泉边的周城镇人民尊为本主，并建本主庙加以奉祭；又如智勇双全的白族青年段赤诚，身缚钢刀，与吞食人畜、淹没田园、危害人民的大蟒搏斗，他跳入洱海，投入蟒腹，刺死蟒蛇，自己也死于蟒腹。他舍己为民的英雄行为，深深地感动了白族人民，人们将他的遗体埋葬在苍山马耳峰下，并毁蟒骨建宝塔，名叫"蛇骨塔"，至今仍耸立在马耳峰下的羊皮村外。段赤诚被洱海区域的许多村寨尊奉为本主，加以奉祀。

进入阶级社会后，统治阶级成为政治、经济的最高主宰者，大量的帝王将相取代了原来的神。无论是藏族的本教，还是白族的本主神系谱均也如此。本教"重鬼右巫、事猻瓬为大神"③。而从第一代赞王聂赞普开始，经在天七尺、在水二定、在地六列、在中八德到在世五赞时期，"以本（bon）、仲（sgrung）、嫡巫（idean）之教治其国焉"④，说明本教的巫师依附于统治阶级，为其巩固政权服务，并起到"护国奠基"的作用。聂墀赞普时代，是本教最兴盛时期，赞普已是"天神之子做人间之王"。据《敦煌本吐蕃历史文书》载："天神自天空降世，在天空降神之处的上面，有天父六君之子，三兄三弟，连同墀顿祉共为七人。墀顿祉之子即为聂墀赞普也。来作雅砻大地之主，降临雅砻地方……遂来作吐蕃六耗牛部之主宰也。当初降临大地，来作天下之主。"⑤ 从而他敬奉本教，并以之"护持国政"⑥。白族的本主神也如此，唐南诏王细奴逻被奉为巍山新村的本主；皮逻阁之子阁逻凤被奉为弥度红岩村本主；宋大理国国王段宗榜

---

① 李绍明、童恩正主编：《雅砻江下游考察报告》，中国西南民族学会编印，第94页。
② 李绍明、童恩正主编：《雅砻江下游考察报告》，中国西南民族学会编印，第95页。
③ 王忠：《新唐书·吐蕃传笺证》，北京：科学出版社1958年版。
④ 格勒：《藏族苯教名称的由来》，载《民族文化》1985年第6期，第20页。
⑤ 肖万源、伍雄武、阿不都秀库尔主编：《中国少数民族哲学史》（苯教的哲学思想），安徽人民出版社1992年版，第837页。
⑥ 肖万源、伍雄武、阿不都秀库尔主编：《中国少数民族哲学史》（苯教的哲学思想），安徽人民出版社1992年版，第836页。

为洱海区域许多村寨本主，封为本主神王，列五百神王之首。并在苍山五台峰麓庆洞村设神都——神明天子庙，出现了一年一度的众本主朝贺神王的绕三灵盛会。其中也有一种本主，则是内地汉族进入大理后，成为南诏大理国的官吏，世代居住、繁衍子孙，食邑一方，成了后代及食邑地的本主。如《南诏德化碑》的撰文者，官至南诏清平官的郑回，被封为大理城东郊本主，建有"清平官庙"祀之。还有杜光庭，《南诏德化碑》的书丹者，封为大理南门本主，建有"杜公祠"祀之。还有的本主是南诏时代征战白族地区的内地将官，如李密、傅友德等十八将军，今下关黑龙桥边的"将军庙"就是祭祀李密的本主庙。于是，几乎每一朝代都有历史人物被奉为本主神，不同时代的帝王将相都成了该时代的神。可见，社会政治历史对宗教发展的影响，并从宗教的发展中再现出该社会的历史进程。因此，藏族本教和白族本主，无论从称谓上，还是崇拜的形式和内容，都有许多共同点，二者互相影响、相互渗透，彼此间有一定联系。但本教和本主又各有自己的特色，有着明显的区别。

三、藏族本教和白族本主的区别

各民族由于自然环境、地理气候的不同，生产方式和生活方式也不一样，必然存在宗教信仰的区别，即使同信一教，教义也会有差别。藏族本波教的宗教活动主要是"祈福禳灾""占卜吉凶""崇尚咒术""驱除鬼神"，它是藏族古代社会流传下来的一种自发宗教。白族本主则是本乡本土的主宰者，是人们的"主人"，在冥冥之中主宰人们生老病死、吉凶祸福的保护神。本主能赏善罚恶，耕云播雨，保佑人们平安兴旺，有神的威力，又有人的情欲，是主宰白族人民生活的超自然力量。这种由原始宗教的自然崇拜和图腾崇拜发展而来的祖先崇拜"本主"，是白族特有的宗教信仰，具有自己鲜明的民族、地方特色。

藏族本教和白族本主在其发展过程中，都经历了外来宗教与本民族固有宗教之间的激烈斗争。"传说本教自朴德工替经历二十一代至吐蕃松赞干布，一直是藏族的民族宗教。从唐贞观年间，佛教从印度传入藏区，同时唐朝文成公主下嫁吐蕃，她是佛教徒，使松赞干布也皈依佛教，故大力倡导佛教，凡本教不皈依者皆杀之。"[①] 从此，本教的势力受到很大打击，失去了"护持国政"的地位。白族的宗教，在唐南诏时期，由于统治者的倡导和支持，佛教在白族地区也十分盛行，并对该地区政治、经济和文化都产生了很大影响，南诏王室和其

---

① 董绍禹：《滇西北藏传佛教调查：十五、滇西北民间关于黑教的传说》，载《民族调查研究》1986年第3期，第96页。

官员都皈依佛法，虔诚信仰。老百姓也如此，每户供奉佛像一堂，早晚颂经。并在国中建立大寺800座，小寺3000座，还用黄金铸文殊、普贤二像，供奉于大理崇圣寺内。尽管如此，白族固有巫教——本主与佛教仍进行了长期斗争。最后，佛教虽在白族地区传播，但白族的民族宗教本主仍占主要地位。至今，白族地区村村寨寨均有本主庙，而且在本主庙的大殿正中塑有本主神塑像，佛教的观音只作为配神居于本主庙的侧房中。本主自古至今为白族的民族宗教。

从寺庙建筑和奉神情况看，本教建立的寺庙，传说到清道光年间，尚有14座，所奉之神均为丹巴喜饶[①]；而本主庙仅就大理洱海区域而言，就有几百座，所奉本主神据徐嘉瑞1944年调查统计，原大理县七十七个村寨中，有21个女神，39个男神，加上最高之神王和王后，共有62个本主，又据1990年不完全统计，大理、洱源、剑川、鹤庆、云龙几个分布区内，约有400多位本主神，400多座本主庙。仅就湖南桑植来看，7个白族自治乡有9万多人口，崇拜的本主神达20多位。因此，本主神不是专一的，在白族数以百计的本主神之中，有自然之神、动植物之神、龙神、祖先之神；有英雄、孝子、节妇、平民、本民族、异民族的本主，有苍洱境内的首领、国王、文臣武将，还有佛教的观音菩萨和道教的大黑天神等本主系谱，成为具有本主特点的民族保护神。

藏族本教（主要指佛本融合后的后期本教）把希望寄托在来生或来世，强调的是来生和来世的幸福和利益。而白族的本主崇拜则注重今生今世和现实的利益与幸福，这也是白族本主崇拜的特殊性，同其他宗教信仰的区别之所在。白族信仰本主的目的是为了得到本主的保佑，保村寨、家庭和个人平安，其现实功利目的非常明确。

此外，藏族的本教，有大量典籍和一整套教规教义，要求信徒们信仰和笃守。可白族的本主崇拜则没有统一规范的经典和教规教义，即使有也是个别的、零星的和不完整的，而且往往这个村寨和那个村寨、这位本主和那位本主各不相同。但这并不意味着白族本主信仰不影响不规范着人们的言行、道德和心理活动，以及人们的思维过程和精神世界。它同样具备宗教所应有的职能和作用。正因为本主崇拜没有统一固定的经典、教义和教规，所以，它的表现形式则更灵活多样、内容更广泛，更能发挥民族内聚力，起到规范和约束人们的行为的作用。这些就是本教与本主的区别。

由此可见，无论是藏族本教，还是白族的本主信仰，都是很虔诚的，这与藏族和白族人民的生产、生活有着密切的关系。正如马克思和恩格斯指出的：

---

① 和志武：《纳西东巴文化》，长春：吉林教育出版社1989年版。

"意识在任何时候都只能是被意识到了的存在；而人们的存在就是他们的实际生活过程。"[1] 藏族信仰的本教、白族信仰的本主，正是藏族和白族先民们的"实际生活过程"所决定的，"这些个人所产生的观念是关于他们同自然界的关系，或者是关于他们之间的关系，或者是关于他们自己的肉体组织的观念。虽然在这几种情况下，这些观念都是他们的现实关系和活动、他们的生产、他们的交往、他们的社会政治组织的有意识的表现，不管这种表现是真实的，还是虚幻的"[2]，都形成牢固而有力的藏族和白族民族宗教，也是他们的传统民族精神文化的一部分，长期支配着他们的精神风尚。在建设具有民族特色的社会主义物质文明和精神文明中，运用辩证唯物主义和历史唯物主义的观点，分析藏族本教和白族本主信仰，客观地加以评价，弃其糟粕，取其精华，对批判民族虚无主义，加强各民族之间的团结，弘扬藏族和白族的传统文化，无疑是有益的。

（原载《西藏民族学院学报》1996年第1期）

---

[1] 马克思、恩格斯：《马克思恩格斯全集》第3卷，北京：人民出版社1972年版，第29页。

[2] 马克思、恩格斯：《马克思恩格斯全集》第3卷，北京：人民出版社1972年版，第29页。

大理白族与日本农耕稻作祭祀比较

中日农耕稻作文化在历史上有着密切的联系和交互影响，尤其是自然、地理、气候和生态环境，使中国西南少数民族中的白族，与日本民族在农耕稻作原始生产、生活方式上的相似性，以及稻作祭祀中的相同性，使得白族与日本民族在农耕稻作文化上有较多的共同性。笔者在对中国白族农耕稻作祭祀及日本稻作农耕祭祀作了实地考察的基础上，结合日本稻作农耕祭祀诸事象直接和间接的比照，试图对中国白族与日本的农耕祭祀方式、文化内涵及两者之间的联系与区别作比较，以此就教于方家学者。

一、白族与日本的农耕稻作祭祀方式

中国白族与日本民族均为农耕稻作民族，其农耕生产的各个环节与祭祀活动有着密切的关系，形成以农耕稻作生产为中心的稻作祭祀仪式。具体表现为以下几个方面。

（一）祭山神、圣树

在白族人的观念里，普遍存在神仙、圣树信仰与崇拜。因此，神山、神林遍布白族聚居区。如宾川鸡足山，这里不仅是白族的神山，而且是滇西北各民族，乃至东南亚各国人民的佛教圣地；还有云龙天池的五宝山，剑川石宝山、老君山，大理苍山等，均为神山。而苍山十九峰十八溪，每座山峰箐口、溪旁均有山神庙。人们入苍山砍伐新材之前，必须先到山神庙焚香膜拜，以祈求山神保佑平安；每年春耕播种之前，白族村民以村落、家族、家庭为单位，也要到山神庙参拜，祈求山神保佑稻作生产过程顺利。到秋收秋种结束，人们还要到山神庙去谢山神，感谢山神的福佑，使得稻谷丰收，人畜兴旺。此外，白族还信仰村落田地旁的山神。在白族聚居区，每个村落入口或田边均有祭祀山神的山神庙（又称为土地神），每当栽插开始之前，洱海区域的白族除以社区或村落为单位集体去苍山脚下箐口溪旁祭祀山神外，还以家庭为单位于栽插前去祭村落边的山神，祈求栽插中水源充足，人畜平安；到收割结束的第二天，还要去谢山神，感谢山神保佑五谷丰登。至今还有存活于云龙县天池白族村民中的山石古树崇拜。每年的三月十六日山神会，村民三五成群地到山石、古树旁或山神庙敬拜山神，①祈求山神保护山林茂盛，百草繁生，人畜清吉，稻谷丰收。鸡足山是神山，神山上的古木是神圣不可侵犯的，在白族人的心目中，神山草木均有神灵而不能动，否则就会遭到神灵的惩罚。故鸡足山上至今保存有高等植物80多科，500余种，特有药用植物100余种，主要以云南松为主。在神山圣树观念护佑下，这里森林覆盖率高达85%。②

白族敬畏树木的生命力，于是产生神林崇拜的观念和信仰，人们不仅将树林与农耕稻作生产视为一体，而且把树木和祖灵视为一体，强化了树木生命力—稻作—人的生命—祖灵—民族的繁荣兴衰。因此，白族人不仅稻作生产与树林有关，就连日常生活中也养成了保护树木，植树造林，爱护草木的习俗。如过春节，白语曰"过则挖"，家家户户要在院子里栽一棵青松，称为"天地树"，在堂屋里铺青松毛，象征年年平安，岁岁吉祥。到清明节上坟祭祖时，各家各户要在祖宗坟墓顶上压一枝柳树枝，象征家族后人像柳树一样枝繁叶茂，人丁兴旺。白族的家庭坟山，也如同神山一样神圣，而坟山松柏也是神圣不能砍伐的，若动了刀，便破坏了家庭风水，会给族人带来灾难。立夏日各家在房前屋后遍插白杨树枝，以驱邪和防毒蛇，并祈求家人一年四季无疾病，清吉顺利。云龙县天池的白族，连结婚也离不开树枝，新郎要去迎接新娘时，必须带着两条柏树枝和一条万年青树枝，到女方祖先神龛前磕头祭拜，并将树枝插在神龛前的升斗上，再去堂屋拜见岳父母。而女方家在给新娘收拾嫁妆入箱时，姐姐或嫂嫂把一枝长青树枝和一枝柏树枝放入筛内，母亲边筛边念道："长青树枝叶子青，香柏树枝叶子香；长青香柏压箱底，夫妻百年青。"念毕再把树枝放入箱底，然后才依序放其他衣物嫁妆。③可见，人们把树木、禾苗、稻作的生命与人的生命视为一体。

在日本，也普遍存在神山、神林信仰，而且同样以自然神灵或祖灵居多。在人们的信仰中，认为高山顶峰有神灵的存在，被称之为山岳信仰。如日本屋久岛的吉田集落的"森山神社"，即是祭拜以宫之浦岳（海拔1935米）为神山的场所（下野敏见语）；在福井县，于阴历十一月二十三日举行祭典（简称为"二三森林"），在村落居民家附近、水田附近、郊外的原野等地有30几处树林。树林全体即是神山，以树林中的一株大树为神木而祭祀着，神木又以榆树

---

① 笔者于1999年12月到云龙县田野调查所获资料。
② 笔者于1999年12月到云龙县田野调查所获资料。
③ 笔者于1999年12月到云龙县田野调查所获资料。

居多。在神木的树干底部修有木造小祠，祭奉着土地神。[1] 祭拜时的祈愿就是请求神灵保佑家族平安昌荣，水稻丰收。在大分县祀奉着的"小一郎神"，则是以森林中的一株大树为神木加以祭祀，有些地方修葺石祠或茅屋小祠以供奉神灵，多数位于接近村民家的山里，或村落一角。也有在村民家的一隅竖立自然石而祭祀，神木大抵为椋木。[2] 在日本人的观念里，砍伐神木或在附近排泄粪便者就会遭殃；有的传说云砍伐神木者必死。在岛根县和山口县有被称为"荒神森林"的森林信仰，则散布在家庭嫡系家的附近、水田或旱田畔，神木以椭木或椎木的大树居多，周围生长着众多的树木，因而形成枝叶繁茂的森林。又由于这片森林是神圣的，故如若在此林中溺尿粪便、或滥伐林木的话，就会遭到生病受伤的报应。[3] 在长崎县对马的"林地"，则是在村民家的附近，以大树为神木，神木旁边修有石祠、土地庙，庙前有牌坊（鸟居）而形成村落的神社。而在鹿儿岛县萨摩半岛指宿市周边的"林神"（森殿），多数在村民家水田、旱田附近，所供奉的神为家神。神木则是以椭木或雀榕的大树居多，以神木为中心的整个森林被视为圣地，一般人不得进入神林，[4] 违之就会遭报应。

琉球祭祀"森林神山"的祭典，是配合农业生产中的麦、粟、稻、芋的收获日期，于四季举行丰穰祭。[5] 其目的是祈求树木的神灵辅佐稻作生产丰收，人畜清吉平安。此外，在日本京都市贺茂别雷神祭，即是从竖起神木开始，然后托宣雷神旨令的仪式。同样，日本人将富士山作为"民族圣地"来加以崇拜，特别是在"神无月"（10月），相传诸神到岛根县依据山势修建的伊势神宫出云大社"参集"。所谓"出云"即届时举行的"升神式"，鲜明地反映了原始的山为神木之居所或山为众神升天之路的信仰观念。[6] 故欠端实先生指出："神木信仰与稻作仪式有深远的关系。大和日本的插秧仪式可看到二者的关联。特别是南九州地区，田地中央有'森林'，林中有神木，神木树干底部没有祭坛。

---

[1] [日] 下野敏见：《东亚森林信仰》，载任兆胜主编《中日民俗文化国际学术研讨会论文集》，云南大学出版社1999年版，第31页。

[2] [日] 下野敏见：《东亚森林信仰》，载任兆胜主编《中日民俗文化国际学术研讨会论文集》，云南大学出版社1999年版，第33页。

[3] [日] 下野敏见：《东亚森林信仰》，载任兆胜主编《中日民俗文化国际学术研讨会论文集》，云南大学出版社1999年版，第32页。

[4] [日] 下野敏见：《东亚森林信仰》，载任兆胜主编《中日民俗文化国际学术研讨会论文集》，云南大学出版社1999年版，第33页。

[5] [日] 下野敏见：《东亚森林信仰》，载任兆胜主编《中日民俗文化国际学术研讨会论文集》，云南大学出版社1999年版，第40页。

[6] [日] 铃木棠三编著：《日本年中行事辞典》，"神之旅"等辞条，角川书店，昭和54年。

插秧时先将秧苗放在祭坛祭拜,然后才进行插秧播种的工作。亦即祈愿树木顽固的生命力可以维护柔弱秧苗的拙壮成长。"① 同时也反映了人们崇拜圣树、神山和祭祀稻作求丰收的观念。

(二) 祭水神、火神

水与稻谷是古代稻作民族生命的源泉。作为农耕稻作民族之一的白族,历来对水资源十分珍惜,长期以来在稻作生产过程中,形成了许多对水神、龙王的祭祀与禁忌,以保护水资源和祈求稻谷的丰收。故在白族聚居区内,海边、龙潭边、溪口、箐旁、河边不能随便开挖,否则水神发怒会发洪水,冲毁村庄和田园;洱海边、剑湖畔、天池湖旁、东湖、西湖(洱海境内)、龙潭里、溪口、龙潭中不能乱丢污物,否则会生疮。而且在苍山十九峰十八溪箐口建有水神庙、龙王庙祭祀祈祷,祈求水神、龙王保佑春耕栽插时水源充足,能顺利栽插。到七八月间,人们还要到洱海边、龙潭边、箐口谢水神、龙王,祈祷龙王不要让海水暴涨淹没了稻田和农舍。六月十三日云龙县天池村有盛况空前的龙王会,村民们相约到天池湖畔祭祀龙王,祈祷龙王保佑阖境之民风调雨顺,栽插时水源充足,雨季洪水不泛滥,使得村民安居乐业。这是伴随着白族农耕稻作生产而产生的对水神、龙王的祭祀祈雨仪式。还有赛龙舟、耍龙等活动至今还盛行着,人们通过娱神而祈盼稻谷丰收。

在日本也将水视为稻谷生产的生命之源。在人们的观念里,只有拥有长年不断、长流不息的水资源,才能获得稻作的丰收,人类也才能生存繁衍,从而也普遍存在对水源神灵的信仰,并由此而产生了许多在民间流传的传说故事。如《蛇入赘》传说故事中的蛇,并非一般动物,它具有神奇的能力,主宰着大地。因为日本有许多岛屿、水池和深潭,据说就是蛇的家,所以蛇被看作是水的控制者。人们相信附着在人身上的蛇精不时会出现蛇的原形;也有把蛇作为家神的传说,因此,"人们普遍认为蛇是神秘的动物,是龙的化身"。② 而日本著名学者柳田国男则认为:《蛇入赘》这类传说中,"陌生男子之为蛇龙,则反映了耕种水田的庄稼人与水的关系。"③ 据云南大学张正军教授研究,日本供神

---

① [日] 欠端实:《圣树与稻魂——哈尼族文化与日本文化》,近代文艺社 1996 年版。
② [日] 铃木棠三编著:《日本年中行事辞典》,"神之旅"等辞条,角川书店,昭和54年。
③ [日] 柳田国男:《传说论》,连湘译,紫晨校,中国民间文艺出版社 1985 年版,第18-21页。

的镜饼与蛇形相似。① 而日本山阳女子短期大学浅野日出男教授认为，"可以把龙跟蛇看作同一的东西。祭祀龙女的严岛神社成为水田农民信奉的对象。"② 这就充分说明了蛇（龙）、水与农耕稻作生产的紧密关系。因此，在日本诸民族中，普遍存在对水神龙、蛇的信仰，人们把蛇尊为水神、龙神、雨神、虹神、雷神、豪宅神、农田的守护神等，并由此引发了在稻作生产中对水神的祭祀。故在一些海边、岛屿旁、深潭边建有祭祀水神的神祠，每年春耕播种栽插之前，人们均要到水神的神祠中去祭祀，有的则面对大海，祈求水神赐雨水，确保稻谷丰收。而具体的祭祀时间则因各地的具体情况而又有所不同，如12月1日对水神的祭祀流行于日本诸地；但冲绳沿海地区则在5月4日祭献海神，③ 举行竞舟比赛，预祝农业丰收，人畜平安。

祭火神。在农耕稻作生产的祭俗中，对火神的祭祀也比较广泛，内涵丰富，方式多样。白族至今在大理洱海区域、云龙、洱源、宾川、剑川、鹤庆等地村民中还盛行腊月（十二月）二十三日祭送火神（灶神）归天的习俗。腊月三十日，即除夕日，白族还有迎送灶神习俗。在白族人的观念里，灶神是不能冒犯的，他主宰着家人的幸福与平安、耕作生产的丰歉。因此，白族人毕恭毕敬地接回灶神，还要在灶旁贴上灶神的神像，使其享受人们的祭献。于是，白族将人类赖以生存、生活的火视为家庭之根，生子、婚嫁、起房盖屋、乔迁、稻作生产等，均要向火神敬献和祭祀。而在白族祭祀火神的祭俗中，最有特点的还是农历六月二十五日的火把节，这也是白族最盛大的农事节日之一。是日，在白族村落中心广场上或村落的宽阔地带，均竖有又高又大的大火把，并在院落或大门口，又立有各式各样的小火把，人们还手举小火把参加村落中的祭祀火把仪式，村民们在熊熊烈火的火把下转圈祈求平安；尤其是家中有小孩的人家，有的被母亲背着，有的被紧抱在父亲怀中，急速地进入火把下转圈，以求小孩无疾病、清吉安康；而新婚夫妇也围着大火把转圈，祈求早生贵子；同时所有村民们争着抢火把上掉下来的水果吃，意在祈求消灾免难。这时，村落中人欢马叫，伴随着火把的燃烧，青年人手持火把在村落中骑马奔驰；中年人手持火把到稻田边围绕稻田转，以示驱除稻田禾苗的病虫害，去灾祈福，期冀稻谷丰收。

---

① 张正军：《中国蛇崇拜与稻作文化》，在"稻作与祭祀——第二届中日民俗文化国际学术研讨会"上的发言稿。

② ［日］浅野日出男：《插秧歌中的几个问题》，载任兆胜主编《中日民俗文化国际学术研讨会论文集》，云南大学出版社1999年版，第336页。

③ ［日］铃木棠三：《日本年中行事辞典》"神之旅"等辞条，角川书店，1979年。

在日本的许多地方，也有腊月（十二月）二十三日祭送火神归天的习俗。祭祀火神时，同样边焚香祷告，边将酒茶贡品投入火中。由此也派生出许多关于火神的信仰习俗，如在日本的部分地区，于大晦日（除夕）用"年木"点起"年之火"，彻夜不息；而在埼玉县金钻神社有"火钻神事"；富山县用蜡烛从神社引来新火，称之为"领受神火"，而日本长野县也有用桧树皮与椎棒摩擦产生"净火"的习俗，称之为"若火"。① 火与人们的生存、生活、生产紧密联系在一起，人们对火从畏惧到敬畏，从而发展到敬火神、祭火神，由此还将祖神和火神相连，产生了向祖神和火神祈愿的习俗，被称之为"解御愿"。如日本新泻县东颈城郡、茨城县北茨城市等，则有在正月十五将火祭余灰涂给家人、行人，象征吉祥平安；进而又引伸出正月十四、十六向新婚人涂墨、涂粉的仪式，② 以求消灾免难、人畜兴旺、稻谷丰产。与火有关的祭祀还有北海道网走市，阿依努人在每年七月份的第四个星期六的"火祭"；山梨县富士吉田市在每年的八月二十六日至二十七日两天举行的"吉田火祭"；和歌山县那智胜浦町则在每年七月十四日举行"那智火祭"；③ 熊本县一宫町是在三月中旬的第九日（申日）举行"舞火神事"。④ 以象征着结婚与多子的方式来祈祷人丁兴旺和稻谷丰收。大分县白杵市在七月二十四日举行的"石佛火祭"，也是传说的神话故事，但在举行火祭时确有祈求驱灭虫害、保护禾苗生长和庄稼丰收的内容。

（三）祭牛、祭谷种、尝新

祭牛。牛向来与人类的生产生活息息相关，特别是农耕稻作生产过程，均离不开牛的奉献。在生产力不太发达的社会里，稻作生产的过程均伴随着牛耕田、犁地、耙田才能播种，插秧，最后才能获取稻谷丰收。因此，也就产生一系列人们对牛的犒劳和敬献。作为世袭稻作生产的白族，牛不仅是人们传统耕作的役畜，人们具有优良的养殖和保护耕牛的传统习俗，而且牛的形象也屡见于民间故事传说中，给人以勤劳质朴、吃苦耐劳的感受，甚至以委曲求全的形象出现。如白族民间故事《神笛》和《独角牛》的故事均以惩恶扬善为主题，

---

① 马名超、郭崇林：《试论祭祀民俗的演变与发展》，载贾蕙宣、沈仁安主编《中日民俗的导同和交流》，北京大学出版社1993年版，第228页。
② 马名超、郭崇林：《试论祭祀民俗的演变与发展》，载贾蕙宣、沈仁安主编《中日民俗的导同和交流》，北京大学出版社1993年版，229页。
③ 贾蕙宣：《日本风土人情》，北京大学出版社1987年版。
④ 陈建平：《中日两国有关火的民俗的比较研究》，载任兆胜主编《中日两国民俗文化国际研讨会论文集》，云南大学出版社1999年版，第66、67页。

歌颂牛的神奇和功绩。在实际生活中，白族农民对牛的爱护也是精心的。在白族聚居区的许多村落里，立夏日为牛生日，是日家家户户给耕牛洗澡梳理，披红挂彩戴铃铛，然后把牛牵到本主庙前的空地上，给牛喂生鸡蛋、腊肉乃至大枣红糖稀饭。有的还别出心裁地给牛喂活黄鳝或蛇肉。同时，人们三五成群，一起品评牛膘，交流喂牛经，① 以感谢牛在稻作生产中的辛劳与祝福。而云龙县天池村，则把正月（一月）初四日作为牛生日。届时，人们要到平时放牛的牧场或山坡地角去祭"牛王神"。村民们三五家邀约，或者集体准备三牲和香火，砍一根松树杈摆喜神方，插上五方旗，祈祷这一年内保牲畜无疾病，使六畜兴旺、五谷堆满仓。② 白族于大年三十那天，每家连牛厩门上也贴上喜气洋洋的对联，感谢牛的辛劳，期冀六畜兴旺。初一也要给牛披红挂彩，系上铜铃铛，以示对牛的犒劳。这一习俗至今在洱海区域的白族村落中沿袭传承着。此外，白族村落的本主庙中，大多都塑有牛王神，在本主节日，或每月初一、十五人们去祭本主时，都要去祭牛王神，感谢牛王神的庇佑。

日本农耕稻作的先民们，对牛在稻作生产过程中的劳作也是十分重视和珍惜的。同样有着给牛披红挂彩、置彩鞍的习俗；于栽插前有给耕牛喂精粮、鸡蛋、糯米、红糖的传统。因此，牛神祭的风俗在日本的四国、九州等地比较普及，村民多设祠祭之。"牛之正月""马之年越""春驹"等祭祀仪式，在日本也盛行。③ 从中，反映了传统的畜牧生产及岛国农耕阶段对产业神的信仰。

祭谷种（谷神）。农耕稻作生产的每一个环节的祭祀活动，都伴随着以祈求稻谷的生长和丰收为目的，祭谷种（谷神）的祭祀方式也同样如此。在白族地区，祭祀谷种的时间和方式在不同的地区而有所不同。大理洱海周边的坝区，一般在清明节前播种育秧苗时，择一吉日到山神庙（土地庙）祭谷种神和水神，祈求神灵保佑谷种得到雨水灌溉，顺利发芽生长；洱海边有些村落，则在开秧门时选吉日祭谷神；而洱海凤羽和宾川的上沧等地的白族，早在 7－8 月间稻谷抽穗、扬花之际便选择吉日，带上茶酒、鸡、鸭蛋和其他供品到田间祭祀谷神，目的是让谷神保佑谷穗饱满、丰产。云龙县天池村八月十五日"月亮会"时，村民要到天池畔的五宝山上去举行"上刀山"活动，通过上刀山来祈求神灵赐福，保佑全村子民平安顺利、无灾无害并领取谷种。取到谷种，等到下一年春耕播种时，全家人来到田边，搭一祭台祭谷种，祭毕才将种子撒在地

---

① 施立卓：《牛的画廊——白族民间故事随笔》，载《山茶》1991 年第 2 期，第 42 页。
② 笔者于 1999 年 12 月到云龙县田野调查所获资料。
③ 马名超、郭崇林：《试论祭祀民俗的演变与发展》，载贾蕙宣、沈仁安主编《中日民俗的导同和交流》，北京大学出版社 1993 年版，第 236 页。

里，然后整个春耕播种才开始。[①]

　　日本也有祭谷种神灵的祭仪。在祭谷种神灵的仪式中，认为稻谷是由种子孕育的，种子本身是有生命的，这便是谷魂。故在日本神话中记载具有"生成万物之灵力"的神即是"高树之神"，即拥有生成万物之灵力，亦即生命之神，是以树木来象征的，而且被认为此高树之神命令火琼琼杵尊，要他带给人类稻苗，故生命力是以圣树和稻禾来象征的（欠端实语）。所以，日本至今还保留很多插秧拜神而树立神木的行事，"伊势神宫在插秧之前实行祈愿祭典。在栎树下举行树下祭，并以该树制造忌锹（圣锹），以此耕耘御刀代田（圣田），目的是借圣树的灵力加注于水田之中，以祈求稻作丰收。"[②] 小岛璎礼教授也认为："在民间，已知稻作的祭礼最先是从山中'迎树'而开始的。"[③] 而在大殿祭祀词中，"记载有以祭祀树灵和稻灵作为守护家屋之神。这和立门松等以迎接年神（所谓年即稻也）的风俗相同"[④]。因此，日本从新年伊始及四季中对稻魂的祭祀，同样祈祷的都是风调雨顺，五谷丰登，六畜兴旺。所以在农耕祭祀中均有糯稻上有稻谷之魂的说法。民间认为年糕上住有稻魂，因而多在正月农耕开始吃年糕，而在栽秧、收割之际要用红小豆糯饭和年糕等糯食品祭田神。在小正月祭祀中用稻穗等制成预祝农作物丰收的一种祭品装饰于家中，预祝稻谷丰收。这种习俗在日本东部较为流行，九州南部至今仍很盛行。[⑤] 在福井县若峡中部山村，正月十一日要制作一个祈求丰收的祭物，放在房前的田地中祭田神；[⑥] 插秧结束要准备捣年糕和红小豆糯饭供田神。[⑦] 因为，在人们的观念里，稻是有生命的，故无论播种、栽秧、收割时都要祭稻魂，旨在祈祷丰收，免受灾难。

　　尝新，即吃新米。凡是稻作民族，几乎都有尝新的习俗，白族也不例外。每年9-10月间，稻田一片金黄即将开始收割前，白族村民择吉日到稻田中选摘一些饱满早熟的谷穗回家，供奉谷穗于家中祖先神堂上，以示祭祖先。其余

[①] 笔者与大理州博物馆长谢道辛先生于2000年2月至4月，两次到天池村公所作民俗调查，先后访问了李惠昌村长和杨璞、张孙放、张维忠等乡贤，有关材料是他们介绍提供的，在此一并致谢。
[②] 欠端实：《圣树、稻魂和祖灵》，载任兆胜主编《中日民俗文化国际学术研讨会论文集》，云南大学出版社1999年版，第20页。
[③] 小岛璎礼：《上代文学和稻作仪礼》，中国大陆出版社1990年版。
[④] 欠端实：《圣树、稻魂和祖灵》，载任兆胜主编《中日民俗文化国际学术研讨会论文集》，云南大学出版社1999年版，第22页。
[⑤] 宫田登等：《日本民俗文化大系——神和佛》，第455页，日本小学馆1985年。
[⑥] 《福井的饮食纪闻》，日本食生活全集18，第217页，日本农山渔村文化协会1987年。
[⑦] 《福井的饮食纪闻》，日本食生活全集18，第227页，日本农山渔村文化协会1987年。

的舂米做新米饭，先敬天、地神灵，再祭灶神，最后再祭田神。9月中旬则为云龙县天池人的尝新节，村民带着香火祭品到田间祭祀五谷神，祭毕采摘一些谷穗舂成米，加上部分老米煮成米饭，先敬天地、祖先神灵，然后全家团聚吃新米饭。吃之前先将新米饭喂狗，相传谷种是狗从天上偷来的，所以要感其恩德。①

尝新祭在日本也很盛行。据日本学者欠端实先生研究，日本尝新的古老形式可认为是"斋女在斋田旁边种下神木以迎产灵之神，拔下稻穗以供奉"。②三品彰英认为："可假定尝新祭是高皇产灵尊（在《右事记》是高树之神）与火琼琼杵尊的配合，而进行收获祭拜仪式。"③在日本伊势神宫，于9月上旬举行的拔穗祭典，纳入内宫神域里的皇室稻仓后，煮成御饭。按古代仪式，在神尝祭当日，供奉的御饭，是要供奉皇祖天照大神，也是对"心之御柱"的供奉（欠端实语）。因此，所谓神尝祭，被认为是皇祖天照大神以稻魂为体，来更新自己神威的仪式（真弓前书述）。④现在，日本伊势神宫所例行的神尝祭，被认为是向皇室的祖神天照大神供奉新谷的仪礼。故新谷被认为是谷灵（稻魂），也被视为祖灵。在民间，人们过新年时，吃用作为稻魂象征的年糕以更新其生命力，并通过糯食（年糕）沟通人对神灵祈愿，以保佑人们现实生活平安、除灾祈福。⑤由此，日本农耕稻作祭仪，经历了由圣树、稻魂、祖灵崇拜的发展过程，通过"始作""尝新祭""祈年祭""神尝祭"等，成为稻作生产祭俗的主要方式和内容。

可见，无论是中国白族还是日本民族，对稻作祭祀方式不同，但均伴随农耕稻作生产的不同环节而展开，并为稻作生产服务，目的是以祭祀促稻谷生长和丰收。其不仅方式多样，还富有深刻的文化内涵。

---

① 笔者与大理州博物馆长谢道辛先生于2000年2月至4月，两次到天池村公所作民俗调查，先后访问了李惠昌村长和杨璞、张孙放、张维忠等乡贤，有关材料是他们介绍提供的，在此一并致谢。
② 真弓常忠：《神道祭祀》，转引自任兆胜主编《中日民俗文化国际学术研讨会论文集》，云南大学出版社1999年版。
③ 三品彰英：《古代祭政和谷灵信仰》。
④ 欠端实：《圣树、稻魂和祖灵》，载任兆胜主编《中日民俗文化国际学术研讨会论文集》，云南大学出版社1999年版，第23页。
⑤ 金少萍：《糯食文化论——中国傣族与日本民族的比较》，载任兆胜主编《中日民俗文化国际学术研讨会论文集》，云南大学出版社1999年版，第127页。

二、白族与日本稻作祭祀的文化内涵

中国白族和日本民族农耕稻作祭祀的各种方式，除揭示农耕稻作生产的季节和农耕生产的程序外，从最初宗教性的祭祀娱神逐渐向娱人衍变，从神圣性向世俗（群众性）的文娱活动衍变，其中包含着丰富的传统精神文化内涵。如白族的栽秧会、日本的花田植；白族的田家乐、日本的田游等。

（一）栽秧会与植田歌

据洱海区域考古出土文物证实，早在距今4000多年前，在环洱海丘陵地带定居的白族先民，就已栽培旱谷（籼型陆稻）。因此，洱海区域是原始农耕发祥地，也是亚洲稻作栽培的发源地之一。而稻作栽培生产劳动的主体白族，历来十分重视稻作的生产，自然也就把栽秧作为生产劳动中最关键的一环，故从古至今的"栽秧会"都是白族人别开生面的生产节目，也是白族最富有民族传统的农事节目。它既是一种传统稻作祭祀与生产劳动相结合的群众性娱乐活动，又是一种别致的、临时性的妇女插秧互助组织。人们自愿组织起来，以换工的形式进行集体栽插。通常人们推选一位插秧能手或有经验的老农负责管理栽秧事宜，有的则由村落中长者或家族长直接掌管，人们称其为秧官，负责安排指挥插秧活动。插秧于每年夏至5月初开始，第一天称为开秧门，要举行庄严而愉快的仪式。清晨，插秧的妇女们身着节日盛装，伴随着欢快的音乐，兴高采烈地来到田边。田里二牛抬杠，一男子扶犁正在犁田、耙地，其他男性若干人在平整田，等待妇女插秧。同时田边摆满祝愿丰收的祭祀供品和各类果酒，人们一边愉快地唱着祝愿丰收的调子，一边分食糖果，然后随着开秧门仪式的唢呐声和锣鼓声进入水田开始插秧。田边还插有秧旗，旗面上还绣有"吉祥丰收"等字样，在秧旗下秧官带着五个会吹拉弹唱的青年，手拿唢呐、铓锣、大钹，每当铓锣、大钹"咣"地响起，唢呐便吹起插秧调，每丘田里栽秧的妇女们，开始紧张的栽插赛。此中，时而有人高唱白族吹吹腔，催促人们赶快干；时而有男女对唱白族调，人们在栽插对歌中选择意中人；时而响起唢呐奏出的"栽秧调"，节奏明快、生动有力的乐声鼓舞着人们的劳动热情。在插秧的日子里，人们在紧张欢快的间歇，还要在田间地头吃午饭野餐，品尝白族的腊肉、酸辣鱼、生皮、凉拌螺蛳、螺蟥、油炸乳扇、米干兰、海菜汤等。插秧结束时还要举行"关秧门"，人们抬着秧旗，有的还化装成渔夫、樵夫、耕田者的角色；有的耍牛头、耍龙、耍白鹤等，妇女们打着霸王鞭，从田野到村庄，在村落中巡回表演。这种活动俗称"田家乐"，是以白族戏剧"吹吹腔"形式为内容的活动。民间称其为"谢水节"，要祭祀水神，炒蚕豆在田间分食，相传

"关秧门"吃炒豆不生病。人们还要带回家给小孩吃,意为吃"洗脚豆",一年四季平安不生病。人们还要到本主庙去祭祀和"打平伙",杀猪宰鸡,接回出嫁的女儿,庆祝栽插圆满结束。举行"关秧门"节,是为了谢水神,祈求丰收。充分再现了人们辛勤劳动后的高兴心情、人与自然、人与生态环境的和谐以及人们祈求五谷丰登的愿望。

日本民族对稻谷能否丰收也是十分关注,特别重视稻作生产中的栽插,由此而产生"打春田""花田植",也叫大田植、田东或牛供养田植等(浅野日出男语)。在传统农业中,插秧同样是由10个左右的农家联合进行,由户主在一起商量开始插秧的时间、秩序、吃饭的次数、出夫的办法和步役等,并推选插秧官。虽然有定例,但每年大家仍会周密地商量决定,如广岛县山县郡附近的村民,在插秧结束时,才选择合适的日子进行"花田植"。活动在剩下的农田进行,旁边秧田还有秧苗,二三十头甚至一百头牛备着美丽的鞍子,鞍子上立着小旗和用假花装饰起来的斗笠,跟着带路的牛平整水田。这时,插秧姑娘、伴奏人和领唱在另外秧田拔起秧苗,待水田平整后,每人拿着秧苗在绳子前排成一行,伴奏人排在后面,领唱的姑娘在对面拿着竹刷子站立。插秧姑娘和伴奏人边插秧边后退,领唱人合着竹刷子的拍子唱大歌,插秧姑娘边插边唱小歌,唱一遍大歌和小歌叫一声,唱十二次(叫十二声)才休息。伴奏有大鼓、小鼓、钲和笛子。有些男人在腰部上佩带奇怪的鼓,边吹笛子边打竹刷子,又跳各种舞,唱的得意洋洋。插秧歌有的用对歌的形式唱,不同的形式因地域而异。此时此刻,观众赞美着牛的劳作和平整水田的功绩;同时也被大鼓伴奏的乐声所陶醉,不时人们通过插秧姑娘的歌声而寻人,为家中的小伙物色对象,这真是农村里极好的安慰和喜悦。[①] 这便充分展现了古代日本插秧中植田歌的状况,使稻作祭祀与生产劳动相结合的行秧活动成为既是劳动,又是人与自然结合的过程。

(二) 田家乐与田乐

白族在漫长的农业生产活动中形成了许多具有浓厚农耕文化特征的祭祀节日和活动。如一年一度的大理湾桥小鸡足山的三月三朝山歌会和每年夏历四月二十三日至二十五日大理坝子的绕三灵节日,被称为春游狂欢节。人们在祭祀迎奉神灵的同时,载歌载舞,使祭祀神灵的过程成为人们即兴编歌、跳舞、抒发感情的过程,使宗教祭仪与歌舞成为凝聚民众精神的载体,从而又突出地再现农耕民族对雨水、阳光、土地等生殖力量的祈求与期盼。其中最能反映白族

[①] 新藤久人:《插秧和民俗活动》,载《田植草纸的研究》三井书店,1972年版。

农耕稻作文化的还是白族春节、本主节日或其他喜庆节日中不可缺少的、民众喜闻乐见的"田家乐"。"田家乐"流行于白族聚居区，洱海区域20世纪80年代还盛行，近10年来有所减弱，然而在洱源县凤羽，云龙县大达、天池等地还保存着。如云龙县天池的田家乐很有自己的特点，表演时有许多角色如"春官""田公""地母""猴子""耕牛""秧官""平田""犁地"等，代表36行。表演多数环场进行，开始由扮演猴子的人在场内跑跳，做一些十分滑稽的动作逗乐。接着由"春官"出场念诵吉利贺诗，接着就表演吆牛、耕田、栽秧农事活动。① 整个过程都是再现农耕稻作生产场面与农家生活的舞蹈，把农耕稻作生产与人们的精神娱乐活动紧密地联系在一起。

在日本，从9世纪以来有记录的，现在除北海道以外的各岛仍还进行着被称之为"田游"的艺能。须田悦生教授认为，也是在新年伊始，或是从1~2月份左右的年初或冬去春来之际，人们模仿农耕田、植苗、除草、收货、做年糕时的动作进行表演，这叫作"预祝"。也有利用歌舞、乐器进而发展成为演剧的。如果模仿农耕的演技且发展成为模仿各种各样东西的艺能的话，就属于"田乐能"，这在14、15世纪极受欢迎。② 所以在人们的意向里，若在一年年初把农耕顺利地表演出来，这一年就能获得丰收，而"在爱知县冈崎市中山八幡宫有一种叫 dendengassariya 的活动；则为人趴在地上装作牛，背着极大的圆形年糕当作鞍子。因为年糕极重，人踉跄地走，说是那一年丰收"。③ 星野先生认为，这种假托近旁的东西嬉戏表演之中留下了祭祀牛的影像，实质就是对农耕过程作模仿表演，期盼稻谷丰收。

由此可见，无论是白族的栽秧会、田家乐还是日本的植田歌、田乐（田游），从原来带有宗教色彩的农耕祭祀生产活动，发展至今成为带有浓郁的农耕民族文化的特征：从娱神到娱人，从神圣的信仰活动到已深入世俗大众性的娱乐活动，突出地再现出人类寻求主客观世界的平衡，人与自然相辅相成的心理，抒发人们对生活的热情，对生产寄予希望，庆祝丰收，娱悦心灵，满足心理需求的理想。

三、中国大理白族地区与日本稻作祭祀的联系与区别

稻作祭祀民俗，同样既是劳动群众在生产中自然创造，为人类所长期传承

---

① 田呗研究会：《田植草纸的研究》，三井书店1972年2月。
② 须田悦生：《日本的民俗艺能和种稻礼仪》，第二届中日民俗文化国际学术研讨会论文稿。
③ 星野纮：《中国的田家乐式的技艺》《歌垣和反的民族志》，创树社1996年5月。

的行为文化意识的反映，也是人类物质文明和精神文明的积淀。中国大理白族区和日本在农耕稻作生产与祭祀习俗中，有诸多相似性。

（一）中国大理白族地区和日本稻作祭祀的相似性

居住在洱海区域的白族与日本岛国的人们，由于自然、地理、气候和生态环境的相似，在农耕稻作的生产及其祭祀和文化传承上的相似性，以致在稻作祭祀方式上也有许多共性。如稻作栽培是白族的主要农耕生产活动，稻米为日本国民的主食；白族村落中的大青树被认为是白族村落的守护神，白族有神林圣树，日本有对"守护神的丛林"崇拜，"森林神"或"森山神社"；白族有神山、山神和山神庙，日本也有神山、神山祭、神社；白族祭龙王、水神，日本也有水神神灵信仰；白族祭火神、灶神，还有火把节驱虫传统，日本也有送火神归天和向火神祈愿的习俗；白族有祭牛犒劳牛的习俗，日本也有给牛披红挂彩置彩鞍的传统；白族有三月三歌会和绕三灵对歌求偶的习俗，日本也有男女歌会；白族有栽秧会，日本有打春田、花田植；白族有田家乐，日本有田游、田乐；等等，诸如此类的文化事象不是偶然的巧合，而有其必然的内在联系。因为中国白族和日本早就有文化交往。公元14世纪末叶一批日本僧人来到中国云南大理，有的长期流寓云南而"云归滇海"了。故嘉靖《大理府志·古迹》、万历《云南通志·古迹》中载有"日本四僧塔"的遗址，就在大理。清末民国初年白族也送自己的子弟东渡日本去学习；在民间的商业贸易早已有之，以至白族与日本民族不仅在饮食习俗、语言也有许多可比性，而且在农耕稻作祭祀中有许多相似性，而透过祭祀信仰习俗的外壳，可以窥探原始祭祀所内含的人类寻找生态平衡、人与自然和谐发展的轨迹，又不断随着人类文明的进步而不断变化。

（二）中国大理白族地区与日本稻作祭祀的区别

尽管二者在稻作祭祀的方式及文化内涵上有许多相同之处，但各自又有其独特的特点。首先，二者关于稻作的起源不同。中国大理白族地区农耕稻作历史悠久，可追溯到新石器时代，最迟在距今4000年前的宾川白羊村遗址时期，开始使用石器种植稻谷和使用渔网捕鱼捞螺，并驯养狗、猪、牛、羊等家畜，到公元前1150年左右的剑川海门口遗址时期，白族先民已使用青铜器种植粳稻和麦、粟等农作物。春秋到西汉时期，以滇僰为主体的白族先民在滇池地区开辟了"肥饶数千里"的沃土，畜牧业也得到发展。而从大理市大展屯村东汉墓出土的陶制水田池塘模型来看，早在东汉时期，洱海区域已采用池塘灌溉水田，利用池水从事养殖业，兼收鱼米之利。到唐宋时期，据《南诏野史》等古籍记载，已经采用稻麦管种技术，耕作采用"二牛三夫"方法，到元明清时期，已经创造了"地龙"灌溉工程，传统科技水碓、水磨、水碾、水车得到广泛推广和应用，"二牛三夫"被"二牛抬杆、一人扶梨"所取代。因而白族聚居区不仅是原始农耕发祥地，也是稻作栽培的发祥地之一。

而日本农耕文化源流论一直是日本学术界研究讨论的热点，按照日本中尾佐助、佐佐木高明、渡部忠世等著名学者从不同学科，经数10年实地考察研究认为：从喜马拉雅山南麓东经不丹、阿萨姆、缅甸、中国云南南部、东南亚泰国、越南北部、老挝和中国长江南岸直至日本西部这一广阔地带，称之为"照叶树林带"，并孕育了以栽培杂粮（包括旱稻）、薯类为主的砍烧地农耕和水稻农耕。可见，日本的稻作生产是从国外传入的，且传入的时间和路线学术界一直在讨论。

其次，由于社会经济、生产力发展水平的差异，稻作祭祀在洱海区域的一些白族村落中逐渐消失，而在洱源县凤羽、剑川县沙溪、宾川县上沧、莉村、云龙县长辛、大达、天池一带还完整的保留着，栽秧会在上述区域也在沿袭；5月农忙二牛抬杆犁田、耙地、男子平整田、妇女插秧一年一度在传承着，栽秧会歌声仍此起彼伏；田家乐成为白族人节日中必不可少的歌舞之一而存活于民间。而在日本现代社会里，随着农业机械化的发展，共同生产已经解体，农耕意识也随之淡薄；牛和人都不在水田里劳作，人们不会插秧，牛害怕进水田而到处乱跑；由于使用了农药，夏天不用驱虫和除草；由于修建了灌溉设备，人们表面上祭田神，但人和自然的对话、人和稻秧的对话已疏远了。[1] 人们传唱的插秧歌的歌词中，一个共同体的人们过去拥有的精神内涵已经消失，曾流传了一千年以上的歌谣，已发生了剧烈的变化。现在的花田植使用假造牛模型，成为田乐的艺能，使日本自古以来依靠自然的农业变为现代化的农业，结果是使人们对天神和山神等自然的敬畏越来越淡薄了。随着时间的推移，插秧歌所包含的精神文化传承加速消失了。[2] 即使这样，作为一种民族传统精神文化的田乐，日本学者希望其得到持续发展与传承。

可见，无论是中国白族的火把节、绕三灵、田家乐，还是日本的花田植、田乐，均来自原始祭祀习俗中压服精灵、驱鬼避凶、占测丰歉、娱神祈福的仪式，但在现代都演化成极具民族传统特色的竞技、娱乐及艺术，都具有鲜明生动的模仿生产、切合人的精神生活需求的本质特征。由白族稻作祭俗派生出来

---

[1] 星野纮：《中国的田家乐式的技艺》《歌垣和反的民族志》，创树社1996年5月。
[2] 金少萍摘译自〔日〕佐佐木高明《日本农耕文化源流》一书，日本广播出版协会，1983年，载北京《民族译丛》1989年第5期。

的田家乐，促使了白族民间艺术的发展，并丰富了人们的精神文化生活；由日本稻作祭俗演化出来的田植歌、田乐也成为人们喜闻乐见的艺能，"旧时的东京举行的田游祭，乐舞形式达17种"。从其中的铺陈演唱的祝祷、颂赞仪礼，还有男女对歌，都成为农耕稻作民族传统精神的典范。因此，如果脱去祭祀信仰习俗的外衣，原始祭俗所蕴涵的人类追求人与自然的统一、生态环境的平衡、生命永恒等深层文化心态，执着地随着人的本质在社会发展变化过程中以娱乐、艺术等形式和内涵得以强化、完善和发扬光大。在今天人们的日常生活中，它仍发挥着调节人与人、人与社会、人与自然的关系及平衡、稳定社会和人们的内心世界的功能。

然而，通过中日祭祀民俗的比较，引起我们对民族传统文化与现代化关系的深思，也给我们深刻启示：在民族传统文化与现代化的碰撞中，特别是在工业化进程中，既要继承、弘扬传统优秀的民族传统文化，又要实现现代化，这是摆在民俗研究工作者和社会学工作者面前的任务。

（原载《云南民族大学学报》（哲学社会科学版），2001年第1期）

大理白族三道茶与日本茶道

　　民俗是劳动群众在生活中自然创造、为人类所长期传承的行为和文化意识的反映，同时也是人类物质文明和精神文明的积淀。因此，在民俗中往往积淀着一个民族的社会生活习惯、道德观念、审美情操、价值观念和民族心理素质，这在各民族的民俗中都有体现。中日两国是一衣带水的邻邦，民俗文化历来有着密切的联系和影响，尤其是日本与中国西南少数民族在民族族源、稻作生产、饮食习俗及文化传承上的必然联系；中国华夏文明对日本古代弥足的深刻影响；中日民俗文化的相互传播、汲取；自然、地理、气候和生态环境使得中国西南少数民族白族与日本诸民族在原始生产、生活方式上的相似性，以及人类精神文明、思维方式的共同趋势，使得中国西南少数民族白族与日本诸民族在三道茶与日本茶道上有许多可比性，二者各有其特点又有相互间的联系与趋同；也因各自政治经济、历史文化发展的不同决定了各自茶俗文化的不同。笔者在探讨白族三道茶的同时，联系日本茶道作比较，试图对白族三道茶与日本茶道的起源、内涵及二者之间的联系与区别作比较，以此就教于方家学者。

一、白族三道茶与日本茶道的起源

　　饮食是人类文明的重要标志，是世界各民族的生产状况、文化素质和创造能力的反映。一个民族的饮茶文化习俗，也取决于这个民族的生产、生活方式。

　　中国人很早就开始饮茶，《茶经》载："茶之为饮，发乎神农氏。"《周礼·天宫·膳夫》曰："饮有六清（水、浆、醴、凉、医、酏）。"张载则把茶称为六清之冠："芳茶冠六清，溢味播九区。"中国是世界上种茶和饮茶最早的国家，是最早把茶运用到人际交往和人生利益中的国家，也是最早把种茶和饮茶习俗传播到国外的国家。中国种茶和饮茶有几千年的历史，在漫长的岁月中，逐渐形成了丰富多彩的茶文化。而在中国茶文化中，少数民族做出了不可磨灭的创造和贡献。因此，中国是茶的发源地，这是众所周知的，但云南是茶的原产地和故乡，这恐怕就不是尽人皆知的了。据史籍记载，茶树最早生长在中国的西南地区，即云南、贵州、四川的少数民族聚居区，尤其是云南少数民族地区。《日知录》中说："秦人取蜀，而后始有茗饮之事。"《华阳国志》中记载：周武王伐纣后，巴蜀等西南小国将他们所产的茶叶作为贡品献给武王。到西汉时期，种茶、饮茶已在西南少数民族中流行。中华人民共和国成立后，在云南少数民族地区发现 12 处野生大茶树群，从锯下来的树干年轮和化学分析推断有上千年的历史。其中布朗山有一株大茶树高 32.12 米，主干直径 1 米；巴达山上一株则更高，达 34 米，主干直径 1.21 米。如今世界上的茶叶品系包括 23 属 380 余种，其中 15 属 260 种分布在云南。因此可以说，云南是茶的原产地。

白族地区饮茶的历史源远流长，《茶叶通史》中《神农本草》记载："茶生益州（益州郡为汉代所设置，在云南大理，其辖区包括西双版纳等地），三月三日采"。汉代有"茶榆焙茗"，尔后又有"茗出南夷"之说。唐代《蛮书》有"茶，出银生成见诸山"。南宋李石《续博物志》记载："西藩之用普茶，已自唐时。"宋朝已在云南设茶马互市，明代得到进一步发展，《茶苑》中有"感通寺山岗产茶，干芳纤白，为滇茶第一。"《滇略·产略》中记载："云南名茶有三种，即太华茶、感通茶、普茶。"《明一统志》曰："感通茶，感通寺出，味胜他处产者。"以至明洪武年间，感通寺和尚向太祖朱元璋献山茶一株，于是该茶受到皇封。（明）嘉靖《大理府志》说："茶（点苍，树高二丈，性味不减阳羡，藏之年久，味俞胜也）。"清代（今永胜之地）茶马互市上茶的交易达数万担。这些史料说明，云南大理白族地区长久以来就是驰名的产茶区。今日的田野考察也得到证实。时至今日，感通寺南院的华泰上有两株茶，高 5.8 米，主杆直径 74 厘米，采茶要架梯生树，方能采摘。喜洲永兴茶厂，保存有近百年的茶树。洱海区域的山坡上都建有茶林场，苍山十九峰，每一峰均有茶园。加上白族地区山高纬度低，气候温暖湿润，雨量充沛，土壤肥沃，适合于茶树的生长。人们在长期同自然和疾病的抗争中，最早把茶作为药用。正如《神农本草经》记载："神农尝百草，日遇 72 毒，得茶而解之"。茶逐渐作为一种饮料流行在白族民间。后来随着佛教的传入，僧人传教，以茶代酒，坐禅时也以茶提神养心，故名寺出名茶，茶由寺庙到皇宫贵族、文人雅士之中，最后在全社会中盛行。从此，白族人视茶如同粮食一样重要，形成人人有瘾、个个爱茶的饮茶习俗，并把茶运用到人生礼仪、宗教信仰、人际交往之中，逐渐升华为三道茶。

日本的饮茶习俗是由中国传入的。开始茶曾作为药用和珍贵的饮料，流行于佛寺和皇宫中。据日本《茶经详说》记载：天平元年（公元 729 年），圣武天皇在宫中召僧侣百人读盘若经，第二天举行赠茶仪式。井口海仙《茶道入门》中说：天平胜保元年（公元 749 年），孝谦天皇在奈良东大寺召 5000 名僧侣，于卢舍那佛前诵经，诵毕赠茶以示慰劳。当时茶从中国带入，所以天皇赠茶是十分隆重的礼节。延历二十四年（公元 805 年），日本最澄大师到中国天台山学习佛法，带回茶籽种植在近江滋贺县坂本，相传最澄是日本引种茶叶的第一人。而日本最早记录饮茶的书《日本后记》中写道：弘仁六年（公元 815

年）4月22日，赴唐名僧都永忠，在琵琶湖的梵释寺进见行幸近江滋贺的嵯峨天皇时，亲手煮茶进献。嵯峨天皇在品过都永忠献的茶两个月之后，下令在畿内近江、丹波、播磨等地种茶，作为每年的贡品。镰仓时代，种茶和饮茶习俗在日本广泛传播，曾两次入宋习禅的著名禅师荣西，回国时不仅带回许多佛教经典，而且带回许多优质的茶种，在京都等地种植成功，很快被推广到日本的各地。他还学到有关茶树、茶具、点茶方法的知识，著有《吃茶养生记》倡导吃茶养生之道，开日本茶道之先河，被封为日本的"茶祖"，为日本的茶道奠定了基础。到室町时代，荣西茶道思想被僧人村田珠光和其弟子武野昭鸥等人继承，创立了饮茶礼法。而完成茶道则是桃山时期的千利修，把书院茶道平民化，他提出了"茶道的真谛在于茶寮"，从而成为大众化茶道的集大成者。可以说，日本的饮茶习俗虽是从中国传过去的，但在长期的发展中，又形成了自己的特点。

二、白族三道茶和日本茶道的内涵

中国白族和日本人都爱喝茶，在漫长的历史发展过程中形成了自己独特的饮茶习俗。在日常生活中，白族人根据不同的需要饮用不同的茶，人们宁可三日无油盐，不可一日不生火烤茶。尤其是中老年人更是视茶如命，不管自酌自饮，还是招待客人，都在自家堂屋里火盆上支三角架，铜壶煨水，用小砂罐烤茶，边烤边不断抖动，到茶叶烤黄即冲入开水，罐内发出"呼隆呼隆"声，阵阵香味扑鼻而来，因此白族民间又把烤茶叫作"雷响茶"，有的称之为"百抖茶"或"功夫茶"。烤茶做好后，按人数多少斟倒入茶盅，再加少许开水，以半杯为宜（因白族民间流行"酒满敬人，茶满欺人"的说法）献给客人，一人一杯，宾主共饮。烤茶均用苍山大叶绿茶，性味苦寒，也称之为苦茶。把茶作为一种祝福，白族还喜欢喝甜茶，每逢传统节日或喜庆日子，均以甜茶相待。甜茶又分为米花茶、乳扇茶、蜂蜜茶等。在重大的喜宴上，要上三次茶，即烤茶、米花茶、乳扇茶。但把白族饮茶习俗升华为"三道茶"，并用文字加以规范和介绍则始于1980年，首次在《春城晚报》副刊上刊出；1981年在《大理风情录》和一些报刊中陆续报道，逐渐在一些宾馆、旅游景点推出三道茶，头道是苦茶，即烤茶；二道是甜茶，主人在客人喝完第一道茶后，重新用小砂罐置茶、烤茶、煮茶，并在茶盅里放入少许红糖、乳扇、桂皮等；第三道，煮茶方式相同，将茶盅中放的原料换成适量蜂蜜、少许炒米花、若干粒花椒、一撮核桃仁。这种以烤茶为主的三道茶饮茶方式，其实早在唐朝樊绰《蛮书》中就有"蒙舍蛮以椒、姜、桂和烹饪而饮之"的记载，说明南诏前白族就有以椒、姜、桂皮等为佐料的饮茶，与三道茶的佐料相似。明代旅行家徐霞客对宾川鸡足山元宵节也有详细记载:"宏办诸长老邀过西楼观灯,楼下采青松毛铺藉为茵席,去桌趺坐,前各设盒果注茶为玩,初清茶、中盐茶、次蜜茶,本堂诸静侣,环坐满宴,而外客与十方诸僧侣不语焉。"[1] 这种饮茶仪式和规矩与现在三道茶程序相近似。三道茶以烤茶为核心,分道加进各种配料,依次体会饮品的程序为一苦二甜三回味,以示人生要先苦后甜,苦尽甘来,并对人生要作反思回味,不断总结经验不断进取。在饮茶中增进友谊,修身养德、以茶行礼道,以茶示文明,使三道茶既保留历史传统,又有现实生活氛围,而更富有民族特色。所以,三道茶的整个过程又被规范为"三道""六则""十八序"。"三道"即第一道苦茶、第二道甜茶、第三道回味茶,"六则"就是要遵守的原则,即选用上等好茶、道道皆烤、铜壶烧水、木炭生火、砂罐焙茗、专用佐料,十八序就是从制作到品茗共有十八道程序,即宾主就座、主客寒暄、品尝点心、赏茶观形、精心焙烤、佐料制作、备水烧煨、分道冲破、进具温杯、分盅冲茶、接客奉献、主客互敬、观其汤色,闻其香气、品其滋味、论茶述艺、祝福吉祥,拱手道谢。整个过程使人们感受到的不仅是物质文明,且是一种精神享受。饮茶作为白族的一种普遍习俗走进千家万户,同时又走出家门进入社会。特别是改革开放以来,为适应文化交流的需要,大理白族自治州有关部门和单位将白族三道茶传统习俗与民族歌舞等形式结合起来,组织"白族三道茶文艺晚会",极受外宾欢迎。三道茶文艺晚会这一独具民族特色的茶会很快推向省内外,并在亚运会期间登上了北京大雅之堂。

茶还被白族广泛运用于社会生活的各个方面。茶的药用性在白族民间一直沿袭着,并发挥着独特性。如伤风头疼喝"盐茶",又叫"飞盐茶";风寒感冒喝酒茶(又称为龙虎茶);清凉解毒喝槐米茶;治气喘喝蜂蜜花椒茶;清热消食喝糊米茶;等等。并在长期生活实践中总结出口耳相传的药茶要诀,如"饭后茶消食,酒后茶解醉;午茶长精神,晚茶难入睡;姜茶治流感,醋茶治痢疾,奶茶健脾胃,糖茶能和胃,菊花茶清热,枸杞茶明目,杏仁茶润肺,烫茶伤五内,空腹茶心里慌,隔夜茶伤脾胃;过量饮茶人瘦黄,淡茶温饮得年岁。"把茶当成百病之药,在民间广泛使用,成为白族人生活的必需品。

茶还被运用到人生礼仪中。白族生小孩、取名、给老人祝寿的喜宴上离不开茶,且要分道敬献烤茶和甜茶。在婚俗中则把茶作为信物看待。男女从订婚到结婚,男方家要给女方家送聘礼,俗称"四色水礼",即茶、酒、糖、盐,以茶为首,取其"茶不移本,植必生子"之意。订婚茶礼数还需带六字,如六

---

[1] 黄珅:《〈徐霞客游记〉选评》,上海:上海古籍出版社2003年版。

盒茶或六斤茶（白语六与禄谐音），意为有福有禄。婚礼上还请专人伺茶水，新郎新娘手托茶盘给客人敬茶，客人接过茶后要说吉利话祝福，才能饮茶。婚礼后第二天清晨，新娘要亲手煨水烤茶，斟两盏置于托盘中，同时放入新娘亲手缝制的两双布鞋，端进堂屋敬献公婆，公婆饮茶接受新鞋后，要将包着钱或首饰的红包放入托盘送给新娘。然后，新娘用同样的方式，分别给新郎的其他长辈或兄嫂、弟妹献茶送布鞋作为见面礼。可见，茶贯穿于白族的整个婚礼过程。

茶也进入白族丧葬仪礼。在白族人家中，当老人处于弥留之际，家人要在堂屋里老人家床边轮流守护，并把老人抱在自己的怀里，在咽气的瞬间，要给老人家口中"喂百果"（"百果"为事先准备好的一粒去核大枣，内装几片茶、几粒米和少许银器或硬币，外捆六色丝线）。相传死者口含百果咽气快，减少弥留的痛苦；有说如死者不含百果，后代会出现哑巴等。停尸居丧期间，家人每天要烤三次茶敬献亡灵；出殡祭奠之日，亲朋好友来悼念时，礼品中也要有茶米和钱；丧礼中主要也是用烤茶、甜茶招待贵宾；送丧结束时要喝回灵茶，出殡送丧的人们返回死者家中，要在大门外跨越松柏稻草火堆，用烟熏身后方能入门，然后再用花椒等煮泡的水洗手，再喝回灵茶。回灵茶用生姜、红糖、桂皮和烤茶等制成，相传是为了避邪。棺木下葬时安放的风水罐旁置一小包茶和米，垒好新坟后用茶水和米饭拌一碗茶水饭，沿新坟泼洒，意在后代子孙兴旺发达。往后上坟祭祖时，茶也是不可缺少的祭品。

白族宗教信仰中祭祀与茶的联系也十分密切。"无茶不成祭"的观念广泛在民间流行。白族祭祀又分祭祖和祭神。每年春节、中元节和家中有重大事件均需要祭祖，都要在自家堂屋祖宗牌位前供桌上敬献祭品。贡品中茶是必不可少的，且要现烤的头道原汁茶。祭神，包括祭本主、天地日月、佛祖、观音、土地神、关公庙、玉皇大帝、还有孔庙等，不管他们有无饮茶习惯，皆祭以茶。其他祭品可根据不同神选用不同的供品，但茶与酒是祭祀所有神的祭品。

客来敬茶是中国人的传统礼节，白族是重情好客的民族，茶被广泛运用于人际交往之中，客人到家用茶招待，访亲探友也要带着茶叶送去，以示敬意和问候。因此，茶已经成为白族人生活的一部分。同时作为民俗文化现象，已经深入到白族传统文化中，它既是白族人的生活习俗，也是白族人心理态势，文化传承和历史积淀，所以白族三道茶有自己特定的内涵。

日本的饮茶历史虽然比白族短，可饮茶习俗也是丰富多彩的。源于中国民间和寺院的日本饮茶习俗，进过日本人民的再创造发展成的茶道，以沏茶、品茶为手段，用以联络感情、陶冶性格，且又赋予饮茶习俗一种独特的艺术性、礼节性，不仅要求有优雅的自然环境，规定一整套点茶、泡茶、献茶的礼仪与程序，而且还包括茶具的选择和欣赏、茶室书画的布置、装饰和茶室的建筑等规范。通常举行茶道，要选择日期相互邀请，每次参加者只限 4~5 人（现在茶室扩大，人数也可相应增加）。举行茶道的环境也有一套规定。一般有条件的家庭，在私人茶园中建立 3 间精致的小屋，2 间相连，其中 1 间是茶室（约 9 平方米），供举行茶道之用；另一间放置风炉、茶具、炭和水缸等；还有一间是供客人休息的，与其他两间隔着一定距离，有弯曲小道相通，地面用石块铺成，两旁栽种花木，环境保持优雅肃静。茶室的布置也很讲究，一般均悬挂着名家的书画，有典雅的插花，茶室内草席一角放着陶制的炭灰和茶釜，炉前放着各种茶具。茶具粗糙厚重，并涂有彩釉，有橙色，也有浓黑色，给人以古色古香的艺术享受。举行茶道的时间因季节和具体时间的不同而有不同的名称，从季节来看，有口切，即新茶茶道；初釜即新春茶道；节分釜即立春之日举办的节气浓郁的茶道；初风炉即立夏前后举办的茶道；名残即晚秋时用的旧茶举办的茶道。还有根据环境变化举办的茶道一般分为朝茶（上午 7 时）、饭后（上午 8 时）、消昼（正午 12 时）、夜话（下午 6 时）四种。客人按事先预约的时间到达休息室，以敲击木钟表示到来，主人听到木钟声从茶室出来迎接客人。茶室门口放着石臼，里面装满清水，客人需在此净手。茶室入口处还放着一扇不满三尺高的格子门，客人要脱鞋躬身入内，表示谦逊，以示茶室的和平性质。来客中精通茶道的人被推为首席，首席要剃光头表示清洁、纯净。当客人进入茶室后，主人开始生火煮水，拂拭茶具。煮水期间，先给客人上点心，这种茶点心根据不同时令而制作，如秋天就用形状像枫叶和菊花的点心。茶道所用的茶叫作"抹茶"，是一种深绿色粉末，古时用"茶臼"把茶碾碎制成，因而又有"碾茶"之称。现在所用的"抹茶"，是在新茶采摘季节摘下新茶，放入袋内，再放入大坛内封存保管，到初冬季节再打开坛封取出茶叶，加工制成粉状使用。泡茶有两种，即浓茶和淡茶，浓茶呈深绿色，味道清香略苦，主人将两木勺茶放入茶碗内，用开水冲泡，用竹签搅拌，茶水浓如豆羹。浓茶要轮饮，一般三人共饮一碗，每人三口半，喝三分之一；淡茶呈浅绿色，其味清香，单饮，每人各饮一碗。献茶的礼仪很庄重，通常由身穿和服的主妇跪着用双手托着茶具，第一碗先敬首席，首席举茶碗齐于额头，然后再饮，饮时要发出吱吱声，表示由衷赞赏主人的好茶，客人依次饮完后，客人向主人致谢，跪拜告别，主人则热情拜谢相送而别，茶道仪式就结束了。但有时茶道还包括一种最高礼仪，就是茶后吃"怀石料理"（便饭），虽说是便饭，却也非常丰盛、讲究。因此，著名茶人千利修把茶道程序归纳为"四规七则"。"四规"即"和、敬、清、寂"，是茶道的精髓。和、敬是茶会上宾主间应该强调的精神、态度和应有的辞仪，"清"和"寂"是指茶室、饮茶庭院的环境和气氛，强调要清静和典雅。"七则"是用于接待客人时的准备工作,即茶要提前准备好,炭要提前放好,茶室要冬暖夏凉,室内插花要像野外野花一样自然,遵守规定的时间,即使无雨也要准备好雨具,一切为客人着想。在日本人看来,通过茶道可以觉察到饮者的内在精神。

日本茶道在发展过程中形成了许多流派,其中最大的流派是千利修嫡传的"三千家",即"表千家""里千家"和"武者小路千家",各家都采取"家元制度",长子继承父业,作为自家茶道的主持人,除"三千家"外,还有"薮内流""远洲流""石洲流""宗和流"等流派,这些流派与"三千家"都有亲属或师传关系。明治维新后。日本社会开始欧化,茶道的发展受到一定影响。第二次世界大战后,日本经济有了飞跃发展,茶道成为日本大众的一种生活方式。许多年轻女性都潜心攻学茶道技艺,且大学里家政系也开设茶道课,培养人们优雅文静的举止和宽广的胸怀,修身养性。因此,日本的茶道礼仪受到世界人民关注。

三、白族三道茶与日本茶道的联系和区别

居住在洱海区域的白族和日本岛国的人们,由于自然地理气候和生态环境的相似,在民族族源、农耕稻作生产、饮食习俗及文化传承上的相互联系及民俗文化的相互传播、汲取和相互影响,以至在生产和生活方式上有许多共相。如稻作栽培是白族主要的农耕生产,水稻传入日本后也成为日本的主要农作物;日本寻根曾寻到大理白族;白族村寨都有一棵大青树被称为是村寨的保护神,日本也存在"守护神的丛林"崇拜;白族有"三月街"、"绕三灵"对歌求偶和石宝山歌会,在日本也有男女歌会,据《常陆风土纪》载:"春秋二回,登筑波山集会,歌声如云,以此求婚。"白族人喜吃生皮,日本人喜吃生鱼片;犹如白语中许多古白语同日本片假名的发音相似,如从 1 到 10 阿拉伯数的发音。诸如此类的事项不仅仅是偶然巧合,而有其内在的必然联系。故中国白族和日本早就有文化交往,公元 14 世纪末叶一批日本僧人作为使者来到中国,明朝政府将他们安置在四川、陕西与云南。在此期间旅居云南的日本僧人居住在昆明五华、西山诸寺、大理感通寺,他们中有的是"发云南守御",有的是"南串客",有的可能是"游方僧"。有的长期流寓云南而"云归滇海"了。故嘉靖《大理府志》、万历《云南通志》的《古迹》中记载有"日本四僧塔"的遗址。他们都习禅宗,精通佛学,"能诗尚书",与当地各族各界人士交游,"深交最有情"。明末清初白族也送子弟到日本学习,民间的商业贸易早有之。以至在饮茶习俗上也有许多联系和相似性,白族把饮茶叫吃茶,以示同吃饭一样重要,日本也称饮茶为吃茶。白族地区有许多茶馆、茶室,较大的村庄有茶铺,逢街

集市有茶棚，都卖烤茶。茶馆还分吃闲茶的茶铺，赶街歇脚休息的茶摊，其中最能反映白族茶文化特点的是花园茶室。白族爱养花，每家院里照壁下都有花坛，种有十几种花卉，尤其是茶花和苍山杜鹃、兰花等，花多的人家称花园，兼卖茶水故称花园茶室。花园里摆几张楚石茶桌和剑川躺椅，布置清幽雅致。茶分烤茶、清茶；茶具为盖碗，招待热情，顾客可边饮边谈，边欣赏花园景色；学生也可到这里休息或看书复习功课，互不影响。大理四排坊的杨家花园里就设有花园茶室，（笔者20世纪70年代初在大理一中读书时在那里复习过功课，现每逢回大理总忘不了约同学到杨家花园坐坐）。日本的大街小巷，凡是人们能到达之处都可见饮茶店，被称为"吃茶店"。渴了，进吃茶店立即能喝上茶解渴；疲劳了，尤其是走累了，步入吃茶店可歇歇脚；饿了，到吃茶店一边吃茶一边吃点心；朋友相会，可将朋友带到吃茶店，边叙谈边吃茶；同事朋友间有事相商又没合适的地方，可到吃茶店就坐，如此方便的饮茶店处处方便人们的生活。随着饮茶习俗的发展，后来日本出现了各种各样的饮茶店，如音乐饮茶习俗的发展，如音乐饮茶店、轻食饮茶店、纯饮茶店等。

  白族三道茶和日本茶道在饮茶的茶具和方式上也有其相似性。白族三道茶必备的茶具为三脚架火盆、铜壶、小砂锅，还有做工精细、用黑色土漆打底、朱红或大红土漆中央绘制山茶花、周边绘有各种线条的木制托盘；还有圆锥形、边缘绘有兰花的陶瓷茶盅。日本茶道用具甚多，有的还要给客人欣赏，因而特别讲究，有风炉即煮茶用的火炉、炭火盆。茶壶，又称为"茶入"，形状有"肩壶""茄形壶""海壶"不等，材质有竹、漆器、瓷器及金属器。茶碗，一般是陶瓷的，有"主茶碗"和"替茶碗"之分，前者供多数客人中首席用，"替茶碗"供一般客人用，在有的场合则交互使用，还有擦茶碗的"袱纱"，盛茶末的茶匙，竹制点茶用的"茶筅"，盛水和洗茶碗用的水坛。无论是三道茶还是茶道的茶具，名称不同、功能相似。在饮茶方式上均为宾主寒暄问候，延请入座，先招待点心，主人敬茶要躬身微笑说："请茶"，客人双手接杯并致谢意，待在座之人都有茶后，举杯宾主同说"请"后才饮，因此饮茶方式和程序也相近似。所以，三道茶和茶道，均作为一种迎宾待客的礼仪，通过饮茶活动去融合人际关系，联络人与人之间的感情和友谊，这便是两者间最大的共性，即三道茶和茶道的精髓所致。

  然而，三道茶和茶道由于各自发展方式不同，人们的文化心态的差异，以及两国政治、经济等因素的影响和作用，形成了各具民族特色的内涵和形式。因此，三道茶和茶道又有许多质的区别。三道茶是从中国白族民间饮茶的基础上发展的，是白族茶文化的结晶。而日本饮茶是从中国传入的，受外来文化的影响，经过日本人民的创造形成独具特色的茶道。白族三道茶重礼，无论是婚丧嫁娶、时令节庆、宗教祭祀，还是日常生活中的交往，茶均作为礼仪的载体被运用。日本茶道则重义，重教义和道义，使人在饮茶中达到精神的纯化。正如千利修一位高徒在其《南方录》所言："茶道，寂之本意，乃为表清净无垢佛之世界。"铃山大拙先生所著的《禅与日本文化》一书中也认为："茶与禅密切相关，不仅在于茶道的实际进行过程中，更重要的是在于奉行茶道仪式中贯穿的精神。这种精神用感情来表达就是和、静、清、寂。"这进一步说明日本茶道所体现的佛教禅宗思想。溯其源，乃日本茶道源于中国的寺院，并神圣地打上了佛教的烙印。而白族的茶俗文化则源自民间，尽管唐代白族受佛教影响颇深，家家设佛堂，还用黄金铸文殊、普贤二像，供于大理崇圣寺内，但白族的民族宗教本主仍占主要地位。因此白族的茶礼仪式与神道联系，如丧葬、祭祀本主神、祭祀祖先神灵等，都离不开茶礼。此外，因白族茶俗起源于民间，人们从小耳闻目睹，不必专门学习就会制作；而日本茶道分许多流派，并有严格的规章制度，所以需要进入专门的学校学习。再者白族三道茶注重人与环境、人与人之间的交流，而日本茶道除注重这些外，还刻意追求烦琐的外在表现形式。

  概言之，茶自从被人类发现后，从起初的药用发展成为今天的礼用，是随着人类文明的进程，经过世世代代的文化传承，人们在长期的实践活动中探索出来的。无论是白族的三道茶，还是日本的茶道，均受到人们的喜爱，经久不衰，且形式与内涵越来越丰富。随着现代文明的不断推进，中国白族三道茶和日本茶道必将更富有自己的民族特色。

鸡足山镇沙址佛教生态文化村的保护与发展

沙址村位于享誉东南亚地区的佛教圣地云南省大理白族自治州宾川县鸡足山东南山脚下，隶属于鸡足山镇。这里风光旖旎，气候宜人，资源丰富，具有独特的白族村落文化和佛教文化。

一、沙址千年古村概况

沙址村背靠鸡足山岭，层峦叠嶂；前迎盆山叠迴，曲折蜿蜒；左有奶尖山；右有老泰山。这里有九峡六箐三十七泉，每逢秋季，阴雨连绵，雨量集中，水流汇集，急流而下泥沙甚多，而与河子孔水汇合后，泥沙沉积而缓缓东流汇入金沙江，故村名取为沙址。

相传沙址在唐代以前就存在，据玄奘《大唐西域记》载："迦叶承佛旨主持正法，结集至尽二十年，将入定灭，乃往鸡足山。"从此，山上僧尼云集，鼎盛时，共有360多座庙宇，常住僧5000人，成为与九华山、峨眉山、五台山、普陀山齐名的佛教圣地，不少高僧曾在此担任住持。有唐代的明智，宋代的慈济，元代的源空、普通，明代的法天、担当、大错，清代以后的虚云、自性等均在鸡足山修寺传经。而鸡足山上有高僧，山脚下逐渐就有百姓聚居，因为修寺建庙需要挑夫、工匠等劳力，久而久之，随着鸡足山寺庙建筑的扩大，山脚下的村落也逐渐形成。在尚未修通县城至扇门到祝圣寺的公路之前，沙址村是上鸡足山的必经之道。明僧大错在《鸡足山指掌图记》中曾指出："游山者，苍波山麓拈花寺过辞佛台三里，循山径西北转，至白石崖，顺冈南下二里为金母山，山下即学阴桥，桥之西为河子孔。过桥西北行一里，至接待寺，寺后上坡为九连寺。"而河子孔旁正是沙址村。沙址村的海拔为1900米，气候温暖湿润，四季如春，造就了鸡足山丰富的自然资源，同时，也为沙址人民的农耕生产创造了条件。

随着社会的发展，历史的变迁，沙址村也由小变大，由几户到十几户、几十户，直到今天拥有159户，688人，主要以农耕稻作生产为主，兼营其他副业。村民依仗鸡足山佛教圣地，男子赶马来回驮送朝山香客和游人，或外出做泥水匠木工活；妇女除耕织外兼做饮食、贸易来维持生计。故历来沙址村民就依托鸡足山的寺庙建筑和风景名胜,为朝山、观光者提供服务。特别是进入20世纪80年代以来,伴随着鸡足山作为国家重点风景名胜保护区的开发,鸡足山庙宇得以恢复重建,沙址古村白族传统石匠和木工技艺也得到了拓展。随着鸡足山旅游业的发展,朝山、旅游人数的增加,沙址村进一步规范了对马帮的管理,成立了驮马公司。如今在鸡足山上各景点从事旅馆、餐饮、贸易及山脚下大门"灵山一会坊牌"前两侧的饮食和旅游工艺品的贸易及通讯管理服务业的人员绝大部分为沙址村民。所以,依托佛教圣地鸡足山,沙址古村的白族传统宗教文化得以展示和传承。

二、沙址千年古村的文化特色

沙址村不仅依托佛教圣地鸡足山风景名胜保护区享有得天独厚的优势资源,而且还保持了白族传统古村落文化及佛、儒、道和本主信仰,形成了具有悠久历史和佛教内涵的传统文化。

（一）千年古村中的文物古迹

沙址古村历史上很早就是白族聚居之地,村民一直习用白语,着民族服装。民居沿用土木结构的古建筑,喜欢坐北朝南的风格,以此保持屋内光线充足、通风透气。村落中心有大榕树广场,广场上有用石条铺砌的石凳,供人们茶余饭后在此聚集,评说村里的事务和村民的行为规范。广场东侧有一块用水泥做成的黑板,黑板上用彩笔书写着千年古村的村规民约。原古村中还有小街,现集市已迁往东鸡足山镇旁,交易品种丰富,宾川境内四乡八寨之物无物不至,还有从大理、挖色等地来的客商,贸易十分繁荣。村西南方老泰山脚下建有上老太庙、下老太庙,在下老太庙的下面有两股一温一凉的清泉涌出,西边有大庙和二庙,而大庙神祇司鸡足大王护法神,护持鸡足山佛教;二庙神祇为沙址本主,管理沙址本境,保沙址村民吉祥平安、五谷丰登、六畜兴旺,与洱海地区白族本主庙的建筑风格基本上相同。二庙内大门过道上建有飞檐翘角、玲珑剔透的白族传统古戏台,历代来鸡足山朝山者,必须先到此行沐浴斋戒上山敬香,后下山到大庙二庙用三牲福物虔诚了愿,祈求吉祥平安、家道和谐。村东边有古老的文昌宫,大殿内原塑有孔夫子和孟子塑像,是儒者、绅士到此聚集祭拜之所。

村东南有座魁星阁,从早年绘制的《鸡足山全境图》中可以看出,以前人们要上鸡足山,都要穿阁而过,进村小憩片刻后才继续登山。据说清同治三年（1864年）,鸡足山山洪暴发,洪水夹泥石流汹涌而下,沙址村的田园庄稼被冲毁、淹没。洪水过后,人们出于对自然灾害的恐惧,认为洪灾是"鳌鱼"作怪造成的，要想消灾避邪，只有建魁星阁才能镇住"鳌鱼"。于是，沙址村民于清光绪二十五年（公元1899年）按白族传统古建筑风格建造了一座建筑物，曰魁星阁。顶层为烽烟斗拱、翘角，镶升嵌斗，雕龙画凤。底层东、西、北三面开门，来往鸡足山的香客均由阁内北门通过。楼上下四壁内外，有沙址村民画的壁画，惟妙惟肖，情境交融。楼上坐南朝北有一大神龛，内塑有魁星神像，高两米许。神像威严，而面部则呈现出悲天悯人的表情。他左手置胸前，捧着"灵官印"，相传"灵官"是一支巨笔，这是点拨人才的点斗大笔。左足后抬，脚掌朝天，掌上放着一支斗，寓意为五谷丰登，财宝丰盈，车载斗量；右脚则踏在"鳌鱼"上，"鳌鱼"旁还有监视它的两只金鸡。人们祈盼魁星除灾降恶、社会安定、风调雨顺、人民安居乐业。魁星阁毁于20世纪70年代初，现沙址村民正准备修复。

（二）古村背靠佛教圣地鸡足山

沙址村背靠鸡足山，鸡足山又称九曲山、九曲岩、青巅山。主峰耸西北，余豚掉东南，前舒三趾，后伸一趾，宛如鸡足而得名。它左靠金沙江，右临大理洱海，与苍山遥遥相望，山势雄伟，气势磅礴。山上景色优美，呈现出山峰竞秀、奇峰四起、白涧争流、古村参天的雄姿，而这些山水又使名山以雅、奇、幽、秀著称于世。

别具一格的鸡足山寺院庙宇建造，从唐代就开始，到20世纪50、60年代云南省政府还两次拨款维修。据《徐霞客游记》载：明崇祯十二年，全山寺院22，殿2、庵4、阁9，静室12。清顺治十六年（1659年），大错和尚编《鸡足山志·鸡足山指掌图记》载："大寺八，小寺三十有四、庵院六十有五，静室一百七十余处，另有轩、亭、角、堂、坊、塔、殿等一百一十余座，桥梁十八座。"清康熙三十一年（1692）云贵总督范承勋编《鸡足山志》载：有寺32座、庵院44座。直到1949年，鸡足山还有大小寺院31座。比较有特点的有：

金顶寺，建在天柱山四观峰极顶上，寺院中有光明宝塔。明嘉靖年间翰林李元阳依塔建普光殿，崇祯十四年（公元1641年）黔国公沐天波废普光殿，将昆明太和宫铜铸金殿迁置峰顶。民国二十三年（公元1934年）云南省政府主席龙云应僧人请求修建了楞严塔，登塔远眺，鸡足山全境尽收眼底，令人心旷神怡，流连忘返。

祝圣寺则是鸡足山最庞大的建筑群。原名迎祥寺，又名钵盂庵，是清代禅宗大师虚云和尚在国内外募化功德修建的，清光绪赐名"护国祝圣禅寺"。寺在古木丛中，倚山就寺，大门前有照壁，进门为池塘、石桥、八角亭、云移山、天王殿、大雄宝殿；厢房为禅堂、僧舍、藏经楼等，四周为红墙绿树，交相辉映。

传灯寺即铜瓦殿，又称铜佛殿，原名迦叶寺，在猢狲梯下，寺左有大石突起，青石白纹，条片分明，形似袈裟；而迦叶殿则居铜佛殿下，插屏山麓；石钟寺则是鸡足山古寺，居祝圣寺后面仙鹤山下，背靠狮子林望台；寂光寺在锦霞山歌坪；华严寺则背靠熊罴岗，面向九重崖。传依寺在凤凰山下，背靠万松岗；大觉寺在紫云山前，万寿庵上；龙华寺在白花山山前，右邻大觉寺；悉檀寺在满月山下，大龙潭上，背靠石鼓蜂；此外还有三摩寺、雷音寺、碧云寺等，还有慧灯庵、大智庵、八角庵、水月庵、园净庵、五华庵、牟尼庵、万寿庵和弥勒院、尊胜塔院、法云院；还有三阁，即太子阁、观音阁、大悲阁等建筑。这些建筑都保持了白族传统古建筑风格，多数殿堂为单檐歇山式，大门为飞檐翘角，凌空欲飞，檐下斗拱相承，雕梁画栋，形式古朴、典雅又大方，充分体现了白族精湛的建筑工艺。各寺庙内，灯烛辉煌，香烟缭绕，庄严肃穆。在各寺庭院中花木繁盛，环境幽静；寺外松柏苍翠，树石掩映，清泉交流，使山、水、林、寺构成了幽深秀美的景观。然而，多数寺庙在"文化大革命"期间被破坏，直到1979年以后，当地才按"修旧如旧"的方针，对金顶寺、祝圣寺、铜瓦殿、迦叶殿、太子阁、慧灯庵进行修葺，继之对九莲寺、牟尼庵、石钟寺、大觉虚云寺、大庙、楞严塔等重点寺院也进行修补、粉刷，从而使得佛教圣地鸡足山重展新颜。

（三）沙址古村中的宗教信仰

白族信仰佛教。早在南诏时期，由于统治者的倡导和支持，佛教在白族地区已然盛行，而且对政治、经济和文化都产生过很大影响。南诏王室及其官员都皈依佛法，虔诚信仰。老百姓也如此，每户供奉佛像一堂，早晚颂经。而这一古俗又一直在沙址村民中得以保持和传承。鸡仙寺院僧人每天要上殿两次，念五堂功课；每逢农历初一、十五加香赞拜愿；每月农历十五、三十两天，寺中僧侣齐集一处，共诵《本》，自我检查有无违犯戒律，有则依戒忏悔；每年四月十五至七月十五的三个月内，要定居一寺，学习佛经；寺院中最隆重的节日则是四月初八佛诞日、二月初八佛出家日、腊月初八佛出道日、二月十五佛涅槃日，都要举行佛事活动；还有七月十五佛欢喜日，也称"僧自恣日"，这天除僧众互相检举忏悔外，还举行"盂兰盆会"，超度历代祖先。此外，有一些菩萨的诞生日也要做佛事，如正月初一弥勒佛诞、三月二十一日普贤菩萨诞、九月三十日药师佛诞、十一月十七日阿弥陀佛诞，尤其是二月十九日的观音菩萨诞等。

沙址村民一直沿袭白族信仰佛教的古俗，另外，由于地理环境因素，以及鸡足山受寺院僧人佛事活动的影响，沙址村民家家户户每年都要举行朝山活动，而且几乎家家堂屋中均设有佛堂,每月初一、十五人们要到大庙中敬香,做佛事。正月初一要举行弥勒诞、初六举行太阳诞、初九举行玉皇诞。二月初八则是沙址村民的迎佛盛会,村民要举行盛况空前的接太子迎佛活动,除做佛事外,还要接回出嫁的姑娘,邀请亲朋好友来欢度迎佛节,届时,还要耍龙、耍狮子、耍白鹤,在娱佛的同时娱人,人佛共乐。二月初三要祭文昌,村内读书人到文昌宫去聚集祭拜。二月初十祭魁神日。二月十九观音会,莲池会的老太太和洞经会的老爷子们均要到观音庙祭祀。三月十五财神诞、二十日子孙娘娘诞,村民也要举行祭祀活动,三月份村民各家各户要祭祖上坟扫墓。四月初八太子会,沙址村民同样举行空前盛会祭太子,二十三日沙址村村民在上老太庙祭风伯雨司,祈求本境风调雨顺,五谷丰登。五月初五端午节,村民家家户户饮雄黄酒,蒸包子。六月初六保苗会,村民祭祀祈求佛祖保佑,禾苗消除虫灾保丰产;六月十九日观音会,村民朝九斗;六月二十五日火把节,竖大火把于村中,用小火把到稻田中驱虫,祈求消灾免难。七月十五日中元节,祭祖烧纸钱、烧包。八月初三灶神诞,祭献灶王菩萨;八月十五本主节和中秋节,也要进行祭祀活动;八月二十七日孔子圣诞,要到文昌宫去祭孔夫子,祈求孔夫子保佑本村多出文人、贤士。九月三十日药王节,全村村民祭祀药王,祈求药王保佑合境之民无疾病,吉祥平安。十月十八日是地母生日,十一月有冬至节,腊月二十三日送灶君。可以说除初一、十五斋戒外,沙址村几乎月月均有佛事节日。正是由于佛教思想的影响,沙址村民虔诚信仰佛教,同时也信仰本民族的本主,还尊崇儒学,倡导文化教育,在重耕的同时又重读,故沙址村是本境内最早兴小学教育的村落(小学最早建在文昌宫内)。

三、沙址古村的宗教文化与自然生态

沙址拥有鸡足山旖旎的自然风光,浓郁的白族风情,神秘的佛教文化,吸引着各地的文人、香客。

(一)神山古木,神圣不可侵犯

沙址人从小就受到严格的教育,鸡足山是佛教圣地神山,神山上的一草一木都不能动,否则就会遭到神灵的惩罚。所以,鸡足山上至今仍保存有高等植物80多科,500余种,特有药用植物100余种,其中有山地常绿针叶林,以云南松为主,形成鸡足山八景之一的"万壑松涛"。还有落叶阔叶混交林,有栲、栎、楠、楸、杨等种类,多数拔地而起,直冲云霄,翠盖如云,雄浑苍劲。寺院周围的竹林,是当地著名特产"香笋竹"的产区。鸡足山的花子街还保留有一小片原始森林,树龄最长的有600多年,平均树龄均在300年以上。还有苍

山冷杉、红棕杜鹃、露珠杜鹃、绒毛叶黄花木、山桂花等，这里的森林覆盖率达85%。[①]

（二）村规民约与生态环境

沙址村民长期保持着白族古老的传统，并且用乡规民约、族谱、家训的方式来协调村民与村民间行为、村民与生态环境之间的关系。相传村里以前有护山、护林、兴修水利的告示，还有革弊碑，等等。而村规民约一直在本村沿袭，只是随着社会的发展变化，以前刻石立碑转变为墙报、壁报、黑板报、大字报的方式，内容也随着社会文明进程的变化而改变。沙址村民家家户户房前屋后种有果树、桑树等林木，院坝里有各种花木，堂屋门前的横梁上筑有燕窝；寺庙、文昌宫内外松柏常青；河旁沟边栽有各种柳树护堤，防止水患。水利是关系沙址村人生活与稻作生产的命脉，故兴修水利、保护水源成为沙址人的生活准则。此外，鸡足山优越的自然条件为众多的野生动物创造了良好的生活环境，种类达100多种，虔诚信仰佛教的沙址人，由于受佛教戒律不杀生信念的影响，从来不捕杀动物。人们淳朴正直、热忱忠厚、善良好客，使得这里不仅山美、水美而且人更美，实现了人与自然的和谐发展。

四、沙址古村的文化保护内涵

设立自然保护区。为有效地保护珍稀生物种源、自然景观、历史遗迹，观察研究自然发展规律、维护自然生态平衡，合理开发利用自然资源，让自然资源更有效地造福于人民，早在20世纪80年代初，鸡足山佛教圣地被云南省政府定为自然保护区，主要保护佛教古迹、动植物。1982年，鸡足山又被国务院定为第一批国家重点风景名胜区；1984年，鸡足山的祝圣寺、铜瓦殿被国务院宗教事务局确定为汉传佛教全国重点寺院之一，为佛教活动开放场所。随着改革开放的深入，大理白族自治州被作为民族文化大洲和旅游文化大洲来建设，仍然要注重保护和开发鸡足山自然风景、佛教文化、佛教寺庙建筑群落和珍稀动植物资源。对沙址居民和村落文化的开发，则强调自然风光、佛教文化、淳朴民风的特色，真正体现"保护性开发"的宗旨，力求使保护沙址白族的传统文化与保护生态环境相统一，故杜绝在鸡足山自然保护区内再建盖与景区特色不协调的建筑物，以免破坏佛教名山的风景。鸡足山佛教寺庙的修复要"修旧如旧"，严禁在沙址村附近公路边建盖与白族居民相悖的建筑物。沙址村的居民

---

① 宾川县志编纂委员会：《宾州县志》，昆明：云南人民出版社1997年版。

建筑也要保持白族传统建筑特点，鸡足山坡地要退耕还林，保护村落四周的植被与生态。随着现代化的进程和旅游业的发展，沙址村在进行保护和发展的同时，必须保持自己的民族语言、服饰、民居、饮食的特色，并着手对文昌宫进行维修，恢复重建魁星阁等文物古迹。对传统村规民约要进一步规范传承，使白族优秀传统文化持续发展，并造福于子孙后代。

五、沙址村文化发展事项和建设项目

沙址村利用鸡足山风景名胜区和佛教圣地的丰富资源，发挥沙址村居民山下的地理环境区位优势，弘扬沙址白族人民勤劳、好客、爱清洁的传统美德，依托鸡足山，开展沙址佛教文化旅游家庭接待，开发佛教文化旅游工艺商品，增加村民收入，改善村民经济状况，实现旅游接待致富。同时，提高人们利用自然、保护生态环境的能力。

1. 加强沙址村村落文化的基础设施建设。维修村内巷道、村口道路，改善其卫生条件。在各家院内建盖卫生厕所，创造旅游家庭接待条件。

2. 加强对"神骑公司"的管理。1996年8月在各级组织支持下大理成立了沙址村驮马管理营运站。[①] 经不断发展、改善后，现发展为神骑公司，但还必须不断加强管理，保证服务。

3. 制定新的村规民约，保障儿童尤其是女童的升学率，杜绝失学、辍学、弃学经商或学龄少年进入旅游服务业，为切实提高村民文化素质奠定基础。

4. 开办旅游家庭接待人员培训班。对于佛教名山脚下典型的白族村落，要将其开发成为一个风景名胜和佛教文化旅游家庭接待村，首先还得要转变村民们的传统观念，树立风景名胜生态旅游和佛教文化旅游的观念，精心选择几家农户做示范，运用PRA（参与型农村调查评估）方法，对他（她）们进行旅游家庭接待的吃、住、玩等服务、经营管理、导游等方面的培训和参观学习，然后靠其带动全村，把沙址建成一个具有典型白族特色的旅游家庭接待村。

5. 建立沙址民俗博物馆，充分展示鸡足山佛教文化经典、法器，鸡足山寺院高僧、名尼字画，白族本主木雕像、本主故事，生产工具、生活用具、出土文物，民族传统科技、水碓、水磨、纺织机等。

6. 建立民族文化广场。按白族传统，建造古戏台，使其真正成为白族优秀传统文化的传承场所，如白族对歌、舞蹈、洞经古乐、唢呐、耍龙、耍狮子、

---

① 宾川县地方志编纂委员会：《宾川县年鉴（1993—1994）》，芒市：德宏民族出版社1998年版。

耍白鹤、民俗宗教活动迎佛、接本主、骑马迎新娘、抬轿子接新娘等，使游客亲身参加到民俗活动中，真正领略民俗文化的内涵，吸引更多的游客，从而使村民在传承本民族传统文化的同时，又增加了经济收入。

（原载《中央民族大学学报》哲社版，2004年第6期）

依台构舍的诺邓古村白族民居及古墓建筑

位于大理白族自治州云龙县诺邓镇的诺邓村，是形成于南诏国时期的以盐业为主的白族村落，根据唐樊绰《蛮书》的记载，已有一千多年的历史，[1][2][3][4]是目前云南省所发现的罕见千年古村，南诏时期遗留下的盐马古道穿村而过。村内现存有古道、寺庙等众多明清时期的民居建筑、以玉皇阁为主的宗教建筑，以及古村周围的古墓建筑，都具有较高的历史、科学、艺术价值。

一、盐马古道上的诺邓

白族千年古村诺邓的兴盛，与盐马古道的繁荣分不开，盐马古道的兴旺繁荣，又与古村盐业发展相联系。正是盐业经济的发展，促进了古村传统文化的形成，使一代又一代诺邓人在这里生存发展。

盐马古道起于汉，兴于唐，盛于明清，是世界上地势最高最险的经济文化传播古道之一。同古丝绸之路一样，是一条连接不同地域文化，打通中国对外经济交流的世界文化走廊。千百年来，在古道上行走的马帮是古道的开拓者。在古代，马帮是中国西南山区特有的交通运输方式，也是盐马古道上一道壮丽的风景线。自南诏、大理国时期，诺邓的盐马古道已经北通吐蕃，南通金齿腾越等地。

明朝时期，政府在诺邓设立"五井盐课提举司"，是全国七大盐课提举司之一，也是通往滇西各地盐马古道的轴心区域。

明清以来，以诺邓为中心，古道东向大理昆明、南至保山沧宁、西接腾冲缅甸、北连丽江西藏。盐马古道因盐茶而兴盛，自唐至明清，古道一直都是运输茶叶和盐等生活用品进藏的重要通道。对茶叶和盐的特殊需求，促进了盐马古道的兴盛和发展，也带动了边地的经济发展。盐马古道促进了中华民族的大

---

[1] ［明］李元阳：《嘉靖大理府志》，大理白族自治州文化局翻印，1983年。

[2] ［明］李元阳：《万历云南通志》（第6卷）·盐课，龙氏灵源别墅据万历元年大理府原刻本铅字排印，1943年。

[3] ［民国］周钟岳：《新纂云南通志》（第147卷），云南省印制局铅字排印本，1948年。

[4] ［唐］樊绰：《蛮书》（第7卷），引自云南史料丛刊（第2卷）《云南管内物产》，云南大学出版社1998年版。

融合，形成了独特的地域文化。

诺邓古村见证了历代王朝在云南的变迁，目前它还保留着滇西地区最古老、最集中、最完整的明清古建筑群和明清文化遗踪。现存一百多座依山构建、形式多变、风格典雅的古代民居院落，有玉皇阁、财神殿、关圣殿、吕祖阁、龙王庙、万寿宫等明清时期的众多庙宇建筑和盐井、盐局、盐课提举司衙门旧址以及驿路、街巷、盐马古道、古墓等古代建筑，还有1000余件散落在民间的古董、文物、字画牌匾、古老家具什物，以及洞经花灯音乐、传统工艺美术、节会庆典活动及传统规矩礼道等非物质文化遗产，都蕴含着丰富的白族传统文化资源。

诺邓古村位于云龙县城北部的山谷中，包括古村周围的各自然村在内，诺邓行政村全境东西宽7.6公里，南北长8.35公里，总面积32平方公里，地处北纬25°54′00″~25°58′31″，东经99°21′13″~99°21′45″之间。全村最高海拔2940米，最低海拔1750米，年降雨量为800毫米，年平均气温在12℃~20℃之间。这里矿藏丰富，盛产井盐。明清鼎盛时期，全村有400多户人家，3000多人。2000年全村有263户，932人，耕地1395亩。2010年诺邓村共有白族居民579户，2079人。现有耕地面积40015亩，2010年经济总收入693.8万元，人均纯收入2087元。1996年盐井被封，停产至今。现以农业为主，还兼营其他副业，如烧砖瓦、煮盐、副食品加工等。由于产业的变化，这里的人民并不富裕。然而，诺邓却保留了白族千年古村的文明传统，民风古朴，民居依旧，是崇山峻岭中古老而优美的白族千年村寨。

历史上诺邓村曾一度作为滇西地区的五井工业中心之一，在《嘉靖大理府志》所列市肆中地位重要。[①] 古代诺邓的"茶马古道"，东向大理，南至保山、腾冲，西接六库片马，北连兰坪丽江。由于诺邓历史上兴盛的制盐业，并为"南方丝绸之路"古道要冲，旧时诺邓马铃声不绝于耳，往来客商多如行云。

诺邓一词系白语（nuò dèng）的音译，意为有老虎的山坡。据《万历云南通志·盐务考》载：诺邓为南诏时的遗留村。"汉代云南有二井，安宁井、云龙井"。[②] 又据《新纂云南通志》147卷《盐务志》称："清《盐法志》载云龙井大使四员，又证《滇系》所载诺邓井在云龙州西北三十五里，所辖有石门

---

① [明]李元阳：《嘉靖大理府志》，大理白族自治州文化局翻印，1983年，第114页。
② [明]李元阳：《万历云南通志》（第6卷）·盐课，龙氏灵源别墅据万历元年大理府原刻本铅字排印，1943年。

井，乾隆时诺邓师井二大使已裁，今存大井一人。"①。而在唐代《蛮书·云南管内物产第七》中也有："剑川有细诺邓井"的记载。② 在南诏时期，云龙境内澜沧江以东一带属剑川节度地，细诺邓即今天的诺邓井。"细"为白语"新"之意，意为新开凿的盐井。这些记载证明，诺邓最迟在唐代就已开井制盐，是以盐井为生的村落。到了明代，诺邓分属师井、上五井两地巡检司管辖；清代改属上五井里、诺里，治所仍在诺邓井；民国三年（1914 年）改里为区，分属一区和二区，民国十九年（1930 年）诺邓为第三区所辖，治所设在诺邓；民国二十八年（1939 年）分属上里镇及诺里乡，并将诺邓改乡为镇。中华人民共和国成立后 1950 年，诺邓分属第二区，1962 年属石门区管辖，1971 年改为石门公社，1984 年改设石门区，辖诺邓、果郎等 10 乡，1988 年撤区设乡镇，诺邓村改属果郎乡。③ 2005 年 9 月，撤销果郎乡和石门镇，合并成为诺邓镇，下属石门社区和诺邓村委会，诺邓古村属诺邓村委会管辖。从樊绰《蛮书》成书年代，即唐懿宗咸通三年（公元 862 年）计，诺邓至今已有 1151 年的历史，④ 是云南境内少有的千年村名（诺邓）不变、村民（白族）不变、习用语言（白语）不变、生活方式不变的千年古村落。

诺邓村的文化遗产资源主要以民居建筑为核心，分布在天子沟两侧，上片区占有 65% 的面积，主要建筑有台梯集市、北山民居、道长月台、提举司衙门、棂星门、玉皇阁、文武庙建筑群等；下片区约占 35% 的面积，主要有盐井、龙王庙、万寿宫、盐局、贡爷院等。

根据 1999—2002 年对诺邓村古建筑情况的调查，诺邓古村包括以下文化遗产资源：

诺邓古村共有 168 个院落，其中明清和民国时期院落 103 座，1950 年至 2000 年修建的传统民居院落 65 座；有明清和民国时期的寺观、庙宇、宗祠建筑 20 多座；有古街巷、村道 5000 多米，有百年以上的古树名木 200 余株；村内居民家中还保留有上万件的民族民俗文物、古董。在这些被保存的古建筑中，有 1 项州级文物保护单位，24 项县级文物保护单位。100 年以上院落有 76 个，

---

① ［民国］周钟岳：《新纂云南通志》（第 147 卷），云南省印制局铅字排印本，1948 年，第 14 页。
② ［唐］樊绰：《蛮书·云南管内物产第七》，载云南史料丛刊（第 2 卷），云南大学出版社 1998 年版，第 64 页。
③ 杨宗汉：《云龙县志》第一篇·建置，北京农业出版社 1992 年版，第 56 页。
④ 郑天挺等主编：《中国历史大辞典》（隋唐历史卷），上海：上海辞书出版社 1995 年版，第 734 页。

占总院落数的 45%；1949 年前建设的院落有 27 个，占总院落数的 16%；1949—1979 年建设的院落有 9 个，占总院落数的 5%；30 年内新建的院落有 56 个，占总院落数的 34%。诺邓古村目前产权关系明晰，但长期无人使用的院落共有 12 个（其中长期租借院落有 2 个），占总院落数的 7%。

诺邓古村风貌和古建筑中存在不同程度的人为破坏和自然破坏两种情况。一是人为因素造成破坏的有 76 院落。其中，墙体破坏有 59 户，破坏面积约有 1905.4 平方米；安装太阳能导致整村风貌破坏的有 13 户；房屋装饰性破坏约 242 平方米；院门新建破坏 11 户，33 平方米。二是由于地质灾害、地震等自然因素的破坏，古村中 98% 以上的古院落普遍存在柱体和墙体倾斜、开裂，屋面损坏，地基下沉，柱梁腐朽等多种问题，并导致正房或厢房倒塌等情况的产生，少数古院落已存在较大的安全隐患。

然而，诺邓古村最大的特色就是依台构舍的古朴民居建筑，在现存民居建筑中，如以院落为单位计算，明、清两朝的建筑有 90 处左右；民国以后的建筑有五六处。另有寺庙、祠堂、牌坊等公共建筑 20 处，大都是明清时期的。以年代来看，最古老的建筑物是木结构的元代"万寿宫"；其次是明朝建筑，村中尚存三四处；绝大多数建筑是清代建筑。许多庙宇如玉皇阁、孔庙等，虽然为明朝建造，但已重修，因而划入清代建筑。诺邓村民居几乎都建筑在山坡上，依台构舍，有些地段非常陡峭，要垒高大石台做墙脚。诺邓北山坡民居层层叠叠、密密麻麻，沿着陡峭地势，前后人家之间楼院重接、台梯相连，往往是前家楼台后门即通后家的大院。清代云龙知州王符形象的描写道："峰回路转，崇山环抱，诺水当前，箐篁密植，烟火百家，皆傍山构舍，高低起伏，差错不齐。如台焉，如榭焉，一瞩而尽在目前。""叠岸分货径，重楼满集阿。"诺邓民居建筑虽大小不一，可都是古建筑式样的瓦屋楼房，古色古香，完整地保存着山地白族传统民居的风貌。

根据杨希元先生介绍，诺邓古村修建于明、清、民国三朝的古院落还有 100 多座。而在他小时候，诺邓村的古民居院落大概有 200 多座。①

诺邓北山民居依山构建，层层叠叠，而河东民宅因地势稍缓，宅院相对建得宽平完整些。古诗言诺邓河是"双桥镇小狭，水细未成河"，这一带的民居建得宽平完整，故有"丛山怀抱，诺水当前"的描绘。诺邓民居有"四合"（一正两耳一面房）式、"四合五天井"（一户人家有五个院）式、"三坊一照

---

① 杨希元先生为诺邓古村人，20 世纪 50 年代中出生于诺邓，后来相继在云龙县担任中学校长、旅游局局长，2000 年开始参与诺邓的保护与开发，宣传诺邓古村文化，是诺邓古村文化的保护者。

壁"（一正两耳）式、"一颗印"（正方形的房子）式等多种形式。无论什么形式，它们的建筑风格都充分体现人与自然的协调适应，其外墙、内墙和门、窗、架、柱、檐、枋、檩、屏风、照壁等都有鲜明的特色，不仅重视整体造型和局部结构的严谨统一，而且注重传统工艺和雕刻图案的美观精细。

诺邓民居的四合院，不同于平原地区，也和大理坝区的不一样。许多院落正房与厢（耳）房、面房高低错落不在一个平面，故形成了前后左右屋面瓦檐上下层层递接的"五滴水四合院"或"四滴水""六滴水"等屋檐现象。一些民居由于建在陡坡之上，便形成了一种特殊"台梯式四合院"，天井之内有三四层台面，逐级上堂，风格别致。又因诺邓村地面有限，很多民居的安排都很紧凑，精巧玲珑，有一户人家的小四合院天井面积只有一平方米多一点，堪称袖珍小院；而村中最大的院子则有100多平方米。

由于地形特殊，可以说每一院诺邓民居都具有非常明显的"个性化"特征。如"道长家"（村委会）的月台，这种月台通常只在寺庙中才有，在民居中出现是极其罕见的；又如贡爷家前堂的屋梁焚迹、进士旧居的中堂图案、灶户人家的煮盐厦屋、"走马转角楼"的风水造型、银匠故宅的朴实古旧、黄桂旧居的文人兴味等，看似一样的四合院，其实皆不雷同。

诺邓民居家居环境的功能、性质十分明显地反映着典型的儒家思想文化特征，如正房、偏房、面房的安排，主次位置的摆布，以至室内的摆设等，无不包含着中国历史文化"正统"精神的基本原则。其中，有一定风水"堪舆"的特点、有"易理""五行"的内涵、有忌讳规避的规范等，每一座建筑物的高低大小、上下左右都有一定的、严格的规矩，比如大门、小门、前门、后门的高宽长短都是有规定的，要与"小黄道"字数排列出的组合等相符合。因此，诺邓民居建筑，有其独特的历史文化内涵和特点。

二、红墙青瓦的建筑风格

白族民居长期受儒家文化的影响，属于中国古建筑范畴。但是在漫长的历史进程中，由于白族先民的不断继承和创造，结合当地的建筑材料、气候、地理条件、文化艺术等，又具有其独特的风格。在屋面、木构架、飞檐、斗拱、木雕、门窗、装修、藻井、台基、阑干、彩画、庭院布局等方面，日臻完善且自成一体。

（一）石木结构的硬山屋顶

诺邓白族民居的建筑形式及基本构造和大多数白族地区一样，但是又有自己的特点。一般白族民居平面布局多以三个开间组成一坊为单元，两边住人，开间一般3.3米至3.6米。中间为堂屋，开间一般为3.6米至3.8米。进深5至6米。前设走廊，前檐柱至金柱中距1.8米至2.0米，单层走廊上盖瓦屋面，并有大出厦和小出厦之分。楼层走廊安木栏杆。民居一般为二层，硬山屋顶。

诺邓庭院布局一坊单元房子，可以单独加围墙、厨房、厕所等建成为一般普通民居建筑。也可以组成"三坊一照壁"的形式，即由三坊单元房子同一方围墙即照壁组成三合院。在"三坊一照壁"中主房比厢房室内水平高15厘米左右，主房与厢房的交接处在转角小厦上设麻雀台及两个漏阁，漏阁一般由比主房进深及开间浅小的两两间房子组成，连接于主房并用围墙联系组成小天井，漏阁可做厨房及堆放杂物用。"四合五天井"可以做成有走廊小厦瓦屋面，四坊房子楼层相互不连通的式样。也可以做成四坊房子楼层相互连通不设小厦瓦屋面，而是设楼层走道为木栏杆的形式。

诺邓白族民居一般都是石木结构或土木结构。青筒板瓦屋面，墙裙及墙角是用麻条石支砌成直立平放的形式，后檐墙、山墙墙裙以上用毛石墙或土基墙。屋面出檐除正面两山墙内皮之间做成木椽出檐外，其余抬青石板飞檐石，后檐墙抬大号飞檐，山墙抬中号飞檐，正面墙角抬青石板虎牙，在飞檐石下还安飞砖、飞瓦。屋面檐口飞檐石的设置是白族民居区别于其他民居建筑的一大特色，别具一格。

诺邓白族民居的木结构大架是做成古建构架结构，屋面硬山形式，有五架梁、七架梁等之分，根据房屋进深决定梁的架数。大架一般做成金片结构或工字形构架结构。大架是用立柱和横梁以榫卯组合，数层重迭的梁架逐层缩小加高，直到最上一层承托梁檩中脊。屋面檩条除屋脊是用三根即一根枋木挂枋，两根圆木盖梁叠合外，其余为一根枋木挂枋和一根圆木盖梁叠合。挂枋下再设千斤担。在檩条间根据板瓦宽度钉椽子。建筑物重量全部由构架承担。墙壁只起围护作用。楼面承重梁多用二根大枋叠合组成，上面再加扣承枋，控制楼楞位置。在走道檐柱外边，大插伸出柱外皮的部分一般雕龙、凤、狮、象等兽头，这些木结构的做法地域性和民族性较强，均有别于其他民族和其他地区。

（二）风水意义的照壁

诺邓古村照壁又是中国受风水意识影响而产生的一种独具特色的建筑形式，北方称之为"影壁"。风水讲究导气，气不能直冲厅堂或卧室，否则不吉。避免气冲的方法，便是在房屋大门前面置一堵墙。为了保持"气畅"，这堵墙不能封闭，故形成照壁这种建筑形式。同时，为了遮蔽风雨，家家都有照壁，照壁除具有挡风，遮蔽视线的作用外，还有一个重要作用是采光。当太阳西下时，阳光直接打在照壁上，再反射到屋里，可以让屋内依然敞亮，所以称之为"照壁"。

诺邓民居中的照壁是白族人民最喜爱、并具有艺术欣赏价值的建筑。照壁的构造、雕塑、砖雕工艺、彩画工艺反映出白族人民的文化艺术和白族古建筑的风格。照壁有建造在村头或庙宇前面的，有建造在民居中的。村头照壁和庙宇照壁是独立的，墙较厚，一般约80厘米左右，高约5米左右。民居中的照壁中间高两边低以泥作工艺为主，墙厚一般为60厘米，中间部分高约6.5米左右。两边高度控制在照壁墙头瓦脊顶低于厢房二层檐口虎牙下皮，比中间照壁低1.1米左右。照壁的墙裙是双面支砌直立平放条石，高约1米。墙裙上皮支砌腰线石。腰线石以上用普通砖及3厘米厚翼形花边砖和薄型砖支砌，做出柱面及檐口不同类型的分空花格饰面，在不同大小类型的花空中可做雕塑或者彩画。檐口花空以上做砖挑，砖雕花板或变相斗拱的观音合掌砖雕花饰等。斗拱上挑飞砖、飞瓦、飞檐石。在飞檐石上用纸筋灰做泥塑花饰封檐板，飞檐石上起坡盖瓦。中间部分照壁的檐口要求起翘在20厘米左右。中间照壁要求两墙角檐口也安设飞檐石，墙头瓦面做成四撇水式样并要求四角在垂直方向起拱外，在水平方向外挑与中间部分连成自然曲线。墙头瓦面的檐口及瓦脊的起翘要做得自然美观。照壁成型后，则用纸筋灰细心粉饰，檐口四角做凤头等雕塑。照壁中间安设高级彩花大理石，或安贴书写有"清白传家""紫气东来""苍洱毓秀""耕读传家"等汉白玉大理石。经过纸筋灰粉饰后的照壁，再通过白族民间艺术画匠的传统精心彩画，反映了白族建筑文化艺术。民居照壁也有简易做法，即檐口不做斗拱花饰，飞檐石下只做飞砖、飞瓦线条及花框、花格、彩画也以淡墨彩画为主。这样做成的照壁较为经济，民间所设较多为"三坊一照壁"中的照壁和"两坊一照壁"中的照壁也各有自己的特点。

玉皇阁前面的照壁是诺邓村最厚的一座照壁，有一米多厚。村民到玉皇阁进香就必须从台上往上去，才能到玉皇阁大殿。诺邓村北坡的民居建筑三坊一照壁，在门檐上都雕刻着非常精细的图案，诺邓村的民居建筑都非常重视照壁建筑的雕刻图案。村中几乎每户人家的正房、厢房外都有照壁，但由于正房、厢房和厅房依山势高低错落，所建的照壁就显得高大又顺应各家的自然特征。正房和厢房以及照壁正是高低错落的摆布，这样一来，照壁就显得高大壮观。照壁上的画都喜欢书写一些字画或者图案，也有的书写福字，来表示家庭幸福平安。

彩画在诺邓民居中占有重要的地位，它集中反映了具有悠久历史和丰厚文化的白族人的审美意识。在诺邓民居的外墙、照壁、大门及房屋檐口部分到处是古色古香的民间彩画。这些彩画既有多种类型的花边图案，也有浓重地方色彩的山水人物画及用毛笔写的诗句。诺邓民居的彩画别具一格，不同于清式彩画中的"和玺"彩画、"旋子"彩画及"苏式"彩画而有其民族特色，是历代能工巧匠经验和智慧的结晶。首先从色彩上讲，自古以来白族喜爱白色，以白色为吉祥，所以，民居建筑墙面多为白墙，照壁墙中间部分不能随意着其他色，一定要用白色。瓦檐下作画底板一定要白色，后檐墙上花墙要白色，在白墙上面彩画着色以素雅清淡为特色，给人以幽雅舒畅之感。屋檐下各种形式的花格边框及出线花边图案可稍为艳丽。彩画色调以黑墨及石兰、红土、土黄等石色矿物颜料为主色，其他石绿、银朱、石黄等色调为铺助点缀施用。因白族民居的大部分彩画是在建筑物外墙上绘制，而建筑物外墙要经风雨和日晒，所以要求不能变色。为了防止变色一定要用真的矿物颜料，经除硝后和胶液按一定的比例拌制而成，其次要等墙面干燥后才能上色着墨。

（三）五滴水四合院及一颗印建筑

诺邓村四面环山，村子最低处海拔为1900米，最高处玉皇阁海拔为2100多米，高差较大。除了东面山麓"龙王庙"后有一小块稍为平坦的台地外，所有的民居几乎都建筑在山坡上。诺邓村民居建筑式样基本与大理地区的白族民居相同，有"三坊一照壁""四合一天井""四合五天井"等建筑布局，但由于依山而建，构思奇巧变化，风格也呈多样性。无论是四合院，还是"三坊一照壁"式结构，平面组合都结合山形地势特征。因此，诺邓村民居建筑又呈千姿百态的外观，充分体现人与自然的协调与和谐。

例如，诺邓村民居中的五滴水四合院，由于当时诺邓村盐业兴旺，带给了村民们富足的生活，于是各家各户在住房上也就十分讲究，村里每一幢每一院建筑，内部结构及雕饰绘彩等工艺风格都具有较高的美学价值，无论走进哪一个院落，都会看到有两扇门，门头的雕刻都十分精巧，门前有三层雕镂；有的门前只有两层雕镂。然而"五滴水四合院"与其他的四合院所不同的是：正房、面房、厢房并非在同一水平上，而是正房在最上，往左右两边顺梯而下是左右厢房，最下面才是面房，这样的构造格局适应了山地的地理环境。因为，诺邓村内平地极少，房子基本都盖在山坡上，可以说是因地施材，因山就势。又由于地势高低不平，造成了瓦屋面的参差交错，如果下雨，雨水由上至下，可以流经五层檐面，"五滴水四合院"由此得名。如今在村中，绝大多数院落还都保留有这样的建筑风格和特点。

又如村中最古老的建筑"万寿宫"，据记载为元代建筑，是当时外省客商的会馆，到明初人们将会馆改为寺庙，称为"祝寿寺"。但后来很长一段时间这座寺庙凄凉荒落、一片狼藉，到明朝嘉靖年间，一位名叫李琼的提举重新修建该寺，到明末后又改名为"万寿宫"，屋内还留有碑文。"万寿宫"从"文化大革命"时期开始就成为村民的住房，现在还有部分木架结构，前楼木架构基本完好。

再如村中所占平地面积最大的一所民宅"四合五天井",这所四合院中间有一个大天井,四边有四个小天井,因为面积较大,所以即便是厢房、面房也都设有堂屋,三四兄弟独立门户同住一院仍绰绰有余。因为四面楼房相通,可以巡回来往,这种结构也被称作为"走马转角楼"。

儒家风范的驻屋空间结构。诺邓村各家正房堂屋的摆设与中国传统的民间摆设一样,有案桌、八仙桌、太师椅、虎凳,长幼尊卑,严格按儒家礼节规定。堂屋左边的上房住父母,右边住大儿子,堂屋中间有一块面板,面板后还有窄窄的一小间内室,子女结婚的话也可以住这一间,如家中有丧事可以把外边面板拆了,堂屋正中的地方就用来放置棺材,吊丧者便在前边向逝者叩头跪拜。

堂屋楼上通常都不住人,主要是供奉同白族宗教和祖先祭拜有关的摆设,主人每天早晨都要在这里上几柱香,祈求上苍赐予恩泽;还要对先祖祭拜一番,表示不忘根本。因为诺邓产盐,人们还敬赵公元帅,希望财神能给他们带来滚滚财源;同时还敬儒家的文昌、佛家的观音、道家的玄武。村民们尊儒又信佛还信道,体现了三教合一的宗教信仰。

诺邓"一颗印"四合院的民居建筑。在"一颗印"四合院里面同样也有正房、厢房、面房等,同样也体现了山地民居因山就势的特点。院子四边墙的长度和宽度都是一样的,而且它造型小巧玲珑,很像一颗正方形的官印,这种正方形结构就是"一颗印"四合院。白族常把方正建筑的民居称为"一颗印",民间"一颗印"建筑是平面接近四方形,外观方而如印。其建筑特点是省地、避风、抗震、安全、紧凑、严谨、内聚等。还具有可分、可联、可扩、可缩的完整标准化单元等优点。例如,田家的老宅院坐落在北山坡的村子中间,因受后有人家、前有公共路道的限制,宅基地无法拓展,便因地制宜、精心构思设计,在坡地处垒起了两台石基,最高处达 3 米多高,后台建盖正房,前台上安排耳房、大门,相对应的两栋耳房长度只有 3 米左右,左侧安有一道木楼梯,可通达正房和耳房的楼层上。白族讲究大门一般不正对堂屋,避不开时就得在大门里面装修一道木屏风,"一颗印"可谓破了一个例,主人在大门上叠加了照壁的功能,形成了三坊一照壁的样式。踏过五级石梯,进了大门再往左或往右前行几步,登上三级台阶,就到了堂屋,院内布局精巧,院场长度仅为 1.5 米,宽 1.3 米,天井由于五叠水屋檐的伸出,显得比院场还要小一些。大门通风,院场排水,天井采光,生活在如此小巧的天地之中,也别有一番心境。体会和品味诺邓"一颗印",人们可以真正感受到心宽不怕屋窄的文化内涵。

再如贡爷院,因为这一人家古代出了好几个贡生而得名,以前有一块照壁,现在已经倒塌了。从左边大门里进去,还有好几个院子。左边这道门进去就是一个院子，也是典型的四合院。这里有一个台阶式的天井，叫台院，是第二个院子。这个院子的建筑格局和前边那些四合院也是一样的。还有一个院子，穿过小门再有一个院子。从一扇大门进来，就一共有4个院子。诺邓村的民居都是因山就势修建的。一家高过一家。前后人家之间楼院重接，台梯相连，往往是前家楼上的后门就可以通向后家的大院。贡爷院梁枋上的雕刻是文房四宝，突出了读书人的特点。

"道长家"的月台。在白族居民建筑中，通常一般民居家里是不能有月台的。因为，月台一般只能出现在庙宇里。但在诺邓民居"道长家"就建有月台，月台是道长用来做法事用的。因此，"道长家"的房屋建筑与其他民居不一样，就连窗户和走栏都与其他民居不太相同。"道长家"圆形的窗户是蝙蝠窗，下面是万字窗。中间瓦片上的图案，有的是咒符，咒符是用来避邪的。当然，"道长家"的房屋和其他民居一样，也是白族传统民居的四合五天井。只是后来被重新改造，前边的两个天井不存在了，而后边的两个天井还在。"道长"名字叫孙声扬，他是一位秀才，是当时云龙、永平一带有名的风水先生，可以算得上是地方上的精神领袖。所以，当地人称他为"孙阴阳"。

尽管诺邓各家的民居建筑各有自己的特点，但是精雕细凿的古典门窗则是诺邓民居共有的独具风格的建筑特色。

三、精雕细凿的古典门窗

门窗作为民居建筑的重要组成部分，历来受到各民族的重视，结实耐用而又工艺精湛。特别是大门，作为民居入口，门处于建筑的显要位置。在许多少数民族中，门的形式都比较有特点，白族民居的门楼是白族民居建筑的一大特色。

（一）形式多样的门

诺邓白族民居中的大门。大门是白族民居的重要组成部分，它荟萃了白族古建筑文化中的精华，包括古建中的梁、枋、斗拱、挂落、博风、门簪及曲线优美的屋面。它的艺术处理，是经历代劳动人民长期努力和经验的积累，创造了许多美丽动人的艺术形象。在制作中，不仅借助于木构架的组合及各种构件的形状及材料质感，进行艺术加工，而且使功能和艺术达到协调统一的效果。

诺邓民居大门的式样丰富多彩。通常除木门外全部是泥作三滴水式样，也有全部是木作或泥作的一字平屋面做成硬山或撇水庑殿式样，等等。在以木构架为主的大门中由于门第之分其斗拱还有一斗七架、一斗五架和一斗三架之分。但不管做成什么式样，大多数大门都靠山墙而设置，称作过山门。大门的做法都比较讲究。三滴水大门的构造尤为复杂。大门屋面两侧"两滴"的整个结构是在突出山墙面约50厘米的大门墩上所制作，门墩下部细凿条石支砌，外边内角呈外八字，上部结构类似工艺复杂的照壁做法。中间"大滴"是木结构，其做法是首先按大门净宽立二根方柱连接于山墙大架上，大门位置设若干走道。山墙大架金柱做成方柱可以代替一根门柱，另一根门柱设在前檐柱位置，但比前檐柱高，其高度至支承大门屋面椽子的梁檩上皮。并在距离门墩水平距离约60厘米外设二根灯笼短柱，下端支承在门墩腰线石上，上端支承大斗下的枇杷枋，木插头穿挑出灯笼柱的部分雕伏地狮兽头，在大门二根立柱之间设门枋、门槛，在上槛上方安"垛木方"，全部斗拱挑头木根部做穿榫，连接在"垛木枋"上。大门木结构的斗拱构造是在大斗上设置逐层外挑头木。每层挑头木上部都安有拱板，其拱板做成通长的，延伸至两头成为侧面的挑头。侧面的拱板延伸到正面成为正面斜角外的挑头，在每个挑头前端均雕有龙、凤、狮、象等兽头。在上下挑头间安有小升，在大斗之间又设有象座。象座上又再有挑头木，每层挑头之间交叉安设观音合掌雕花板。在翼角处斗拱上方设老角梁、仔角梁，在角梁梁端雕制斜角大凤头。檐檩支承在悬挑斗拱外檐上层，在檐檩两头起山逐渐抬高，形成斜坡钉制木椽。木椽后端必须延伸到山墙大架与大门立柱之间相连的梁檩上。中间支撑在高度齐仔角梁上皮的外层梁垛木上。垛木上口开槽支椽子，椽子前端再安飞椽。翼角飞椽用钢销或长15厘米圆钉相互串连。椽头钉双层雕花封檐板，椽子上皮钉压檐板，后盖青筒板瓦屋面，大门正面在灯笼柱之间。在支撑大斗的枇杷枋下安设照面枋、花枋、画枋、挂落等雕花构件。大门成型后经过精心彩画装饰及油漆成为具有工艺价值的成品。其工艺之精湛，结构之艰繁，使人叹服。

诺邓白族民居的大门开在东北角上，入口曲折，由外部进入内部，有一个过渡空间，称为门道，门道的尽头是一面矮墙，干净的石灰墙上绘有水墨画或者书有文字，墙角多有一株翠竹，形成一个引人入胜的空间，这种空间增加了户内的隐秘性和安全性，达到一种与世无争的含蓄美。

同时，诺邓白族民居十分讲究内部装饰，正房明间底层不论民居大小，都用6扇雕花格子门，其形式和比例尺寸已基本定型，普通雕花格子门市场上有售，新居落成后，买来装上即可。大型民居的格子门要根据堂屋的高矮宽窄专门制作，为镂空精制木雕。雕花内容有"西厢故事""八仙过海""渔樵耕读""四景花卉翎毛""珍禽异兽""博古陈设"等。一般选用楳松、批木或者青皮树做板材，分二至四层，甚至是五层进行镂空透雕，雕刀有四五十种。雕好后，用油漆彩色，局部贴金，栩栩如生。

次间门窗雕花形式有"矿工花"式的支撑窗和小条窗两种，前者门窗的雕花形似"丁"字或"工"字形的条花，互相支撑着；后者窗花木扃心部分作圆块浮雕，或作方眼格，或装"美女框"式的玻璃窗，窗上雕有透气花格，下部槛墙做成木质裙板，上有浮雕，形式精致，雕工手法多变，花纹图案多种多样。

楼层窗花多雕成透气的小条窗，有的中间为木质裙板，上有雕花图案，有的做成"美女框"，内装玻璃。梁柱上的雕刻装饰分插梁、梁头、花姑、柁磴等。古老的房屋的梁柱的梁头多雕成回纹、云纹、鳌鱼、蛟龙、彩凤等，往后演变成较为生动的龙、凤、象、麒麟等，近期多雕成奔跑的兔子、麒麟等。还有的用拼贴的方法加厚檩头的左右两面，使其更加圆浑饱满，增强雕刻物的形象感。

门楼从空间上可划分为入口大门、院门和室内的门，这三道门使整个建筑空间井然有序地排布，形成多层次的入口空间，私密性强且生动有趣。

入口大门。诺邓古村民居的入口大门是整个建筑的精华所在，在古村里大家小户都重视门楼的建造。其门楼建筑艺术水平的高低，可看出其主人的经济地位，也是光宗耀祖的一种标志。入口大门分为有厦大门和无厦大门两种。有厦大门是瓦木结构的斗拱式构造，无厦大门是砖石结构的拱圈式构造。不同的门楼结构形式是白族在经历不同历史时期时，其不同的主流文化和外来文化对白族民居建筑产生影响的反映。有厦大门是诺邓古村应用最为普遍的大门形式，多存在于明、清时期的民居建筑中，其历史悠久，坚固稳定。有厦大门又分为出阁式和平头式两种。大多都是仕宦大户人家修建出阁式有厦大门，普通的百姓家庭则修建简单的平头式有厦大门，例如：出阁式大门装饰华丽，结构复杂。门楼底层由青石砌成石台阶，左右两边用大理石或青石砌门堆，之上是青砖砖柱，再上是木结构殿阁式造型。门楼斗拱重叠，玲珑剔透、雄厚稳重，构图严谨精美，错落有致。有厦门楼的构成形式充分表现出传统木结构建筑的结构美学观。斗拱层层出挑，榫卯咬合，两层翼角升腾，起翘很大。门楼上的雕刻精美。有厦大门中的平头式门楼形式相对简单，但也与出阁式门楼一样形成完整的构图。平头式门楼上方少有精美的雕刻，仅有一排小披檐，檐口用砖瓦封檐。无厦大门大多产生于民国时期，用砖和石砌成拱券门，是近代外来文化与诺邓民居相融合的产物。拱券门头常用大理石镶刻显示家风及身份的文字。无厦大门有强烈的近代欧式建筑构图特征，几何构图感强烈。诺邓白族民居以有厦式"三滴水"门楼最为精美，门楼采用殿阁式造型，飞檐串角，大门、瓦檐裙板和门楣的木雕十分精美，门座用精雕青石砌出图案。其他部位配以石雕、彩画、石刻、大理石镶嵌，形成丰富多彩的立体图案。整个门楼端庄宏伟、均衡对称、高雅古朴，和谐优美，为较大院落所采用。白族民间把"三滴水"门楼称为庭院的"龙头"。

院门。院门即诺邓古村白族的第二道门，普遍多见为石砌的门洞，是进入庭院后的一个过渡空间。门洞不仅具有较强的私密性，而且具有浓厚的趣味性，是一个小而怡人的过渡空间。在大门与院门之间有一白色的照壁，照壁上常有题字，且有雕刻精美的大理石屏风图案。图案精美，具有较高的欣赏价值。

室内门。白族室内的门很多，走廊口及正房明间底层安装的格扇门，也就是"格子门"，是白族室内显示木雕艺术最精彩的地方。格扇门有三合六扇，可根据天气选择打开或关上的数量。同时在需要的情况下可以很方便拆下来，以增大廊道的空间。每扇格子门为五块木板合制成，分成上、中、下三部分，上下为两个面积相同的大矩形木板，中间则为一小矩形木板。每块木板上都有木雕，十分精美。白族民居不论规模大小，都采用雕花门形式，表现内容丰富。

（二）不同风格的窗

诺邓民居内部装饰的窗户，据笔者在1999年调查时的统计，全村仅窗棂的样式规格就有400余种，各式各样的窗棂古朴典雅，其中最为突出的样式为"宫式（或称'万式'）窗""菱花窗""书条窗"这几大类，而且这些院落内部的构造装饰、图案雕刻都非常鲜明地体现着住屋主人的身份、地位和修养、品味等。例如"贡爷院"因为要突出读书人家居的特点，所以雕花就是琴、棋、书、画，而楼上楼下的窗棂都是"书条式"装饰风格，而作为经商的盐商家的雕花为"菱花式"。

槛窗。槛窗也称格扇窗，是安装在槛墙上的。槛窗开启灵活，它的形式与格扇门的上部分相似，保持了与格扇门统一的风格和形式。区别仅在于槛窗下面有槛墙，少了格扇下部的裙板。格扇窗的封闭性能优于格扇门，常用于厢房、次间和过道。槛窗的装饰重点部位在格心，由纵横棂子组成，在木棂之间的空隙中镶嵌雕饰。槛窗一般根据开间的大小来决定安装数量，每间约装2~6扇，均向内开。

支摘窗。支摘窗是活扇窗的形式之一。由边框和格心组成。北方叫作支摘窗，南方叫作和合窗。由于诺邓古村民居楼层趋低，支摘窗通常分为上下两层，上为支窗，由下往上纵向式开启，再用摘钩支撑。下为摘窗，平时由木榫与窗框上的卯固定，需要时拆下木榫，将窗取下。

牖窗。牖窗在建筑中属于附属性窗。主要是在山墙或后檐墙上开设的窗，或者是某些附属的小窗。牖窗主要是用于加强通风、采光，对整体房屋而言，起到点缀作用。牖窗一般以固定形式为主，造型变化少，圆形、方形居多。

诺邓古村中的木匠家，整个宅子就是剑川老木匠大弟子的家。木匠家里的雕刻工艺也以其独特的风格显示自己别具一格的魅力。房子为斗拱结构的建筑，而楼窗的雕刻也特别精细，最特别的是楼上的大屋架，在大屋架三角木上还有许多精美的雕刻。通常三角架是着力点，一般是不能雕空的，可老木匠却在上面雕刻了许多图案。这就是老木匠高超建筑技艺的体现。

（三）飞檐走翘的民居特色

诺邓古村民居有浓厚的民族特色，非常适应于当地的地形、地貌等自然条件的特点，平面布局上采用"三坊一照壁""四合五天井"的形式。多为二层楼房，三开间，筒板瓦盖顶在外形上，屋顶曲线柔和优美，屋脊有升起、两端鼻子缓缓翘起，屋面成凹曲状；外墙很少开窗，而且外墙檐下，还做黑红彩绘，区别与大理地区黑白彩绘，突出山地白族特色；大型民居还重点装饰照壁和大门门头，非常绚丽精美。房屋注意避风还注意防风，构架上还注意了防震。这些都构成了诺邓民居的特色。

富于装饰的门楼可以说是白族建筑图案的代表。门楼一般都采用殿阁造型，飞檐串角，再以泥塑、木雕、彩画、石刻、大理石屏、凸花青砖等组合成丰富多彩的立体图案，显得富丽堂皇，又不失古朴大方的整体风格。白族民居的主房一般是坐西向东或坐北朝南，这与诺邓地处群山怀抱的山坡的特点有关，依山傍河，依台构舍，必然坐西向东。诺邓民居的墙脚、门头、窗头、飞檐等部位都是刻有几何线条和麻点花纹的石块（条），墙壁常用天然鹅卵石砌筑。墙面石灰粉刷，红墙青瓦，尤耀人眼目。山墙屋角习惯用水墨图案装饰，典雅大方。木雕艺术也广泛用于格子门、吊柱、走廊栏杆等，尤以格子门木雕最为显眼。各种动植物图案造型千变万化，运用自如。白族一切建筑，包括普通民居，都离不开精美的雕刻、绘画装饰。檐口彩画宽窄不同，饰有色彩相间的装饰带。以各种几何图形布置"花空"作花鸟、山水、书法等文人字画，表现出一种清新雅致的情趣。"走马转角楼"是白族典型建筑"一进二院"楼层的特殊结构形式，它是以走廊、过道串通两院楼层的全部房间而得名。"走马转角楼"上下楼梯安排巧妙，走廊、过道纵横交错。四角有圆形窗台，可以观看全院景色，建筑风格独特。"贡爷院"突出显示了这样的风格。

白族民居由四方带厦房屋组成，有四个院落，其中四方房子中间的院落最大，每两房子相交各有一个漏角天井，共有四个，都比较小，故称"四合五天井"。

可以说，依台构舍是诺邓古村民居古朴、典雅的特色，而崇山峻岭中的风光又是诺邓独特的风格。

四、古村四周的古墓建筑

白族地区发现年代最早的火葬墓是东汉时期的剑川鳌凤山火葬墓，到了南诏大理国时期，由于受佛教文化的影响，这种葬式成为白族地区的主要殡葬形式,并一直流传到明代中期。因为,明代改土归流以后,白族地区开始实行土葬。而在火葬墓中,专家们通过对最具代表性的大理凤仪大丰乐火葬墓群、鹤庆象眠山火葬墓群和云龙顺荡、诺邓的火葬墓群等的考证,发现其族属主要是白族,是白族从南诏直至明代的墓葬形式。

(一) 诺邓古村周围的古墓

诺邓村民有"九杨十八姓"之说,从诺邓各家族谱分析,最先到诺邓居住的各家族先人去世后均为火葬,经过几代人同原居住白族融汇,他们既保持着中国内地的传统习俗,也同当地的主体民族——白族结合为一个新的群体。中国传统礼仪最看重的就是在丧葬坟墓建筑文化,所以古代诺邓人也十分重视墓地的选择和坟墓建筑。

诺邓古墓葬中,集中在村前的"杉林箐"有明初至明中期来开发盐业的移民火葬墓葬,现在整个"云龙五井"就剩下顺荡村还有较完整的火葬墓,其他四个盐井的火葬墓大都毁失了。诺邓"杉林箐"还有遗迹。

1. 古村各家的古墓

诺邓古墓葬中,集中在村前的"杉林箐"火葬墓葬,明朝中后期开始,白族地区实行土葬,于是诺邓村各个家族的墓葬建筑也就越来越认真,越来越讲规格,越来越美观精致起来。

诺邓村在规划区范围内只有"杉林箐"一片及北山一带有部分古墓葬,更多的主要集中在东山和七曲两大片,这些古墓葬中有大量的历史文化信息,特别在各种各样的碑刻文字和诗词、对联中可以解读到古代诺邓丰富多彩的政治、经济、文化生活内容,如黄桂墓、黄绍魁诰封墓地等。

古村各族各家都有一处或几处坟地葬有历代祖先,四周远近山上有着数不清的坟墓。最古的墓葬是位于西南山麓杉树林边的"烧人箐"(白语 shù mǐ zhǎn)一带,那里曾发现有许多骨灰坛,也有些坟堆,现已不存,仅在主要位于"佛寺门外"的杨姓族谱上记有"始祖全应公男省忠公,原籍南京游学四川训学数载转入邓川大邑,省忠生恩元后直进云龙居诺邓井,恩元公生辅鼎,辅鼎公生铨,'此数代祖火升,碑名不注彼升'尚属浪穹未开州,继自铨公生仕秋公,仕秋公有土塚",经参照各姓同辈推算,火葬之"此数代祖"可能在元末明初,也是较其他姓氏为早迁入诺邓的家族。[①]

此外,最古老的墓葬,就目前发现的几座来看,因墓碑都是沙石,所刻文

---

① 2009 年 10 月,黄金鼎先生提供资料。

字已风化剥落，其年代、墓主均无可考。

从明代中、后期开始，由于实行土葬，墓葬越来越多，越来越讲究，但因各家经济情况不同，同一家族各代实力不同，坟墓的大小规格也各异，一般明代墓门至碑的墓硐较浅，即使较大较讲究的坟墓也一样，雕刻简单，没有闪八字（两边各一墙状石雕呈八字形）如万历五年黄仐清墓，万历四十年黄文魁母苏氏墓等，清初大墓有了闪八字，进深仍浅。如康熙中黄淳暨马氏老太墓，坟墓形式大概有下列四种。最简单的叫"四六具"（四个长方石条砌成墓门，碑上及后面用六个杂石堆砌，高宽不过两尺左右），稍大的是大小"须弥座"（有底座、有简单浮雕、喷头墓圈近梯形带匾，为四平头），再就是有道花门或两道门或两道花门，有八字墙或无八字墙的"一层轿"（有底座、狮子抱柱、浮雕讲究、墓圈半圆、拱形有匾），最讲究的是"城门洞"（比一层轿深，三道花门，最里一道花门形如牌楼，圆柱吊狮连一石桌，内部正面及两侧各嵌大理石碑，顶上太极八卦图），旧时石工艺人、雕刻艺术高超，浮雕内容有"麒麟卧芭蕉""三羊开泰""鹿逞金钟"、狮、象、马、人物等，活灵活现，有功名有地位的人家坟前两边立有石刻华表、进士黄绍魁的坟地被称为"官家坟"，那里还立有石牌坊，立有安放刻着皇帝诰封大理石碑雕龙刻凤的石亭，还有狮、象、鹿、马等。① 坟碑上亡人名讳称谓谥号及序文都要请名人题、撰书写。其中有明季云南著名学者李元阳，曾任全国政协副主席的由云龙等撰写的序文。

除了每家都设有祖先堂外，有四个家族（两族杨姓、徐、黄）建有祠堂，各有基金产业，各户轮流承当会首，每年春秋两季举办祠堂会。叫"二·八祭"（二月、八月）由族中辈分最高的老人任主献生、陪献生，按唱礼仪式，在乐曲声中率领同族人等敬献牲醴，恭读祭文、烧大包纸火、三跪九叩虔诚祭礼始祖及历代先人。借会期有时公议族中公益事宜，对不良言行进行一般教育，但在诺邓没有专横的族权，各族间通婚交往密切亲善，也没有发生族际纠纷。

2. 古墓建筑中的雕刻文化

在白族民间，历朝历代都有大批的专门从事雕刻的能工巧匠，最具有特点的是剑川的木匠和白族山区的石匠及石头雕刻。石头雕刻在白族民间又被称为石匠，几乎与木匠驰名。石匠大多数居住在乡村，男性几乎人人都是石匠，他们自带工具帮助别人盖房子，故白族民间有"白族有三宝，石头盖房永远不会倒"，因为，白族民居墙脚都是用石头砌成。而石匠便是从事石头开采加工和雕刻的。他们除了雕刻民居建筑的石头柱石和其他的装饰外，也雕刻各种各样的

---

① 2012年到东山官家坟实地调查。

石头动物，其中，比较有特色的而且使用范围广泛的是石头狮子，除了用于园林、寺庙的装饰外，诺邓古村在这些古墓葬中也有大量的动物石头狮子，还有各种各样的坟头石。这些石头雕刻技术精湛，包含许多历史文化的信息，特别在各种各样的碑刻文字和诗词、对联中可以解读到古代诺邓丰富多采的政治、经济、文化生活内容。

风云事业烟霞志；
虎豹文章海鹤巢。
（乾隆进士黄绍魁墓联）

春申弈业祥符院；
山谷流风瑞应多。
（乾隆进士黄绍魁墓联）

山光直伴松间鹤；
逸兴常偕岭上云。
（乾隆亚元黄桂墓联）

遗珠还赤浦；
瑞鹤隐青田。
（乾隆亚元黄桂墓联）

风节古人物；
文章老作家。
（道光进士黄云书墓联）

文章身价从来重；
翰墨生涯此后长。
（道光进士黄云书墓联）

（二）稀罕的梵文碑

白族是崇奉佛教的民族。自南诏国中后期开始，由于佛教密宗在白族地区的广泛传播，致使火葬墓之风十分盛行。云龙顺荡火葬墓地是从明代初起，一直至中后期的一处白族村落墓地，在墓地中保存有大量的佛教密宗梵文碑刻和经幢，是迄今为止在云南省境内发现的保存最完整、文化内涵最丰富的一处密宗文化遗址。

顺荡火葬墓群位于白石镇顺荡村，距诺邓约60公里，坐落在沘江西岸莲花山的台地上，墓地座西朝东，墓葬多为横向排列，整个墓地依山势缓缓而下，是等腰三角形台地，总面积1.5万平方米。

这里留下了许多珍贵的历史文化遗产，尤其是明代的梵文碑火葬墓群，更具有研究价值。它是迄今为止云南省境内发现的保存最完整、文化内涵最丰富的一处佛教密宗文化遗址，2003年公布为省级重点文物保护单位。墓地现存古墓千余冢，完好的有梵文碑92通（梵文碑85通，梵文经幢7通），碑刻大小不等，形状各异，多数只竖约1～2尺的石条石块作标记。碑块和经幢全部选用当地的红砂石做成，大小不一，最大者通长1.66米、宽0.56米。正面为死者姓名、立碑时间及菩萨位，背面多有梵文，内容多为"陀罗尼经""多心经"等佛经。碑座多数刻有撮质、莲花须、白鹤、狮子等图案，碑与底座靠公母桦头连接和固定，碑块分为阴阳两面，阳面均刻汉字，中间直行为死者姓名。一般格式为："号曰追为亡人××神道"，右边直行"南无六道分身救苦地藏菩萨"，左边行为立碑年月日时，最两侧刻有童子、鱼、伞、宝瓶、海螺等"佛八宝"图案，碑额呈半圆形，正中刻尊胜佛母坐在须弥莲花座上，碑块上还刻有符咒，意为吉祥之所集。碑阴面额边缘刻有四佛四菩萨种子字母，正中刻无量寿佛或地藏菩萨，碑额下方用汉字书写"佛顶尊胜陀罗尼神咒"，其余碑文全部为梵文。经幢为正方形或六角形，有圆形莲花底座和宝顶，通体刻有佛像、图案、梵文经文、死者名字、立幢时间等。墓坑以石块砌成方、圆两种，一般有正、侧两个墓室，正室安放骨灰罐，侧室安放碗、盘子、瓶等陪葬器皿。骨灰罐有大有小，有青瓷、有土罐。有的无随葬品，有的有一两件随葬品，多的达十余件，有的在骨灰罐外再套一大罐，随葬品也较多。

梵文碑和梵文经幢是顺荡火葬墓群中最重要的文化遗存物。云龙白族古代就有火葬的习俗，产盐地区留下了许多火葬墓地，而梵文碑和梵文经幢只在顺荡保留下来，对此，省、州、县文物工作者进行了长时间的考究。顺荡历史上盐业兴旺，经济活跃，商贸往来频繁，吸收了大量佛教、道教文化。佛教对当地民风民俗的渗透，发展到居民死去要举行念经等仪式，并在墓地上立梵文碑，碑上所记载的多为《佛顶尊胜陀罗尼经咒》，其目的是通过对神的赞颂，为死者祈求免受地狱、饿鬼、畜生、修罗、人间、天道六道轮回之苦，超度亡灵，早升极乐世界。

火葬墓是明代修建的，据当地老者讲，元代后期就有墓地，但在整个墓地中没有发现元朝的碑文，可能只竖石块作记号。找到最早一块明代永乐六年（公元1408年）的"故兄高波罗"碑文，之后永乐、宣德、正统、景泰、天顺、成化、弘治、嘉靖年间都有。最晚出现的碑文为明嘉靖癸丑（公元1553年），其时间跨度为165年。火葬墓是当地白族墓葬，即现在白族的祖先坟茔，根据白族四字名"张观音保"，白语"故姑薄王位"，"追为亡人阿夜玉之墓"等考证，汉语译为"已故的老信"、"追为亡人阿玉姨之墓"。可以看出，佛教密宗文化从南诏国中期传入白族地区，经历发展、鼎盛时期，到明朝后逐渐衰退。顺荡火葬墓群中的梵文碑就是佛教密宗退出它在白族地区最后一块领地的物证，也是研究白族民俗的重要史料。这个火葬墓是大理州乃至整个云南省保存得较为完整的火葬墓群之一，多数梵文及碑刻均较为清晰，既是研究古代民俗和民族文化的重要资料，也是珍贵、精美的艺术品。

从现存碑文中看，墓主氏姓有赵、杨、张、高等四姓，现顺荡村也是此四姓居民为多，所以墓地应是顺荡村的公共墓地。

在顺荡火葬墓地中的梵文碑，主要是《佛顶尊胜陀罗神咒》中的咒语碑。这是由于陀罗尼经咒体现了密宗"此咒能灭众生一切恶行，能济幽灵、地狱、极苦、能广利一切众生"的观念，所以，最适合在葬俗中使用。除云龙顺荡外，在大理州现存的梵文碑中，大多也是《佛顶尊胜陀罗尼经咒》碑，在碑额上也多刻有尊胜佛母象，这表明随着密宗的传入，佛顶信仰在白族地区得到了发扬光大，尤其是对佛顶尊胜经咒的崇信。在大理五华楼出土的《段氏长老墓铭并序》碑中，就刻有阐述佛顶尊胜经咒的功能和赞誉的颂词："当颂，佛救万劫之罪薮，顶脱千生之盖缠，尊胜灭七返之身，神咒超清凉之岸。"

在顺荡火葬墓地的碑上刻佛顶尊胜陀罗尼神咒，已经成为这一时期碑刻的共同特征。其目的是为死者祈福，修功德以早成正果。

在现存的梵文碑中，我们大致可以看到佛教密宗在白族地区逐渐衰亡的过程。前文提到佛教密宗在南诏中后期传入白族地区后，经大理国至元发展到鼎盛时期，到明以后开始衰亡。在墓地现存的碑中，可看到大致从明成化（公元1465—1486）开始，碑上佛教密宗的文化内涵开始逐步淡化，开始有了儒、道等家的文化内涵。这一时期以后的碑刻装饰，已没有严格按前期碑刻那样，在碑阳面有尊胜佛母和五方佛种子字母、在碑阴面有地藏王菩萨等特定形式，已经出现了仙鹤、日、月、祥云等其他文化内容的图案，而文字内容也产生了变化。

如明成化六年（公元1469年）的"张玉夜碑"的铭文中已加进了"永渡三全三苦，八难起浚，仙界逍遥，上清一如告命"等道家学说的内容。到万历元年（公元1563年）的"赵秋夫妇合葬墓碑"上，虽仍为火葬墓，但碑上除刻有一莲花座灵碑外，已经没有其他与佛教密宗有关的任何东西了，这就证明了佛教密宗到了这一时期已经衰亡，已经退出了它在白族地区的最后一块领地。当然，我们所说的衰亡并不等于灭亡，而是说，佛教密宗作为宗教的正统地位已开始被其他宗教所取代。

在顺荡火葬墓地的碑刻中，文化内涵十分丰富，除佛教文化外，也保存有大量白族民俗文化的内容。仅就墓主姓名就有多种写法：一是汉字记白语，如有"姑薄"（老人）"阿夜"（阿哥）"波罗"（老虎）等；二是四字名，如"张罗俸酋""张观音保"等；三是用小名，如"执酋""大梅""女禾""满息""保寺"等。在碑刻的图案除佛教文化外，在其中加饰本民族的图腾文饰，如明永乐六年（公元1408年）的"高波罗墓碑"，即在墓主名上方加刻一老虎头像。这些都是十分珍贵的民俗资料，也是目前在国内罕见的梵文碑，它不仅是研究白族历史文化的重要碑文，而且是研究中国历史文化的重要文献。

白族千年古村"诺邓"的保护与发展

位于大理白族自治州云龙县果郎乡的诺邓村，是形成于南诏国时期的以盐业为主的白族村落，根据唐樊绰《蛮书》的记载，已有1000多年的历史，是我省目前所发现的罕见的千年古村。村内现存众多的明、清时期的民居建筑、以玉皇阁为主的宗教建筑，以及相关的文化遗存，都具有较高的历史、科学、艺术价值。对这些历史文化遗存现状的分析，无疑可以对这些文化遗产的保护、开发和合理利用，提供科学的依据。

一、白族千年古村诺邓的现状

诺邓村位于云龙县境果郎乡南部，距县城5公里，距大理州府所在地大理市165公里，距云南省省会昆明市560公里。诺邓村周围的风景名胜和文化古迹也很集中，距天池自然风景区29公里，距石门天然太极图3公里，距虎头山道教建筑群7公里，距顺荡梵文碑火葬墓群68公里。

（一）诺邓的地理位置、气候与人口

诺邓村最高海拔为2040米，最低为1750米，年降雨量为800毫米，年平均气温在12℃至20℃之间。这里矿藏丰富，盛产食盐。鼎盛时全村有300多户。2000年全村有263户，932人，耕地为1395亩，现以农业为主。还兼营其他副业，如烧砖瓦、煮盐、副食品加工等，1996年盐井被封，停产至今。由于产业的变化，这里的人民并不富裕。然而，却保留了白族千年古村的文明传统，民风古朴，民居依旧，是崇山峻岭中古老而优美的白族千年古村。

诺邓村历史上曾一度为滇西地区的五井工业中心之一，在《嘉靖大理府志》所列市肆中地位重要。[①] 古代诺邓的"茶马古道"，东向大理，南至保山、腾冲，西接六库、片马，北连兰坪、丽江。由于诺邓历史上兴盛的制盐业，并为"南方丝绸之路"古道要冲，旧时诺邓马铃声声不绝于耳，往来客商多如行云。

---

① ［明］李元阳：《嘉靖大理府志》，大理白族自治州文化局翻印，1983年，第114页。

(二) 诺邓村的历史沿革

诺邓一词系白语（nuo deng）的音译，意为有老虎的山坡。据《万历云南通志·盐务考》载：诺邓为南诏时的遗留村。"汉代云南有二井，安宁井、云龙井。"① 又据《新纂云南通志》147卷《盐务志》称："清盐法志载云龙井大使四员，又证《滇系》所载诺邓井在云龙州西北三十五里，所辖有石门井，乾隆时诺邓师井二大使已裁，今存大井一人。"② 而在唐代《蛮书·云南管内物产》中也有"剑川有细诺邓井"的记载。③ 在南诏时期，云龙境内澜沧江以东一带属剑川节度地，细诺邓即今天的诺邓井。"细"为白语"新"之意，意为新开凿的盐井。这些记载证明，诺邓最迟在唐代就已开井制盐，是以盐井为生的村落。到了明代，诺邓分属师井、上五井两土巡检司管辖；清代改属上五井里、诺里，治所仍在诺邓井；民国三年（1914年）改里为区，分属一区和二区，民国十九年（1930年）诺邓为第三区所辖，治所设在诺邓，民国二十八年（1939年）分属上里镇及诺里乡，并将诺邓改乡为镇。1950年诺邓分属第二区，1962年属石门区管辖，1971年改为石门公社，1984年改设石门区，辖诺邓、果郎等10乡，1988年撤区设乡镇，诺邓村改属果郎乡至今。④ 从樊绰《蛮书》成书年代，即唐懿宗咸通三年（公元862年）计，诺邓至今已有1139年的历史，⑤ 是云南境内少有的千年村名（诺邓）不变、居民（白族）不变、习用语言（白语）不变、产业（制盐）不变的千年古村。

（三）诺邓村自然生态多样性的特点⑥

诺邓村四周山峦叠翠，古木参天，高阁耸立，气势雄伟。村内遍布的小箐

---

① [明] 李元阳：《万历云南通志（第6卷）·盐课》，龙氏灵源别墅据万历元年大理府原刻本铅字排印，1943年版。
② [民国] 周钟岳：《新纂云南通志（第147卷）》，昆明：云南省印制局铅字排印本，1948年版，第14页。
③ [唐] 樊绰：《蛮书（第7卷）》，引自《云南史料丛刊（第2卷）》《云南管内物产》，昆明：云南大学出版社1998年版，第64页。
④ 杨宗汉：《云龙县志（第一编）·建置》，北京：农业出版社1992年版，第56页。
⑤ 郑天挺等主编：《中国历史大辞典（隋唐五代史卷）》，上海：上海辞书出版社1995年版，第734页。
⑥ 该文在几次调查中，得到杨立章副县长、张启发局长、杨希元主任、黄金鼎先生和众多村民的帮助，大理白族自治州博物馆谢道辛馆长、昆明大学文华讲师参与了调查与讨论，在此一并致谢！

河流、古树名木、奇花异草、古庙名坊、古井水磨、古道竹林等使古老的山村更加秀美。形成以下的特点：

(1) 山地村落。诺邓全村坐落在山坡和河边，傍山依台建房。从老祖宗起就有在山上、河边植树造林，房前屋后种花种草的传统。现在巷道充口，均还保存着大槐树、翠竹、高山榕，还有遍布村内绿油油的蚕桑树。寺庙内古柏、金桂、樱桃，[①] 古柏、扁柏、刺柏苍翠，寺外松、杉成林，是典型的山地村落。

(2) 溪流、小桥，水井、水磨。诺邓村有山、有林、也有水。发源于山腹的股股清泉，汇集成一条诺邓河缓缓地从村里流过，260多户人家就分布在小河的西北、东南和河头的山上。一股清泉、几座小桥、散落在村落街巷中的水井和水磨，勾勒出诺邓这个千年古村的另一番景致。人们在桥头溪边、房前屋后，遍植林木，至今，整个村落小桥、古寺、河水、人家，一派详和、安逸。

(3) 古盐井。位于村落入口小河与雷沟汇合交叉处的盐井，历来是诺邓人呵护的重点，因为人们要靠此生存，而这里井口比河床还低，为防止河水瀑涨而冲坏盐井，人们在井边用石砌成坚固的河堤，河底用石块砌成，严防冲毁与渗漏，且四时维修，使得盐井卤水源源不断，造福诺邓子孙万代。

(4) 各种珍稀动植物。诺邓村四周古木参天，至今村内200年以上的古树尚存40余棵。据记载，清末全村四面古木环绕树种均为根深形美的风景树，至今沿着村子四周还可见当年留有的高山榕，有400~500年以上树龄，遍布村里村外有上百棵。过去有许多鸟类如山鹰、喜鹊、斑鸠、画眉、猫头鹰、白鹤、鹭鸶等30余种在树上栖息，时常有麂子的呼叫，狐狸奔跑，故至今一些地名为"马金桥""雀城""鹦哥地""香树岭""枫树坪""林杉坪"等。

(四) 诺邓村独特的传统文化与民居建筑特色

诺邓村从南诏国开始由于盐业经济的繁荣，促进了村落文化的发展。一千多年过去了，这里形成了独具特色的村容村貌。

1. 名胜古迹

历史上诺邓由于盐业经济的发展促进了文化的繁荣，故诺邓有诸多名胜古迹。

玉皇阁。诺邓村中被誉为"五云首山"的玉皇阁，是以道教为主，融儒释道为一体的宗教建筑群。据现存的《玉皇阁主持碑记》记载，玉皇阁始建于明嘉靖年间，崇祯己卯年（1639年）维修并扩建，清道光七年（1827年）重修，

---

① [明] 李元阳：《嘉靖大理府志》，大理：大理白族自治州文化局翻印，1983年版。

咸丰七年（1857年）部分建筑毁于兵乱，光绪时陆续修复，民国又重修关帝君庙，现存玉皇阁外，还有文庙、武庙和木结构牌坊。整个建筑群是云龙境内保存得较好的宗教建筑群，这里有12块明清碑刻，是研究云龙历史的重要实物资料，1988年大理州人民政府将诺邓玉皇阁古建筑群列为州级文物保护单位。[①]

财神殿。在入村口的古道河边，有一悬崖峭壁，村民顺崖依势凿阶，层层而上修建的财神殿，倚崖向北，面对村庄，整座殿宇如座椅中。因山取势，势若咽喉，象征财源滚滚而来不外流。两边有一副木刻对联："只有一锭金你也求他也求给谁最好，不做半点事朝来拜夕来拜叫我为难"。东厢房内壁绘有一幅水墨竹石图，将"个个求财，试问能知足否？多多与你，当思以节用之。"20个字以竹叶形状拼成画面，远处看去是篷竹子，细看是副对联。

关圣殿和吕祖阁。沿财神殿往下石阶转至山脚，便是关圣殿和吕祖阁。庙前一桥通达北岸，庙桥相联，浑然一体，作为村口锁钥，朝流水方向倒座向东，意为威镇水口，挡住风水，保全村安宁。

龙王庙。龙王庙居村中，庙门高大呈牌楼形，开有3扇大门，门上巨匾横书"以井养民"，对联为：井养不穷资国赋，龙颜有喜利民生。正殿上塑龙王夫妇坐像，坐像两则有对联曰："玉液甘霖徐徐润，金波法雨涌涌来；龙颜有喜家家乐，玉泽常流处处恩。"横联云："利国利民"。

万寿宫。这是诺邓村历史最古老的建筑，初为元代外省客商会馆，明代改作寺庙，原称"祝寿寺"，现存明代碑记有诗"朝贺明时习拜舞，万年祝寿听山呼"。到明末清初，改名为"万寿宫"。

三崇庙。位于村西北隅，即本主庙，为一殿两厢两耳建筑，殿内塑本主夫妇、东海龙王、三崇夫妇、子孙娘娘、痘儿哥哥等神，供村民敬奉，来此敬神求子、祈福、磋平安头的人很多，就连外村人也常来祈祷。

进士牌坊。诺邓"进士牌坊"，位于村子北部大青树旁，系乾隆年间黄绍魁科举中进士所立，这里有堵照壁，照壁北面为石雕黄姓"题名坊"，从基座到门楣、枋柱匾额都用整块石头雕刻而成，两边砖砌有各种图案的八字墙，镂花木刻梁柱瓦顶，前后大小石狮子各1对，正上方门楣石刻"奉直大夫五井提举黄孟通"，其下匾额刻"世大夫第"，两侧石刻对联"祖德光中华；君思启甲门"。牌坊背面木刻直匾"亚元"，横匾石刻"科贡传家"；石牌坊后立有第二座木牌坊，悬直匾"会魁第"，木牌坊过后便是第三进大门，上悬横匾"进士第"。黄家从黄绍魁于乾隆庚辰科（1760年）中进士后，黄云书又于道光癸未

[①] 杨宗汉：《云龙县志（第一编）·建置》，北京：农业出版社1992年版，第57页。

科（1823年）中进士，故有一门两进士、祖孙进士之荣。① 还有黄桂、黄绍香皆为举人，才有此牌坊和门楼。

牌坊。旧时从石门到诺邓，沿桥头往北行几里，过第一座牌坊，行不到里许，立有第二座牌坊，地名为接官坪（白语为"jia goung deng"），又走里许便有一壁悬崖，右上设小小山神龛座，稍前立着至今仅存的第三座牌坊；还有玉皇阁前，茶马古驿道上雄奇高大的"腾蛟、起凤"木牌坊。

2. 村落文化的特点

由于时光推移，朝代更替，一千多年过去了，群山包围中的诺邓村已物是人非，而千年的文化底蕴已积淀在这古老山村人们的日常生活之中，积淀在古道、盐井、小桥、古庙、戏台、石梯、水井、街场和大青树之中。

独特的村落选址。白族俗话说"靠山吃山，靠井吃井"；"靠山养山""靠井养井"。诺邓人以前靠盐井生活，曾有"以井养民，井养万家"的经历，诺邓村的选址便紧紧围绕着盐井这一重要的自然资源而展开。在谷底小河与箐沟汇合处便是盐井，卤水长年不断涌出，围绕着盐井和小河，诺邓人在这块土地上世代繁衍生息。整个诺邓村由谷底开始傍山构舍，层层叠叠，如台如榭，错落有致地建在山坡之上。以河谷的盐井为入村口，依山伴林，绕水而居，村中道路街巷，纵横交错，用清一色石板铺就，且三步一阶、五步一台，谁也数不清全村总共有多少台石阶。时至今日，诺邓村内巷道错落有致。陡峭的山势造就了诺邓村别具一格的村容村貌，也尽显了诺邓人依恋自然而又利用自然、改造自然的独特风貌。

古戏台和街场集市。古戏台建在村中平坦地段，即龙王庙前百米处，为传统飞檐翘角方型建筑，由台下门洞或两侧进入台前，这是村里唯一场地，村里大小集会均在此举行。传说龙王喜欢看戏，故每年正月，各灶户集资请戏班子到此为龙王唱戏，一唱便是几天，祈求"卤旺盐丰"。此时，到该村看戏的、吆喝卖吃的，除本地人，还有外乡外地人，热闹非凡。因为，诺邓自古便有街场集市，分布在村里的卖米坪、卖鸡充、卖猪充、卖百货坪、卖针线铺等，每月4个街天，为农历初一、初八、十五、二十三日。贸易交换滇西县境特产，如怒江泸水来此卖猪，猪耳朵上有个洞（因为要过溜绳），为架子猪，本地人看耳洞才买回催肥；洱源人来卖乳扇、辣子面；剑川人卖木雕格子门窗；祥云人卖土锅；弥渡人卖红曲米、芋头；保山人卖大米和黄烟；缅甸人来卖水火油

---

① 朱保炯等编：《明清进士题名碑录索引》，上海：上海古籍出版社1980年版，第2730、2783、1979页。

(洋油)、洋布；境内团结人来卖木板、荞面、土皮丝；师井人卖挂面；旧州人卖香油等，真可谓无物不至。同时各地商人又将诺邓产的食盐、火腿、酱菜、酱油、面酱等带到各地去销售。

大青树的文化内涵。村落中最有特点的是村北的古榕树，即大青树。树粗数围，高几丈，树冠笼盖近亩。无论你从哪个方向看去，看村子，首先就看到繁密的树荫，宽敞的平地，适中的位置使它在诺邓村中成为村民们休闲交往的活动中心。这里时时有老人坐在树下说古道今，男人们在此聚会商谈家事、村事、国事；妇女们则带着孩子来做针线，纳鞋底，唠家常。千百年如一日，大青树已成为古村风水树、神树，日夜守护着古老村寨的安宁。

3. 民居建筑的历史、科学价值和艺术价值

诺邓村现存民居建筑中，如以院落为单位计算，明、清两朝的建筑有90处左右；民国以后建筑的有五六处。另有寺庙、祠堂、牌坊等公共建筑20处，大都是明清时期的。以年代来看，最古老的建筑物是木结构的元代"万寿宫"；其次是明朝建筑，村中尚存三四个院落；绝大多数建筑是清代建筑。许多庙宇如玉皇阁、孔庙等，虽然为明朝建造，但已重修，因而划入清代建筑。诺邓村民居几乎都建筑在山坡上，依台构舍，有些地段非常陡，要垒高大石台做墙脚。北部山坡民居层层叠叠、密密麻麻，沿着陡峭地势，前后人家之间楼院重接、台梯相连，往往是前家楼台后门即通后家的大院。清代云龙知州王符写道"峰回路转，崇山环抱，诺水当前，箐篁密植，烟火百家，皆傍山构舍，高低起伏，差错不齐。如台焉，如榭焉，一瞩而尽在目前。"诺邓民居建筑大小虽不一，可都是古建筑式样的瓦屋楼房，古色古香，完整地保存着山地白族传统民居的风貌。

4. 古盐井与手工制盐作坊

根据云南史料记载，云南井矿盐业在秦汉时期就已产生，公元前110年，安宁、大姚、云龙已产盐。从西汉自南北朝时期，云龙为比苏县；唐初，云龙属姚州都督府尹州。据方国瑜教授《云南郡县两千年》书中记载：尹州即今云龙境，下领"盐泉"等五地。从云龙境内各盐井开采情况看，最早开采的当是诺邓井，"盐泉"是否为诺邓待考证，但唐天宝年间，南诏政权攻占姚州都督府所有的领地以后立宁北节度，公元794年改称剑川节度，领有宁北、沙追、讳溺、若耶、浪穹、细诺邓等地，樊绰《蛮书》曰"剑川有细诺邓井"，按方国瑜先生注，细诺邓即今云龙县诺邓井。[①] 历经唐、宋、元、明、清各代王朝，

---

① 方国瑜、林超民：《云南郡县两千年（第2章）》，昆明：云南广播电视大学1985年编印本，第105页。

"诺邓"这名称一直延续至今。公元1382年,明政府设云南四个盐课提举司,其中有"五井盐课提举司",治所即在诺邓,五井辖盐课司七:即诺邓井、山井、师井、大井、顺荡井、弥沙井、兰州井。① 从有明确记述的唐代开始,诺邓村的演变发展完全与盐业经济的兴衰有关。南诏时期"细诺邓井"的盐业生产已经具备了相当的规模,到明朝中后期,五井提举司年上缴中央政府的盐课银为38000多两。李元阳纂《嘉靖大理府志》记载:"后开五井,始分行盐地方台井之盐,专行大理;五井之盐,专行永昌。"② 可见诺邓等五井地区所产年盐在滇西已负有盛名。《雍正云龙州志》记:"诺邓、顺荡(盐)味更咸,不必浇灶,而遂能成沙。"③ 因诺邓盐质非比寻常,保山、腾冲一带自古以来都十分喜欢食"诺盐"。

诺邓人以盐业为主体,兼营商业和手工业,农业仅仅是补充。据记载,明代云龙井共有诺邓、石门、大井、天井、山井、金泉、师井、顺荡8个盐井,其中诺邓井卤水含盐量为18%,石门、大井为8%,天井为7%,宝丰为6%,故诺邓井盐产量最高,且盐质最佳。明朝政府于洪武十五年(1382年)在云龙设立五井盐课提举司,下设诺邓等七处盐课司管理盐业贸易和收缴盐课,并推行盐业"开中之法""召商输粮与之盐",实行"民运民销"的灵活政策,使云龙盐业迅速发展。据明万历年间的记载,云龙五井提举司每年上缴盐课银达35547两3钱7分。到了清代据《雍正云龙州志》记载,诺邓日产盐1600斤(老称),年产盐50多万斤。到民国年间诺邓已有煮盐灶户97灶。

5. 保护自然生态的传统观念

旧时诺邓虽以盐井谋生,但十分注重对生态的保护。说到盐井,人们以为必然要煮盐烧柴,便会砍伐森林,破坏生态,其实不然。以前诺邓山林有公私之分,均有严格的管理,配有护山、护林员。而私人山林又多数为家族坟山,坟山上多数栽有松柏、杉松。在人们的观念里,坟山是祖灵居住地,一草一木均神圣不可侵犯,若在此动刀,将破坏风水,族人便会受惩罚的。故山松柏不能砍伐,这是约定俗成世代相袭的。至今,杨家和李家坟山还有几人围的古松柏树。而对山林砍伐也是有序的,今年砍栗木树中那一片,明年又砍另一片

---

① [清]顾祖禹.读史方舆纪要(第116卷),北京:中华书局1957年版,第4672、1934页。

② [明]李元阳:《万历云南通志(第6卷)·盐课》,龙氏灵源别墅据万历元年大理府原刻本铅字排印,1943. 第114页。

③ [清]张廷玉:《明史(第80卷),食货志四·盐法》,北京:中华书局1974年版,第3页。

都是有计划的，通常为简伐，松柏不砍，只修枝。所以煮盐均用栗树、松毛为燃料，故山地森林植被保存较好。

保护环境，珍惜生存空间，爱惜花草树木，保护野生动物，是村民从小接受的教育和训戒。村里村外寺观庙宇旁的树为神树，一草一木不能砍伐，否则会遭神灵惩罚；山林中的野兽、鸟雀不能捕捉；院落里的燕窝不能捣，否则会得癞痢头。长期以来，村里还有每年7月23日去山林、河边放生的习俗。清晨百鸟欢歌，野鸡、家鸡齐鸣，小学堂里儿童书声琅琅，人与自然处在和谐发展之中。

6. 重教育的传统

诺邓历来有热爱文化、重教育的古风。尽管云龙地处偏僻，交通不便，但重教育的传统却从来没有中断过。诺邓教育发展的最早渊源当数家学，明代以来，从中原迁来的各姓带来了其"书香世第"的传统，各姓都有尊师重教的匾额和家训。除了家学以外，诺邓村的孔庙也说明了诺邓有历史悠久的乡学和庙学，诺邓明清时期乡学的主要形式是私塾。清雍正三年（1725年），有了书院。雍正十一年（1733年）知州徐本仙任内，在诺邓文昌宫增设义学。到了民国时期，新制小学逐步开办发展，民国元年办起了4年制小学，这年还办起了女子小学，民国三年（1914年）在诺邓设立了北乡高等小学，附近各地的孩子都到诺邓上学。重视教育的传统使得诺邓村尊师好学蔚然成风，村中至今仍有老人记得民国时期村中定期集资，用于资助奖励好学上进的学生或作修缮学校需用。有的不惜重金，甚至倾其家产求学深造的例子在诺邓村历史上也是层出不穷的。重教必然尊师，给老师祝寿悬匾已成为村中约定俗成的规矩。正是由于重教育的传统使得诺邓自古以来文风蔚起，人才辈出。科举时代，云龙中"进士"的诺邓为最多，清代三人中诺邓就有两人，举人、贡生和秀才则不胜枚举，目前仅从几户诺邓人家族谱上查实的贡生就有53名，秀才则有314人。如村中有一杨姓人家号称"贡院"，世代均系贡生出身。在儒家文化的熏陶下，诺邓旧时尊孔习俗相当浓郁，诺邓的孔庙建筑精巧，尤以大成殿规格严谨细密，每年祭孔活动规模都十分隆重，重礼节的传统风俗在诺邓村反映是非常明显的。据不完全统计，全村民国年间有6个大学生，中专毕业10多人，而现在有大学生近50人，在外工作人也很多。一千多年过去了，这里的村容村貌依然如故，只是以前的举人、贡生、进士已不复存在，而今天众多的大学生、硕士、博士、高工、教授又不断从这里脱颖而出。①

（五）千年古村诺邓传统文化保护与建设生态旅游示范村面临的挑战和机遇

随着历史的发展，人口的急剧增长，资源匮乏，现代文化传播等因素，都对诺邓村自然人文资源、生态环境、传统文化造成巨大的冲击。

1. 面临的挑战

消除贫困与民族文化生态多样性保护的矛盾。云龙县由于其特殊的地理环境，在资源环境方面表现为高原山地地貌、地形陡峭、地势高耸、区域闭塞；在社会经济方面表现为基础设施薄弱、资金和技术紧缺、人力资源开发滞后。受这些条件的制约，为了发展经济，解决温饱，人们就会盲目扩大生产，从生活方式到价值观念都向发达地区看齐。在这个过程中，传统的、民族的、生态的东西容易被视为阻碍发展而抛弃掉，造成消除贫困与民族文化生态多样性保护间的矛盾。

外来文化冲击的影响。随着现代化进程和社会转型速度的加快，作为一个有着悠久历史的白族古村落，诺邓村的传统文化正面临着前所未有的冲击。民族服饰、语言、民居、歌舞、习俗、习惯法等一些表面上看与经济发展关系不大的少数民族传统文化因素在外来文化的冲击下消失、蜕变。民族文化资源的加速流失逐渐削弱了村民们对自己文化的信心，在古村落中，民族文化传承的危机与民族文化自我认同的危机并存。

人口与资源环境协调发展的矛盾。诺邓村由于高原山地的地理条件，在人口膨胀的今天所面临的人地矛盾日益突出。

现有村落文化保护体系的局限性。保护白族千年古村诺邓的文化传统与建设诺邓生态旅游示范村是保护古村落文化的必要措施。目前，我国已有建立自然保护区来保护生态环境的机制，但却缺乏保护古村落文化的专门体系，村落市井文化的保护一直处于零散、附属的地位。

2. 面临的机遇

西部大开发带来的发展机遇。云南省委、省政府已作出决定，在西部大开发过程中，要将云南建设成绿色经济强省、民族文化大省和中国面向东南亚、南亚的国际大通道。2000 年 10 月在大理召开的省政府现场办公会议，专门对滇西北可持续发展作出了重要的发展规划。提出要把大理建成滇西的经济中心、

---

① 诺邓村退休教师黄金鼎校长提供、介绍了许多村落的历史和文化方面的资料，在此一并致谢！

国际大通道和中国一流的旅游胜地。

云龙县人民政府培植三个后续支柱产业带来的机遇。在云龙县的"十五"规划中，强调了在重点扶持已有的支柱产业的同时，要十分重视农产品加工业、生物资源开发和旅游业三个后续产业的培植。提出了力争用五到十年的时间把旅游业培植成为云龙县的支柱产业之一的发展目标，要实现这一目标，必须对云龙县秀丽的高原山地风光、独特的自然生态环境、悠久的历史文化、浓郁的白族民风民情进行有步骤、有重点的开发。强调"文化"和"生态"内涵是当今全球旅游业发展的最新动态，民族文化旅游和生态旅游已成为世界各国开发旅游资源的主要思路，云龙县旅游业的发展也应该紧紧抓住这一理念，强调旅游开发的文化含量和生态意义，树立精品、名品意识。诺邓千年古村传统文化保护和生态旅游示范村建设的立足点就在于诺邓悠久的历史积淀、深厚的白族文化和独特的自然生态，它正是我们要树立的旅游精品和名品。

二、千年古村诺邓传统文化与生态环境保护的理论意义和现实价值

随着对民族传统文化保护认识的不断加深，随着旅游事业的蓬勃发展，旅游者素质的不断提高，以及人们对民族传统文化、生态环境认识程度的不断加深，现代旅游者和经营者的追求已从传统旅游向生态旅游转变的趋势，也为我们对传统文化的保护和经济建设的发展找到了一个有机的结合点。

1. 传统文化的保护与生态旅游示范村的建立是开拓云龙未来旅游发展的方向。随着全球旅游业的迅猛发展和人们对生存环境认知程度的不断提高，民族文化旅游和生态旅游已成为现代旅游业的新热点和新趋势。云龙县目前已提出把旅游业培植成为云龙县支柱产业之一的发展目标，而旅游产业的培植必须紧紧围绕保护文化、回归自然的主旨，把白族文化融入到旅游活动的各个环节，形成自己独具特色的旅游文化产业。

2. 传统文化的保护与生态旅游示范村建立是云龙县新经济增长的有效途径之一。文化生态旅游作为一种全新概念的旅游产业，它贯注的是可持续发展的战略，这样的无烟产业顺应当今世界发展的潮流，在许多国家和地区得到了高度的重视。在云龙，通过开发文化生态旅游产品，能够发挥地区资源优势，促进本地区的经济发展。诺邓传统文化的保护和生态旅游示范村的建立，始终关注的是当地老百姓的利益，宗旨是使社区受益；并带动道路交通等基础设施的建设，吸纳村民为旅游从业人员，恢复传统手工业，开发富有特色的纪念品，最终使当地居民获得经济利益。

3. 传统文化的保护与建设生态旅游示范村的前景。自 1983 年世界自然保护联盟（INCN）特别顾问 H. Ceballos Lascurain 首次提出 Ecotorism（生态旅游）

的概念以来，全球生态旅游业得到了迅猛发展。近年来，生态旅游在云南的发展势头也很强劲，建立生态旅游示范村就是生态旅游开发的一种新途径。对云龙这样一个有着丰富的自然景观资源和民族文化资源的地方来说，发展民族文化生态旅游有着特别的意义和广阔的市场前景。

4. 生态旅游示范村的建立能使民族传统文化得到更有效的保护、传承和发展。文化生态旅游的核心是保护和可持续发展，它强调旅游开发不能以牺牲环境和传统文化为代价，要使我们的后代与当代人拥有平等地享受旅游的自然景观和人文景观的机会和权力。文化是人类在适应自然环境的过程中逐步生成的，因人类活动而带来的环境变迁会导致文化的变迁，实际上保护生态、保护文化和保护老百姓的利益其实是三位一体的工作。诺邓生态旅游示范村的建立，保护了自然生态，也就是保护了古村白族文化赖以生息的土壤，最终使千年古村的白族文化在社会转型的历史时期得到更有效的保护、传承和发展。

三、千年古村诺邓传统文化与生态环境保护的具体项目与措施

生态旅游，是以保护旅游区域内的自然人文资源、生态环境、历史文化遗存，促进当地经济文化发展为目的的旅游。所以，在项目的选择上，必须是与传统文化有密切关系的，当地群众有一定技能基础的，在短期内即有经济回报的项目。为保证项目的顺利实施，应有相应的措施作保障，使之能达到既保护又利用的最佳效果。

（一）具体项目

1. 道路、观景台建设。诺邓村位于云龙县城西北面的山谷中，距县城石门镇5公里，现只有简易的乡村公路，要建设诺邓民族文化和生态旅游示范村，首先必须对道路进行改造、扩建，这是古村与外界交流的首要条件。在从县城往诺邓方向3公里处，澜沧江的支流沘江在这里绕出了一个"S"型大湾子，形成了类似道教"太极图"的奇妙天然景观，这个"天然太极图"正中交汇处，一条清澈的小河——诺邓河缓缓流出，古人称这江河交汇处的天然景观为"太极锁水"，沿诺邓河往上走就到诺邓村。因此基础设施的建设除了路的建设以外，还可以考虑在通往诺邓村的路上选择一个高地修建俯瞰"天然太极图"的观景台，使其成为诺邓生态旅游示范村的一道独特风景线。

2. 恢复古盐井的传统生产。诺邓古盐井的开采，从古代起就以"分户生产，集中管理、政府控股"的股份制经济而闻名。而盐业生产，直接带动了工商业的发展；经济的繁荣，促进了该村文教事业的发展，从而使得诺邓有辉煌的历史。然而，自从盐井被封停产后，千百年来人们赖以生存的产业转了向，

改变成大量毁林开荒种苞谷的农业经济，而且是广种薄收的自然经济，低下的生产力带来低水平的生活。因此，诺邓必须调整产业结构退耕还林，保护自然生态环境，恢复盐业生产，以井养民，保持传统盐业文化。

3. 利用村落民居建筑群展示白族民居建筑文化。诺邓傍山、依台构舍，至今还完整保存白族民居建筑风格。现在开始，必须坚持保护原有民居的特色，对危房加以维修，且修旧如旧，保持原貌。特别是典型民居，如黄进士牌坊旧宅、杨贡爷旧居等要重点修复保护；村落中古道、古水井、街场、戏台、小桥等要铺石维修，开挖排水沟，做好环境卫生。

4. 退校还寺，以玉皇阁寺庙建筑群为依托，展示白族的道教文化。玉皇阁凝聚着白族聪颖智慧，是白族传统庙宇建筑艺术的载体和结晶，应对整座玉皇阁加以保护、修复。抓紧退校还寺工作，并逐渐恢复其洞经音乐、道教音乐、民俗等活动。

5. 利用诺邓村落文化，展示白族民俗文化。诺邓自古历史悠久，文化发达，流传下来许多极有价值的文物和独具特色的生产、生活器具、家谱、碑碣、对联、篇额等文物古董和服饰、家具，充分展示了白族民俗文化。

6. 利用盐井古戏台，组建洞经音乐、民族歌舞演奏队。云龙洞经音乐源远流长，雅趣宜人，诺邓历史上道经、佛经、洞经谈演同坛在道教活动中已有很长历史。据诺邓杨树元等道教老前辈介绍，过去诺邓"三日以上的大经必有一日谈洞经"，而现在来到诺邓村中，仍可见到喜欢洞经音乐的老人健在。此外，诺邓村历史上常有各种丰富的民间活动，白族歌舞表演从未间断，村中龙王庙前一百米处的古戏台就是村中集会看戏的热闹场所。修复古戏台，组建洞经音乐演奏队、民族歌舞表演队，对洞经音乐和白族歌舞进行抢救、搜集、整理、利用。

7. 组建村落家庭民居接待，展示山地白族独特的生活习俗和饮食文化。要发展诺邓村的生态旅游，在旅游接待的吃、住环节上，一定要体现白族独特的民风、民俗。要根据经济状况、家居环境、院落卫生等条件，从村中选择几户人家作为家庭接待点，组建民族风味饮食传习户或云龙风味小吃专业接待户。让来到村里的旅游者能与村民同吃同住，在饱览自然生态景观之余，还能感受到浓郁的白族风情，体验白族独特的生活习俗和饮食文化。

8. 恢复传统科技水车、水碓、水磨、水碾，展示山地白族古朴的生产方式。诺邓村海拔高、地势险，四面环山，只在西南角上有一缺口，为河水流入沘江的通道，村内一条小河自东北流向西南，村民就聚居在小河两岸。在这种地理条件下，当地居民使用水车、水碓、水磨、水碾的独特方式显示了高原山地白族高超的传统科技。今天，恢复这些传统的器具和技艺，能让人们看到高原山地白族古朴的生活方式和以这种生活方式所凝聚的聪明与智慧。

9. 利用院落、后花园，营造人与自然和谐的休闲环境，提供游客休闲的场所。诺邓村的民居基本上都是"三坊一照壁"和"四合五天井"的白族民居，白族又历来喜欢种植花草，因此鼓励当地村民在院落、后花园中遍植花草，也可考虑恢复传统在房前屋后、村边道旁种桑养蚕业、种植果树，绿化环境。既绿化环境，又能培育新的产业，带动经济的发展。使来到诺邓的游客们有一个最自然和真实的休闲环境，感受到日常生活中点点滴滴的人与自然的和谐。

10. 恢复传统村落集市，为游客提供市场，出售有山地民族文化特色的旅游纪念品。诺邓过去每月初一、十五"赶大集"，初八、二十三"赶小街"，四方商贾云集，十分热闹。在生态旅游示范村的建设过程中，可以考虑恢复传统村落集市，密切村落的商品、文化交流，又可向外来游客展示山地白族独特的民风民俗。

11. 组建民俗传统工艺传习馆，展示、传承、销售民族、民间工艺品。白族历来以心灵手巧而著称，诺邓悠久的历史也注定了其在衣、食、用等方面传承了丰富而多彩的手工技能，建立千年古村传统文化传习所，充分展示白族古老村落的技术、艺术和文化，繁荣民族工艺品市场，使优秀白族传统技能文化能可持续发展。

12. 突出白族饮食文化特色，恢复以诺邓火腿为主的名特食品加工业。充分利用诺邓食盐盐质好的优势，继承和发展各种名特食品加工业。如诺邓火腿、猪肝酢、酱油、酱菜、面酱、豆饼等，实行精加工、巧包装，保质量、创名牌。并在此基础上开拓风味食品的外销市场，带动整个村落副食品加工业的发展。

13. 建立无污染的云龙生态茶苑。生态旅游的重点强调纯自然、无污染，纯天然的绿色生态食品，是生态旅游市场必不可少的重要商品。在诺邓建立无污染的生态茶苑，可以让游客在青山绿水的自然意境中体会云龙茶文化的韵味。

14. 恢复村落传统手工酿酒作坊，传承民族独特手工酿酒工艺。诺邓在历史上有着传统的酿酒工艺，而传统的酿酒工艺往往是一个民族独特手工技能的表现，在这些手工技能的背后凝聚的是白族的传统科技和文化，恢复作坊，传承白族独特手工酿酒工艺，既有经济价值，又有文化意义。

（二）具体措施

为了保证项目顺利实施，且便于操作，本项目以村落为依托，以户为实体，以发展个体经济为主体而逐项落实。

1. 对项目对象的选择

场所。诺邓生态旅游示范村项目的实施，要以诺邓村源远流长的传统文化为依托，因此村中有着悠久历史的文化事项和文物古迹，都是项目设计首先要考虑的对象，如玉皇阁建筑群、古盐井、古戏台、进士牌坊、黄家祠堂以及典型的民居院落等。

传统工艺技能户。由于盐业的发达，历史上的诺邓火腿、诺邓酱油、诺邓酱菜和豆粉干、豆饼之类的传统名特食品享誉滇西。诺邓生态旅游示范村的建立，可以考虑继承和发展各种名特食品加工业，在村中选取有较好工艺技能传统的几户人家重新恢复用传统工艺技能来制作风味食品，对这些风味食品精加工、巧包装、保质量、创名牌。

2. 对项目接待户的培训

对旅游接待服务意识的培训。在古村落开发旅游，容易导致村落居民因盲从外来文化而破坏传统民族文化，或因追求眼前的短期经济利益而导致各种旅游项目一哄而上，无序竞争。因此，要将诺邓开发成为生态旅游示范村，首先要对村落居民进行旅游接待服务、经营管理培训，特别要在村民中树立民族文化保护和生态旅游的观念，要让村民意识到游客追求的是原汁原味的民族文化、民俗风情和自然天成的生态景观。

对传统技能传承的培训。受现代生活方式的冲击，因此要恢复诺邓传统手工副业，必须在村中组织传统技能的培训，通过老带新、熟练带不熟练，逐步由点到面的推广传统技能，使其免于失传。

3. 对项目产品的设计

诺邓生态旅游示范村的旅游产品要注重体现诺邓悠久的白族文化和高原山地古村落的自然生态，在食、宿、游、购、娱等方面都要贯穿民族文化内涵。例如：吃白族风味食品和绿色山地野菜；住古朴的白族民居；游览玉皇阁等历史古迹，参观古村落民居建筑和古盐井生产旧址；购买以诺邓火腿为主的名特风味食品；看白族歌舞表演，听白族洞经音乐。

4. 组织管理

生态旅游示范村的管理工作可以通过两条主线来组织运行，一是村落现有的村委会，二是由各相关的旅游接待户组成的接待管理小组。依托村委会来进行管理，可以利用已有的管理体系和人力资源来保障生态旅游各项项目有计划、按步骤地实施，从宏观上把握全局，进行开发；组建接待管理小组则让村民参与到管理活动中，制定管理措施，协调接待细节，引入竞争机制，充分调动广大村民参与文化生态旅游示范村建设的积极性和热情。

5. 预期效果

建立诺邓生态旅游示范村的预期效果可以从近期和远期两个层面上来看，从近期来看，建立示范村有助于扩大诺邓千年古村的知名度，吸引国内外各种文化生态保护基金和项目对诺邓古村的关注和资金支持；带动相关的道路交通设施建设；修复文物古迹；改善村落的环境卫生状况；恢复传统工艺技能并开发名特风味食品等。从远期来看，诺邓生态旅游示范村的建设始终立足于当地人的利益，最终将提高村民的经济收入；由于旅游开发是立足于生态保护的角度，因此示范村的建立将有利于保护当地的生态物种，改善当地的生态环境；生态旅游示范村的建立能帮助村民树立对待传统文化的保护、自然生态的保护与经济发展这三者之间关系的正确态度，最终实现当地文化、生态和经济效益的可持续发展。

（原载《云南民族学院学报》哲社版，2002年第2期）

盐马古道上诺邓古村传统文化的保护

白族千年古村诺邓经过十多年的对外开放后，怎样提升南诏遗留盐马古道上千年古村传统文化的保护与发展的价值，拓展盐马古道文化，进行传统文化和生态旅游的二次创新，这是摆在理论工作者和实际工作者面前的任务。笔者10年前通过对诺邓的考察，提出开发和保护的措施。10年后又多次回诺邓，进一步提出诺邓传统文化保护与发展的具体项目，旨在为村落传统文化的保护和发展探索一条新的有效的途径。

位于大理白族自治州云龙县果郎乡的诺邓村，是形成于南诏国时期[1][2][3]的以盐业为主的白族村落，根据唐樊绰《蛮书》的记载，已有一千多年的历史。[4]是云南省目前所发现的罕见的千年古村，南诏时期遗留下的盐马古道正是从村中通过。村内现存除有古道外，还有众多的明、清时期的民居建筑、以玉皇阁为主的宗教建筑，以及相关的文化遗存，都具有较高的历史、科学、艺术价值。对这些历史文化遗存现状的分析，无疑能对这些文化遗产的保护、开发和合理利用，提供科学的依据。

一、盐马古道上诺邓的传统文化

千年白族古村诺邓的兴盛，与盐马古道的繁荣分不开，而盐马古道的兴旺繁荣，又与古村盐业发展相联系，正是盐业经济的发展，促进了古村传统文化的形成。

（一）盐马古道的界定

盐马古道起于汉，兴于唐，盛于明清，是世界上地势最高最险的经济文化

---

[1] ［明］李元阳：《嘉靖大理府志》，大理：大理白族自治州文化局翻印，1983年。
[2] ［明］李元阳：《万历云南通志（第6卷）》，盐课，龙氏灵源划野万历元年大理府原刻木铅字排印，1943。
[3] ［民国］周钟岳：《新纂云南通志（第147卷）》，昆明：云南省印制局铅字排印本，1948年。
[4] ［唐］樊绰：《蛮书》第7卷，引自云南史料丛刊（第2卷）《云南管内物产》，昆明：云南大学出版社，1998年版。

传播古道之一。同古丝绸之路一样，是一条连接不同地域文化，打通中国对外经济交流的世界文化走廊。千百年来，在古道上行走的马帮是古道的开拓者。在古代，马帮是中国西南山区特有的交通运输方式，也是盐马古道上一道壮观的风景线。盐马古道自汉代开始因运盐而起，到唐代已经发展成为连接滇藏川及东南亚的重要经济文化通道。由单一的运盐发展到茶叶、丝绸、药材、皮草等生活用品的贸易通道，形成了一个个贸易驿镇和茶马互市经济中心，千年古村诺邓就是古道上的经济中心之一。在明清时期，古道最为兴盛，是千年古村诺邓的兴旺繁荣时期，也是盐马古道上主要线路之一滇藏线的经济贸易中心之一。即南起云南的普洱，经大理、云龙（诺邓）、丽江、中甸、德钦到西藏的左贡、邦达、昌都、洛隆宗、拉萨，再到缅甸、不丹、锡金、尼泊尔、印度等国。

因此，明朝时期，明政府在诺邓设立"五井盐课提举司"，是全国七大盐课提举司之一，也是通往滇西各地盐马古道的轴心地。自南诏、大理国时期，诺邓的盐马古道已经北通吐蕃，南通金齿腾越等地。明清以来，以诺邓为中心，东向大理昆明、南至保山沧宁、西接腾冲缅甸、北连丽江西藏。盐马古道因盐茶而兴盛。自唐到明清，盐马古道是运输茶叶和盐等生活用品进藏的重要通道。云南的西双版纳是茶树的发源地，四川的雅安也是中国最早有茶树栽培记录的地方，这两地都是向西藏和东南亚各国输入茶叶的主要产区。特别是云南的普洱茶，最负盛名。在云南普洱有六大茶山，千家寨有一棵老茶树，树龄已经有2700多年了，可称为目前世界上最老的野茶树了。新茶采下来后，经过了杀青、揉捻、晒干、发酵等多道工序处理后制成"沱茶""饼茶""方茶"等品种，由马帮运往各地。也有的是把毛茶从普洱运到大理，在大理经过加工后，再分别运往各地。其中有专供西藏地区的茶叶又称"边茶"。藏民们喝的酥油茶和纳西族人喝的盐巴茶，都是以茶叶和食盐为主要原料，这样，对茶叶和盐就有了特殊需求。由盐和茶叶带动起来的经济发展，促进了盐马古道的兴盛和发展。

盐马古道促进了中华民族的大融合，形成了独特的地域文化。沿盐马古道生活着20多个少数民族，其中主要是以藏族、白族、纳西族、傈僳族、傣族、彝族、基诺族等为主，一条商贸古道，就似一条连接汉族同其他各民族之间的彩带，带动了各民族文化的融合。而千年古村诺邓正是在盐马古道繁荣时期发展形成的盐业经济的中心，盐业经济的发展，促进了古道的畅通与繁荣，而随着时代的变迁，盐业经济衰退，盐马古道也随之被世人遗忘。从1999年开始，千年古村逐渐被世人所知，经过县委县政府的大力宣传，诺邓在20世纪90年代末至21世纪初越来越被人们所认识，特别受到国内外学者、旅游者的亲睐，人类学、民族学、社会学等不同学科学者，带着学生到此考察，连北京大学都把诺邓作为人类学研究基地，中央民族大学、云南大学、云南民族大学等高校学者纷纷到此调查研究；法国、意大利、日本等国家的众多学者、旅游者纷至沓来，千年古村诺邓的传统文化让人耳目一新。然而，人们在重视古村的同时却没有留意古道及古道上的火葬墓梵文碑以及盐井文化。因此，在弘扬保护古村传统文化的同时，应该重视古道的保护，特别是在云南面向东南亚、南亚开发的"桥头堡"战略中，重振古道的雄风已经被提到议事日程上来。

（二）诺邓的传统文化

诺邓古村见证了历代王朝在云南的变迁，目前它还保留着滇西地区最古老、最集中、最完整的明清古建筑群和明清文化遗踪，现存100多座依山构建、形式多变、风格典雅的古代民居院落，有玉皇阁、财神殿、关圣殿、吕祖阁、龙王庙、万寿宫等明清时期的众多庙宇建筑和盐井、盐局、盐课提举司衙门旧址以及驿路、街巷、盐马古道等古代建筑，还有1000余件散落在民间的古董、文物、字画牌匾、古老家具什物，另有洞经花灯音乐、传统工艺美术、节会庆典活动及传统规矩礼道等非物质文化遗产，蕴含着丰富的文化旅游资源。

名胜古迹。历史上诺邓由于盐业经济的发展促进了文化的繁荣，故诺邓有诸多名胜古迹，如玉皇阁、财神殿、关圣殿和吕祖阁、龙王庙、万寿宫、三崇宫、进士牌坊。旧时从石门到诺邓，沿桥头往北行几里，过第一座牌坊，行不到里许，立有第二座牌坊，地名为接官坪，又走里许便有一壁悬崖，右上设小小山神龛座，稍前立着至今仅存的第三座牌坊；还有玉皇阁前，茶马古驿道上雄奇高大的"腾蛟、起凤"木牌坊。

独特的村落文化。由于时光推移，朝代更替，一千多年过去了，群山包围中的诺邓村已物是人非，而千年的文化底蕴已积淀在这古老山村人们的日常生活之中，积淀在古道、盐井、小桥、古庙、戏台、石梯、水井、街场和大青树之中。

语言服饰文化。诺邓白族有自己的语言，但没有自己的文字，通用汉文，只有一种通用汉字记白语，并在汉字旁加一定符号的表意文字，称为"文"，是在小范围内使用，只流行于宗教的祭司和民间艺人中，用于记写祭祀的祭文和山歌唱本。白族"吹吹腔"的传统剧本就是使用这种文字书写。

诺邓白族的服饰，男子各地大体相同；穿对襟衣，衣较短，山区还在外面再穿一件羊皮褂；穿宽裤脚裤子，戴黑、蓝包头或内皮小帽；服饰多为青、蓝、黑色；在盐井或集镇地区有些也穿长衫马褂或中山装，戴毡帽。未婚妇女黑包头露顶，梳独盘辫盘入包头内，形如满月；已婚妇女梳发髻，插银簪，包头较宽，不露顶，戴耳环。青年妇女喜穿白、蓝、绿、粉红色上衣，衣前襟短，后襟长，覆臀部；在衣领、袖口绣花边图案；裤宽大，多为蓝、黑等深色，裤脚上绣一道花边，系绣花长围腰。老年妇女的服饰大致和青年妇女相同，但上衣颜色偏暗，多为青、蓝、黑等色。白石一带的妇女则喜欢在衣外再披一张白绵羊皮。1950年后，各民族文化交往密切，白族服饰也发生了变化，穿汉族服装的日益增多。近年来，由于经济不断繁荣，服装改变很快，现在年轻人都喜欢穿流行的服装，而中老年人（特别是妇女）仍穿原来的民族服装。

古盐井与手工制盐作坊。根据云南史料记载，云南井矿盐业在秦汉时期就已产生，公元前110年，安宁、大姚、云龙已产盐。诺邓人以盐业为主体，兼营商业和手工业，农业仅仅是补充。清代据雍正《云龙州志》记载，诺邓日产盐1600斤（老称），年产盐50多万斤。到民国年间诺邓已有煮盐灶户97灶。

保护自然生态的传统观念。旧时诺邓虽以盐井谋生，但十分注重对生态的保护。在人们的观念里，坟山是祖灵居住地，一草一木均神圣不可侵犯，若在此动刀，将破坏风水，族人便会受惩罚。故坟山松柏不能砍伐，这是约定俗成世代相袭的。所以煮盐均用粟树、松毛为燃料，故山地森林植被保存较好。

保护环境，珍惜生存空间，爱惜花草树木，保护野生动物，是村民从小接受的教育和训诫。村里村外寺观庙宇旁的树为神树，一草一木不能砍伐，否则会遭神灵惩罚；山林中的野兽、鸟雀不能捕捉；院落里的燕窝不能捣，否则会得瘌痢头。

重教育的传统。诺邓历来有热爱文化、重教育的古风。尽管云龙地处偏僻，交通不便，但重教育的传统却从来没有中断过。诺邓教育发展的最早渊源当数家学，明代以来，从中原迁来的各姓带来了其"书香世第"的传统，各姓都有尊师重教的匾额和家训。除了家学以外，诺邓村的孔庙也说明了诺邓有历史悠久的乡学和庙学，诺邓明清时期乡学的主要形式是私塾。清雍正三年（1725年），有了书院。雍正十一年（1733年）知州徐本仙任内，在诺邓文昌宫增设义学。到了民国时期，新制小学逐步开办发展，民国元年办起了4年制小学，这年还办起了女子小学，民国三年（1914年）在诺邓设立了北乡高等小学，附近各地的孩子都到诺邓上学。重视教育的传统使得诺邓村尊师好学蔚然成风。

二、近年来盐马古道上诺邓的变化与传统文化保护面临的挑战

随着历史的发展，人口的急剧增长，资源匮乏，现代文化传播等因素，都对诺邓村自然人文资源、生态环境、传统文化造成巨大的冲击。

（一）盐马古道上诺邓的变化

西部大开发带来诺邓发展的机遇。云南省委、省政府已作出决定，在西部大开发过程中，把云南建设成绿色经济强省、民族文化大省和中国面向东南亚、南亚的国际大通道。2000年10月在大理召开的省政府现场办公会议，专门对滇西北可持续发展作出了重要的发展规划。提出要把大理建成滇西的经济中心、国际大通道和中国一流的旅游胜地。后来，云龙县人民政府组织专门的机构，对古村建设开发进行专门管理，并且，县人民政府培植三个后续支柱产业给诺邓的发展带来新的契机。在云龙县的"十五"规划中，强调了在重点扶持已有的支柱产业的同时，要十分重视旅游业，特别重视对千年古村秀丽的高原山地风光、独特的自然生态环境、悠久的历史文化、浓郁的白族民风民情进行开发。强调诺邓千年古村传统文化保护和生态旅游示范村建设的立足点，就在于诺邓悠久的历史积淀、深厚的白族文化和独特的自然生态。因此，首先把基础设施摆在第一位。

对路、观景台进行修建。诺邓村位于云龙县城西北面的山谷中，距县城石门镇5公里，简易的乡村公路经过两次修建，基本可以通行。建设诺邓民族文化和生态旅游示范村，首先必须对道路进行改造、扩建，这是古村与外界交流的首要条件。并且，在从县城往诺邓方向3公里处，澜沧江的支流沘江在这里绕出了一个"S"型大湾子，形成了类似道教"太极图"的奇妙天然景观，这个"天然太极图"正中交汇处，一条清澈的小河——诺邓河缓缓流出，古人称这江河交汇处的天然景观为"太极锁水"，沿诺邓河往上走就到诺邓村。因此基础设施的建设除了路的建设以外，在通往诺邓村的路上选择了一个高地，修建俯瞰"天然太极图"的观景台，使其成为诺邓生态旅游示范村的一道独特风景线。观景台已建成。

利用村落民居建筑群展示白族民居建筑文化。诺邓傍山、依台构舍，至今还完整保存白族民居建筑风格。坚持保护原有民居的特色，对危房加以维修，且修旧如旧，保持原貌。特别是典型民居，如黄进士牌坊旧宅、杨贡爷旧居等要重点修复保护；村落中古道、古水井、街场、戏台、小桥等已铺石维修，开挖排水沟，环境卫生进一步得到改善。

退校还寺[①]，以玉皇阁寺庙建筑群为依托，展示白族的道教文化。玉皇阁

---

① 2001年，笔者在云南省人民代表大会上提出了"退校还寺"的建议，从2002年开始落实，学校迁到寺外，"退校还寺"得以落实。

原来一直被学校占用，作为村小学校。然而，玉皇阁凝聚着白族聪颖智慧，是白族传统庙宇建筑艺术的载体和结晶，应对整座玉皇阁加以保护、修复。2002年开始退校还寺，恢复孔庙，并成功地举办了祭孔仪式，并逐渐恢复了洞经音乐、道教音乐、民俗等活动。

利用诺邓村落文化，展示白族民俗文化。诺邓自古历史悠久，文化发达，流传下来许多极有价值的文物和独具特色的生产、生活器具、家谱、碑碣、对联、篇额等文物古董和服饰、家具，充分展示白族民俗文化，建立了3个家庭博物馆。

组建村落家庭民居接待，展示山地白族独特的生活习俗和饮食文化。要发展诺邓村的生态旅游，在旅游接待的吃、住环节上，一定要体现白族独特的民风、民俗。根据经济状况、家居环境、院落卫生等条件，从村中选择几户人家作为家庭接待点，组建民族风味饮食传习户或云龙风味小吃专业接待户。让来到村里的旅游者能与村民同吃同住，在饱览自然生态景观之余，能欣赏浓郁的白族风情，体验白族独特的生活习俗和饮食文化。

突出白族饮食文化特色，恢复以诺邓火腿为主的名特食品加工业。充分利用诺邓食盐盐质好的优势，继承和发展各种名特食品加工业。如诺邓火腿已经建立了火腿加工厂，传统食品猪肝酢、酱油、酱菜、面酱、豆饼等，实行精加工、巧包装，保质量、创名牌。并在此基础上开拓风味食品，带动整个村落副食品加工业的发展。特别是在《舌尖上的中国》播出诺邓火腿后，诺邓火腿已远销国内外，形成了当地一种重要产业。

建立了无污染的云龙生态茶苑。无污染、纯天然的绿色生态食品是生态旅游市场必不可少的重要商品。在诺邓建立无污染的生态茶苑，可以让游客在青山绿水的自然意境中体会云龙茶文化的韵味。目前，已有几家这样的茶苑开始营业。

恢复了村落传统手工酿酒作坊，传承民族独特手工酿酒工艺。诺邓在历史上有着传统的酿酒工艺，而传统的酿酒工艺往往是一个民族独特手工技能的表现。只是规模小，生产品种不多，但已经在扩展。

（二）诺邓传统文化保护面临的挑战

消除贫困与民族文化多样性保护的矛盾。云龙县由于其特殊的地理环境，在资源环境方面表现为高原山地地貌、地形陡峭、地势高耸、区域闭塞；在社会经济方面表现为基础设施薄弱、资金和技术紧缺、人力资源开发滞后。受这些条件的制约，为了发展经济、解决温饱问题，人们就会盲目扩大生产，从生活方式到价值观念都向发达地区看齐。在这个过程中，传统的、民族的、生态的东西容易被视为阻碍发展而抛弃掉，造成消除贫困与民族文化生态多样性保护间的矛盾。

外来文化冲击的影响。随着现代化进程和社会转型速度的加快，作为一个有着悠久历史的白族古村落，诺邓村的传统文化正面临着前所未有的冲击。民族服饰、语言、民居、歌舞、习俗、习惯法等一些表面上看与经济发展关系不大的少数民族传统文化因素在外来文化的冲击下消失、蜕变。民族文化资源的加速流失逐渐削弱了村民们对自己文化的信心，在古村落中，民族文化传承的危机与民族文化自我认同的危机并存。古村中的年轻人并不懂得和重视古村传统文化的保护，民族服饰被他们所忽视，他们不懂也不接受民族传统音乐，民俗传承场没有恢复和建立。

人口、资源环境与传统文化保护协调发展的矛盾。诺邓村由于高原山地的地理条件，在人口膨胀的今天所面临的人地矛盾日益突出。原来没有保护的时候，还没有占道盖房、乱搭建房屋，现在要保护有人乘机占道修建房屋，有的为了拿到新农村建设款项，把原来的红土墙粉刷成白石灰墙，破坏了山地白族的建筑风格，进士牌坊被村民用金黄色油漆涂抹，破坏了原来古朴的风尚等。

现有村落文化保护体系的局限性。保护白族千年古村诺邓的文化传统与建设诺邓生态旅游示范村是保护古村落文化的必要措施。目前，我国已有建立自然保护区来保护生态环境的机制，但却缺乏保护古村落文化的专门体系，村落市井文化的保护一直处于零散、附属的地位。因此弘扬保护诺邓传统文化还任重道远。

三、盐马古道上诺邓传统文化保护与发展的路径

随着对民族传统文化保护认识的不断加深，随着旅游事业的蓬勃发展，旅游者素质的不断提高，以及人们对民族传统文化、生态环境认识程度的不断加深，现代旅游者和经营者的追求已从传统旅游向生态旅游转变的趋势，也为我们对传统文化的保护和经济建设的发展找到了一个有机的结合点。

1. 传统文化的保护与生态旅游示范村的建立是开拓云龙未来旅游发展的方向。随着全球旅游业的迅猛发展和人们对生存环境认知程度的不断提高，民族文化旅游和生态旅游已成为现代旅游业的新热点和新趋势。云龙县目前已提出把旅游业培植成为云龙县支柱产业之一的发展目标，而旅游产业的培植必须紧紧围绕保护文化、回归自然的主旨，把白族文化融入到旅游活动的各个环节，形成自己独具特色的旅游文化产业。

2. 传统文化的保护与生态旅游示范村建立是云龙县新经济增长的有效途径之一。文化生态旅游作为一种全新概念的旅游产业，它贯注的是可持续发展的

战略，这样的无烟产业顺应当今世界发展的潮流，在许多国家和地区得到了高度的重视。在云龙，通过开发文化生态旅游产品，能够发挥地区资源优势，促进本地区的经济发展。诺邓传统文化的保护和生态旅游示范村的建立，始终关注的是当地老百姓的利益，宗旨是使社区受益；并带动道路交通等基础设施的建设，吸纳村民为旅游从业人员，恢复传统手工业，开发富有特色的纪念品，最终使当地居民获得经济利益。

3. 传统文化的保护与建设生态旅游示范村的前景。自 1983 年世界自然保护联盟（INCN）特别顾问 H. Ceballos Lascurain 首次提出 Ecotorism（生态旅游）的概念以来，全球生态旅游业得到了迅猛发展。近年来，生态旅游在云南的发展势头也很强劲，建立生态旅游示范村就是生态旅游开发的一种新途径。对云龙这样一个有着丰富的自然景观资源和民族文化资源的地方来说，发展民族文化生态旅游有着特别的意义和广阔的市场前景。

4. 生态旅游示范村的建立能使民族传统文化得到更有效的保护、传承和发展。文化生态旅游的核心是保护和可持续发展，它强调旅游开发不能以牺牲环境和传统文化为代价，要使我们的后代与当代人拥有平等地享受旅游的自然景观和人文景观的机会和权力。文化是人类在适应自然环境的过程中逐步生成的，因人类活动而带来的环境变迁会导致文化的变迁，实际上保护生态、保护文化和保护老百姓的利益其实是三位一体的工作。诺邓生态旅游示范村的建立，保护了自然生态，也就是保护了古村白族文化赖以生息的土壤，最终使千年古村的白族文化在社会转型的历史时期得到更有效的保护、传承和发展。

现代化进程中诺邓古村的保护和发展

位于大理白族自治州云龙县果郎乡的诺邓村，是形成于南诏国时期的以盐业为主的白族村落，根据唐代樊绰《蛮书》的记载，已有一千多年的历史，是我省目前所发现的罕见的千年古村。明朝时期，诺邓盐业兴盛，政府职能部门的设立使诺邓初步具备城镇功能；民国后期随着盐业衰落，诺邓又重新回归乡村本质。然而，一千多年的井盐开发历史，使诺邓保留了众多的明、清时期的民居建筑、以玉皇阁为主的宗教建筑，以及相关的文化遗存，都具有较高的历史、科学、艺术价值。对这些历史文化遗存现状的分析，无疑能对这些文化遗产的保护、开发和合理利用，提供科学的依据。

一、从井养万家到山地农民的转变

诺邓是盐马古道上的重镇，明朝时期，政府在诺邓设立"五井盐课提举司"，是全国七大盐课提举司之一，也是通往滇西各地盐马古道的轴心地。自南诏、大理国时期，诺邓的盐马古道已经北通吐蕃，南通金齿、腾越等地。明清以来，以诺邓为中心，东向大理昆明、南至保山沧宁、西接腾冲缅甸、北连丽江西藏。盐马古道促进了中华民族的大融合，形成了独特的地域文化。沿盐马古道生活着20多个少数民族，其中主要是以藏族、白族、纳西族、傈僳族、傣族、彝族、基诺族等为主，一条商贸古道，就似一条连接汉族同其他各民族之间的彩带，带动了各民族文化的融合，最终也改变了诺邓居民的生产生活方式与文化模式。

（一）诺邓与盐马古道

盐马古道因盐茶而兴盛，起于汉，兴于唐，盛于明清，是世界上地势最高最险的经济文化传播古道之一。同古丝绸之路一样，盐马古道是一条连接不同地域文化，打通中国对外经济交流的世界文化走廊。千百年来，在古道上行走的马帮是古道的开拓者。在古代，马帮是中国西南山区特有的交通运输方式，也是盐马古道上一道壮观的风景线。自汉代开始因运盐而起，到唐代已经发展成为连接滇藏川及东南亚的重要经济文化通道，由单一的运盐发展到茶叶、丝绸、药材、皮草等生活用品的贸易通道，形成了一个个贸易驿镇和茶马互市经济中心。在明清时期，古道最为兴盛，大致说来，古道的主要线路之一滇藏线。

即南起云南的普洱,经大理、丽江、中甸、德钦到西藏的左贡、邦达、昌都、洛隆宗、拉萨,再到缅甸、不丹、锡金、尼泊尔、印度等国。

自唐到明清,盐马古道是运输茶叶和盐等生活用品进藏的重要通道。云南的西双版纳是茶树的发源地,四川的雅安也是中国最早有茶树栽培记录的地方,这两地都是向西藏和东南亚各国输入茶叶的主要产区。特别是云南的普洱茶,最负盛名。在云南普洱有六大茶山,千家寨有一棵老茶树,树龄已经有2700多年了,可称为目前世界上最老的野茶树了。新茶采下来后,经过了杀青、揉捻、晒干、发酵等多道工序处理后制成"沱茶""饼茶""方茶"等品种,由马帮运往各地。也有的是把毛茶从普洱运到大理,在大理经过加工后,再分别运往各地。其中有专供西藏地区的茶叶又称"边茶"。藏民们喝的酥油茶和纳西族人喝的盐巴茶,都是以茶叶和食盐为主要原料,这样,对茶叶和盐就有了特殊需求。由盐和茶叶带动起来的经济发展,促进了盐马古道的兴盛和发展。

(二) 盐井与诺邓居民生活

根据云南史料记载,云南井矿盐业在秦汉时期就已产生,公元前110年,安宁、大姚、云龙已产盐。从西汉自南北朝时期,云龙为比苏县;唐初,云龙属姚州都督府尹州。据方国瑜教授《云南郡县两千年》书中记载:尹州即今云龙境,下领"盐泉"等五地。从云龙境内各盐井开采情况看,最早开采的当是诺邓井,"盐泉"是否在诺邓待考证,但唐天宝年间,南诏政权攻占姚州都督府所有的领地以后立宁北节度,公元794年改称剑川节度,领有宁北、沙追、讳溺、若耶、浪穹、细诺邓等地,樊绰《蛮书》曰:"剑川有细诺邓井",按方国瑜先生注,细诺邓即今云龙县诺邓井。① 历经唐、宋、元、明、清各代王朝,"诺邓"这名称一直延续至今。公元1382年,明政府设云南4个盐课提举司,其中有"五井盐课提举司",治所即在诺邓,五井辖盐课司七:即诺邓井、山井、师井、大井、顺荡井、弥沙井、兰州井。② 从有明确记述的唐代开始,诺邓村的演变发展完全与盐业经济的兴衰有关。南诏时期"细诺邓井"的盐业生产已经具备了相当的规模。到明朝中后期,五井盐课提举司年上缴中央政府的盐课银为38000多两。李元阳纂《嘉靖大理府志》记载:"后开五井,始分行

---

① [唐] 樊绰:《蛮书》(卷七),引自《云南史料丛刊》,云南省印制局铅字排印本,1948年。

② [唐] 樊绰:《蛮书》(卷七),引自《云南史料丛刊》,云南省印制局铅字排印本,1948年。

盐地方台井之盐，专行大理；五井之盐，专行永昌"。① 可见诺邓等五井地区所产年盐在滇西已负有盛名。《雍正云龙州志》记："诺邓、顺荡（盐）味更咸，不必浇灶，而遂能成沙"。② 因诺邓盐质非比寻常，保山、腾冲一带自古以来都十分喜欢食"诺盐"。

三、诺邓古村的传统文化及其变迁

西部大开发给诺邓发展的带来机遇。云南省委、省政府已作出决定，在西部大开发过程中，要将云南建设成绿色经济强省、民族文化大省和中国面向东南亚、南亚的国际大通道。2000年10月在大理召开的省政府现场办公会议，专门对滇西北可持续发展作出了重要的发展规划，提出要把大理建成滇西的经济中心、国际大通道和中国一流的旅游胜地。除政府宏观政策的影响之外，随着历史的发展，人口的急剧增长、资源匮乏、现代文化传播等因素，都对诺邓村自然人文资源、生态环境、传统文化造成巨大的冲击。

（一）诺邓古村的文化传统

诺邓历来有热爱文化、重教育的古风。尽管云龙地处偏僻，交通不便，但重教育的传统却从来没有中断过。诺邓教育发展的最早渊源当数家学，明代以来，从中原迁来的各姓带来了其"书香世第"的传统，各姓都有尊师重教的匾额和家训。除了家学以外，诺邓村的孔庙也说明了诺邓有历史悠久的乡学和庙学，诺邓明清时期乡学的主要形式是私塾。清雍正三年（1725年），有了书院。雍正十一年（1733年）知州徐本仙任内，在诺邓文昌宫增设义学。到了民国时期，新制小学逐步开办发展，民国元年办起了4年制小学，这年还办起了女子小学，民国三年（1914年）在诺邓设立了北乡高等小学，附近各地的孩子都到诺邓上学。1950年以后一直至今，这里都是6年制小学。之后小学已经从玉皇阁移出，新建的校舍焕然一新，许多人才从这里走出。

（二）诺邓古村的文化遗存

诺邓古村见证了历代王朝在云南的变迁，目前它还保留着滇西地区最古老、最集中、最完整的明清古建筑群和明清文化遗踪，现存100多座依山构建、形式多变、风格典雅的古代民居院落，有玉皇阁、财神殿、关圣殿、吕祖阁、龙

---

① [明] 李元阳：《嘉靖大理府志》，大理：大理白族自治州文化局翻印，1983年版。
② [明] 李元阳：《万历云南通志（第6卷）·盐课》，龙氏灵源别墅据万历元年大理府原刻本铅字排印，1943年版。

王庙、万寿宫等明清时期的众多庙宇建筑和盐井、盐局、盐课提举司衙门旧址以及驿路、街巷、盐马古道等古代建筑,还有1000余件散落在民间的古董、文物、字画牌匾、古老家具什物,还有玉皇阁前,茶马古驿道上雄奇高大的"腾蛟、起凤"木牌坊。另有洞经花灯音乐、传统工艺美术、节会庆典活动及传统规矩礼道等等非物质文化遗产,蕴含着丰富的文化旅游资源。①

(三) 独特的村落文化

由于时光推移,朝代更替,一千多年过去了,群山包围中的诺邓村已物是人非,而千年的文化底蕴已积淀在这古老山村人们的日常生活之中,积淀在古道、盐井、小桥、古庙、戏台、石梯、水井、街场和大青树之中。

诺邓村现存民居建筑中,如以院落为单位计算,明、清两朝的建筑有90处左右;民国以后建筑的有五六处。另有寺庙、祠堂、牌坊等公共建筑20处,大都是明清时期的。以年代来看,最古老的建筑物是木结构的元代"万寿宫";其次是明朝建筑,村中尚存三四个院落;绝大多数建筑是清代建筑。许多庙宇如玉皇阁、孔庙等,虽然为明朝建造,但已重修,因而划入清代建筑。诺邓村民居几乎都建筑在山坡上,依台构舍,有些地段非常陡,要垒高大石台做墙脚。北部山坡民居层层叠叠、密密麻麻,沿着陡峭地势,前后人家之间楼院重接、台梯相连,往往是前家楼台后门即通后家的大院。清代云龙知州王符写道"峰回路转,崇山环抱,诺水当前,箐篁密植,烟火百家,皆傍山构舍,高低起伏,差错不齐。如台焉,如榭焉,一瞩而尽在目前"。诺邓民居建筑大小虽不一,可都是古建筑式样的瓦屋楼房,古色古香,完整地保存着山地白族传统民居的风貌。白族俗话说:"靠山吃山,靠井吃井";"靠山养山""靠井养井"。诺邓人以前靠盐井生活,曾有"以井养民,井养万家"的经历,诺邓村的选址便紧紧围绕着盐井这一重要的自然资源而展开。在谷底小河与箐沟汇合处便是盐井,卤水长年不断涌出,围绕着盐井和小河,诺邓人在这块土地上世代繁衍生息。整个诺邓村由谷底开始傍山构舍,层层叠叠,如台如榭,错落有致地建在山坡之上。以河谷的盐井为入村口,依山伴林,绕水而居,村中道路街巷,纵横交错,用清一色石板铺就,且三步一阶、五步一台,谁也数不清全村总共有多少台石阶。时至今日,诺邓村内巷道错落有致。陡峭的山势造就了诺邓村别具一格的村容村貌,也尽显了诺邓人依恋自然而又利用自然、改造自然的独特风貌。

---

① 诺邓村退休教师黄金鼎校长提供、介绍了许多村落的历史和文化方面的资料,在此一并致谢!

古戏台和街场集市。古戏台建在村中平坦地段，即龙王庙前百米处，为传统飞檐翘角方型建筑，由台下门洞或两侧进入台前，这是村里唯一场地，村里大小集会均在此举行。传说龙王喜欢看戏，故每年正月，各灶户集资请戏班子到此为龙王唱戏，祈求"卤旺盐丰"，可观赏白剧"吹吹腔"表演、五井洞经音乐、传统儒道祭典礼仪等民俗风情以及白族"力格歌""霸王鞭""田家乐""耳子歌""耍春牛""耍马"、舞狮、舞龙、舞白鹤，彝族"鲁辘则"、苗族"芦笙舞"、傈僳族"瓜七七"等舞蹈和其他各类民族歌舞；此时，到该村看戏的、吆喝卖吃的，除本地人，还有外乡外地人，热闹非凡。因为，诺邓自古便有街场集市，分布在村里的卖米坪、卖鸡充、卖猪充、卖百货坪、卖针线铺等地，每月4个街天，为农历初一、初八、十五、二十三日。贸易交换滇西县境特产，如怒江泸水的农户来此卖猪，猪耳朵上有个洞（因为要过溜绳），为架子猪，本地人看耳洞才买回催肥；洱源人来卖乳扇、辣子面；剑川人卖木雕格子门窗；祥云人卖土锅；弥渡人卖红曲米、芋头；保山人卖大米和黄烟；缅甸人来卖水火油（洋油）、洋布；境内团结人来卖木板、荞面、土皮丝；师井人卖挂面；旧州人卖香油等，真可谓无物不至。同时各地商人又将诺邓产的食盐、火腿、酱菜、酱油、面酱等带到各地去销售。

大青树的文化内涵。村落中最有特点的是村北的古榕树，即大青树。树粗数围，高几丈，树冠笼盖近亩。无论你从那个方向看去，看村子，首先就看到繁密的树荫，宽敞的平地，适中的位置使它在诺邓村中成为村民们休闲交往的活动中心。这里时时有老人坐在树下说古道今，男人们在此聚会商谈家事、村事、国事；妇女们则带着孩子来做针线，纳鞋底，唠家常，千百年如一日，大青树已成为古村风水树、神树，日夜守护着古老村寨的安宁。

（四）语言服饰文化

诺邓白族有自己的语言，但没有自己的文字，通用汉文，只有一种通用汉字记白语，并在汉字旁加一定符号的表意文字，称为"文"，是在小范围内使用，只流行于宗教的祭司和民间艺人中，用于记写祭祀的祭文和山歌唱本。白族"吹吹腔"的传统剧本就是使用这种文字书写。

诺邓白族的服饰，男子各地大体相同；妇女的服饰与大理不一样，特别是未婚妇女黑包头露顶，梳独盘辫盘入包头内，形如满月；已婚妇女梳发髻，插银簪，包头较宽，不露顶，戴耳环。白石一带的妇女则喜欢在衣外再披一张白绵羊皮。

二、诺邓传统文化保护面临的挑战

一是消除贫困与民族文化多样性保护的矛盾。云龙县由于其特殊的地理环境，在资源环境方面表现为高原山地地貌、地形陡峭、地势高耸、区域闭塞；在社会经济方面表现为基础设施薄弱、资金和技术紧缺、人力资源开发滞后。受这些条件的制约，为了发展经济、解决温饱问题，人们就会盲目扩大生产，从生活方式到价值观念都向发达地区看齐。在这个过程中，传统的、民族的、生态的东西容易被视为阻碍发展而抛弃掉，造成消除贫困与民族文化生态多样性保护间的矛盾。

二是外来文化冲击的影响。随着现代化进程和社会转型速度的加快，作为一个有着悠久历史的白族古村落，诺邓村的传统文化正面临着前所未有的冲击。民族服饰、语言、民居、歌舞、习俗、习惯法等一些表面上看与经济发展关系不大的少数民族传统文化因素在外来文化的冲击下消失、蜕变。民族文化资源的加速流失逐渐削弱了村民们对自己文化的信心，在古村落中，民族文化传承的危机与民族文化自我认同的危机并存。

三是人口、资源环境与传统文化保护协调发展的矛盾。诺邓村由于高原山地的地理条件，在人口膨胀的今天所面临的人地矛盾日益突出。在生存和保护传统文化的抉择中，维持生计的需要远远超过了对传统文化保护的意愿。

四是现有村落文化保护体系的局限性。保护白族千年古村诺邓的文化传统与建设诺邓生态旅游示范村是保护古村落文化的必要措施。目前，我国已有建立自然保护区来保护生态环境的机制，但却缺乏保护古村落文化的专门体系，村落市井文化的保护一直处于零散、附属的地位。

三、现代化对诺邓古村传统文化的"二律背反"作用

云龙县人民政府培植三个后续支柱产业给诺邓的发展带来新的契机。在云龙县的"十五"规划中，强调了在重点扶持已有的支柱产业的同时，要十分重视农产品加工业、生物资源开发和旅游业三个后续产业的培植。提出了力争用五到十年的时间把旅游业培植成为云龙县的支柱产业之一的发展目标，要实现这一目标，必须对云龙县秀丽的高原山地风光、独特的自然生态环境、悠久的历史文化、浓郁的白族民风民情进行有步骤、有重点的开发。强调"文化"和"生态"内涵是当今全球旅游业发展的最新动态，民族文化旅游和生态旅游已成为世界各国开发旅游资源的主要思路，云龙县旅游业的发展也应该紧紧抓住这一理念，强调旅游开发的文化含量和生态意义，树立精品、名品意识。诺邓千年古村传统文化保护和生态旅游示范村建设的立足点就在于诺邓悠久的历史

积淀、深厚的白族文化和独特的自然生态，它正是我们要树立的旅游精品和名品。

然而，现代化在促进诺邓古村物质文明进步的同时，也会对民族生态文化产生一定的遏制作用，对此后果很难作出是"好"或者是"坏"的判断。现代化进程对少数民族传统文化的影响作用，可能存在有"二律背反"的效应，即由于现代化的作用而呈现的此消彼长、此长彼消、相背相反的作用。康德将"二律背反"看作是源于人类追求理性的自然倾向，因而是不可避免的。现代化进程对少数民族传统文化的"二律背反"效应，表现为文化流失或者趋同的趋势与文化得到保护与发展的趋势同时存在。

（一）文化的趋同与流失

现代化使各民族在经济、政治和社会生活方面的共同性因素得到加强和趋同的同时，也造成了各民族文化的流失。

现代化对少数民族传统文化的最大冲击还不是在显性的物质层面上的，而是在隐性的价值观和信仰观上。历史上汉族在乡村建立城市社会也倡导认同中华、尊重自然、古朴厚道、勤劳节俭等传统价值观。但是现代城市运动中出现的利己主义、消费主义、利益唯尊、急功近利的观念正在深深地侵害着主流社会的人生观、发展观，成为一种是非标准、行为准则，进而极大地影响了各民族文化的发展。少数民族传统文化由于不适应"急功近利""利益根本"的原则而被逐渐放弃，过度强调物质利益导致浅俗化的欲望膨胀，而使民族文化发生断裂，民族信仰精神贫乏。这些倾向，引起了各民族人民的极大担忧，也引起了中央政府的高度重视。

近10年教育部实施集中办学的举措，撤销乡村偏远学校，集中到城市学校上学；高等学校实施收费制度，大中专学生自行就业的制度，导致少数民族家庭受教育成本增高、毕业生失业率增大；一些地方乡村初级和中级学校被撤销，留存的学校用房和配套设施陈旧破烂，少数民族聚居区中小学教师缺乏，学科不配套，乡中心校无法解决寄宿条件，村小及村以下校点的学生由于没有地方读高年级而辍学。而在城市的学校，由于教育目标、课程设置、教学语言不符合当地少数民族的文化与社会生活，教育成本高而教育收益低。

随着现代化的发展，信息技术水平日益提高，越来越多的信息传入到诺邓古村，直接的后果就是年轻人被古村外多姿多彩的生活所吸引，逐渐开始向往外面的世界，而对传统文化的认同发生危机，认为传统文化不够新颖、不够时尚。不愿意接受本村的传统文化，拒绝参加祭祀活动，久而久之，祭祀仪式渐趋衰落，这对诺邓的精神文化产生消解作用。同时，由于盐井的废止，盐业经济的衰退以及在现代化进程中将传统文化当作封建迷信而加以破除等的影响，诺邓社区居民也逐渐人心涣散，学风日下，辍学率大大增加。这使得整个文化体系中精神文化遭到了极大的破坏。

综上所述，现代化的发展将会对各民族区域环境的保护与文化传承产生一些消极影响。我们必须清醒地认识到：在现代化迅猛发展的今天，人类同时面临着有史以来最严重生存危机和文化衰败的挑战，我们应该面对这种现实。西方思想家如斯宾格勒20世纪初在《西方的没落》一书中，认为文化的变迁是与现代化的演进相联系。世界的历史就是现代化的历史。但是城市是有机体，它也有一个从春、夏到秋、冬的演变过程，它的现代化后必然进入其冬季的文明僵化阶段。

但是，我们也不必过于悲观。从"二律背反"的另外一种效应看，社会的现代化也有可能为少数民族文化的保护发展带来机遇，这值得我们作进一步研究。

(二) 民族文化的多元发展

现代化为少数民族文化的保护和发展创造更有利的条件和机会，将会促进少数民族多元文化的保护传承和繁荣发展。

城市生态文明建设的提出，将有可能发挥少数民族地区生态文化的协调功能和现代价值，构建人与自然协调发展的整体生态文化体系。现代化正在将单纯的工业化指向转为以第三产业为主体的兼容指向，使少数民族人口转移到对生态环境破坏干扰比较小的第三产业中去。

现代化使诺邓古村村民的生活方式发生变化。云南诺邓古村村民基本告别了传统的生计方式而享受到现代文明和社会福利。如今诺邓古村已经实现了通水通电；卫生服务体系、电视、广播覆盖率大大提高，电力的便捷与最新技术的应用使古村村民享受到了信息化的便利。社会保障、社会福利与社会文明程度的提高，为少数民族区域生态环境与民族传统文化的保护传承铸造了坚实的基础。

现代化也加强了同一民族人口间的联系。现代化的发展极大地促进了交通运输业的发展，旅游业随之兴起，越来越多的外来人口到本地做生意、开铺面，促进了社区进一步具有城镇功能。居民的生活环境改变会导致其从精神层面寻找慰藉，同一民族的人口希望建立自己的生活圈子或者活动关系网，进而产生了寻找本民族同胞的强烈愿望，因而加强了同一民族人口之间的联系，强化同一民族认同感。例如，民族社团组织通过正规的"民族学会"组织民族节日庆祝会、联谊会、民族体育比赛会等，促成了同一民族的人口的密切联系；此外，在现代化过程中,村民之间的经济交往日益频繁,分散的村民通过经济活动又重新集中在一起。

现代化进程中二、三产业经济的发展,创造了更大的财力来抢救、发掘民族文化遗产。旅游业的发展,带动了一些民族饮食、居住、节庆、婚庆及宗教习俗得以复活或发展,旅游者更希望看到极具本地特色的生活方式,这推就动了传统生活方式的迅速恢复;城市民俗村、民族博物馆、民俗展览馆、历史文物博物馆等基础设施也随着旅游业的发展而迅速发展,这在收集、整理民族文物、宣扬民族传统文化中发挥了重要作用。

现代化加速了少数民族人口受教育程度和文化素质的提高。城市高学历的人口在生活习俗方面会淡化"民族意识",但是在信仰方面也会加强民族认同感。一些高学历的知识分子,更加重视对子女进行本民族语言的教育。随着国家教育制度的完善、诺邓人生活状况的改变,以及儒家传统文化地位的提高和在各地的大力弘扬,诺邓社区居民受教育程度普遍得到了提高,上学人数明显增加,许多乡民都精心培养子女,使他们得以到石门、下关,甚至昆明等教育水平更高的地方接受教育。同时,诺邓村内尊师重教的传统也得到了很好的恢复和发扬。

现代化过程中出现的网络文化,人们称之为继语言、文字、印刷术之后的第四次革命。它使各民族文化交流的速度加快、空间扩大,激发了大众的民族认同感和对民族文化的归属感。为了吸引更多的游客,促进旅游业的发展,不少地区建立民族文化网站,通过互联网络宣传本民族历史发展与文化知识,更是当下的发展趋势。网络文化促进了民族文化的普同化,成为与其他民族所共享的文化。

然而,上述关于发展的论述,只能说明现代化为民族文化的繁荣与发展创造了机会或者条件。民族文化能否切实得到保护和发展,真正的保障来自政府和民众对其重要意义的清醒认识和制度法律的完善。

四、现代化进程中的民族文化的保护传承

随着对民族传统文化保护认识的不断加深,随着旅游事业的蓬勃发展、旅游者素质的不断提高,以及人们对民族传统文化、生态环境认识程度的不断加深,现代旅游者和经营者的追求已有从传统旅游向生态旅游转变的趋势,也为我们对传统文化的保护和经济建设的发展找到了一个有机的结合点。

(一)盐马古道上诺邓传统文化保护与发展的路径

传统文化的保护与生态旅游示范村建立是开拓云龙未来旅游发展的方向;

传统文化的保护与生态旅游示范村建立是云龙县新经济增长的有效途径之一。

建立生态旅游示范村就是生态旅游开发的一种新途径。对云龙这样一个有着丰富的自然景观资源和民族文化资源的地方来说，发展民族文化生态旅游有着特别的意义和广阔的市场前景。生态旅游示范村的建立能使民族传统文化得到更有效的保护、传承和发展。文化生态旅游的核心是保护和可持续发展，它强调旅游开发不能以牺牲环境和传统文化为代价，要使我们的后代与当代人拥有平等地享受旅游的自然景观和人文景观的机会和权力。文化是人类在适应自然环境的过程中逐步生成的，因人类活动而带来的环境变迁会导致文化的变迁，实际上保护生态、保护文化和保护老百姓的利益其实是三位一体的工作。诺邓生态旅游示范村的建立，保护了自然生态，也就是保护了古村白族文化赖以生息的土壤，最终使千年古村的白族文化在社会转型的历史时期得到更有效的保护、传承和发展。

（二）千年古村诺邓传统文化保护与发展的具体项目与措施

生态旅游，是以保护旅游区域内的自然人文资源、生态环境、历史文化遗存，促进当地经济文化发展为目的的旅游。所以，在项目的选择上，必须是与传统文化有密切关系的，当地群众有一定技能基础的，在短期内即有经济回报的项目。为保证项目的顺利实施，应有相应的措施作保障，使之能达到既保护又利用的最佳效果。

具体项目：

第一，基础设施：路、观景台。诺邓村位于云龙县城西北面的山谷中，距县城石门镇5公里，现只有简易的乡村公路，要建设诺邓民族文化和生态旅游示范村，首先必须对道路进行改造、扩建，这是古村与外界交流的首要条件。在从县城往诺邓方向3公里处，澜沧江的支流沘江在这里绕出了一个"S"型大湾子，形成了类似道教"太极图"的奇妙天然景观，这个"天然太极图"正中交汇处，一条清澈的小河——诺邓河缓缓流出，古人称这江河交汇处的天然景观为"太极锁水"，沿诺邓河往上走就到诺邓村。因此基础设施的建设除了路的建设以外，在通往诺邓村的路上一个高地修建俯瞰"天然太极图"的观景台已建成，使其成为了诺邓生态旅游示范村的一道独特风景线。

第二，恢复古盐井的传统生产。诺邓古盐井的开采，从古代起就以"分户生产，集中管理、政府控股"的股份制经济，而盐业生产，直接带动了工商业的发展；经济的繁荣，促进了该村文教事业的发展，从而使得诺邓有辉煌的历史。然而，自从盐井被封停以后，千百年来人们赖以生存的产业转了向，改变成大量毁林开荒种苞谷的农业经济，而且是广种薄收的自然经济，低下的生产力带来低水平的生活水平。因此，诺邓调整了产业结构退耕还林，保护自然生态环境，部分恢复盐业生产，以井养民，保持了传统盐业文化。

第三，利用村落民居建筑群展示白族民居建筑文化。诺邓傍山、依台构舍，至今还完整保存白族民居建筑风格。现在开始，必须坚持保护原有民居的特色，对危房加以维修，且修旧如旧，保持原貌。特别是典型民居，如黄进士牌坊旧宅、杨贡爷旧居等重点修复保护；村落中古道、古水井、街场、戏台、小桥等已经铺石维修，开挖了排水沟，做好环境卫生。

第四，退校还寺，以玉皇阁寺庙建筑群为依托，展示白族的道教文化。玉皇阁凝聚着白族聪颖智慧，是白族传统庙宇建筑艺术的载体和结晶，应对整座玉皇阁加以保护、修复。退校还寺工作已结束，新学校面貌一新。并逐渐恢复了洞经音乐、道教音乐、民俗等活动，还多次举办了祭孔活动。

第五，利用诺邓村落文化，展示白族民俗文化。诺邓自古历史悠久，文化发达，流传下来许多极有价值的文物和独具特色的生产、生活器具、家谱、碑碣、对联、匾额等文物古董和服饰、家具，充分展示白族民俗文化。

第六，利用盐井古戏台，组建洞经音乐、民族歌舞演奏队。云龙洞经音乐源远流长，雅趣宜人，诺邓历史上道经、佛经、洞经谈演同坛在道教活动中已有很长历史，据诺邓村杨树元等道教老前辈介绍，过去诺邓"三日以上的大经必有一日弹洞经"，而现在来到诺邓村中，仍可见到喜欢洞经音乐的老人健在。此外，诺邓村历史上常有各种丰富的民间活动，白族歌舞表演从未间断，村中龙王庙前一百米处的古戏台就是村中集会看戏的热闹场所。修复了古戏台，组建洞经音乐演奏队、民族歌舞表演队，对洞经音乐和白族歌舞进行抢救、搜集、整理、利用。

第七，组建村落家庭民居接待，展示山地白族独特的生活习俗和饮食文化。要发展诺邓村的生态旅游，在旅游接待的吃、住环节上，一定要体现白族独特的民风、民俗，要根据经济状况、家居环境、院落卫生等条件，从村中选择几户人家作为家庭接待点，组建民族风味饮食传习户或云龙风味小吃专业接待户。让来到村里的旅游者能与村民同吃同住，在饱览自然生态景观之余，还能感受到浓郁的白族风情，体验白族独特的生活习俗和饮食文化。

第八，恢复传统科技水车、水碓、水磨、水碾，展示山地白族古朴的生产方式。诺邓村海拔高、地势险，四面环山，只在西南角上有一缺口，为河水流入沘江的通道，村内一条小河自东北流向西南，村民就聚居在小河两岸。在这种地理条件下，当地居民使用水车、水碓、水磨、水碾的独特方式显示了高原山地白族高超的传统科技。今天，恢复这些传统的器具和技艺，能让人们看到高原山地白族古朴的生活方式和以这种生活方式所凝聚的聪明与智慧。

第九，利用院落、后花园，营造人与自然和谐的休闲环境，提供游客休闲的场所。诺邓村的民居基本上都是"三坊一照壁"和"四合五天井"的白族民居，白族又历来喜欢种植花草，因此鼓励当地村民在院落、后花园中遍植花草，也可考虑恢复传统在房前屋后、村边道旁种桑养蚕业、种植果树，绿化环境，既能绿化环境，又能培育新的产业，带动经济的发展。使来到诺邓的游客们有一个最自然和真实的休闲环境，感受到日常生活中点点滴滴的人与自然的和谐。

第十，恢复传统村落集市，为游客提供市场，出售有山地民族文化特色的旅游纪念品。诺邓过去每月初一、十五"赶大集"，初八、二十三"赶小街"，四方商贾云集，十分热闹。在生态旅游示范村的建设过程中，可以考虑恢复传统村落集市，密切村落的商品深化交流、交往交融，又可向外来游客展示山地白族独特的民风民俗。

第十一，组建民俗传统工艺传习馆，展示、传承、销售民族、民间工艺品。白族历来以心灵手巧而著称，诺邓悠久的历史也注定了其在衣、食、用等方面传承了丰富而多彩的手工技能。建立千年古村传统文化传习所，能充分展示白族古老村落的技术、艺术和文化，繁荣民族工艺品市场，使优秀白族传统技能文化能可持续发展。

第十二，突出白族饮食方化特色，恢复以诺邓火腿为主的名特食品加工业。充分利用诺邓食盐盐质好的优势，继承和发展各种名特食品加工业。如诺邓火腿、猪肝酢、酱油、酱菜、面酱、豆饼等，实行精加工、巧包装、保质量、创名牌。并在此基础上开拓风味食品的外销市场，带动整个村落副食品加工业的发展。

第十三，建立无污染的云龙生态茶苑。无污染、纯天然的绿色生态食品是生态旅游市场必不可少的重要商品。在诺邓建立无污染的生态茶苑，可以让游客在青山绿水的自然意境中体会云龙茶文化的韵味。

第十四，恢复村落传统手工酿酒作坊，传承民族独特手工酿酒工艺。诺邓在历史上有着传统的酿酒工艺，而传统的酿酒工艺往往是一个民族独特手工技能的表现，在这些手工技能的背后凝聚的是白族的传统科技和文化。恢复酿酒作坊，传承白族独特手工酿酒工艺，既有经济价值，又有文化意义。

（三）具体措施

为了保证项目顺利实施，且便于操作，本项目以村落为依托，以户为实体，以发展个体经济为主体而逐项落实。

第一，对项目对象的选择。一是场所。诺邓生态旅游示范村项目的实施，要以诺邓村源远流长的传统文化为依托，因此村中有着悠久历史的文化事项和文物古迹，都是项目设计首先要考虑的对象，如玉皇阁建筑群、古盐井、古戏台、进士牌坊、黄家祠堂以及典型的民居院落等。二是传统工艺技能户。由于盐业的发达，历史上的诺邓火腿、诺邓酱油、诺邓酱菜和豆粉干、豆饼之类的传统名特食品享誉滇西。诺邓生态旅游示范村的建立，可以考虑继承和发展各种名特食品加工业，在村中选取有较好工艺技能传统的几户人家重新恢复用传统工艺技能来制作风味食品，对这些风味食品精加工、巧包装、保质量、创名牌。

第二，对项目接待户的培训。一方面是对旅游接待服务意识的培训。在古村落开发旅游，容易导致村落居民因盲从外来文化而破坏传统民族文化，或因追求眼前的短期经济利益而导致各种旅游项目一哄而上，无序竞争。因此，要将诺邓开发成为生态旅游示范村，首先要对村落居民进行旅游接待服务、经营管理培训，特别要在村民中树立民族文化保护和生态旅游的观念，要让村民意识到游客们追求的是原汁原味的民族文化、民俗风情和自然生成的生态景观。另一方面是对传统技能传承的培训。受现代生活方式的冲击，因此要恢复诺邓传统手工副业，必须在村中组织传统技能的培训，通过老带新、熟练带不熟练，逐步由点到面的推广传统技能，使其免于失传。

第三，对项目产品的设计。诺邓生态旅游示范村的旅游产品要注重体现诺邓悠久的白族文化和高原山地古村落的自然生态，在食、宿、游、购、娱等方面都要贯穿民族文化内涵。例如：吃白族风味食品和绿色山地野菜；住古朴的白族民居；游览玉皇阁等历史古迹，参观古村落民居建筑和古盐井生产旧址；购买以诺邓火腿为主的名特风味食品；看白族歌舞表演，听白族洞经音乐。

第四，组织管理。生态旅游示范村的管理工作可以通过两条主线来组织运行，一是村落现有的村委会，二是由各相关的旅游接待户组成的接待管理小组。依托村委会来进行管理，可以利用已有的管理体系和人力资源来保障生态旅游各项项目有计划、按步骤地实施，从宏观上把握全局，进行开发；组建接待管理小组则让村民参与到管理活动中，制定管理措施，协调接待细节，引入竞争机制，充分调动广大村民参与文化生态旅游示范村建设的积极性和热情。

第五，预期效果。建立诺邓生态旅游示范村的预期效果可以从近期和远期两个层面上来看，从近期来看，建立示范村有助于扩大诺邓千年古村的知名度，吸引国内外各种文化生态保护基金和项目对诺邓古村的关注和资金支持；带动相关的道路交通设施建设；修复文物古迹；改善村落的环境卫生状况；恢复传统工艺技能并开发名特风味食品等。从远期来看，诺邓生态旅游示范村的建设始终立足于当地人的利益，最终将提高村民的经济收入；由于旅游开发是立足于生态保护的角度，因此示范村的建立将有利于保护当地的特色物种，改善当地的生态环境;生态旅游示范村的建立能帮助村民认识传统文化的保护、自然生态的保护与经济发展三者之间关系,最终实现当地文化、生态和经济效益的可持续发展。

南诏时期的法制史研究

南诏是公元七至九世纪在中国西南边疆出现的一个少数民族地方政权。南诏国的强盛与它当时的法律制度不无关系,而有关南诏时期的法律制度,史料少有记载,在法律史学界也很少有专门的论述。因此,探析南诏国的法律制度,不仅可以加深对南诏法律文化的认识,还可以加深对中华法系的理解。

一、南诏的行政法法律制度

公元8世纪上半叶蒙氏部落首领在唐王朝的支持下,先吞并河蛮和五诏,统一了洱海地区,进而征服爨区和其他部落,统一云南,建立了南诏国。其势力范围东接贵州,东北达戎州,西至恒河南岸的摩伽陀(今印度比哈尔邦),西北与吐蕃的神川为邻,西南至今缅甸中部,北抵大渡河[①]。其民族以白族先民为主体,以乌蛮彝族先民为最高统治者,包括金齿、银齿、漆齿、落蛮、磨些蛮、和蛮、施蛮、顺蛮、栗粟蛮、朴子蛮、望蛮、寻传蛮和裸形蛮等众多少数民族[②]。南诏统治者为了在辖区进行有效的统治,建立起一整套的法律制度(包括成文法、习惯法、宗教法),以保障国家机器的有效运行。其中,在行政管理体制和机构设置等方面除效仿唐朝的法制外,还保留了许多自身的特点。

(一)南诏中央行政管理制度

南诏建国以后,统治者为了巩固政权和对辖区进行有效的统治,建立起一套较完备的行政管理体制。到异牟寻执政后,行政管理制度进一步完善。在南诏的官职系统中,以清平官职位最高,其主要职能是辅助南诏王处理朝廷大事。《新唐书·南诏传》云:"官曰坦绰、曰布燮、曰久赞,谓之清平官,所以决国事轻重,犹唐宰相也。"[③] 又据《蛮书》"清平官"条云:"清平官六人,每日与南诏(王)参议境内大事,凡有文书,便代南诏判押处置,有副两员同勾

[①] 云南各族古代史略编写组:《云南各族古代史略》,昆明:云南人民出版社1977年版,第83页。

[②] 王忠:《新唐书·南诏传》,北京:中华书局1963年版。

[③] 王忠:《新唐书·南诏传》,北京:中华书局1963年版。

当。"①《资治通鉴·唐纪》载:"及异牟寻为王,以(郑)回为清平官。清平官者,蛮相也,凡有六人,而国事专决于回,五人者事回甚卑谨,有过则回挞之。"又说:"又外算官两人,或清平官或大军将兼领之,六曹公事文书成,合行下者,一切由外算官与本曹出文牒行下,亦无商量裁制。"② 由此可知,清平官有坦绰、布燮、久赞三种职称,据赵吕甫考证:"坦绰、布燮、久赞犹唐三省之侍中、侍郎、尚书,而清平官犹唐三省之长官,统称为宰相。"③ 在清平官当中又分内算官和副内算官两人,负责主持和处理日常朝廷政务,另外又设外算官两人,外算官的主要职责是统领六曹,负责南诏各项政令的下达。

在南诏王的议事机构中,还有十二名大军将。据《新唐书·南诏传》记载:"大军将十二,与清平官等列,日议事王所,出治军壁,称节度,次补清平官。"④《蛮书》记载:"大军将一十二人,与清平官同列,每日见南诏议事,出则领要害城镇称节度,有事迹功劳尤殊者,得除授清平官。"⑤虽然《新唐书》和《蛮书》都说大军将与清平官等列,但大军将只有"事迹功劳殊尤者,得除授清平官"。由此可见,大军将的官衔应在清平官之下。所谓大军将与清平官同列,可能是指他们享受同等的俸禄。有学者分析,大军将在任职务之前,还只是名义上的高级武官,或者说大军将还只是一种荣誉上的封号⑥。但他们一经任命,便统领一方,不但职掌军事,还兼管地方行政,具有很大的权力。

在清平官和大军将之下,南诏还效仿唐王朝的六部设置了六曹,六曹长由清平官和大军将兼任。《蛮书》曰:"其六曹长即为主外司公务。六曹长六人,兵曹、户曹、客曹、刑曹、工曹、会曹,一如内州府六司所掌之事……又有同类判官两人,南诏有所处分,辄疏记之转付六曹。近年以来,南蛮更添职名不少。"⑦虽然六曹具体职掌何事缺乏记载,但从"一如内州府六司所掌之事"可以推断:兵曹掌管军事;户曹掌管户籍、田亩等;工曹掌管舟车、百工;刑曹掌管刑事司法;客曹掌管礼仪、外交和祭祀;仓曹掌管仓储和赋税。所谓"近年以来,南蛮更添职名不少"。即樊绰写《蛮书》时(公元862年),南诏的行

---

① 唐·樊绰:《蛮书》卷9。
② 唐·樊绰:《蛮书》卷9。
③ 赵吕甫:《云南志校释》,北京:中国社会科学出版社1985年版,第306页。
④ 王忠:《新唐书·南诏传》,北京:中华书局1963年版。
⑤ 唐·樊绰:《蛮书》卷9。
⑥ 卢勋等:《隋唐民族史》,成都:四川民族出版社1996年版,第330页。
⑦ 唐·樊绰:《蛮书》卷9。

政组织机构已有所改变①。到异牟寻统治时期,"六曹"改为"九爽",并增设"三託"。《新唐书·南诏传》说:"幕爽主兵,综爽主户籍,慈爽主礼,罚爽主刑,劝爽主官人,厥爽主工作(工程营造),万爽主财用,引爽主客,禾爽主商贾。皆清平官、酋望、大军将、兼之,爽、犹言省也。""三託",即"乞託主马,禄託主牛,巨託主仓廪。亦清平官,酋望、大军将兼之"②。除此之外,还有"爽酋,弥勒,勤齐,掌赋税;只儒司,掌机密"③。可见,异牟寻统治时期南诏中央的职权划分已很完备,而在形式上多仿效于唐王朝,因为南诏的各种制度"皆中国降人为之经划者"④。所谓"中国降人"应指阁罗凤至异牟寻时的清平官郑回,他本是唐嶲川西泸县令,于天宝十五年(756年)南诏阁罗凤攻嶲州时被俘。得知郑回精通儒术,"阁罗凤爱重之,其子凤伽异及孙异牟寻、曾孙寻梦凑皆师事之"⑤。因为他对唐朝及唐以前历代典章制度非常熟悉,所以南诏的各种制度多是由他出谋策划。当然,南诏并不完全照抄唐朝各项制度,而是根据南诏的实际情况和民族特点加以借鉴,表现出一种积极进取的态度和向优势文化靠拢的强烈愿望。

(二)南诏地方行政管理制度

南诏统治者在不断健全中央行政管理机构设置的同时,也十分注意对地方行政区划的建置。在南诏统治中心的滇西洱海地区,地方政权的建置和政区的划分以"睑"为单位,"夷语睑若州"。"睑"相当于唐朝的"州"。南诏境内共有十睑,这十睑是南诏的政治、经济、文化中心,是南诏王室的直辖政区。

除了上述十个中心辖区外,南诏还仿照唐朝设立节度和都督区。即"外则有六节度:曰弄栋(今姚安)、永昌(今保山)、银生(今景洪)、剑川、拓东(今昆明)、丽水(今缅甸克钦邦密支那南部、伊洛瓦底江东岸);有二都督:会川、通海"⑥。而《蛮书》卷6记载南诏节度有8个,即云南、拓东、永昌、宁北、镇西、开南、银生和铁桥。这说明南诏的节度的建置,在不同时期有不同变化。节度使和都督都是军区的军事首长,说明在这些地区行政管理机构和

---

① 尤中:《云南民族史(上册)》,昆明:云南大学西南边疆民族历史研究所编印,1985年版,第152页。
② 王忠:《新唐书·南诏传》,北京:中华书局1963年版。
③ 王忠:《新唐书·南诏传》,北京:中华书局1963年版。
④ 《南诏野史(胡蔚本)》。
⑤ 《文渊阁四库全书(第364册)》台北:商务印书馆,第32页。
⑥ 王忠:《新唐书·南蛮传(上)》,北京:中华书局1963年版。

军事组织机构同时并存，这些节度使和都督应该是既主兵又主民，这才符合南诏建立一支强大武装的需要。

此外，南诏在一些重要的城镇还设有城使和镇使。如《蛮书》卷末附载贞元十年（794年）唐使臣袁滋入南诏册封异牟寻时，"到云南城（云南睑驻地）节度蒙酋物出马军一百队，步军三百人夹道排立……到白崖城（白崖睑驻地）城使尹瑳出马军一百人，步军二百队夹路排立，曲驿镇使杨盛……"。南诏的最基层的行政机构还设置了"村邑理人处"，之上有总佐、理人官、都督相递管理。即"南诏务田农莱圃，战斗不分文武，无杂色役。每有征发，但下文书与村邑理人处，尪往来月日而已……百家以上有总佐一，千人以上有理人官一，约万家以来即制都督，递相管辖"①。

总之，南诏的行政建置从地方到中央，官职设置从村邑理人到清平官的"递相管辖"，使得南诏王成为最高统治者。而这样完备的行政法律制度，对巩固南诏政权发挥了重要作用。

二、南诏的军事法律制度

南诏是一个带有浓厚军事奴隶制色彩的少数民族地方政权，有着强烈的向外扩张的欲望，其发展壮大都要通过战争或武力的兼并来实现。另外，南诏处于唐王朝和吐蕃两个强邻中间，要保持独立性就要有自己的实力。这就要求南诏拥有自己的武装力量和军事制度。

南诏王是全国的最高军事统帅，拥有最高军事指挥权。在南诏王的身边，还有一支亲兵卫队："王左右有羽仪长八人，清平官见王不得佩剑，唯羽仪长佩之为亲信。"② 大军将是武职中级别最高的官员，常常被派往重要城镇或地区任节度使或都督，成为一个军区首长。在南诏中央行政机构的六曹中，专门设置兵曹管理军事。后六曹改为九爽，又专设幕爽主兵。兵曹或幕爽，也都由大军将统领，在地方的军事机构中，除大军将出任的节度使和都督外，还有以"府"为单位，分4个等级的军事组织。即"大府主将曰演习、副曰演览；中府主将曰缮裔，副曰缮览；下府主将曰澹酋，副曰澹览；小府主将曰幕捣，副曰幕览。"③ 又据《蛮书》记载："百家以上有总佐一，千人以上有理人官一，约万家以来即制都督，递相管辖。""各据邑居远近，分为四军，以旗幡色别其

---

① 唐·樊绰：《蛮书》卷9。
② 王忠：《新唐书·南诏传》，北京：中华书局1963年版。卷22。
③ 王忠：《新唐书·南诏传》，北京：中华书局1963年版。

东南西北。每面置一将,或管千人,或管五百人,四军又置一军将统之。"① 可见南诏军事机构的建置和管理都是十分完善的。

南诏的军事组织以乡兵为主,常备军有步军和马军(如《蛮书》记载唐使袁滋册封异牟寻时,南诏沿途各地方长官率步、马军迎接),称作"罗苴子"的,是南诏武装力量的核心。"壮者皆为战卒,有马为骑军……择乡兵为四军罗苴子……百人置罗苴子统一人……凡出兵,以望苴子前驱。"② 可见,南诏的每个男子都有服兵役的义务。服兵役的年龄大概为15岁,"酋龙年少嗜杀戮,兵出无宁岁……男子十五以下悉发,妇耕以饷军"③。另外,许多少数民族部落也常常被应召出征。他们平时务农,战时则应征入伍。每年秋收以后,乡兵都要集中进行军事训练。打仗时,他们按规定需自备武器,自带干粮,有马匹的要自带马匹。

南诏的军法是非常严厉的。《新唐书·南诏传》云:"师行,人齐量斗五升,以二千五百人为一营。其法,前伤者养治,后伤者斩。"④ 军队出征时,每个人(自由民)都要出五斗粮食,士兵作战时如果从前面受伤,允许治疗,如果是从后背受伤,则斩。"每战,南诏皆遣清平官或腹心一人在军前监视。有用命不用命及功大小先后,一一疏记,回具白南诏,凭此定赏罚。军将犯令,皆得杖,或至五十,或一百,更重者徙瘴。诸在职之人,皆以战功为褒贬黜陟。"如"六曹长有功效明着,得迁补大军将";"大军将有事迹功劳殊尤者得除授清平官"⑤。各级官吏只有建立战功才能得到晋升。正是由于军法的严厉,才使得南诏无论是军官还是士兵作战时都非常勇猛。但是军队一旦出国境,并不禁止抢掠,邻国的人口、粮食、牛羊都成了南诏兵的掠夺对象。如《德化碑》上说:"子女玉帛,百里塞途;牛羊积储,一月馆谷。"⑥ 可见,南诏的军事法律制度是健全的。

三、南诏的刑事法律制度

南诏时期没有成文的法典流传于世,但是没有文字记录并不等于这种客观存在的事物就不存在。从相关的古籍中我们可以看出南诏刑事法律大致规定了

---

① 唐·樊绰:《蛮书》卷9。
② 王忠:《新唐书·南诏传》,北京:中华书局1963年版。
③ 王忠:《新唐书·南诏传》,北京:中华书局1963年版。
④ 王忠:《新唐书·南诏传》,北京:中华书局1963年版。
⑤ 唐·樊绰:《蛮书》卷9。
⑥ 《南诏德化碑》

以下几种罪名：盗窃罪、杀人罪、淫乱罪和职务犯罪。

第一，盗窃罪。《旧唐书·南蛮西南蛮传》说："牂牁蛮……其法，劫盗者二倍还赃。"同书又说："东谢蛮……盗物者倍还其赃。"① 而《新唐书·南诏传》也记载："牂牁蛮……盗者倍三而偿。"又说："东谢蛮……盗物者倍偿。""松外蛮……盗者倍九而偿赃。"②

第二，杀人罪。《旧唐书·南蛮西南蛮传》载："牂牁蛮……杀人者出牛马三十头，乃得赎死，以纳死家。"③《新唐书·南诏传》载："牂牁蛮……杀人者出牛马三十。"同书还记载："松外蛮……凡相杀必报，力不能则其部助攻之。"④

第三，淫乱罪。《新唐书·南诏传》记载："女、嫠妇与人乱，不禁。但已嫁有奸者，皆抵死。"同书又记载："松外蛮……奸淫，则强族输金银请和而弃其妻。"⑤《蛮书》也记载："即嫁有犯，男子格杀无罪，妇人亦死。"⑥

第四，职务犯罪。据《蛮书·云南管内物产》记载："悉被城镇蛮将差蛮官遍令监守催促。如监守蛮乞酒饭者，察之，杖下捶死。"即监督"佃人"劳动的监守如果索贿（即"乞酒饭"），中饱私囊，则要受到杖死的处罚。对于职务犯罪的处罚原则是"皆以战功为褒贬黜陟"⑦。这也符合中国古代法的起源"刑始于兵，兵刑合一"的特点。

南诏刑罚的种类有：死刑、苔刑、流刑、徒刑、财产刑、罚为奴隶。

死刑。如《旧唐书·南蛮西南蛮传》记载："东谢蛮……有犯罪者，小事杖罚之，大事杀之。"⑧《通典》和《新唐书·南蛮传》都记载："松外诸蛮……有盗窃杀人淫秽之事，……强盗者共杀之。"⑨

苔刑，即杖刑。如前所述："有犯罪者，小事杖罚之。"⑩

流刑，即流放。对于犯有淫乱罪的，"或有强家富宝责资财赎命者，则迁徙

---

① 《旧唐书·南蛮西南蛮传》
② 王忠：《新唐书·南诏传》，北京：中华书局1963年版。
③ 《旧唐书·南蛮西南蛮传》
④ 王忠：《新唐书·南诏传》，北京：中华书局1963年版。
⑤ 王忠：《新唐书·南诏传》，北京：中华书局1963年版。
⑥ 唐·樊绰：《蛮书》
⑦ 尤中：《云南民族史（上册）》，昆明：云南大学西南边疆民族历史研究所编印，1985年版，第164页。
⑧ 《旧唐书·南蛮西南蛮传》
⑨ 王忠：《新唐书·南蛮传（上）》，北京：中华书局1963年版。
⑩ 王忠：《新唐书·南蛮传（上）》，北京：中华书局1963年版。

丽水瘴地，终弃之，法不得再合"①。"迁徙丽水瘴地"实际就是一种流放刑。又如"军将犯令，皆得杖，或至五十，或一百，更重者徙瘴"②。

徒刑，是拘役劳动的刑罚。《蛮书》记载："男女犯罪，多送丽水淘金。"③

财产刑。如盗窃罪大多是财产刑，杀人罪也可适用财产刑。

罚为奴隶。南诏的刑事犯大多是罚为生产的奴隶，从事农业、手工业、建筑业劳动，"男女犯罪，多送丽水淘金。"被送到丽水淘金就是典型的罚为奴隶。

从上述规定可以看出，南诏统治者对于危及其政权统治的犯罪，其惩罚是十分严厉的。如盗窃罪危及到奴隶主贵族及其私有财产权，淫乱罪危及到政权统治的基础——家庭的稳定，而职务犯罪则危及对政权的管理，所以都要严加处置。

四、南诏的民事法律制度

南诏时期的民事法律并不发达，因为南诏还处于商品经济的萌芽阶段。但在私有制下，南诏统治者又不得不建立一整套社会规范和规章制度（包括承认风俗和习惯）来调整社会各成员间的财产所有权关系、人身关系、婚姻家庭关系等，以维护社会秩序的良性运转。

民事权利主体。南诏社会的基本阶级可分为三等：国王、贵族、官僚以及自由民和奴隶。由于南诏还处于奴隶社会，决定了人身依附关系的存在，因此不可能有人格上的平等。而身份等级的不同决定了他们民事权利能力和行为能力的不同。

国王、贵族、官僚代表奴隶主、地主阶级，是南诏社会的统治阶级，他们在法律上享有种种特权，在民事法律关系中是享有完全的民事权利能力和行为能力的人。

自由民和奴隶代表劳动者，是被统治阶级。自由民的民事权利能力和行为能力十分有限，而奴隶是权利的客体。自由民虽然可以得到一定的土地使用权，但要交繁重的实物地租和服军事徭役。如"师出，人齐量斗五升……然专于农，无贵贱皆耕，不徭役，人岁输米二斗"④。这里的"不徭役"，并不是不服任何徭役，而是"无杂色役"，但要负担军事徭役。

---

① 唐·樊绰：《蛮书》卷9。
② 王忠：《新唐书·南诏传》，北京：中华书局1963年版。
③ 唐·樊绰：《蛮书》卷7。
④ 王忠：《新唐书·南诏传》，北京：中华书局1963年版。

关于"佃人"的身份。"悉被城镇蛮将差蛮官遍令监守催促……每一佃人佃，疆域连延或三十里。浇田皆用源泉，水旱无损，收刈已毕，蛮官据佃人家口数目，支给禾稻，其余悉输官。"① 由此可知，"佃人"不占有生产资料，而且是在"蛮官"的"监守催促"下劳动，另外"佃人"得到的只是维持活命的口粮。因此，"佃人"实际是从事农耕的奴隶。

财产所有权。在南诏的法律中，所有权的客体包括土地、奴隶、牛、马、羊、兵器、粮食及其他动产，而土地和奴隶是财产所有权的核心。所谓"溥天之下，莫非王土；率土之滨，莫非王臣"。南诏国王是全国最大的土地所有者，但国王不可能亲自耕种土地，于是采取按户分田的办法把土地分给各级官吏和自由民。"凡田五亩曰双，上官授田四十双，上户三十双，以是而差"②。《蛮书》记载："上官授与四十双，上户三十双。中户、下户各有差降……清平官以下，官给分田，悉在。"③ 授田的贵族和官吏也只享有土地的占有权和使用权，而没有所有权。这些官吏分得如此众多的土地，也不可能都自己耕种，因此必然会在自己的土地上使用奴隶耕种。奴隶只是会干活的工具，奴隶主贵族对奴隶享有绝对的占有、处置和买卖的权利。如《资治通鉴》大和四年（830年）引李德裕奏说："闻南诏以所掠蜀人二千及金帛赂遗吐蕃。"又《册府元龟》卷六一九说，元和十三年（818年）四月，南诏请贡献奴婢。《新唐书·吴保安传》载：郭仲翔被俘沦为奴隶后，便被"乌蛮"奴隶主转卖了好几次。大和五年（831年）前后，唐嶲州刺史喻士珍即在嶲州将当地西林等部落的人口捕捉、缚卖给南诏奴隶主们。奴隶的来源主要是从战争中俘虏的人口，如"大和六年，南诏攻骠国，虏其众三千余人隶配拓东"④。《新唐书·南诏传》载：天宝十五年（756年），南诏与吐蕃并力攻嶲州，掳掠"子女玉帛、百里塞途"⑤。大和三年（829年），南诏攻入成都，"将还，乃掠子女工技数万引而南。"其次，人口买卖也是南诏奴隶的来源之一。此外还有因犯罪而被罚为奴隶的。

契约。由于南诏社会还处于商品经济的最低阶段，即物物交易。即使后来出现交换的媒介物，如缯帛、颗盐、贝，这些媒介物实际也只是一种消费品，而不具有一般等价物——货币的职能。但这时期也有了契约观念的萌芽，或者

---

① 唐·樊绰：《蛮书》卷7。
② 王忠：《新唐书·南诏传》，北京：中华书局1963年版。
③ 唐·樊绰：《蛮书》卷4。
④ 唐·樊绰：《蛮书》卷4。
⑤ 王忠：《新唐书·南诏传》，北京：中华书局1963年版。

说是一种信用制度的产生,如"牂牁蛮……刻木为契,盗者三倍而偿,杀人者出牛马三十"。"东谢蛮……无赋税,刻木为契"①。在买卖交易中,公平交易,互不欺诈被视为买卖双方应遵守的原则。南诏国内"以缯帛及贝市易。贝大者若指,十六枚为一觅"②。

婚姻家庭立法。婚姻家庭的形式受到它所处的社会条件和物质资料生产的制约。南诏的社会形态处于原始社会末期和奴隶制及奴隶制向封建领主制过渡时期,因此在婚姻制度上有多种形式并存。

贵族和官吏实行一夫多妻制。如有记载:"南诏有妻妾数百人,总谓之诏佐;清平官,大军将有妻妾数十人。"③另外,也有处于母系氏族受男少女多的客观因素影响而实行一夫多妻的,"寻传蛮……男少女多,妇或十或五共养一男子"④。

存在姑表舅婚。如《新唐书·南诏传》载:"时傍母,归义女也,其女复妻阁罗凤。"⑤ 时傍母和阁罗凤是兄妹关系,外甥女嫁给了舅舅,这比姑表舅婚还原始。

平民之间婚前恋爱自由。"女,嫠妇与人乱,不禁,婚夕私相送。""女、孀妇淫秽不坐。"⑥《蛮书》也说:"俗法,处子、孀妇出入不禁。少年子弟幕夜游行闾巷,吹壶芦笙,或吹树叶,声韵之中皆寄情言,用相呼召。嫁娶之夕,私夫悉来相送。"⑦ 以至现在白族地区的传统节日"绕三灵"还有这种古老的遗风。虽然婚前恋爱比较自由,但婚后的淫乱行为则为法律严厉禁止。"已嫁有奸者,皆抵死。""有夫而淫,男女俱死。"⑧《蛮书》也说:"既嫁有犯,男子格杀无罪,妇人亦死。"⑨

关于结婚。南诏社会并不禁止同姓婚姻。曾有"松外蛮……居丧,昏(婚)嫁不废,亦弗避同姓"⑩的记载。《册府元龟》也引松外诸蛮:"唯服内不废婚嫁,娶妻不避同姓。"而中原地区自西周以来便禁止同姓结婚,如《唐

---

① 王忠:《新唐书·南蛮传(上)》,北京:中华书局1963年版。
② 唐·樊绰:《蛮书》卷8。
③ 唐·樊绰:《蛮书》卷8。
④ 王忠:《新唐书·南诏传》,北京:中华书局1963年版。
⑤ 王忠:《新唐书·南诏传》,北京:中华书局1963年版。
⑥ 王忠:《新唐书·南诏传》,北京:中华书局1963年版。
⑦ 唐·樊绰:《蛮书》卷9。
⑧ 王忠:《新唐书·南诏传》,北京:中华书局1963年版。
⑨ 唐·樊绰:《蛮书》卷9。
⑩ 王忠:《新唐书·南蛮传(上)》,北京:中华书局1963年版。

律疏议·户婚》载:"同宗共姓,皆不得为婚。"唐代对同姓结婚的处徒刑二年,缌麻以上亲属间通婚的以奸论罪。结婚时,通常要有聘礼。"富室娶妻,纳金银牛羊酒,女所赍亦如之。""东谢蛮……昏姻以牛酒为聘。""南平獠……俗女多男少,妇人任役。昏法,女先以货求男,贫者无以嫁,则卖为婢"①。

关于离婚。有"松外蛮……奸淫,则强族输金银请和而弃其妻,处女,嫠妇不坐"②。《册府元龟》也引:"若妇淫之人,其族强者,输金银请和,妻则弃之。"由此看来,一般情况下不会轻易离婚,而对于"妇淫之人"都能和离(相当于协议离婚),这比引起两个氏族的械斗是有积极意义的。

关于继承。南诏在宗族继承方面,也是实行嫡长子继承制。因为南诏的父子连名制,除了政治意义之外,也为防止私有财产落入他人之手。恩格斯对此也有一段精辟的论述:"父子连名之所以出现,是因为由儿子继承财产的父权制,已促进了家庭中财产的积蓄,加强了家庭与氏族的对抗,而财产的差别因世袭的新贵和皇帝权力的最初萌芽之形成而对社会制度发生了反影响。各部落的贵族都把自己世袭的统治权力稳固下来,并滥用古代氏族制度完成了对财产的暴力掠夺"③。

五、南诏的经济法律及司法制度

南诏的经济法律制度有如下特点:

赋税立法。南诏仿效唐朝的均田制实行授田制,"凡田五亩曰双,上官授田四十双,上户三十双,以是而差"④。每个自由民除交实物地租之外,还须纳税,只是赋税比较宽松。"然专于农,无贵贱皆耕,不徭役,人岁输米二斗,一艺者给田,二收乃税"⑤。为了加强税收管理,在中央行政管理机构中专门设置了税务官,"曰爽酋,曰弥勒、曰勤齐,掌赋税"。

手工业生产立法。南诏的手工业是比较发达的,无论是金属冶铸、纺织还是建筑业,都达到了较高的水平。因此在南诏中期后的中央管理机构中设置了"厥爽",专门主管工匠营造。对于农业生产也有专门的"监守"催促劳动。

随着南诏国力的强盛,商业贸易也发展很快,境内的许多城镇都成了重要的商贸中心。据《蛮书》载:"大羊多从西羌,铁桥接吐蕃界三千、二千口将

---

① 王忠:《新唐书·南蛮传(上)》,北京:中华书局1963年版。
② 王忠:《新唐书·南蛮传(上)》,北京:中华书局1963年版。
③ 《马克思恩格斯选集》(第4卷),北京:人民出版社1972年版,第103、104页。
④ 王忠:《新唐书·南诏传》,北京:中华书局1963年版。
⑤ 王忠:《新唐书·南诏传》,北京:中华书局1963年版。

来贸易。"南诏不仅有境内贸易,还发展了与境外的贸易。据《太平御览》卷891引《南夷志》说:"南诏有婆罗门、波斯、阇婆、勃泥、昆仑数种外通贸易之处,多珍宝,以黄金、麝香为贵货。"还有记载:"南诏在大银孔与海上各国进行贸易。"[1] 商贸的繁荣,必然要求南诏政权加强对商业贸易的管理,为此,在中央管理机构中设置"禾爽"主管商贾。同时还加强了度量衡的管理,如"本土不用钱,凡交易缯帛、毡罽、金银、瑟瑟、牛羊之属,以缯帛幂数计之。云某物色值若干幂……缯曰幂,为汉四尺五寸也。""蛮法煮盐,咸少法令。颗盐约一两二两,有交易即以颗计之"[2]。此外,"以缯帛及贝市易。贝者大若指,十六枚为一觅。凡交易,皆以物值若干觅计之"[3]。上述记载可以看出南诏不但规定了作为交换媒介物的种类,即缯帛、颗盐、贝,还规定了媒介物的单位。但金银作为一种"贵货"少量地投入市场,只是供奴隶主们做衣服或其他器物上的装饰品,并没有起到货币的作用。

南诏的司法制度既区别于唐朝,又与其有联系,在历史发展中,形成了自己的司法机关和诉讼制度。

司法机关。南诏王享有最高司法权,一般不亲自断案,因为王廷"有内算官,代王裁处;外算官司,记王所处分,以付六曹"。"六曹"中的"刑曹"以及后来"九爽"中的"罚爽"是中央的最高审判机关。

在南诏的地方管理机构中,军事首领兼任地方行政长官,同时又兼管司法。在地方军事机构中设大府、中府、下府、小府4个等级,每府都"有陀酋,若管记;有陀西,若判官"[4]。由"府"下的"陀西"负责地方司法。

在氏族部落内部,由于"俗尚巫鬼","大部落有大鬼主,小部落有小鬼主"[5]。大小部落不分统属,由鬼主主持祭祀,鬼主以习惯法管理部落内部事务。另外,到南诏中后期以后,"人人皆信佛",宗教与法律相互融合,违反了教规也就违反了法规,法律严格保护佛教僧侣的等级和特权,佛主的旨意便成了最高的审判和裁决。

诉讼制度。在氏族部落内部,有关诉讼程序大多是按习惯法进行。"松外蛮……有罪者,树一长木,击鼓集众其下,强盗杀之,富者贳死,烧屋夺其田;盗者倍九而偿。奸淫,则强族输金银请和而弃其妻,处女、嫠妇不坐。凡相杀

---

[1] 王忠:《新唐书·南诏传》,北京:中华书局1963年版。
[2] 唐·樊绰:《蛮书》卷8。
[3] 王忠:《新唐书·南诏传》,北京:中华书局1963年版。
[4] 王忠:《新唐书·南诏传》,北京:中华书局1963年版。
[5] 唐·樊绰:《蛮书》卷9。

必报，力不能则其部助攻之。祭祀，杀牛马，亲联毕去，助以牛酒，多至数百人。"①《通典》卷178也说："松外诸蛮……其俗，有盗窃杀人淫秽之事，酋长即立一长木，为击鼓警众，共会其下，强盗者共杀之，若贼家富强，但烧其室宅，夺其田业而已。"

综上所述，南诏国一方面借鉴吸收了唐朝先进的法律文化，另一方面归纳总结云南各少数民族的风俗习惯，从而形成了从唐律到蒙舍诏法律到其他各部落的习惯法等一系列相对完整的法律体系。南诏国在接受外来先进法律文化的同时，又向境内其他少数民族人民传播中原先进的法律文化，从而对促进云南历史发展和祖国统一，作出了重要贡献。

（本文原收入云南大学、大理白族自治州编：《南诏大理历史文化国际学术讨论会》论文集，2002年10月印）

---

① 王忠：《新唐书·南蛮传（上）》，北京：中华书局1963年版。

下篇：
白族文化及妇女生育和教育观念的变迁

白族传统恋爱方式及规范

白族恋爱道德是白族社会道德之一。恋爱道德是男女之间在婚前恋爱过程中所遵循的行为准则和道德规范，也是白族社会伦理道德在男女恋爱中具体规范的体现。

恩格斯曾说过："根据唯物主义观点，历史中的决定性因素，归根结底是直接生活的生产和再生产。但是，生产本身又有两种。一方面是生活资料即食物、衣服、住房以及为此所必需的工具的生产；另一方面是人类自身的生产，即种的繁衍。"[1] 也正是"种的繁衍"，使得人类本身得以延续，人类得以存在和发展。因此，恋爱是异性间性爱和各种人生实际需求的结合，也是建立在异性之间相互爱慕的基础上，当男女之间相互产生了爱慕之情时，才可能有恋爱的心理和行为，也才有恋爱过程中所应遵循的道德规范。所以，恋爱是男女之间的一种特殊的社会关系，它与人们所处的社会环境、政治、经济以及伦理道德教育的影响分不开，从而也受这些因素的制约。

因为，人不仅仅是有"性欲"的自然人，而且是作为"社会关系的总和"的社会人而存在。人们的思想、情感与爱情紧密相关，作为爱情发展过程的恋爱，同爱情一样，具有时代性和民族性。正是这样，生活在不同时期和居住在不同地域中的白族，存在着不同的恋爱道德；甚至在同一时期同一民族内，同时存在两种以上不同性质的恋爱方式，形成了丰富多彩的白族恋爱方式。在此基础上产生的白族传统恋爱道德，不仅内涵丰富，而且有自己的特色。

一、白族传统恋爱方式及准则

恋爱是青年男女间高尚、纯洁、真挚而又健康的精神追求。各个民族青年男女所共有的社交活动和恋爱方式，自然是各个民族的经济形态、社会生活、道德观念、生活旨趣、宗教信仰以及民族意识等各个方面的综合反映和折射。古往今来，在历史发展的长河中，各民族都有自己独特的表达感情的恋爱方式。因为有人类，就有男女，也就有了爱情。正如恩格斯所言："人与人之间的，特

---

[1] 马克思、恩格斯：《家庭、私有制和国家的起源》第一版序言，载《马克思恩格斯选集》第4卷，人民出版社1972年版，第2页。

别是两性之间的感情,是自从有人类以来就存在的。"因此,表达男女间情感的恋爱方式也是普遍存在的。无论是歌、舞、乐,或其他方式,总是伴随着人们的生产和生活,与人们的生活交融在一起,通过歌舞表达男女间的眷恋,利用各种方式传递彼此间的恋情,增进相互间的感情。这种种不同表达感情的恋爱方式,是白族先民长期社会生活实践的产物,也是白族先民智慧的结晶。

恋爱是一个古老而又现实的问题,它以绚丽多姿的色彩吸引着人们。人们追求自由恋爱,崇尚和追求纯洁爱情。然而,纷纭世界,民族之多,人格迥异,并非每个民族的恋爱方式都一样,并非每个人都用同样的恋爱方式就能达到理想的爱情。白族在长期的历史发展过程中,形成了具有本民族特色的传统的恋爱交往方式、求爱方法及性爱方式及其道德准则。

（一）白族传统节日集市及日常生产生活中的交往

恋爱问题是人类社会生活的一个特殊领域,恋爱道德是社会道德规范在恋爱过程中的特殊表现,也是处理人们恋爱生活中相互关系的行为规范。白族在自己的伦理道德规范体系中,也必然包括恋爱道德规范和准则。同其他各民族一样,生活在白族社会中的人们,自然要发生人际间的交往和彼此间的相互联系,因而形成一定的社会关系,要维持这种关系,又有赖于本民族比较稳定的传统的行为规范和准则的建立和世代传承,并以此来调整人与人、个人与群体之间的关系,以及规范个人的行为。这种道德规范反映在恋爱交往中,便是恋爱的道德准则。历史上,白族青年男女的交往活动丰富多彩,形式多样。它又具体表现在本民族的节日集会、集市贸易、街期及日常生产、生活的婚丧嫁娶活动中,且往往有固定的时间、地点、场所。白族特定的节日集会以及与此相应的风俗习惯,又伴随民间故事和传说,来体现人们交往、恋爱中的道德观念。

（二）传统节日集会中的社交恋爱

在白族传统社会里,有一些具有浓郁民族特色的节日,如"绕三灵""石宝山歌会""小鸡足山歌会"即"三月三歌会""青姑娘节""三月街""渔潭会""松桂会""火把节""耍海会""蝴蝶会""葛根会""松花会"等,这些节会都是少男少女谈情说爱的好机会。节日里人们唱白族调、对歌,是男女青年相互认识、交往的开始和交流感情的主要方式。其中,"绕三灵""石宝山歌会""蝴蝶会""火把节"是对歌择偶、交往活动的佳期。节日里人们身着节日盛装,身背草帽,肩挎绣花荷包,在青翠碧绿的丛林中,伴随自己的心上人,相互吐露爱慕之情。例如:每年四月十五日的"蝴蝶会"时,蝴蝶泉边彩蝶纷飞,汇集于泉边花树枝头,首尾相接,一串串悬吊于泉面。洱海区域的青年男女从四面八方汇集于泉边，一边观赏一边谈情说爱，自古至今年年如此。关于"蝴蝶会"，白族中有优美的民间故事传说。相传，很久很久以前，苍山云弄峰山脚下有一潭泉水，人们称其为无底潭。潭边住着一户张姓两口之家，父女相依为命。张老头终日在田里勤劳地耕作，女儿雯姑白天帮助父亲种地，晚上纺纱织布。她不仅聪明善良，而且勤劳漂亮。少女们把她看作是自己的榜样，小伙们连做梦都想得到她的爱情。传说当时云弄峰上住着一个青年樵夫，名叫霞郎，他勤劳、忠实又善良。每隔六天要背柴到城里卖一趟，来往经过无底潭边。日子一天天过去，他渐渐爱上了雯姑，雯姑也爱上了他，彼此产生了纯洁的爱情。在一个月明的夜晚，雯姑在潭边遇到了霞郎。浓荫里，月光下，俩人订了终身。从此无底潭边常常有了他们的身影，树荫下留下了他们双双足迹。谁知，雯姑的美貌被苍山下俞王府的俞王知道，他依仗淫威前来抢亲，打死了雯姑的父亲，抢走了雯姑。霞郎得知后连夜赶到俞王府，救出雯姑。俞王恼羞成怒，派重兵追赶而来。当霞郎和雯姑逃到潭边时，天已大亮，他们走投无路，便双双跳入水中。他们真诚的爱情感召了天神，天神动了光火，雷电交加，吓得俞王抱头鼠窜。顷刻，雨歇风止，祥云四起，霞光万道，泉水中飞出两只蝴蝶，翩翩起舞，相伴不离。一会儿从四面八方又飞来了成千上万双飞蝶，围绕着潭边的树枝四处飞翔。从此，人们给无底潭取名为蝴蝶泉，泉边大树称作蝴蝶树，蝴蝶泉的名字也由此而蜚声四海。每年农历四月十五日，白族人民都在此集会交游，青年男女便趁此对歌恋爱。

可见，白族不仅有内容丰富的传统节日集会，而且相应的民间故事传说又为节日增添了生动的内涵，它通过栩栩如生的艺术形象，反映了白族青年男女在交往恋爱中，重义轻利、纯洁、善良的道德观念和行为准则，并且把道德观念具体化。那时白族社会宗法观念尚未形成，相应封建伦理道德束缚较少，男女之间在节日集会中的交往相对自由。群体性交往促进相互了解、建立友情，逐渐发展成了建立恋爱关系的活动。白族青年男女在这种群体交往活动中物色对象，多数情况通过对歌试探，进而相互了解，若情投意合，便双双离开人群到幽静的地方约会，倾诉彼此间的爱恋之情。因此，白族传统节日集会，为少男少女提供了一个自由择偶的机会。

（三）传统集市贸易街期的交往恋爱

蜚声中外的白族传统集市贸易如三月街、渔潭会、松桂会等，街期时间长，且有固定的时间和地点，一年一次。届时，是白族男女青年出游赶会，进行交流的极好机会。每当一年一度的街期到来时，人们三五成群相约，身着节日盛装赴会。路程较近的一边行走一路高歌，途中与其他村落异性相遇，便以对歌的方式相互试探，建立联系，有的情投意合，便喜结良缘；有的成为朋友，相互邀约下次再相逢。有的路程遥远，便乘坐马车赴会，有的于一架马车内异性间相互对歌交流，有的是同行中的几架马车间的相互对歌。此情此景已在电影《五朵金花》和《五朵金花的儿女们》中反映出来。

除大型的集市是男女青年谈情说爱的极好机会外，白族村落中的互市、十二属相街天，村落内的早、晚街也是白族青年男女交往活动的场所。因为白族一般实行氏族外婚，同宗同姓不婚，而白族居民多数又以血缘或扩大化血缘群落而居；加之白族家庭内长幼辈分等级严格，年轻人严禁在长辈面前随便开玩笑或言及情爱的话，更不能有亲热的举动，否则被认为是没有教养。由于居住条件和家族家规的严格管教，平时与异族异性青年交往机会少，只有在节日、街期的期间和场合，才有相对集中和广泛接触的机会。而在街期这样特定的场合接触，往往又与社区性和群体性交往分不开。因此，白族青年男女传统街期交往择偶活动具有社区性和群体性。

(四) 传统生产生活婚丧中的交往活动

白族传统生产，从共耕到伙耕，直到互助协作式的换工劳动，均为农忙夏收夏种和秋收秋种中建立在自愿组织基础上的劳动活动。在劳动中，通常为妇女插秧，男子挑秧、平田。每当这种集体劳动时刻，也是男女青年对歌择偶的好时机，人们一边劳动，一边对歌，若是姑娘遇上中意的小伙，就会边劳作边考察小伙的劳动技能和是否勤快、忠实；而姑娘若是小伙相中的意中情人，他也同样观察姑娘劳动是否利索和勤劳。勤劳、忠实、诚恳是白族人择偶的主要标准之一。

此外，白族村落中婚丧嫁娶活动，也是少男少女交往的场所。白族娶新娘，除了邀请三亲六戚外，还要邀请迎新娘的小伙伴；嫁姑娘，女方家也要邀请伴娘若干人，在迎来送往的路途中，其他男女青年通过对歌、嬉戏交往，寻求意中的情哥和情妹。丧葬活动也是如此，许多年轻人不请自愿前来帮忙，在帮忙中认识异性朋友，经过交往考验，有的终成眷属。因此，生产活动和生活中婚丧活动也是白族青年男女传统的交往场所和择偶佳期。

二、依歌跳舞音乐传情串姑娘公房谈爱

怎样博得异性的爱，各少数民族都有自己独特的方式。一些少数民族用跳舞、对歌、乐音、串姑娘求爱；有的则以丢包、裹毛毯、住公房谈情；有的则以树木、鲜花、信物定情；有的则通过敲打、劳动等经受皮肉之苦来考验爱情；有的则要通过艰苦的劳动锻炼来表现情感。其中有歌舞、有嬉戏、有劳动、也有令人啼笑皆非的折磨，构成了千姿百态的少数民族求爱方式。白族同其他民

族一样，曾以歌传情、以物表意、串姑娘、住公房、交换信物等方式求爱，并从一个侧面表现了白族的社会风情、文化生活、伦理道德规范。

（一）依歌择交

有人类就有男女，有男女就有爱情。古往今来，在历史发展的长河中，白族形成了自己独特的表达感情的求爱方式。恩格斯说："人与人之间的感情，特别是两性之间的感情，是自从有人类以来就存在的。"所以，表达男女间感情的求爱方式在不同民族中是普遍存在的。而对歌恋爱、依歌择交则是白族求爱的一个特点。它伴随着白族人的生产、生活，与人们的生产、生活交融在一起，通过歌声来表达男女间的眷恋之情。在白族传统中人人会唱，无论是节日集会，还是劳动生产，人们总是歌不离口，以歌来增加节日气氛和激发劳动热情；以歌陶冶自己的情操，抒发自己的情怀。因此，白族不仅有生产劳动歌、生活歌、丧葬歌，而且更多的是情歌。白族儿女在歌中生，在歌里长。歌声像粮食、空气一样，哺育着他们成长。白族聚居区被誉为"歌的世界""歌的海洋"。高尔基曾说过："民族歌谣是民族的历史。"尽管白族各支系的社会历史和生活方式不尽相同，但是白族儿女都喜欢依歌择交。他们以唱歌来倾吐自己的心思，以对歌诉怀念的积郁；以对歌述爱情的甜蜜，用歌声来传递彼此间的爱慕之情；用歌声来表达情之所属，意之所钟。白族自古就有传统的歌节，如石宝山歌会、三月街、绕三灵、栽秧会等，而这种节日，是男女青年以歌传情的好机会。其中，富有优美情调和充满智慧的唱调子、对歌，则是男女青年凭歌表意、依歌择交、相互认识、交流感情的主要方式。在对歌中，有时也有戏谑、讽刺、挖苦，可一旦遇上意中人，小伙子便唱起闪烁着爱情之火的追求歌。然而，如果姑娘早就有了意中人，她就用委婉的歌声回答求爱者，比如唱道：

　　　　山伯访友来迟了，水打兰桥一场空，
　　　　妹妹早已许他人，流水与崖难合拢。

如果姑娘还没有意中人，也钟情小伙，就会唱道：

　　　　好花开在悬崖上，不是蜂蝶采不来，
　　　　蜜蜂见花闪闪翅，花见蜜蜂笑着开。

如果男女青年原来就相识，而且已有一定的感情，那么，盛大的歌会，便是他们以歌吐露思念之情的大好机会。现辑录几首《石宝山情歌》（传统白曲）如下：

石宝山相逢遇知音

（白语唱词）①　　　　　　（汉语译意）
新资衣，　　　　　　　　哥情深，
走波山奴蹦玷心，　　　　石宝相逢遇知音，
做彼愣奴鞋冷纪，　　　　送你新鞋细细缝，
用某圆愣心。　　　　　　寄托绵绵心。
特特中中打伙挨，　　　　爬山下坡相依依，
彼喷武偶商间得，　　　　风风雨雨不离分，
玄棉产特做沾得，　　　　晚睡新鞋做枕头，
山努梦我堆。　　　　　　梦里格外亲。

四季常青石宝树

努刷勒产千勾达，　　　　话语甘甜叫人欢，
努看玉龙瑞之散，　　　　积雪不化玉龙山，
努看走波山整绿，　　　　四季常青石宝树，
愣拥我压散。　　　　　　结百年姻缘。
商舍样等咒亏学，　　　　分离要等石头烂，
七泽须碗扬克朵；　　　　泼水收回那一天；
努整千松我整寿，　　　　松树常青杉树绿，
闷面串商昂。　　　　　　根根紧相连。

双双舞翩翩

弄山枯，　　　　　　　　山路险，
真情莫怕千里路，　　　　有情莫怕千里远，
阿展米克愣朵资，　　　　一时之间想起你，
如戛亏里弄。　　　　　　越岭心甘甜。

---

① 白语唱词，是指用汉字记白音，若用汉字的意思来读和理解是不通的，而用白语白音说唱，便会朗朗上口。白族历史上没有文字，用汉字记音，汉字白读，却是"白文"的特点。

使拥逼抽挨安努，　　　真想变风去探望，
使拥产奴生言库，　　　真想生翅越山川，
工梯变之勾利之，　　　哥妹变成彩蝶飞，
勾努阿对夫。　　　　　双双舞翩翩。

情意最纯真

资衣努真衰因黑，　　　情人家住在下村，
新利压新革压革，　　　不新不旧格外亲，
尖利压尖堆压堆，　　　不远不近常相会，
商苟中腹黑。　　　　　恋情埋在心。
言介机处居妙克，　　　人多处呀莫张嘴，
居温商汉利资省，　　　默默相对传信音，
讲董工产首三呼，　　　开口两句笑三回，
意使真闷黑。　　　　　情意最纯真。

拄拐杖相访

对害对纪对彦旺，　　　当对天地日月讲，
够努三苟某百岁，　　　和你相爱日月长，
够努三苟沾三苟，　　　和你相爱情意真，
是非虽冒刷。　　　　　是非任人讲。
得毛白劳闷得受，　　　相爱爱到头发白，
治坝库劳闷得啥，　　　相亲亲到齿落光，
够努三苟某千春，　　　和你相爱一千岁，
真纪中三安。　　　　　拄拐杖相访。[①]

因此，在青翠碧绿的丛林中，男女青年纵情高歌；在弯弯曲曲的山道上，人们伴着自己的心上人，相互吐露思念之情；在春光迷人的景色中，他们用歌声来表达忠贞的爱情。男女对歌声此起彼伏，连绵不断，直到海誓山盟，永不变心。这里，不会唱调子的青年很难找到美丽的姑娘，不会对歌的少女也同样难寻如意君郎。人们把才华与歌声联系在一起，认为会唱能对，是一个人天资

---

① 剑川县民委、剑川县文化局、剑川县本子曲协会编印：《石宝山白曲选》第7集。

聪颖和具有才华的象征，也是衡量人的智慧、品行高低的标准。所以，白族自古流传依歌恋爱的传统。

（二）跳舞择配

跳舞择配是白族青年男女喜欢的求爱方式之一。舞的本质特征是通过人体动作来表达思想感情，节奏是舞蹈的基本要素。人们通过各种造型动作和优美的旋律及节奏的强弱，再现出不同的思想感情，给人以美的享受。通常白族姑娘跳舞时往往动作柔和圆润，感情内向含蓄，表现出姑娘多情、温顺的性格特征和对美好生活的向往。而小伙子动作则热情奔放、豪爽，再现了他们勇敢、正直、求爱的锋芒和对幸福生活的追求，对爱情的执着。男女这些舞姿特点，常通过白族传统民间舞蹈如"霸王鞭""八角鼓""双飞燕"反映出来，而这些舞蹈多半在喜庆的节日和传统节日"绕三灵"活动中进行。"霸王鞭"，白族民间古时称作"金尺竿"，用铁丝穿数枚铜钱嵌入竹棍两头制成，长一米左右。"八角鼓"，八方八角，厚寸余，单面蒙皮，边缘嵌有铜钱铜铃。"双飞燕"则是一副二寸长的竹板，板上垂挂着彩带，舞者双手各捏一副竹板，起舞时像燕子双飞，故有此名。在舞蹈中，姑娘多用霸王鞭，小伙子用八角鼓和双飞燕，男女各为双数，他们跳"一条街""打回门""背合背""心合心""脚勾脚"等，男女交错、旋转对舞。随着霸王鞭、八角鼓在身体各部位的敲击的节奏，双膝轻轻颤动，肩、胸、腰随之晃动。不同的动作有不同的美感和意境，不同的舞姿表现出人们不同的思想感情。他们时而舞姿轻快，伴曲欢快优美、气氛热情、情绪高昂，再现了男女青年相亲相爱的甜蜜；时而舞姿缓慢，情绪深沉，表现了人们追求自由中受到挫折的苦恼。在热闹的舞场上，小伙子一面跟姑娘翩翩起舞，一面留神物色意中人。白族青年男女，常常是在跳舞时结识知己，常常是在舞场上选择对象。

（三）乐音传情

音乐也是白族青年男女重要的求爱方式之一。自古以来，乐器总是与白族人民的生产生活联系在一起，又伴随着白族人民的生产生活而发展。白族人民的歌、舞离不开它；劳动、社交少不了它；恋爱、婚丧、喜庆、宗教活动、风俗节日等等，几乎都伴有乐器的演奏形式。其内容丰富，种类繁多，形式多样，奏法奇异，音色独特、优美，从而充分显示了白族先民的创造力与智慧，并具有鲜明的民族特色。在白族传统的乐音演奏中，不仅表现了本民族的精神文化面貌；同时，乐音也表达出人与人之间的思想感情。因此，在白族的生活方式中，乐器不仅是人们娱乐的工具，也是白族儿女恋爱时的媒介。

在长期的生活与实践中，白族先民早就意识到乐器演奏的乐音能表达人们彼此间的感情，尤其是处在热恋中的青年男女，往往借助乐器演奏的乐音来吐露彼此间的爱恋之情。于是树叶、口弦、三弦、笛子，白族支系勒墨人的牛角号等，便成为人们传递情感的工具。每逢赶街或节日集会，或在日常劳动之余夜幕降临时，白族小伙三五成群或孤身一人吹着笛子，不断发出清脆、优美的笛声，向姑娘表达自己内心的情感。每当姑娘听到乐声时，准会循声赴约，去和自己心上人相会，倾吐爱恋之情。

　　洱海区域的少男少女，每当夜晚来临，便是他们谈情说爱的好时机。他们人人都会独出心裁地吹奏树叶曲子，呼唤着自己心上人。早在唐朝樊绰的《蛮书》中，在谈到南诏的婚姻时就说："俗法：处子、孀妇出入不禁。少年子弟暮夜游行闾巷，吹葫芦笙、或吹树叶，声韵之中，皆寄情言，用相呼召。"悠扬婉转的木叶声，牵动着自己的心上人，心上的人应声而至，与自己的情人到河边去相会，倾诉相互间的爱恋之情。一曲曲木叶声，情真意切，一对对恋人在乐声中增进感情，缔结良缘。

　　正月里是勒墨年轻人求婚的日子，夜晚来临，小伙们吹着牛角号，姑娘弹着口弦召唤着自己的心上人。他们彼此利用乐音传情、表意，一旦钟情，一对对男女青年便愉快地离开热闹的人群，跑到幽静处相会。有时一对恋人把口弦放在唇边轻轻地震动发声，把自己和对方的面颊靠近，用口弦弹拨出不同的乐音，以此表达相互间的爱慕之情。用小小木片制作的口弦，尽管曲音是那么单调、朴实，可在有情人听来，便会声声是爱，句句有情。双方发展下去，情投意合，便订下终身。

　　然而，在洱海区域的坝区，白族家庭对女孩的管教相对比较严，尤其是夜晚，不准女孩出院门。相爱的青年男女不得不借助乐器演奏的乐音，通其不能交谈之隐。在这种特殊的环境里，他们往往是男吹笛子，女弹口弦，以此来交心。小伙吹着清脆悦耳的笛声或树叶乐声，呼唤着自己心爱的姑娘，柔和委婉的一曲曲乐音，在向姑娘倾诉自己内心的眷恋之情。优美动听的乐声，使姑娘陶醉在幸福之中。于是，姑娘弹起口弦或吹起树叶，来回报小伙子的深情。乐声虽然单纯、质朴，但在有情人听来，是那样地情深意笃，刻骨铭心。因此，从古至今，这里的姑娘和小伙，人人都懂得怎样吹奏乐器，发出优美的乐声，才能赢得对方的爱慕。

　　可见，乐器演奏的乐音，在白族人民的传统恋爱中，起到了特殊重要的作用。它敲开人们的心灵，架设一座座桥梁，沟通了人与人之间的感情，表达了青年男女内心世界的深情，并唤起人们对生活的热爱，对幸福的向往，对未来生活的追求，使有情人终成为眷属。

（四）串姑娘

求偶串姑娘也是白族传统求爱中的一种特殊方式，尤其在白族支系勒墨人和那马人中盛行。勒墨人和那马人有一个规矩：姑娘长大后，要与父母、兄弟分开单独居住。其中经济较富裕或女儿多的人家，则在住宅旁盖一间小屋，让成年姑娘单独居住。经济困难或女儿少，无条件为女儿盖小房子的人家，其姑娘成年后可以到附近邻居姑娘住的小屋中借宿。姑娘们住的小房子便成为青年男女社交活动的场所，每当夜幕降临后，小伙子们结伴来到姑娘的房中玩耍。姑娘们对小伙们的光临给予热情招待，他们随便坐卧在姑娘的身边，一边吹口弦、弹琵琶，一边唱调子、对情歌，谈情说爱，亲热异常，高兴了甚至通宵不眠，凌晨才离去。小伙子通过串姑娘，可以同情投意合的情人交换信物，私订终身。在那马人的有些村落中，以前还流行过小伙子串姑娘时，若喜欢某个姑娘并产生了爱慕之心，可以伸手触摸姑娘的乳房，试探女方的态度。姑娘如果也看上了小伙子，并愿委身于他，便接受触摸。姑娘若不喜欢他，便马上出手挡住伸来的手，表示拒绝，小伙子见状便将手缩回，不能勉强。①

洱海区域的白族青年男女串姑娘、串小伙则在村落的公房或空旷的广场上。除了村落中的青年互串外，成群结队的小伙或姑娘也可以到附近村落中去对串。他们往往弹着大三弦，唱着情歌，有时还伴随着舞蹈霸王鞭、八角鼓和双飞燕，大家在一起纵情高歌、跳舞，结识如意的对象，选择称心佳偶。有时是在互串中姑娘看上小伙子，就设法弄清他是哪一个村落的人，然后再找机会去串；小伙子看上姑娘也是如此。在互串中若双方有情有意，他们便会离开热闹的群体，到偏僻处低语，黎明时分，小伙与姑娘依依告别。初次互串，已倾心的一对，以后便会单独串，直到订终身。

（五）公房谈情

公房谈情是白族传统求爱方式之一，也是白族青年男女求爱活动的一个特殊场所。洱海区域公房由村寨建立，白语称为"南毫"，"南毫"直到20世纪60年代还存在。②怒江勒墨人和兰坪的那马人则在自家大房子旁边给长大成年的女孩盖一间小屋，这间小屋勒墨语叫"古乃毫"，汉语意为未婚姑娘的房子，有的称之为"南毫"，也称其为公房。每当夜幕降临，明月高照，小伙子们便

---

① 云南省编辑组：《白族社会历史调查》（二），云南人民出版社1987年版，第7页。
② 笔者在20世纪60年代到苍山脚下的大理湾桥云峰村还看到古代遗留的公房，只是用途已改变为老年人休闲的地方。

相互邀约，踏着月色到这村或那寨的公房"南毫"中去串姑娘，大家一起围着火塘、弹三弦、吹树叶、对唱情歌或窃窃私语，增进了解，不少男女就这样私订终身。若父母加以阻碍，有的青年就双双远走高飞，逃离家乡，民间称其为"私奔"。有许多青年男女，在征得父母同意后，成为恩爱夫妻。在勒墨少男少女中，在公房交谈产生爱恋之情时，也可以刻木记日，单独举行幽会。刻木记日一般是用一样大小的木板相互重叠后，在侧面刻若干道口子，各自保留一块。过一天用刀子削去一个口子，当口子削完那一天，便是约会的日子，双方按约赴会。若一方不按约赴会，表明他们的恋情到此中断。[①] 勒墨人和那马人在"南毫"公房里谈情说爱，情意绵绵，夜深了便在公房留宿，凌晨雄鸡鸣啼时才悄悄离去，父母知道了也不加干预。洱海区域的公房比较大，白天供村寨老年人在此休息、活动，夜晚供男女青年在此谈情说爱，一般不住宿。

无论是勒墨人观"南毫"住公房，还是洱海区域白族公房"南毫"谈情，都无疑是一种群婚制的残余。然而它却给人们一个启示：怒江地区观"南毫"与洱海区域一年一度的绕三灵盛会，白语称为"观上南"，大理白语称花园为"花南"，情歌中男女相会的地方也叫"花南"或"南毫"，故一直沿袭至今的绕三灵和怒江地区观南毫，无论从命名到内容都十分相似。说明观南毫住公房是白族古老的一种求爱场所，普遍存在于白族之中。

（六）以物传情

以物传情也是白族青年男女相互求爱的一种方式。男女相爱往往要相互赠送信物以表达自己的爱情，这些信物不管其价值如何，对方都将其视为珍宝，因为它代表着情男爱女一颗炽热的心。恋人间相互赠送的物品，在不同区域中统称为信物，男女间相互接受了信物，也就相许了终身。可见，信物又与定情紧紧联系在一起，但它又与聘金和彩礼有着根本区别，它是男女自由恋爱的一个特征。从古至今，白族中流传互赠信物的传统。但以什么作为信物，在不同历史时期、不同地域、不同民族，定情信物也不尽相同。在白族传统中，洱海区域的姑娘在赶集、节日、公房相中小伙时，便将自己亲手绣成的荷包烟袋、毛边底鞋送给意中人；小伙子若看中姑娘，一旦接受了礼物，也以手镯、戒指、项链、耳环等物品回赠姑娘。勒墨小伙给姑娘的礼物有布带、头巾、滇铸半开，姑娘回敬的礼物有麻布腰带等。

如果将信物退回，则意味着爱情破裂；如果将信物丢失，则表示对爱情的不忠。

[①] 云南省编辑组：《白族社会历史调查》（三），云南人民出版社1991年版，第65页。

交换信物可巩固双方恋爱关系,加深彼此间感情。有的青年男女在赠送信物时,还向对方说明信物的来历及与自己的特殊关系,使对方明白其中的含义。接受信物者,也以信物回赠对方。因此,以信物定情,从古至今,在白族地区广泛流行。

然而,白族传统的求爱活动与社交活动均一样,都有严格的规矩,都要遵守一定的规则和一定的道德规范。白族有同宗同姓不婚的规矩,所以,无论在节日集会,还是串姑娘和公房玩耍中,都有相见先问姓的规矩,问明姓氏,才能交往。此外,在交往和求爱活动中,白族青年男女还得严格遵守不在长辈面前谈情说爱的规矩;也不能随意在村头巷尾随便唱情歌,否则便被看成是没有教养之人。再则就是在节日集会交往中小伙子不能冒昧求爱,要看对方是盘头发还是梳一大辫子,是否修过眉,等等,只有见到梳辫子的姑娘才能向其求爱。

白族的传统求爱道德,贯穿于青年男女从相识到相爱的全过程,尽管人们以多种多样的方式来表达互相爱恋之情,但在过程中始终体现着对方的道德规范和行为准则,以及价值观念。比如在对唱情歌时,就包含有识别、考验对方才智及道德修养;在吹奏乐器时,就可以检验对方的机敏与技能;在劳动活动中,可以观察对方的勤劳与否;以物传情就可看出对方是否真诚和心灵手巧;等等,在多次接触观察中,可以发现对方的价值观念和道德标准。

三、白族传统恋爱的准则

性爱,其实质上反映了一种性道德意识,也是两性生活的道德准则。人类文明史的发展轨迹证明:人类性爱的方式曾经历过原始群婚—对偶婚—一夫一妻制。与此相适应的道德观念为无羞耻、无禁忌到贞操观念的萌芽和有所规范,再到把贞操观念作为束缚妇女的桎梏。然而,原始群婚,即乱交,并不是一个民族或一个地域的特殊现象,而是世界范围内的普遍现象。这从大量的考古发掘材料和文献记载中可以说明。《商君书·开塞》曰:"天地开而民生之,当此之时,民知其母不知其父。"《吕氏春秋·恃君》说:"昔日太古尝无君也,其民聚生群处,知母不知其父,无亲戚兄弟夫妇男女之别。"摩尔根在《古代社会》中记载了许多民族和许多地区这种性乱交状态。对此,恩格斯做过分析,曾指出:"我们所知道的群婚形式都伴有特殊的复杂情况,以致必然使我们追溯到各种更早、更简单的性交关系的形式,从而归根结底使我们追溯到一个同从动物状态向人类状态的过渡相适应的杂乱的性交关系的时期。"[1] 这种杂乱的性

---

[1] 马克思、恩格斯:《家庭、私有制和国家的起源》,载《马克思恩格斯选集》第4卷,人民出版社1972年版,第30页。

交关系时期的存在，说明人类从动物向文明升华的过程。其中贞操观念的产生，标志着人类已意识到应该对自己性行为有所约束。在这个演变过程中，在传统华夏社会里，最后成为宗法社会的内容之一。

（一）白族传统恋爱的规范

白族传统的性爱方式，也经历过同样的过程和特殊的性关系道德规范，只是表现的方式不同而已。

在白族社会的洪荒年代，白族先民普遍经历了兄妹婚配以传人种的时期，这在白族的洪水神话、创世记和创世史诗中均有记载。直到1950年前，在白族支系勒墨人中尚残存着血缘家庭的遗迹，即堂兄弟姐妹、表兄妹间的婚配。从血缘婚到对偶婚再到一夫一妻制的发展过程中，在白族传统社会的不同支系和同一民族的不同地域和不同时期，在男女的性爱关系上，则存在着不同的价值标准和道德规范。

勒墨人和那马人供姑娘住的小屋"古乃毫"即公房，是供青年男女谈情说爱的场所。夜晚小伙三五成群结队到公房玩耍，吹口弦、弹琵琶、对唱情歌，十分热情。夜深了，就躺在姑娘身旁，凌晨才离去。女方父母知道也不干预。若男女情投意合，便海誓山盟，私订终身。有越轨行为，只要女方未怀孕，社会舆论也不会非议。如一旦女方怀孕了，双方尚未订婚，男方家便可以明媒正娶。即使是在分娩前将姑娘接走，社会舆论也不会责难。[①] 不过，随着社会的发展，时序的推移，不同区域中的白族的性爱方式也不同。洱源西山地区白族男女恋爱结合比较自由，直到1949年以前还保留着群婚制的遗迹，即男的可以在婚前婚后到自己心爱的女人家中去住，女的也可以婚前婚后到自己心爱的男人家中去住，别人往往视而不见，当地话叫"讨百花"。但同姓、同村之间禁止通婚，男女之间自由的性生活只限于非亲非故，亲故之间的交合被认为是不道德的，会遭雷打。也就是说在这里婚前婚后男女性爱是自由的，并不受道德和舆论的谴责。

在洱海区域坝区里"公房制"的性质也在不断演变，这里的公房已形成青年们集体游乐、谈情说爱的场所。但在白族传统节日"绕三灵"中，则又残留着群婚制的遗迹。即在"绕三灵"活动中，人们无论在圣源寺前的空地桑林中对歌、跳舞，还是绕到洱海边的金圭寺后继续对歌、狂欢，都可通宵达旦，而一旦遇上意中人，男女便会双双离开人群，到桑林中野合，舆论和道德不加责难。此外，白族传统的性爱方式及准则在不同历史时期有不同方式和规范。据史书记载，唐

[①] 云南省编辑组：《白族社会历史调查》（二），云南人民出版社1987年版，第6、151页。

代"处子孀妇出入不禁……嫁娶之夕，私夫悉来相送。既嫁有犯，男子格杀无罪，妇人亦死，或有强家富室责赀财赎命者，则迁徙丽瘴地，终弃之，法不得再合。"①《新唐书·南诏传》曰："女、嫠妇与人乱，不禁，婚夕私相送，已嫁有奸者，皆抵死。"就是说南诏时期，男女在婚前有相当的社交自由，甚至发生性关系也是社会允许的，但严禁婚后通奸。到大理国时期及元代，青年男女婚前性关系仍很自由，寡妇也无须守节。李京在《云南志略》中记载："处子、孀妇出入不禁，少年子弟号曰妙子，暮夜游行，或吹芦笙，或作歌曲，声韵之中皆寄情意，情通私耦，然后成婚。"② 到了明代，由于受汉文化的影响，尤其是儒家伦理道德在白族地区的广泛传播，儒家三纲五常、三从四德在民间流传，男女授受不亲、女子守节逐渐成为白族的道德规范。从此，男女间的性爱十分严格，"贞烈为操""谨守为礼"，"男女不同席、不共食、女子无故不出院门"等清规戒律在民间已有强大的道德影响力。明清时期白族地区的地方志书中，所谓烈女节妇守贞守节的道德规范已基本形成，村落中随处可见贞节牌坊。

可见，白族传统性爱及其道德准则，与白族的社会发展形态、恋爱方式以及由此形成的思想、道德观念分不开。在白族传统社会，尤其是原始氏族社会里，恋爱中的性关系并不被看成背离社会规范的行为，它是当时人们行为的基本准则。发展到同宗同姓不婚即氏族外婚阶段，则严禁婚前的性关系，如有违反，便被社会认为是不道德的，不仅受社会舆论的谴责，而且会受到习惯法的惩罚。所以白族传统恋爱不仅有特定的内涵，而且有自己的道德准则。

（二）白族传统恋爱的择偶标准

在漫长的历史发展长河中，白族不仅形成了自己独特的求爱方式和内涵，而且也有自己的特点。白族传统恋爱道德是与白族社会生产力水平、白族道德观念相适应的，它表现了自由恋爱、勤劳勇敢的择偶标准和对爱情忠贞专一等特点。

1. 恋爱自由

恋爱自由是白族传统恋爱的重要特征之一。在白族传统社会中，青年男女恋爱有自己独特的方式，通常人们恋爱自由。女孩长到十三至十五岁，就必须履行人生礼仪"穿耳洞"，穿过耳洞就象征着少女可以恋爱了；有些地区的男孩要举行成年礼，举行过成年礼就意味着男孩可以参加社交活动了。在民族传统节日上对歌、唱白族调、寻找情侣。农闲时的夜晚男女青年三五成群在村落

---

① 唐·樊绰：《蛮书》。
② 李京：《云南志略·诸夷风俗》，昆明：云南民族出版社1986年版。

里幽会，约会的地点称之为"花南"，白语曰"南毫"，直到20世纪50年代末村寨里还保留着"南毫"（笔者于20世纪50年代末还在大理云峰小庆洞村见过，1996年5月回大理又到小庆洞村调查，问起公房一事，乡亲们告诉我后来曾改做老人房，再后来随着村落建设，又改为他用了，但确定"南毫"即公房存在过），而在怒江勒墨人和兰坪那马人中，女孩长到十三四岁就离开父母的大火塘到小屋去居住，这种小屋类似"南毫"，男女青年在一起对歌、谈情，自由自在地交谈，父母不加干预，社会舆论不加谴责。

所以，在白族传统社会，异性间交往较为宽松，一般都在比较愉快、和谐、平等的气氛中进行群体性的社交活动。而这种群体性的交往活动，又为人们提供了相互认识、增进了解、促进友谊，进而发展成为恋爱关系的条件。白族少男少女便是在这种社交活动中自由地、无拘无束地娱乐和选择情侣，通过由表及里的观察，进而经过试探，通常以对歌方式来进行，对对方作进一步了解，从而到单独约会，若情投意合，就订为终身伴侣；如果性格有差异，或是没有发展感情的基础和条件，则成为恋人或一般朋友，再在广泛的社会交往活动中另寻对象。这样的社交体现出一种健康、自由、纯洁的恋爱道德风尚，故白族谚语说："强摘的果子会酸，包办的婚姻不甜"，赞美了恋爱自由，婚姻自主的行为。

2. 勤劳又有良心的择偶标准

勤劳、勇敢、有良心是白族传统恋爱择配的基本特征。白族青年男女恋爱活动中的择偶标准，首先是勤劳，以勤劳为美德。这种择偶观念的特征往往通过对唱情歌及日常生活劳动中表现出来。白族石宝山情歌有这样的唱词：

勤对我招手

（白语唱词）	（汉语译意）
刹那门务挨则北，	从你门前往北走，
那门务整须之本，	门前龙潭清水流，
须之本黑言介言，	水中倒映有情妹，
某山额务手。	勤对我招手。
彼手山咒阿道额，	左手挥挥唤我去，
者手山咒做花柳，	右手挥挥做花柳，
安甲又得山手言，	约得一位招手伴，
某山额务手。	勤对我招手。[①]

---

① 剑川县民委、县文化局、县本子曲协会编印：《石宝山白曲选》第6辑。

显然，白族男女的恋爱不是建立在门户、金钱、地位基础上，而是建立在感情基础上，双方的勤劳俭朴，是相互择配的标准和尺度。故白族民间谚语说："湿柴烧不成，懒人要不成；懒地杂草多，懒人口水多。""勤恳，衣食把稳；懒惰，忍饥挨饿。"

这些在白族民间广为流传的谚语，表现了白族人民喜欢什么、厌恶什么、热爱什么、反对什么、赞扬什么、贬斥什么的思想感情和择偶准则。因此，勤劳就是一种美德，故在白族人心目中，勤劳是意中人应该具备的基本条件，也是最重要的条件之一。

勇敢也是白族传统恋爱择配中不可缺少的要素和重要特征。人们赞美勇敢，歌颂为民族、为群体而献身的英雄，歌颂他们英勇无畏的品质，在许多创世史诗和民间故事中，都表现了这些崇高的品质。而家喻户晓、脍炙人口的宰蟒英雄杜朝选和段赤诚的故事，则特别表现了白族先民英勇顽强的精神和品格。相传杜朝选是一位青年猎手，有一天，他去云弄峰打猎，在神摩山间遇到了危害人民的妖蟒，立即射了妖蟒一箭。次日又在山洞里遇见洗血衣的两位女子，得知是被妖蟒掠到洞里的，杜朝选随二女进洞奋力杀死妖蟒，救出二女子，为周城人民除害，至今周城人民尊他为本主。这个神话故事，说明白族历史上的英雄，具有机智、灵活、勇敢和自我牺牲的精神，同时也反映了古代白族先民与自然灾害的斗争，体现了白族先民英勇无畏的坚强性格，乐于助人的高尚品质。段赤诚也是一个智勇双全的英雄。传说唐代洱海里出现一条大蟒，吞食人畜，淹没田园，苍洱人民无法生活。有一个机智又勇敢的青年段赤诚，决心为民除害。他身缚钢刀，手持双刀，跳入洱海，投入蟒腹，刺死蟒蛇，自己也死于蟒腹。

段赤诚舍己为民的英勇行为，深深地感动了白族人民，人们把他的尸体埋葬在马耳峰下，并毁蟒骨建宝塔，名叫"蛇骨塔"，至今耸立在下关羊皮村外。段赤诚不惜牺牲自我，挽救人民的大无畏精神，正是白族人民高贵品质的表现，至今仍是白族人民的道德准则之一，也是青年男女择偶的重要条件。

除勤劳、勇敢外，有良心、德行好也是白族择偶的标准和特征。心心相印，以心换心，以德取人，也是白族人民的择偶要求。

石宝山情歌《谁有哥妹亲》

（白语唱词）　　　　　（汉语译意）
工梯三遇弯山子，　　　石钟寺旁遇知音，

处后开奴介永恩； 春花开在杨柳萌；
黑子整奴开桃花， 桃花开在李子树，
巧之样色色？ 谁有哥妹亲？
后票再比虽利白， 花色要比雪色白，
面纪再比武利根； 柔情更比浮云深；
工梯三苟票深处， 哥妹相交情最浓，
巧冒东十分。 比人强十分。①

此外，容貌、体态、身材是异性间相互吸引爱慕的条件，然而，白族择偶中更看中的是品格和能力，以有良心、品行好、心地善良为准则。白族石宝山情歌唱道：

石宝杜鹃根连根

（白语唱词） （汉语译意）
走挂女梯生秋冷， 小妹漂亮人人称，
见奴十人爱奴九， 十之有九爱你深，
女梯愣心知乃白， 心地善良美如玉，
情以知乃根。 情义最纯真。
女梯愣花赤得花， 妹是杜鹃红艳艳，
走北寺奴样三等， 石宝相逢喜相亲，
红白得花生三纪， 红白杜鹃长一处，
样面串紧肯。 花根连花根。

白族的择偶观，与人们所处的社会地位、物质生产方式及由此而产生的道德规范有关。众所周知，白族是农耕民族，自古以来一直沿袭着男耕女织的生产和生活方式，面对险恶的自然环境，人们需要勤劳来耕作，换取温饱；需要勇敢，才能生存；女性也如此，既要能吃苦耐劳，又能纺纱织布、绣花、做衣服，才能维持一家人的生活。所以，很难想象一个懒汉懦夫，怎能挑得起养家育儿的重任；也很难想象一个只图吃穿打扮、手脚不勤快、既不善良又不贤惠的女人，怎能协调一家人的关系和操持一家人的生活。故白族赞颂为民族、为群体而献身的英雄，赞美他们英勇无畏的品格，颂扬用自己的双手勤恳开拓生

---

① 剑川县民委、剑川县文化局、剑川县本子曲协会编印：《石宝山白曲选》第6辑。

活的劳动者；赞美那些心灵手巧又勤劳、既善良又贤慧、有良心、品行端庄的人们。

（三）对爱情忠贞不渝

对爱情的忠贞专一和执着追求，也是白族传统恋爱择配的特征之一。白族青年男女在节日集会、劳动之余等社交活动中相互钟情之后，双方要将自己的私情禀告自己的父母，征求双亲的意见。父母同意后，可请媒人去说亲，择期完婚。如果父母不同意，可双方感情又深，山盟海誓永不分离，意志坚决，往往采取私奔的方法，逃到很远地方，结为伉俪，待生儿育女后举家返回。白族支系勒墨人男女相爱后，如若父母不同意，他们可以采取私奔的方法逃到很远的地方，甚至越过高黎贡山到缅甸去成亲，结为终身伴侣，等到儿女长大后回来，到那时"生米已煮成熟饭"，做父母的只好遂了儿女的心愿。他们中有的也永远不回来，在异乡定居。若只是女方父母不同意，一对情人便会商量，并邀请同伴，通过抢婚的形式达到成婚的目的。还有的男女在遭到家长反对时，双双上山抱头痛哭一场，然后上吊或坠崖而死①，以死来表示爱情的坚贞不渝。洱海区域的白族中也曾流行过殉情的习俗，20 世纪 50 年代后就很少发生，一是因为这种方式不足取，二是有了《婚姻法》保证婚姻自由。

对爱情的忠贞与专一，也是白族择偶的重要标准，白族的许多神话故事和民间传说生动地反映了这一特征。如《慈善夫人》《望夫云》《辘儿庄》和《美人石》等，这些古老的传说，表现了白族儿女忠贞的爱情和顽强的精神。

《慈善夫人》又称《柏节夫人》《白洁夫人》，传说南诏王皮逻阁统一六诏后，邆赕诏之妻柏洁夫人起兵反抗，但势孤力弱，城破被掳。皮逻阁见她美丽聪慧，不忍杀，强行与她成亲。可柏洁夫人坚持不从，誓言："一女不更二夫"，宁愿一死，决不让敌人玷污自己的清白。她压下自己心中的悲恨，假意答应皮逻阁的要求，但她要求给丈夫守孝一百天，期满后要求到洱海边祭奠亡魂。农历七月二十三日，柏洁夫人在洱海边祭奠完毕，便纵身跳入洱海。白族人民对这位敢于反抗强暴、邪恶，忠于爱情的女性十分敬佩，纷纷下海捞尸。后来每年的这一天，洱海沿岸的村村寨寨，要举行赛龙舟，象征打捞柏洁夫人。人们为了纪念她，每年的六月二十五日举行火把节，用火把象征冲破黑暗，争取自由；在火把节这天，妇女们用红色的凤仙花，把十个指甲染得鲜红，表示对柏节夫人刨挖丈夫的尸骨时，十指破伤流血的纪念。她们赞颂柏洁夫人对残暴

---

① 云南省编辑组：《白族社会历史调查》（三），云南人民出版社 1991 年版，第 71 页。

的反抗，反映出白族妇女的民族性格。所以，柏洁夫人成为聪明、美丽、善良、勇敢、正义、真理、智慧和纯洁爱情的化身，也是白族儿女追求纯洁爱情的板样。

表现白族传统忠贞爱情故事的还有《望夫云》。相传"南诏王有个公主，长得很漂亮，可她厌恶宫廷生活的沉闷、空虚和无聊，向往真正的自由、幸福和爱情。一个偶然机会，她遇到了一个英俊、勇敢的劳苦猎人，并一见钟情，他们热烈地相爱了。于是她逃出宫廷，猎人把她带到苍山顶的玉局峰。南诏王得知大怒，请了罗荃法师将青年猎人打入洱海，猎人在海底变为石骡。南诏公主盼望、思念自己的爱人，终于悲愤地死去。她后来化为一朵白云，每年八九月间，都要出现在玉局峰上。据说她一出现，洱海上空风暴骤起，海面白浪滔天，直到吹开海水，看到石骡，风才平息，望夫云才消失。"[①] 故事说明猎人和公主纯真的爱情虽被扼杀了，可他们的爱情之火并未熄灭，他们化为石骡，化为云朵，使忠贞的爱情永存于苍洱之间和白族人民心中，成为白族儿女向往真正自由、幸福和爱情的象征。

总之，白族青年男女恋爱择偶的标准和特征，体现了一种健康、淳朴的道德情操，它是白族人民生产生活实践的结晶，是白族人民长期生活经验的积累，故在白族社会生活中世代传承，其中一些优秀的恋爱道德至今仍在发挥作用。

---

① 张文勋：《白族文学史》，云南人民出版社1983年版，第89页。

白族传统婚姻方式及规矩

在白族婚姻中，不论是订婚的标准，还是婚礼的规定大部分都是各地白族在长期的共同生活中作为风俗习惯流传下来的，并没有成文的、正式的标准和规定。也因为没有成文标准和规定，所以各地白族由于社会、经济、文化等条件的不同，婚姻的各个方面也表现出差异，但是婚姻反映的白族道德观念还是比较一致的，只是一些白族支系由于社会体制的落后，导致其道德观念也相应落后。

一、订婚的标准

订婚的标准主要是白族人民世代自发流传下来的、不成文的标准。白族各地的标准都有不同的细节之处，下面着重分析各地订婚标准的相似之处，再指出特别需要重点说明的不同之处。

（一）订婚的对象标准

白族地区普遍实行一夫一妻的婚姻制度，且奉行"同姓同宗不婚，异姓或异宗通婚"[1]的原则，异姓或异宗通婚虽然尽力排除近亲结婚的可能，但是舅表、姑表、姨表婚姻仍旧存在。

"一夫一妻"婚姻制度的形成更多是与生产力有关，而"同姓同宗不婚，异姓或异宗通婚"的原则是白族人考虑到乱伦、乱交现象的严重后果，如有同姓同宗的男女结婚会被族人认为是不道德的。但是舅表、姑表、姨表婚姻仍旧存在，这说明白族人的人与人之间的伦理观还是比较包容的。

（二）订婚的年龄标准

订婚的年龄标准主要分两类，第一类被称为"小订"，父母包办婚姻可以在男女双方还没有多少婚姻认知能力时就开始订婚，这时的订婚就被称为"小订"。大理喜洲白族在男子五六岁时，有的父母便为其订好了婚[2]；碧江四区的

---

[1]《中国少数民族社会历史调查资料丛刊》修订编辑委员会编：《白族社会历史调查》（一），北京：民族出版社2009年版，第190页。
[2]《中国少数民族社会历史调查资料丛刊》修订编辑委员会编：《白族社会历史调查》（一），北京：民族出版社2009年版，第92页。

勒墨人，男女在不满周岁，甚至在娘肚子时，父母便开始为其订婚①；那马人所在的黄登、梅冲村还有指腹为婚的现象②等。"小订"的事例在传统的白族大部分聚集区都有出现。

第二类是正常的订婚年龄标准，一般在十二三岁开始订婚，各地白族稍有出入。其性质一般也是"父母之命，媒妁之言"，也有少数是自由恋爱而订婚的，但是还是要经过父母同意才能正式结成夫妻，并为族人所承认。

订婚年龄较小很大程度上是因为当时人们的预期寿命普遍较短，但是"小订"的存在足以说明父母在子女婚姻问题上具有极大的决定权。"父母之命，媒妁之言"是在森严的等级制度和封建礼教影响下根深蒂固于传统社会中的，也能表现出儒家"三纲五常"对白族人民生活的影响深远。

（三）订婚的流程及规范

白族各地区订婚流程中具体细节讲究程度有所不同，下面也会略有提及，但还是对主要的、大致相同的流程标准做一个归纳。第一步是"父母之命"，这里的"父母之命"不仅仅是传统包办婚姻当中的父母之命，还包含的一层意思是通过自由恋爱而情投意合的青年男女想要共结连理也需要征得父母双方的同意。这里再一次强调父母对儿女婚姻大事拥有极大的决定权，不过还应看到自由恋爱主动征求父母意见儿女们对父母的尊重，这表现出孝道在白族人心中起到很强的规范作用。

第二步是"媒妁之言"，包办婚姻中自不必说，通过自由恋爱的男女若想正式订婚，也需要父母（一般是男方父母）出面请媒人说亲。若女方是亲戚朋友，父母也可以充当媒人说亲。媒人说亲的具体步骤一般先是媒人陪同男方亲戚一块儿去女方家上门说亲，希望得到女方父母正式的同意，为了表示男方的诚意，上门说亲一般要带上礼物，礼物的品种、数量各地不一，一般都是当地的一些日常吃食，不会特别贵重，当然有些地区也会有贵重的饰品、衣料或现金。除此之外还有许多具体细节的不同：如大理海东称这一步为"合八安"③，即男方请媒人向女家求婚，女方同意即发"八安"帖；那马河西公社说亲时，

---

① 《中国少数民族社会历史调查资料丛刊》修订编辑委员会编：《白族社会历史调查》（二），北京：民族出版社2009年版，第193页。

② 《中国少数民族社会历史调查资料丛刊》修订编辑委员会编：《白族社会历史调查》（二），北京：民族出版社2009年版，第5页。

③ 《中国少数民族社会历史调查资料丛刊》修订编辑委员会编：《白族社会历史调查》（一），北京：民族出版社2009年版，第191页。

媒人（那马媒人不准为妇女）带着礼物，陪同说亲的男方亲戚举着火把去女家，意思是光明正大[1]；还有许多地方说亲是用唱当地特色调子来说合的，也有非常简单的说亲方式。方式、细节各种各样，但是目的就是为了双方父母正式地、公开地同意婚事。

第三步是"合八字"。女方父母正式同意之后就需要"合八字"，一般是说合之后女方提供八字，由男方请算命先生或德高望重的老人合八字，这一过程中的具体细节各地白族必定也有相似与不同之处。合八字这个带有一定迷信观念的过程对于白族婚姻是不可少的，反映出白族人民对传统礼教的推崇。而德高望重的老人可以代替算命先生则表现出了对知识分子的尊重，进而表现出对知识的尊重。对知识的尊重很大程度上是受到儒家思想的影响，因此进一步表现出白族人民对儒家文化的推崇。

第四步是"反馈八字"，合完八字之后这一过程是必不可少的。虽然合八字的结果早就由男方传到了女方那里，但是男方还是要带着订金和八字将合八字的结果正式反馈给女方，这时双方才可以进行敲定订婚和结婚日期、商量订金和彩礼数目等事宜，这些事宜多数也需要媒人出面商议。

最后一步便到是"正式订婚"。正式订婚一般不要求办酒席，只需要男方带着订婚礼正式拜访即可。正式拜访的订婚礼是事先商定好的，只要达到要求即可，所以订婚礼的数目自然是不一的。具体的拜访礼仪各地也有区别，一般来说新姑爷需要向新岳父母磕头认亲，然后女方也需要给男方回礼。这就是正式订婚时女方与上面流程不同的地方了，女方这时的回礼也非常讲究，很重寓意。如那马恩琪村的人们订婚时，男方临走时，女方要送一件新衣服给新姑爷，表示女方正式公开这门亲事，以后不会反悔。[2]

以上的全部订婚流程大致遵照儒家的"六礼"中的前五礼进行，"六礼"即"纳采、问名、纳吉、纳征、请期、亲迎"，这表现出白族对儒家礼教的推崇。

但是白族的大部分地区订婚仪式的结束是以收取订婚礼为准的，而非彩礼，换句话说就是"纳征"不是纳彩礼，而是纳订婚礼。当然也有些地区订婚礼和彩礼是一起交纳的，但是大部分地区彩礼是在订婚后和结婚前这一段时间中交纳的，订婚礼和彩礼的分开交纳无疑加大了男方结婚开支，增加了婚姻缔结的

---

[1]《中国少数民族社会历史调查资料丛刊》修订编辑委员会编：《白族社会历史调查》（二），北京：民族出版社2009年版，第5页。

[2]《中国少数民族社会历史调查资料丛刊》修订编辑委员会编：《白族社会历史调查》（二），北京：民族出版社2009年版，第6页。

流程，使得结婚程序更加烦琐、复杂。

而白族的请期一般会在订婚仪式中进行，这之中的一大原因是因为一般来说订婚的年龄还远未到达结婚的年龄，男女双方父母为了维持双方亲家的关系。当然也有订婚礼与彩礼一起交的，但是这种情况很少。这说明了父母对于儿女婚事的准备很早，导致的结果便是儿女普遍对婚事不满意。这种订婚方式很有可能是由于买卖婚姻的出现，对于恋爱道德是不尊重的，父母强行控制儿女的情感也是有违伦常的——男女相恋是伦常，而"父母之命"则打破这种了伦常。

不过传统社会形成"父母之命，媒妁之言"的很大原因是由于传统社会禁止青年男女在成婚前单独见面，所以青年男女在婚恋事宜方面没有经验，需要父母出面替他们安排。这就于前述买卖婚姻中父母破坏子女的婚姻幸福不同，反而是为子女的婚姻幸福着想。这就体现出父母对子女慈爱的伦理道德观念。

（四）订婚的礼金标准

上面流程标准归纳时已经提及各种礼金，鉴于每一块小区域的礼金数类就有所不同，礼金整理较为冗杂，所以这里单独列出，大致归纳出男女双方在订婚过程中需要分别提供的订婚礼金。下面先就以可查阅的资料为准，将从说亲开始到举行订婚仪式这一订婚过程中所需的所有订金，以地区、性别为两个主要分类变量借用表格形式对订婚全过程礼金进行梳理，最后再进行简单归纳。

表 1 订婚全过程礼金数目和种类①②

地 区	男 方	女 方
大理喜洲	讨八字：一盒糖	
	合八字后：订金 100 元半开、一对镯子、一盒糖	
大理海东	合"八字"：1 只鸡、1 瓶酒	
	送"八字"：女衣 1 件、布 2 件、鸡 1 只、酒 3 斤［1.5 公斤］、鱼 1 对、盐 1 两、粉丝、茶叶和现金等	
洱源西山	合八字后回话：酒 1 壶、鸡 1 只、圆饵 1 盒（10 多个）	

① 表中数据为文献资料中明确记载的，与现实数目和种类有一定出入。
② 半开银元成为近代云南流通中的主币，主要是在辛亥革命后至抗日战争前这一历史时期内。坊间传闻这币有"驱邪避凶"之用。

续　表

地　区	男　方	女　方
洱源西山	送八字：布1件、羊1只（杀死的）、茶叶2两、火腿1只、猪肉3方（其中1方带尾）、银圈1个、耳环1对、现金若干（双数）等	
碧江四区	订婚时：1块贝或1串料珠、1件其他实物（有的送10多元半开）	准备酒席
鹤庆赵家登	订婚时：2对银手镯（合20元半开）、1套针线、4件布（有钱人家8件）、2斤肉、4盒砂糖、8条鱼等，约合100元半开	
丽江九河	订婚礼金：120元左右半开，最高达300元，最低亦不能少于80元	
云龙宝丰	订婚时：衣料4包、菜2斤（1公斤）、半头或1腿	
大理挖色	订婚礼金也是彩礼一起：红糖、酒若干、镯子一对、为女孩准备一件或两件衣服、领褂等	
碧江勒墨	订婚礼：白银一刃、棉布四件	

表1中的礼金种类可以大致归纳为日常吃食、布料、首饰、现金等，许多相对社会进化较落后的地区重要以日常吃食为主。这表现出白族人民的淳朴。

从表中还可以明显看出男女双方订婚时物质方面压力的差距，男方需要承受很大的物质压力。男方需要交纳的各种名目的礼金，而女方基本不用回礼，即使回了礼，这礼的重量也无法和男方相比，所以许多资料上只详细记载了男方的礼金数而没有记载女方的回礼数。这成为推理买卖婚姻出现的最为有力的证据，许多资料都提到买卖婚姻，可见不是空穴来风。如果真的是买卖婚姻，那么父母不仅没有爱护自己的子女，而且亲手毁掉了他们一生的幸福，这与传统的慈幼、爱幼的道德观念相左。

这样分析下来，似乎订婚礼很大部分含有消极意义，但是订婚礼也是礼物的一种，我们追溯礼物的源头会发现，送礼的这个行为最重要的不是礼金的多少，而是这个行为传达出来的热情、友好和诚意。白族人对礼金如此重视，很大程度上也是在试探男方的态度——是否真心要娶自己的女儿。订婚礼在许多地方也处处表达出男子对女方家庭的谢意，感谢他们养育了他的未婚妻，还会照顾到女方的亲属,所以,从这方面来讲,订婚礼确实非常重要,物质背后蕴含着丰富的情感道德。

以上是比较普遍的订婚标准,下面也有必要介绍一下一些特殊情况下的订婚标准,归纳这些标准依据的资料较少,归纳的方面也不似上面那样全面,但也可以说明白族人民婚姻态度中体现出来的道德观念。

(1) 再 婚

再婚一般都是女子再婚,男子再娶情况出现比较少,且白族的小部分地区认为再婚是不符合传统礼教的,即使允许寡妇再婚的白族地区一般也没有订婚一说,所以对于再婚方面的叙述主要集中于"婚礼的规定"这一部分下。

(2) 招 婿

这里总结了三个出现招婿现象原因,一是有女无儿的人家要招女婿上门,一方面解决男劳力缺乏,另一方面是解决传宗接代、养老送终的问题;二是,家中虽有儿女,但因家产较多,为了保持自己的私有财产,也招女婿上门;三是"媳上招赘",即丈夫死后,寡妇留在婆家,若招婿上门时,则必须通过婆家的同意。这些原因就可以成为订婚的前提标准,如果没有达到这些标准,就会招致白族社会的质疑。不管是出于以上哪种原因需要招婿,招婿时礼金数量是否达标已不再重要。因为愿意入赘的男方一般也是因为家庭经济条件较差,需要出卖劳动力来获取婚姻。不然根据白族人再穷也不入赘的传统观念,也不会出现这种情况的。代替礼金成为订婚标准的便是各种权利的归属问题,这里结合两个具体事例分析。

那马男子上门做赘婿要立字据。立字据的方式由打木刻或结绳逐渐演变成用汉字来立字据,都要请中证人作保。中证人一般是男女双方的亲戚,男女双方需要酬谢对方中证人。男子上门立了字据后,要分别祭祀两边的祖先,并改名换姓,用妻家的姓氏,成为女方家族的成员。上门女婿也可不改名换姓,但要立下"长子立嗣,次子归宗"的字据,即生下第一个男孩要从母姓,续母家的宗嗣,继承母家的财产;生下第二个男孩则从父姓,回到父家继父亲的宗嗣,承继父家的财产。上门女婿一般不付女方彩礼,有时女方还要付给男方一些礼物,可视为男子的身价钱。①

剑川县下沐邑村白族招赘婿上门后所生的子女,长子为母亲的继承人,次子还可回到父亲本家。白族中有"长子入嗣,次子归宗"的说法,正是反映了

---

① 《中国少数民族社会历史调查资料丛刊》修订编辑委员会编:《白族社会历史调查》(二),北京:民族出版社 2009 年版,第 10 页。

这种情况。赘婿在家庭中的地位很低，没有当家的权利，只有应承担的义务，一切服从岳父母，受岳父母的支配。在财产分配上，若是入赘有儿子的人家，仅能分得比家中弟兄较少的田地和钱财。因此，有些招赘的目的只是为了提供家庭劳动力。上门做女婿的大多为没有田地或付不起结婚彩礼的贫寒人家，为了娶上媳妇，只得入赘上门。[①]

这个事例中可以看出招婚的目的性很强，就是解决劳动力缺乏和子嗣延续的问题的。在一些白族地区许多家庭喜欢招婿，这表现出白族对传统儒家思想中"不孝有三，无后为大"的传统道德观念的重视。而剑川县下沐邑村白族的事例中更加突出了男方提供劳动力的重要性，这也是买卖婚姻的一种形式，这里的买卖更多伤害到男方的利益。这就与白族提倡的淳朴善良的社会道德向左。

二、婚礼的规定

"婚俗，或者可以称为婚姻习俗或婚姻习惯，是社会发展过程中长期积淀下来的被某一特定地区的人们反复使用、遵循的关于婚姻家庭的非正式的规则。"[②] 由此定义可以识别出婚礼的规定可以是不以文字固定下来、流传至今的婚俗，下面的分析也主要针对白族的婚礼习俗。

婚礼的规定与订婚的标准一样，不同的白族地区也有着不小的差异，这里尽力将文献资料中主要的婚礼规定进行梳理。婚礼的规定很复杂，这里确定梳理的主线为婚礼的进程，中间还会穿插不同的梳理分析，比如说对男女方双方提出的不同规定等，尽量将体现白族道德观念的婚礼规定归纳出来。

（一）举行婚礼的年龄规定

虽然前述讲到订婚的年龄非常小，甚至还有不少指腹为婚，但是订婚和举行婚礼之间可以相差很长的时间。历史上白族社会规定举行婚礼的时间一般是十二三岁、十四五岁，最大也不会超过18岁。不过有些地区对举行婚礼的年龄更有讲究，如勒墨人的结婚年龄（虚岁）是男到18岁，女到16岁才开始成亲。以男到20岁，女到18岁成亲的最为普遍，超过25岁成亲的很少。勒墨人有男忌九，女忌七的习俗，即男子逢19岁，女子逢17岁不宜成亲，只得用提前或

[①] 《中国少数民族社会历史调查资料丛刊》修订编辑委员会编：《白族社会历史调查》（一），北京：民族出版社2009年版，第94页。

[②] 高静铮：《云南白族婚俗初探》，载《民族艺术研究》1999年第6期。

推后一年的办法来回避这个禁期。①

虽然别的地区没有详细说明举行婚礼时的规定年龄，但是勒墨人这一个事例也可以体现出白族人对传统婚姻礼教的遵循，不惜以推迟婚礼的举行来符合当地的礼教。

（二）彩礼与嫁妆的规定

虽然彩礼是已经订婚的男女双方在确定婚期之后敲定的，但是男方必须在婚前交纳自己的彩礼，是作为举行婚礼的前提。而女方则视男方实际交纳的彩礼确定嫁妆的多少，嫁妆一般是在迎亲当天随新娘一块儿到达男方家里的。因此，这里将彩礼和嫁妆作为婚礼的规定，而不是订婚的规定。

婚礼前彩礼和嫁妆的规定是多方面的，比如说何时双方交付彩礼和嫁妆、如何达成彩礼和嫁妆种类和数量的协议等。

关于彩礼和嫁妆的交付时间方面，彩礼交纳的时间需要早于婚礼举行的日期，具体早多少时间各地不同，比如洱源西山男方送彩礼就是在婚前一个月左右②。因为嫁妆的数量需要参照彩礼的数量，且一般是迎亲当天才交纳的，所以嫁妆交纳的时间晚于彩礼交纳的时间。这是彩礼和嫁妆的第一个区别。

彩礼和嫁妆的数目和种类虽然有一个选择的范围，但是各个地区都是在衡量自家经济能力的前提下尽量准备充足来显示双方结成亲家的诚意，不会故意有所怠慢。所以长此以往，每一个地区的彩礼和嫁妆的数目和种类便有了规定，这些规定会由于家庭的经济能力提出不同高低的要求，但是普遍来说只是数量的变化，种类变化不大，这一点从表2可以看出。

表2与表1相同，也以地区、性别两项为主要分类变量制作了一张表格。需要说明的一点是，彩礼和嫁妆对于白族婚礼的进行是必不可少的，虽然有些地区在举办婚礼期间还需相互送礼，但是这不是每个白族地区的婚礼都必需的，也没有彩礼和嫁妆重要，所以这里只用表格的形式整理了彩礼与嫁妆的数目和种类。

---

① 《中国少数民族社会历史调查资料丛刊》修订编辑委员会编：《白族社会历史调查》（三），北京：民族出版社2009年版，第60页。

② 《中国少数民族社会历史调查资料丛刊》修订编辑委员会编：《白族社会历史调查》（一），北京：民族出版社2009年版，第192页。

表2 彩礼和嫁妆数目和种类①②③

地 区	男 方	女 方
大理喜洲	送彩礼：半开100元以上（有钱的多给）	柜子1对，抽屉桌1张，大、小凳子各1套，箱子1个（可借），火盆连架1套，洗脸盆1个，茶壶、茶杯、茶盘（木）1套，衣服若干套，鞋子一二十双，抬盒1对（借的）
大理海东	鸡、酒、催嫁银子	针线钱、若干双鞋子、柜子和箱子、新娘衣服、洗脸用具、火盆、新郎的一件衫子和鞋帽等
洱源西山	彩礼：布4件、银圈1个、耳环1对、银链1条、羊1只、圆饵1盒、酒1壶、茶叶2两[100克]、猪肉4方（其中1方带尾）、猪头1个（去骨）、火腿1只	披毡、羊皮、被盖等
剑川金华	彩礼：1对耳环、1对戒指、2对手镯、1串三须或五须、1套针筒等，至少需80元半开	
	结婚前夕：数件至十几件布	
碧江四区	彩礼：4头牛（有的3头牛或10多头猪，无牛也可用现金折抵）、土布4件、半开3块和其他一些实物	箩1个、木柜1个、布衣服1套、麻布毯1床、母鸡1只、母猪1头、酒若干瓶以及锄头、镰刀和砍刀各一把

---

① 表格资料来源为《中国少数民族社会历史调查资料丛刊》修订编辑委员会编撰的《白族历史社会调查》系列丛书。

② 表中数据为文献资料中明确记载的，与现实数目和种类有一定出入。

③ 半开银元成为近代云南流通中的主币，主要是在辛亥革命后至抗日战争前这一历史时期内。民间传闻这币有"驱邪避凶"之用。

续 表

地 区	男 方	女 方
鹤庆赵家登	百多元半开、8件布、1只公鸡、1件坎肩及针线等	
丽江九河	订婚至结婚之间，当地称为"受礼日"或"送酒日"：男方以土布八九件、衣服2套、手镯1对、茶叶2盒、猪脚1只、糖4盒、米1盘、柜子1个、酒2瓶	
大理挖色	订婚礼金也是彩礼一起：红糖、酒若干，镯子一对、为女孩准备一件或两件衣服、领褂等	
碧江勒墨	彩礼：二至六条黄牛等	回礼：半只猪

表2直接显示出了彩礼和嫁妆数目和种类的区别。数目的区别表现在，男方彩礼一般多于女方，特别是女方许多嫁妆是可以借用的。种类的区别表现在，虽然男方的彩礼各地有差异，但是各个自身内部有着明显的规定性内容，主要有牲畜、酒食、饰品、布匹、现金等，所以才可以被记录下来形成一个类别。女方的嫁妆亦是如此，女方的嫁妆更多集中于家具、成品服饰等。

数目和种类的区别背后也蕴含着白族人民的传统婚姻、伦理道德观念。首先，彩礼可与订婚礼金作对比来分析，每个地方的彩礼普遍会比订婚礼金更多更丰厚，以突出结婚是订婚的目的。

再者，彩礼与订婚礼一样也会对男方造成压力，甚至出现了男方为凑齐彩礼而破产的极端例子。这时传统婚姻礼教就会成为限制人们行动、消沉心理感受的礼教，也表现出白族人民过度注重婚俗、因循守旧、不会变通的特点。不过从另一方面来说对彩礼的重视，是父母特别是女方父母对子女幸福的负责，当然亦不排除一些父母趁机"卖女儿"的可能。这表现出两种相反的伦理道德观点，一种是父母爱护子女，一种是父母伤害子女。

最后，女方的嫁妆资料较少，不过还是能从少量的资料中可以判断出嫁妆确实是衡量彩礼后作出的选择，但是嫁妆总不会比彩礼多。比如表中彩礼多的，嫁妆对应也多，而碧江勒墨的彩礼仅为黄牛，则嫁妆也就只有半只猪了。嫁妆的少加上彩礼的多，这是一种不平衡的关系，但是这种不平衡造就了以后在家庭中性别的不平衡，以此来达到一种新的平衡。白族妇女在家中的地位一般较低，结了婚后妻子要听丈夫的话，要竭尽心力孝敬男方家长，要料理各种家务，要承担帮助男方延续香火的重任等。这是儒家思想中的"三纲五常""三从四德"在深深地影响着白族人民婚姻、伦理道德观念，所以表现出妻子的百般依从。

（三）迎新日的规定

迎新，有些白族地区也称其为接亲或迎亲，是婚礼正式开始的第一件要事，是将新娘正式接到新郎家成为其家庭成员的一件事情，所以迎新自然很受重视。受到重视之后，迎新日的规定自然很多，包括迎新、送亲的时辰和人数、迎新当天男女双方家庭需要做的事情等，各个地区各有差异，这里分析的一般都是比较典型的规定。迎新日可大致分为三个部分：迎新、送亲和洞房，下文就分别以这三个部分来分析婚礼的规定中蕴含的白族道德观。

1. 迎　新

迎新一般规定是新郎上午要去亲自接新娘进自己家。新郎从自己家出发，必须带着一支迎新队伍，队伍的组成人员一般是媒人、伴郎、乐队、轿夫等。轿子一般是两乘，就是不同地区乘坐的人和名称不大一样，如大理海东迎新时，媒人坐青轿，新郎坐红轿，轿前面有4个"陪郎"（有名声之家为8人）、抬旌旗、金瓜、钱斧（贫苦人家只抬旌旗）的先锋，并有乐队吹唢呐、大号，迎新队伍成员比较齐全。[①] 有些地区送亲人员的数量也有规定，如洱源西山地区迎新时去11人，迎回新娘1人，共12人，代表12个月。且洱源西山地区不是用轿子迎新而是用马匹。[②] 而怒江傈僳族自治州碧江县洛本卓区的勒墨人在是日上午，男方派媒人和亲友去女方家接新娘，新郎本人不去接亲，[③] 更是与其他地区不同。

各地都有习惯规定，迎新时男方要送女方礼物，用于女方谢客和送新娘的亲戚等。如洱源西山地区结婚接亲时男方送女方的礼物有：布两件，给女方父母；绵羊1只，祭本主；猪肉4方（带尾1方）、猪头1个（去骨）、猪腿2只

---

① 《中国少数民族社会历史调查资料丛刊》修订编辑委员会编：《白族社会历史调查》（一），北京：民族出版社2009年版，第192页。
② 《中国少数民族社会历史调查资料丛刊》修订编辑委员会编：《白族社会历史调查》（二），北京：民族出版社2009年版，第138页。
③ 《中国少数民族社会历史调查资料丛刊》修订编辑委员会编：《白族社会历史调查》（三），北京：民族出版社2009年版，第61页。

（鲜、腊各一）、羊 1 只、酒 30 斤 [15 公斤] 左右，用于女方谢客。另外，须送新娘的弟弟一份礼物，计有羊 1 只、布 1 件、饵 1 盒、酒半壶、茶叶 2 两、猪肉 1 方。①

新郎到达新娘家时，女方也已做足准备，鞭炮齐鸣，女方可能会为难男方，一般都是以对歌的形式，直到新郎对上歌才让新郎进门。

新郎进门后需要拜家堂、岳丈、岳母和亲戚长者，然后岳父母会以一定的形式表示同意将新娘送出去，比如岳父母会给新郎佩戴挂红。此时，新郎算是完成了迎新这一项事宜。

迎新过程中折射出了白族人与自然环境、人与人之间的伦理道德观念。洱源西山地区迎新队伍人数与 12 个月的对应表现出对一年四季的呼应，其中的寓意应是白族人民对于每年由始而终的美好祝愿。由如新郎进门前女方对他的百般刁难，也是希望新郎要记得新娘娶得不容易，新娘的背后有娘家人，告诫新郎好好照顾新娘，希望两人生活幸福美满。

2. 送　亲

对于男方来说，这一步还是在迎新途中，"送亲"只是站在女方立场上的一个词汇。对女方的送亲规定的描述，也区别于男方去女方家的过程，送亲已经是新郎接上新娘回自己家的过程了。

在大理白族送亲前，新娘"哭嫁"是免不了的，哭嫁的曲调和内容都需要新娘自编，内容多表达为对父母、亲人、家庭的美好祝福和依依惜别之情。"哭"是新娘的一项基本功，哭得越伤心就越受人称赞，"哭"可以作为评价一个姑娘才华是否出众，是否知礼规、懂贤德的标准，而且白族的哲理和信念认为"不哭不发""哭能生金"，只有哭才能使娘家婆家人丁兴旺，家业发达；如果哭得不好或根本不会哭就会被人视为"没良心"、没教养，将招来族人的鄙视和责骂。②

送亲开始后新娘出门、上轿（或上马）都有规定，不可以像平常一样随意。女方父母不能作为送亲人员，而新娘的兄弟姊妹、三亲六戚都可以作为送亲人员。

送亲路上、到达男方家下轿（或下马）之前和从下轿（或下马）到拜天地这三段时间内，新郎和新娘又需要完成许多婚礼习俗，如大理海东地区轿抬到男家，门口摆着三牲，从轿前至新房的地上，铺着草席，念诵"退车马"诗，

---

① 《中国少数民族社会历史调查资料丛刊》修订编辑委员会编：《白族社会历史调查》（一），北京：民族出版社 2009 年版，第 192 页。

② 罗正友：《白族婚俗拾趣》，载《今日民族》2003 年第 11 期。

新郎、新娘出轿。① 洱源西山地区上路时新郎在前，中途全部下马，拜山神后，新娘骑朝前。② 而勒墨新娘更是不一样，她们不骑马，步行至男家，且走且哭，依依不舍。③

完成一系列婚俗之后，新娘和新郎便要拜天地。拜天地是必经环节，但是不同的白族地区还会根据本地的本主信仰而拜不同的神。如大理海东新郎、新娘需要拜天地、四方和喜神④；洱源西山拜山神、拜天地、拜祖先、拜长辈⑤。

送亲的过程体现出白族不同地区的本主信仰，本主信仰不同，新郎新娘参拜的对象也不同，但是拜天地和拜高堂一般是不会少的，这体现出对自然和父母的尊敬。父母与本主神、天地共拜，可以充分说明父母在白族儿女心中的重要性。新娘的"哭婚"也是体现了白族家庭伦理观中的重情义、尊敬父母，作为女儿即使嫁出去了也要心念父母，以表达对父母养育之恩的感激之情。

3. 洞 房

进入洞房也有许多规定，比如新郎新娘怎样进入洞房，怎样喝交杯酒，闹洞房的形式等。这些规定各地都有差异，但大致上都有以下这些形式。如大理海东新郎、新娘进房后坐枕头，吃交杯酒，然后新郎出门，向为结婚而工作的亲朋打拱，以示谢意。晚上夫妇吃团圆饭，互换三次饭，然后闹洞房，房内点七星灯，烧炭火。⑥ 又如洱源西山晚上男女青年唱歌对调。⑦

洞房是一个在相对温馨的氛围下进行的，大部分流程的寓意是祝愿新人百年好合、早生贵子。这表现出白族人倡导夫妻互敬、家庭和睦的道德观，同时对传宗接代的关注。

---

① 云南省编辑组：《中国少数民族社会历史调查资料丛刊》修订编辑委员会编：《白族社会历史调查》（一），北京：民族出版社2009年版，第192页。

② 云南省编辑组：《中国少数民族社会历史调查资料丛刊》修订编辑委员会编：《白族社会历史调查》（二），北京：民族出版社2009年版，第138页。

③ 云南省编辑组：《中国少数民族社会历史调查资料丛刊》修订编辑委员会编：《白族社会历史调查》（三），北京：民族出版社2009年版，第63页。

④ 云南省编辑组：《中国少数民族社会历史调查资料丛刊》修订编辑委员会编：《白族社会历史调查》（一），北京：民族出版社2009年版，第192页。

⑤ 云南省编辑组：《中国少数民族社会历史调查资料丛刊》修订编辑委员会编：《白族社会历史调查》（二），北京：民族出版社2009年版，第138页。

⑥ 云南省编辑组：《中国少数民族社会历史调查资料丛刊》修订编辑委员会编：《白族社会历史调查》（一），北京：民族出版社2009年版，第192页。

⑦ 云南省编辑组：《中国少数民族社会历史调查资料丛刊》修订编辑委员会编：《白族社会历史调查》（二），北京：民族出版社2009年版，第138页。

至此，迎新日的婚礼规定就完成了，但是对于大部分地区来说婚礼还没有结束，接下来便对婚礼时长的规定进行分析。

（四）婚礼时长的规定

婚礼的流程决定着婚礼的时长，所以这里将婚礼的大致流程和婚礼的时长结合起来分析。

此处定义完整的婚礼流程是从迎新开始直到女方回门才作为结束，不同白族地区具体的婚礼流程不一样，所以婚礼的时长自然不一样。然而，不论婚礼的时间长短如何，都是一个地区对婚礼的规定，婚礼持续时间长没有人会公然反对，并将婚礼流程缩减、将婚礼时长缩短；婚礼持续时间短的地区也没有想着将婚礼流程变得更加繁复、将婚礼持续时间延长。下面是一些白族地区的婚礼大致流程和婚礼时长。

婚礼时长相对较短的如，碧江勒墨人的婚礼时长一般是两天，第二天便要回门。① 还有，大理喜洲白族的婚礼时长为三天，第一天是迎新日；第二天女方来男方家认亲，男方请客；第三天，新娘叩拜认亲，随后回门，回门结束后还是要回婆家。②

婚礼时长稍长一点的如，大理海东白族的婚礼时长为四天。第一天搭棚，第二天杀猪，第三天正客，第四天撤棚。③ 再如，大理挖色白族的婚礼时长为六到九日，第一天吃生饭，第二天正喜，第三天吃散餐，婚后三日（或六日）回门。④

婚礼时长较长的如，洱源西山白族结婚时一般是头天接亲，第二天正客（正式待客之意，但正式坐酒席是晚上和第三天早上），第三天闲客（即新娘拜客）。结婚后七天带上礼物回女方娘家住一两天。⑤ 如果按照回门作为婚礼结束的标志的话，那洱源西山白族的婚礼时长便为十天。也有资料显示洱源西山白

---

① 刘龙初：《碧江白族勒墨人的婚姻习俗》，载《思想战线》1986年第2期。
② 云南省编辑组：《中国少数民族社会历史调查资料丛刊》修订编辑委员会编：《白族社会历史调查》（一），北京：民族出版社2009年版，第92-93页。
③ 云南省编辑组：《中国少数民族社会历史调查资料丛刊》修订编辑委员会编：《白族社会历史调查》（一），北京：民族出版社2009年版，第192页。
④ 云南省编辑组：《中国少数民族社会历史调查资料丛刊》修订编辑委员会编：《白族社会历史调查》（三），北京：民族出版社2009年版，第61页。
⑤ 云南省编辑组：《中国少数民族社会历史调查资料丛刊》修订编辑委员会编：《白族社会历史调查》（一），北京：民族出版社2009年版，第193页。

族整个婚期包括招客、迎新、留客、散客共四天，结婚七天后再回门。① 这样算下来婚礼时长为十一天。不管是十天还是十一天，都比三四天的长了一倍还多。

婚礼期间以不同名头宴请亲戚和村寨中的族人表现出白族人民的热情好客、团结友善，也是对传统婚姻礼教的遵循。而将回门作为婚礼的结点也可以体现出新娘不忘父母，新郎感谢女方父母养育妻子并愿意将女儿嫁给他作为伴侣。

（五）婚礼对村寨中人的规定

文献资料中在描述婚礼的时候很少会提及村寨中的其他人（下面简称村寨中人），但是婚礼作为一个有社会影响力的仪式是需要本村人及附近村寨之人的帮助。每一场婚礼都需要村寨中的人鼎力相助，有时村寨中人手不够，附近村寨的人也会赶来帮忙。

村寨中人扮演的角色有评价者、帮忙者、见证者等多重角色。村寨中人作为评价者：在白族地区，每一桩婚事从一开始就会被村寨中人了解，他们会对两家结亲作出评价。双方父母也会将这些评价听在耳中、记在心里，然后根据村寨中人的评价调整对双方的要求。村寨中人作为帮忙者：在白族地区要操办一场婚礼，最需要村寨中人的时候就是宴请宾客时，他们提供桌椅、场所，提供劳动力，又成了热心的帮忙者。村寨中人作为见证者：举行一场婚礼很大程度上就是希望得到大家的证实，众人见证了其婚礼的夫妻才能被社会所认可和接受，并以夫妻身份生活。

村寨中人的这些身份说明他们是一场婚礼实实在在的参与者，这可以表现出白族群体内聚、团结友善的精神和乐于助人、热情好客的品质。

与订婚的标准一样，以上是针对普遍的婚礼规定而言的，对于再婚和招婚，还需单独进行分析。

1. 再　婚

再婚可分为女子再嫁和男子再娶，女子再嫁的原因有三种：一是夫妻不能和睦相处而离婚者；二是男方死亡者；三是男方病弱、瘫痪者。男子再娶的原因一般是两种：一是缺儿少女；二是妻子亡故。只有在这些特殊情况出现时，再婚才会被接受。

再嫁的女子一般是青年寡妇。在封建礼教的束缚下，青年寡妇大多以守节

---

① 云南省编辑组：《中国少数民族社会历史调查资料丛刊》修订编辑委员会编：《白族社会历史调查》（二），北京：民族出版社2009年版，第138页。

为主，不得改嫁。女子出嫁后，便成了男家的财产，丈夫死后也要归婆家处理，对寡妇的处理有转房、招夫、出卖或送人等几种方法。一般劳动好的、能干的妇女，多被转房或另外招赘丈夫，这种情况在白族地区较为普遍，尤其在贫苦人家中又占多数。能干的妇女选择再嫁这一细节则表现出白族人对于勤劳、踏实、善良等品质的看重，这也表现出白族婚姻礼教对青年寡妇再嫁的一定宽容。在大理海东和碧江四区等个别白族地区宽容程度更高，他们明确了寡妇改嫁有一定的自由，任何人不得限制。[1]

部分地区对寡妇的再嫁有一定规定。在丽江九河一带，寡妇转房还有一定限制：弟亡，兄可纳弟媳；而兄死，弟则不能娶寡嫂，据说是"长兄当父，长嫂当母"之故。对于劳动力差或无夫兄可转的寡妇，一般就被出卖或送人。出卖由公婆主持，事前不让寡妇知道，进行抢娶，方式类似"抢婚"。这种抢娶除给寡妇公婆大量钱财外，须向当地保长、绅士送礼，取得其支持。这就又出现了买卖婚姻的现象，而且是婆家出卖儿媳，体现出白族地区儿媳的地位低下，不受重视的现象。需要改变传统社会的等级思想和封建礼教思想。

男子再娶一般很难找那些没有丈夫的妇女相配，动辄就须花销几百元钱给女方的前夫之家。结婚的仪式也不很讲究，只需随意请几桌客，也不必请多少人去迎接女方，只要找一两个亲眷配合介绍人在黄昏以后悄悄把女人领到家里就行。女方到了家里自然也要拜天地、拜祖宗，而"分拜"则男方不参加，只由亲族一人领女方向各亲眷处磕头就算认了大小。而后将拜祖用的猪头拿去煮了，供第二天清早女方前夫家来吵嚷、质问者吃。鹤庆白族将这一晚的仪式只叫"结蜡"。"结蜡"也成了再嫁再娶的代词，社会上常把那些曾经再嫁过的妇女叫"二婚猪头"。[2] 这段描述中展示了白族人对再婚的鄙夷。白族普遍实行一夫一妻的婚姻制度，不仅是表现不能接受群婚制、一妻多夫、一夫多妻，而且也表现在不能接受再婚上面，特别是伴侣还在世时的再婚。白族人认为这是不符合传统婚姻道德的。

二婚亲的彩礼比头婚亲的彩礼要少得多。唯有新华村的那马人，二婚亲的彩礼反而比姑娘初嫁的彩礼要多，头婚亲彩礼是滇铸半开 70 枚，而二婚亲彩礼

---

[1] 云南省编辑组：《中国少数民族社会历史调查资料丛刊》修订编辑委员会编：《白族社会历史调查》（一），北京：民族出版社 2009 年版，第 194 页。

[2] 云南省编辑组：《中国少数民族社会历史调查资料丛刊》修订编辑委员会编：《白族社会历史调查》（三），北京：民族出版社 2009 年版，第 341 页。

则是 100 枚。其原因是寡妇一到男家马上就可以管家、料理家务。① 这是从彩礼的数量方面表现出白族人对妇女能力、品格的重视胜过她的人生经历。这在碧江勒墨地区表现更为直接，寡妇（尤其是生过孩子的），不仅能养子，而且会料理家务，人们乐意娶寡妇为妻。因此，寡妇再嫁时所纳的彩礼并不比初婚时少。不过寡妇结婚没有婚礼。② 说明再婚还是得不到大多数人的肯定的。

2. 招　婿

招婿的婚礼过程与正常婚礼的规定相似，只是有一些细节的调整，就是将男女双方的角色对调了。

比如大理周城镇白族招婿一般是提亲时由女方提出，男方同意后，经媒人作证议定。由于是新郎到新娘家上门，因此婚礼上的大操大办在女方，男方几乎可以不付多少耗费。③

又如鹤庆白族，男方把入赘对方叫作"上门"。一切礼节如前所述，只是在结婚前一日，女方派人把新郎接到女家，然后男方派人又将新郎接回男家。④

其实招婿时出于家庭生产力的需要才出现的婚姻形式，并没有违反白族的传统婚礼、伦理道德，所以才被普遍接受，甚至在一些地方还比较流行。

3. 迎新背媳妇

迎新背媳妇是白族一项传统的婚俗，可以分为两个部分，一部分是在迎亲下半部分也就是女方送亲路上，第二部分是在新娘达到新郎村寨口直至新郎家门口这一段路上。

发生在迎新途中的主要是陪男伴女们要挖空心思去捉弄新人，营造欢乐气氛的结果。如大理白族的迎新背媳妇是在迎新途中，每逢十字路口、三叉路口或人员集结的路段，新郎便要停下来围着陪宾们码成的两大摞嫁妆绕"8"字。这样绕"8"字要在迎新途中进行六次，每次新郎都要背着新娘绕六圈，不然陪宾们不放行。"六次、六圈"是因为白族人喜欢"六"这个数字，认为六是个吉祥数字。在每次绕"8"字的时候，陪宾们还要点燃爆竹，追逐新郎，使

---

① 云南省编辑组：《中国少数民族社会历史调查资料丛刊》修订编辑委员会编：《白族社会历史调查》（二），北京：民族出版社 2009 年版，第 7 页。

② 云南省编辑组：《中国少数民族社会历史调查资料丛刊》修订编辑委员会编：《白族社会历史调查》（一），北京：民族出版社 2009 年版，第 93 页。

③ 云南省编辑组：《中国少数民族社会历史调查资料丛刊》修订编辑委员会编：《白族社会历史调查》（三），北京：民族出版社 2009 年版，第 78 页。

④ 云南省编辑组：《中国少数民族社会历史调查资料丛刊》修订编辑委员会编：《白族社会历史调查》（三），北京：民族出版社 2009 年版，第 343 页。

新郎没法停下来，新娘不能下地，新郎新娘这时便会手忙脚乱，引得众人捧腹大笑。

迎新队伍到达村寨口就自动停下，示意新郎要将新娘背进家。这是迎新最后一道程序，也是对新郎体力、毅力的考验。背着新娘即将跨进新郎家大门时，男方村寨的妇女儿童会拥上来围住新娘，往新娘身上掐。据说是掐新娘能沾得"福气"，消灾免难；也有人认为运气不好的时候掐新娘能转运。对于新娘来说，被掐是一种"荣耀"，掐得越多证明自己越被人们接受和喜爱。

有的妇女为了逗趣会故意掐得很重，不管多疼，新娘不能喊叫，否则会被族人说成是"小气"、不合群、吃不得苦。当然，新娘也有陪娘伴的保护，形成了"掐新娘"和"护新娘"的热闹场面。[1] 也有记载新娘可以拿出剪刀保护自己。[2]

迎新背媳妇主要是考验新郎的耐心、毅力、体力，表现出白族人对男子坚强、勇敢、勇猛等品质的重视。而对于新娘的考验在于能够信任新郎给予她的保护，以及能够承受新郎村寨人的考验，这表现出白族对新娘顺从、贤惠等品性的重视。对于新郎新娘的不同考验，也反映出白族社会中对夫妻角色的期待不同，认为丈夫是天，妻子要顺从丈夫及其家庭。

四、抢逃哭婚俗中的规则

受传统婚姻习俗的影响，白族地区在 20 世纪 50 年代以前，子女的婚姻多由父母包办，虽说讲求门当户对、八字相合，根据子女的具体情况来撮合婚姻，却也难免酿成悲剧。为了追求恋爱自由，婚姻自主，会出现"抢婚""逃婚"的现象。除"抢婚""逃婚"这两种特殊情况外，白族的传统婚礼仪式中具有自己独特的方式，为表示新娘内心对娘家的不舍与未来的担忧，婚礼过程中有"哭嫁"这一环节。

（一）抢　婚

抢婚产生于母系社会向父系社会过渡时期。母系社会解体时，妇女不愿出嫁，便出现了抢婚。而随着社会历史的发展，抢婚的方式也在不断变化，由原来的真刀真枪械斗变为一种"佯战"。世界上许多少数民族把抢婚作为一种仪式来达到完婚的目的，甚至包括婚礼中的相互奚落、戏谑和在迎亲中的种种避

---

[1]　罗正友：《白族婚俗拾趣》，载《今日民族》2003 年第 11 期。
[2]　闫焱：《掐新娘》，载《西部论丛》2002 年第 5 期。

邪巫术,都与抢婚联系在一起。①

洱海区域的白族有抢婚的习俗,这一习俗的由来与男女青年在婚前的社交自由有很大的联系。青年男女在劳动之余,可以一起玩耍,接触机会较多,日久生情后便私定终生。但在20世纪50年代以前,子女的婚姻多由父母包办,婚姻的缔结必须经过父母的同意。若是姑娘钟情于男方,而仅仅是女方父母不同意的情况下,男女双方便会私底下商量,通过抢婚的形式来达到缔结婚姻的目的。

男女双方事先商量好时间地点,抢婚当天,由男方邀约几个青年伙伴,在约定的时间和地点将姑娘抢回成亲。白族支系那马人去抢婚时姑娘要假装呼喊几声,让家里父母和邻居知道。待邻居赶来时,抢婚人便将事先准备好的财物撒在路上,追赶者便俯身去捡东西,然后佯装追赶一阵,便回村去,抢婚者早已逃之夭夭。姑娘抢来后,或者不举行婚礼即行同居,或者先将姑娘藏起来,第二天男方家再邀请媒人去女方家提亲,通常女方家先是破口大骂,拒不同意这门婚事,经媒人再三好言相劝,女方父母在生米已煮成熟饭,无可奈何情况下,被迫同意这门亲事。②之后男方便可以开始着手准备婚礼。

抢婚的对象除了未出嫁的姑娘外,还有抢寡妇的,俗称"抢二婚亲"。③虽说是抢婚,但男方在抢寡妇之前,需要先派媒人暗中与寡妇的公婆商量好,得到其公婆的默许,并送去聘金与彩礼后,才能行动。此类抢婚多是选择寡妇外出赶集或参加庙会时进行。但是在任何情况下,抢有夫之妇都是不被允许的,即使是女方同意,也会遭受社会舆论的谴责。

在封建制度的压迫下,抢婚实际上是对父母包办婚姻的一种反抗,在自由恋爱的基础上,争取婚姻自主。从20世纪50年代开始,随着白族地区的解放,《婚姻法》的颁布,人们法律意识的增强及婚姻自由的观念逐渐深入人心,此类婚俗方式基本上不复存在了。

(二) 逃 婚

在白族传统社会,与抢婚类似,逃婚也是追求婚姻自由的一种表现。男女青年若是情投意合,私定终生后,将其告诉父母,双方父母都同意后便可以开始商量订婚、婚期等婚礼相关事宜。若是女方父母不同意,而男女青年意志坚

---

① 杨国才:《白族传统道德与现代文明》,北京:当代中国出版社1999年版,第202页。
② 云南省编辑组:《白族社会历史调查》(二),昆明:云南人民出版社1987年版,第11页。
③ 杨国才:《白族传统道德与现代文明》,北京:当代中国出版社1999年版,第203页。

定,坚持要在一起,这种情况下,男方可以通过抢婚的方式来达到缔结婚姻的目的。若是双方父母都不同意,青年男女为反抗这种不合理的婚姻制度,会采取逃婚的方式,逃离家乡,离开父母逃到异地他乡去完婚,结成终身伴侣,待生儿育女后再回来,此时,事情已经不能改变,父母也只好遂了儿女的心愿;① 但也有定居异地他乡,从此远离故土,远离父母亲人的情况。

这往往是男女青年因得不到父母的支持,为追求婚姻自由而做出的无奈之举,在封建社会的压制与父母的权威之下,甚至为追求自己的幸福而酿成殉情的惨剧。如1947年,九河瓦村白族姑娘杨七娘,幼时被父母包办许配给禾海子村李国标为妻。两人从未见过面,彼此互不了解。后来杨七娘与法原村张崇德相好,在距杨七娘出嫁前20天,她与张崇德相约,带着自己的私房钱和首饰,先在丽江街上大吃一顿,然后买了两块白布,一起到附近的东山上吊死。父母得知,却认为自己的孩子无耻,给家族出丑,败坏家风,不但不悲痛,反而对着尸体咒骂,草草埋葬了事。②

(三)哭 嫁

传统的白族婚礼仪式中,有"哭嫁"这一环节,所谓"哭嫁"就是指哭着告别亲人去成婚。哭的意义在于体现女儿对家的不舍与对长辈的尊敬与热爱,并有哭得越伤心,越体现女儿对家庭情谊的说法。

白族传统哭嫁方式多样,内容丰富,有"哭爹娘""哭哥嫂""哭姐妹""哭叔伯""哭媒人""哭祖先",以及伴随着婚礼仪事进行的"哭戴花吃离娘席""哭扯眉毛""哭梳头""哭穿衣""哭上轿"等,同时也哭自己的辛酸苦楚。出嫁的前三五天,一般是哭嫁的高潮时节,哭的时间为三至七天,最长的达一个月。哭时一般均有亲人陪伴,与新娘共诉苦情;有低声哭诉,也有放声嚎啕。③

哭唱遵循一定的顺序:父母、叔伯兄嫂、弟妹、邻里、自己。男方来女方家迎亲,新娘出门前必哭,且要哭得很伤心,以此表达舍不得离开父母家人,难忘父母养育之恩。④ 哭父母生育之恩、抚养之苦,尚未报答,舍不得离开,希望父母从今往后多加保重;哭叔伯兄嫂,感谢长辈的教导和帮助;哭弟妹,今朝与大家分离,实在不愿意,今后要对孝敬父母;哭唱邻里,自己年幼无知,

---

① 杨国才:《白族传统道德与现代文明》,北京:当代中国出版社1999年版,第204页。
② 杨国才:《白族传统道德与现代文明》,北京:当代中国出版社1999年版,第179页。
③ 杨国才:《白族传统道德与现代文明》,北京:当代中国出版社1999年版,第180页。
④ 杨镇圭:《白族文化史》,昆明:云南民族出版社2002年7月第1版,第96页。

不谙事理,有得罪的地方,还请原谅;哭唱自己坎坷命运,以及对未来的担忧与顾虑。① 尽管哭的方式和内容各人不尽相同,但都是新娘向亲人诉说自己离别之情和父母及亲人对自己的养育之恩。② 所以离别的情绪都化作哭腔表达出来。

"哭嫁"并非毫无旋律地哭,女孩子一般会婚期接近的时候,开始练习哭嫁歌。例如沅陵白族姑娘出嫁前,兴唱哭嫁歌。订了婚的姑娘在父母答应出嫁之后,便不再外出做事而深藏闺房之中,白天开始忙于做陪嫁鞋,作为新郎、公婆、男方伯叔、兄弟姐妹、外公外婆、舅父母等人的见面礼;夜晚的时候就唱哭嫁歌,一般都请同宗未婚的姑娘三五人,甚至十多人陪唱。③ 白族人的传统观念认为,"不哭不发","哭能生金",哭嫁能给娘家和婆家带来好运气,人丁兴旺、家业发达。所以,唱哭嫁歌对姑娘们来说,也是一种能力,哭嫁歌唱得好,被视为是一种才华,因此每个姑娘都很重视,会从小练习,那些哭嫁歌唱得好的,往往会被部分父母请去教导其姑娘。

"哭嫁"是对自己少女时代的告别,对生养自己的父母、家庭的留念与不舍,但究其根源,也反映了对传统白族社会从妻居婚姻制度的留恋。④

---

① 钟玉如、唐圣清:《沅陵白族哭嫁习俗》,载《怀化师专学报》1997年第3期。
② 杨国才:《白族传统道德与现代文明》,北京:当代中国出版社1999年版,第205页。
③ 钟玉如、唐圣清:《沅陵白族哭嫁习俗》,载《怀化师专学报》1997年第3期。
④ 高静铮:《云南白族婚俗初探》,载《民族艺术研究》1999年第6期。

白族传统家庭及其道德规范

在白族传统伦理思想道德中，家庭传统伦理道德是其中的重要组成部分。因此，研究白族传统道德，必须研究白族家庭传统道德。与其他民族一样，白族的家庭是白族社会的细胞，也是白族社会生活的基础组织形式，是培养、巩固和发展家庭里父母与子女间、祖孙间、兄弟姐妹间、妯娌间的亲情、夫妇之间的感情，使其具有伦理道德规范作用，促进白族社会稳定、健康发展的重要因素。在白族传统社会，由于社会形态发展的不平衡和自然环境的差异，不同时期和不同支系的白族家庭的构成方式都不一样，表现在家庭道德规范上也不尽相同，从而形成白族传统家庭道德的特殊内涵，即不同的家庭结构方式、家庭关系和家庭道德的基本内容。

一、白族传统家庭结构及规范

迄今为止的社会发展史表明，家庭是一个能动的历史因素，它伴随着整个人类史经历了一系列的历史变迁。追溯人类的源流，由男女自然形成的血亲骨肉群体，乃是产生原始公有制的前提。白族也不例外。古时白族先民过着群居生活，与各民族一样，实行没有任何限制的杂乱性交。由于自然选择通过人的意志发生作用，婚姻关系的第一个进步在于排除了父母与子女间的性交关系，婚姻集团依照辈分来划分，凡是同辈的子女都互称兄弟姐妹，亦互为婚姻，由此产生了血缘家庭。白族民间故事和白族《创世纪》中都反映了先民们经历过血缘家庭的过程。直到20世纪50年代初，在白族支系勒墨人中尚保留着血缘家庭的残迹。排除了兄弟和姐妹间的性交关系，婚姻集团依照血统来划分，出现了一个小群体的女子和另一个小群体男子互为夫妻的婚姻形式，通常称其为亚血缘婚姻或普那路亚婚。由普那路亚婚产生了普那路亚家庭，由此而产生了氏族制度。至今在白族社会还有普那路亚婚姻家庭的影子，白族传统节日集会绕三灵、石宝山歌会等，男女在一起对唱情歌，遇到中意的人时，便双双离开人群，到桑林中野合。随着社会生产力的发展，白族先民们通婚的范围逐渐缩小，遂导至婚姻家庭关系的进步，即一个男子和一个女子共同生活的对偶婚及其所产生的对偶家庭。对偶家庭中，子女在有确认的生身母亲外，又有确认的生身父亲，这时世系一直按母系计算。当男子在生产中的作用日益显著，从而掌握了谋生的手段，大量社会财富便集中于男子手中，这时世系由母系转为父系。在父系家庭公社时期，对偶家庭逐步为一夫一妻制家庭所取代。

进入阶级社会，白族个体家庭作为社会经济单位，完全受分工和所有制的制约，家庭结构的方式和道德观念也随社会和经济关系的变化而变化。白族传统家庭结构可分为简单家庭、核心家庭、主干家庭或直亲家庭、缺陷家庭、联合家庭、特殊家庭等方式。

（一）简单家庭

简单家庭，就是指家庭里只有夫妇两人。这种家庭，通常为刚刚结婚，才从大家庭中分立出来；有的是结婚多年，婚后不育；有的则是子女长大另组新的家庭，原有的家庭只剩下老俩口。这类简单家庭结构在白族传统社会中占的比例较小。因为白族传统家庭盼望人丁兴旺，一般婚后很快就生儿育女；其二白族传统家庭不容不能生育者；其三白族传统家庭普遍视养老扶幼为家庭美德。所以，白族传统家庭中虽存在简单家庭结构，但为数不多。

（二）核心家庭

核心家庭，即父母和未婚儿女（包括领养子女）生活在一起的家庭。这类家庭规模小、人数少，人际关系比较简单。白族传统社会里，核心家庭结构在白族支系勒墨人和那马人中流行。1949年以前，勒墨人和那马人普遍实行一夫一妻制婚，建立了由一对配偶及其子女组成的一夫一妻制父系家庭。勒墨语叫"蒿"，多数由父子两代组成，每户平均有五六人，成为勒墨社会中独立的生产和生活单位。那马人早已确立了一夫一妻制父系家庭，主要为一对配偶及其未婚子女两代人组成的核心家庭，那马人叫"阿罗勒蒿"，平均每户有五六人，它是那马人社会的"细胞"，是独立的生产和生活单位。在勒墨人中，由三五户多至二十来户父系核心家庭构成父系家庭公社，勒墨语叫"乌"。在父系核心家庭中，父亲是一家之长，掌管家庭经济、安排生产、计划开支，主持各种宗教祭祀活动，办理各种社交事务，决定儿女的婚姻大事，在家庭中居于支配地位，妻子儿女都要听从其安排管理。而妻子的职责是为丈夫生儿育女、侍候丈夫、料理家务，在家庭生活中处于被支配的地位。

而在洱海区域的白族中，核心家庭是白族家庭结构中的一种方式，可在传统社会里不是主要方式。也就是说，在白族传统社会里，经济不发达地区核心家庭居多；而在当时经济相对发达地区核心家庭反而较少，主干家庭较多。

（三）主干家庭或直系家庭

主干家庭，或称之为直系家庭，是指父母和一对已婚儿女或鳏夫寡母和已婚儿女生活在一起的家庭。这是在白族传统社会中普遍流行的一种家庭方式，尤其在洱海区域的白族中盛行。因为这种家庭结构，符合白族人的传统观念和道德，又与白族传统的社会经济生活条件相吻合。白族传统家庭的组成以一对夫妇为主，并赡养父母和儿女。大理地区的白语称为"本撑尼好"，意即夫妻家庭；"喂斗喂姆"，意思是孝养父母；"喂知喂女"，意即抚养子女。因此，家庭中夫妻职责就是要孝敬父母、抚养子女。长期以来，白族家庭里父母有抚养子女的义务，子女对父母有养老送终的责任。所以，白族中传统上主干家庭居多，就是今天也仍然如此。

主干家庭结构方式适合于白族社会的生产生活及道德传统，故世世代代在白族地区传承。

（四）缺陷家庭

缺陷家庭，即夫妻中的一方由于天灾人祸、生老病死、离婚等缺一后，与未婚儿女生活在一起的家庭。这种家庭方式在白族社会中存在过，特别是传统社会中不允许寡妇再婚，是直接产生缺陷家庭的根源；其次为父母双亡，只有兄弟姐妹共同生活的破损家庭。

还有一种家庭结构为祖孙辈家庭。这类家庭中夫妻缺损一方，子女又早逝，子女的配偶或去世或再婚组成新家庭，唯留下祖孙相依为命。这种家庭结构在白族传统社会里存在，由于祖孙感情密切，这种残缺家庭结构较稳定。但这种类型家庭结构在白族传统社会并不多。

再有一种残缺家庭结构为父母双亡，兄妹中一人结婚后还与其他兄弟姐妹住在一起的家庭。这与白族家庭传统中长兄为父，长嫂为母，共同扶持年幼弟妹开门立户的传统分不开。

也有父母双亡，兄弟姐妹各自成家后仍不分家的情况。这种家庭结构在大理、鹤庆、云龙等地存在。

（五）联合家庭

联合家庭是父母和多对已婚子女或兄弟婚后仍合为一家，以及其他有血缘关系的人们结合在一起的大家庭。这是中国传统的大家庭类型，也是白族传统的四五代成员同堂的宗法大家庭，这种大家庭在洱海区域的传统社会中普遍存在。在这种家庭里，除了代际的父母、祖孙、曾祖孙的关系外，还有同代的兄弟姐妹、妯娌、连襟关系，还有非直系的叔伯、姑姨关系。

在鹤庆、喜洲、周城等村寨，有一些较大的家庭。这些大家庭中往往经济雄厚，长辈不愿分家，才有少数"四代同堂"的大家庭，白语称其为"旺歹银在阿锅"，意即几代人吃一锅饭。如喜洲严子珍先生家，严有五个儿子，还有一位弟媳，五个儿子已结婚三人，均有子女，严子珍先生已有曾孙，已是"四代同堂"了，但未分家，全家一共有四五十人吃一锅饭。其中大儿子、三儿子都在外，由二儿子严宝成夫妇掌家。此外，还有中和邑的杨越轩先生家，则已经"五代同堂"了，杨越轩先生在老母高寿至百岁，有六个儿子都已成婚生子又生孙子，从百岁的老太太算起，已有五代人，亦未分家[①]。然而，这种大家庭虽然在白族中盛行，可毕竟为数不多。笔者20世纪80年代初在周城作田野考察，在人户调查中也发现四五代同堂的大家庭。因此，不同地域中白族保持聚族而居的特点，有的一个村寨往往就是一个大家庭，故有的村叫"杨家登""赵家屯"等，有的则是血亲关系的几个大家庭聚居在一起。如"剑川县的下沭邑村有杨、张、颜和王四个姓，其中以杨、张两姓为主"[②]。白族传统大家庭，是与白族传统社会的农耕经济相适应的。在当时私有制与小生产的前提下，家庭规模大，意味着同自然斗争能力强，家长的权力大，老人的地位也就高。可是一旦小生产变成大生产以后，人与社会的关系多了，与家庭这一小社会的联系就少了。所以，在社会化大生产条件下，就很难再维持大家庭的结构。

（六）单身家庭

单身家庭即一个人的家庭。在白族传统社会这种家庭往往是孤寡老人，或父母双亡，又无兄弟姐妹的孤儿寡女，他（她）们一个人生活，又由于种种原因未成婚；还有一种为配偶亡故，子女已成家或在外工作，老人愿一人在家生活的家庭也称特殊家庭。

总之，白族传统社会家庭结构的方式，归根到底还是受生产力和社会经济结构性质和发展水平制约的。新中国成立以前，白族的家庭结构大多数是主干家庭，那时家庭平均人口5~6人，只有少数大家庭规模可大至数十人甚至数百人之多；新中国成立以后，随着社会生产力的发展，白族传统家庭结构也发生了变化，白族家庭主要由主干家庭向核心家庭转变。

二、白族传统家庭关系及准则

不同民族家庭关系的内容有所不同，由于各种类型家庭的结构不一样，家庭"外部"与"内部"的划分也不同，家庭关系的复杂性也有所不同。在家庭

---

① 杨宪典：《大理喜洲十六村的白族家庭和宗教调查》，载《白族社会历史调查》三，云南人民出版社1991年版，第383页。

② 宋恩常：《云南少数民族研究文集》，云南人民出版社1986年版，第534页。

关系中，夫妻关系是核心，婆媳关系是关键。而在白族传统家庭关系中，同样存在着家庭外部关系和家庭内部关系。在家庭外部关系中，主要是宗族关系；在家庭内部关系中，仍然是夫妻关系和婆媳关系。

(一) 白族传统家庭的宗族关系

直到中华人民共和国成立时，白族社会仍然存在父系家庭公社和封建宗法大家庭。如勒墨人和居住在澜沧江西岸的那马人的父系家庭公社，都以血缘纽带为维系家庭公社的基础。泸水县洛本卓乡的勒墨人大约有近百个父系家庭公社，分属虎、鸡、木、菜四个氏族[①]，分布在不同村寨，每个村寨居住着一至三个父系氏族，也有一个父系家族分居于相邻几个村寨，每个家庭公社包括同一家族的七八户、十几户至数十户一夫一妻制父系小家庭[②]。每个氏族有自己的氏族长、公共土地、墓地，有互帮互助的权利与义务，生产中有共耕关系，有共同祭祀活动，还有血族复仇义务。

而在洱海区域的宗法大家庭中，除去包括四五代同堂的大家庭，多数分解为一个宗族有许多小家庭，在喜洲、周城等村寨，有的家族达两三百家。每个宗族均有自己的田产，有的宗族有公共墓地，并以宗族的共同血缘为纽带，建有宗法祖宗祠堂。如大理喜洲 16 村，每一个同宗同姓都建有宗祠，遍布各街巷和村落。在喜洲街北栅外就有白语称为"董格次叹""鸭格次叹""尹格次叹"，汉语意为"董氏宗祠""杨氏宗祠""尹氏宗祠"。此外，还有同姓不同宗祠堂，如喜洲城北村就有"上加次叹""西加次叹"。家庭中由辈分高年长者任族长，个别也有世袭担任族长的现象。族长权力大，主持家庭内生产生活、祭祀祖先、参加庙会活动以及处理纠纷。还有宗谱和家谱。早在一千多年前就有《张氏国史》流行于南诏大理国[③]。宋、元以来段氏、高氏及杨、赵、李、董等名家贵族都修过家谱[④]。于是，时至今日不同地域中白族仍然保持着完整的宗谱、家谱及聚族而居的特点。因此，在白族社区，有的一个村寨往往就是一个大家族，形成以血缘为核心，以地域为纽带的社会组织。从追循"一切服从氏族组织利益"发展到"维护家族内共同利益"的民族传统意识，并靠血缘宗族社会组织来加以保证，以修宗庙、祭祖宗、续家谱、订族规家法来增强宗族观念；协调

[①] 云南省编辑组：《白族社会历史调查》三，云南人民出版社 1991 年版，第 31 页。
[②] 修世华：《论怒江勒墨人的父系家庭公社》，载《民族研究》1994 年第 4 期，第 2 页。
[③] 李霖灿：《南诏大理国新资料的综合研究》，《南诏国传》部分 5—6 题记，台湾中央研究院民族学研究所 1967 年出版。
[④] 张锡禄：《南诏与白族文化》，香港：华夏出版社 1992 年版，第 2 页。

宗族里家庭与家庭之间以及人与人之间的关系。现摘录大理喜洲"杨氏宗祠"族规于后：

（1）关于修身，凡本族男女老小必须恪遵族规家法，尊重祖宗遗训，循规蹈矩、守法、爱公、敬老、爱幼、孝友和睦、安分守己；禁止损公利己、奸盗邪淫，犯者轻则宗祠训戒、罚款，重则扭送法办。

（2）关于同居、同炊（从略）。

父母凡五十以上者，应早立遗嘱，分配财产继承，经宗祠长亲属作证，方得有效。

（3）凡族内婚丧嫁娶、悉依古礼祖制，不得违悖。凡族内娶妇，应遵守族规先通知女方，勿破本约；族内嫁女，亦必须请男方原谅，不可犯之。如犯之者，罚衙升白米三石，作宗祠之用；如对方不谅解，应即解除婚姻。

（4）族中人与族中人纠葛，必先报请宗祠管事，族长邀请族中长辈调解，族内不能调解或调解无效者，始得经官诉讼，刑事犯罪除外。

（5）凡族内之人因故变卖房产田地者，必须先报请宗祠管事转知族长，召集族人商议。宗祠及其近亲（直系亲属）有优先购买权，其次族中亲友及同族人有次优先购买权，照市价作值后，尽先卖给宗祠近亲或族中人，如上述有优先权和次优先权中都无承买者，始得向外出卖。否则，同族人及宗祠得阻止其出卖。并不予签字画押作证。

（6）族中人无子息者，由兄弟子侄过继立嗣。或抚养他姓子，如招婿入赘者，必师改名换姓（一律须改为杨姓并照辈分排行取名）。子孙世代不得变姓，但可长子立嗣，次子归宗（即以次子归婿家姓名）。如有违翻反族规，族内不予承认，作为绝嗣处理，绝嗣的财产，充归宗祠所有。

（7）关于公产方面：宗祠产业田地归全族人所有，使用权由族长、管事及指定族人管理，宗祠收入租谷、租金，使用或变卖时须经公议。

凡族内大小事务及收支由族内各家推家长一人，组成家长约束会，进行监督，由各家长约束会公议，推举年管事二人，办理周年一应大小事务，但须秉承族长之指挥。

（8）祭祀、扫公墓以及年节日，由家长约束会公议举行，但不得延期或借故不予举行。否则以忘宗背祖看待，全族人得紧急公议惩罚之。

……（从略）①

可见，白族的族规是十分严格的。但凡族内个人婚姻、土地纠纷、家庭财

---

① 云南省编辑组：《白族社会历史调查》三，云南人民出版社1991年版，第385页。

产继承处理、各家庭间人与人之间关系、邻里关系等等,都受族规的约束,族内任何人都不得违悖,否则会受到不堪设想的惩罚。白族地区在推行家庭联产承包责任制以来,事实上还维系了白族传统社会以血缘为纽带而形成的村落家庭关系以及宗族的作用,使传统家庭的宗族关系得以复活。

(二) 白族传统家庭的夫妻关系

夫妻关系无论在任何社会或任何民族中,都是家庭关系中的核心,白族也不例外。白族早就普遍实行一夫一妻制婚,建立了由一对配偶及其子女组成的一夫一妻制家庭。在勒墨人和那马人的传统家庭里,丈夫是一家之长,管理家庭经济,安排生产,计划开支,处理对外事务,决定儿女的婚姻大事以及主持家庭内的宗教祭祀仪式,在家庭中居于支配地位。妻子儿女都要服从他的管理。由于传统社会中勒墨人和那马人的婚姻已具有买卖婚的性质,故丈夫认为妻子是自己花钱买来的,其责任是替丈夫生儿育女,料理家务,侍候丈夫,在家庭中处于被支配地位。

夫妻之间有相互扶持之义务,并有互相继承财产的权利,故白族学者艾自新、艾自修兄弟在夫妻关系上主张"相敬如宾",说:"古者夫妇如宾……敬德之中和气常流。"认为孝敬父母和爱妻子是可以统一的,"孝子重父母,而于妻子之间亦未尝寡恩"[①]。可实际生活中妻子在家庭中的地位普遍较低,所以白族民间流行有"妇女无喉咙,说话不算数""母鸡做不得三牲"等说法。加之在传统观念的束缚下,妻子不仅在家庭中地位较低,而且还必须以宗族家法来约束和规范自己的行为。进了门的妻子,就要承担全家人的衣食住行,更重要的是要为家族生儿育女,使自己的一切服从家族的利益。

另一方面,在家庭中,妻子把孝敬公婆、尊重丈夫、抚养孩子,作为自己在家庭生活中应尽的职责,白族俗话说:"媳孝双亲乐,家和万事兴。"故妻子对待老人、丈夫、孩子的态度,是衡量其在家庭生活中的地位与作用的重要尺度。明代白族学者杨南金著有《居家四箴》训诫人们,其中有涉及夫妇、父子、兄弟之间的道德规范,关于夫妇之间,他认为:"夫以义为良,妇以顺为令;和乐桢祥来,乖戾祸殃至。"[②]尽管白族传统文化受儒家影响,丈夫对妻子有许多不尽人意之处,可妻子仍然是丈夫的贤妻益友,日常生活中,她们对丈夫百依百顺,有事同丈夫商量,重大事情请丈夫作主,待人接客由丈夫出面。

---

① 龚友德:《儒学与云南少数民族文化》,云南人民出版社1993年版,第79页。
② 杨南金:《居家四箴》。

她们支持丈夫，在儿女中树立丈夫的威信；生活上关怀体贴，饮食起居、烧水烤茶无微不至；她们忠诚于丈夫，对爱情坚贞不移。同时，在家庭里，她们又是孩子的严师慈母。她们视生育抚养孩子为己任，以最无私的爱给孩子无比的温暖，还用自己高尚的情操和具体的言行感染教育孩子。因此，白族妇女在家庭生活中具有很强的凝聚力，能担任不同的角色，协调、融合家庭间的人际关系，对整个家庭的发展，有着天然的、他人不能替代的作用。

中国民俗学者毛星在《白族民间传说故事集·序言》里写道："白族妇女不论在劳动中，在家庭里，在社会上，都占有重要的地位。在坝子里或山区里，一切主要的吃力劳动，比如下地种田，上山砍柴，妇女和男子干得一样活跃。走在街道上，我们可以看到许多店铺里坐的是女掌柜；走在通往市镇的大道上，我们可以遇到许多背筐挑担的妇女。在家庭里，妇女的地位很高，好多对外的交涉，常常由妇女出头来办理。"①

（三）白族传统家庭的婆媳关系

家庭是人类社会的细胞，也是以婚姻和血缘关系为基础的社会单位，包括夫妇、婆媳、父子、兄妹、妯娌、邻里、亲戚等，家庭各成员间又有直接和间接的互动关系，而婆媳关系是家庭关系中的主要关系之一。白族传统家庭关系中的婆媳关系正是这样。长期以来，以为女、为妻、为母、为媳作为自身天职的白族妇女，由于其生理、心理、角色的特殊性和主客观因素，一直是维系家庭内部情感和家庭发展的轴心。在白族传统家庭中，婆媳不仅是人类再生产的直接承担者，且婆婆又是媳妇生育健康文化的传承者；同时，婆媳也是家庭管理和家务劳动的直接担当者。在家庭生活中，婆媳均是其丈夫精神寄托的对象和孩儿的慈母。因此，婆媳在家庭中具有较强的凝聚力，她们在承担繁重的双重生产和家务的同时，还担任着家庭中的不同角色，调适、融合家庭间的各种关系，对整个家庭的发展和文明程度的提高都有着特殊的作用。

然而，以家庭为单位的自给自足的自然经济，孕育了白族传统宗法制度下的家长制和夫权制，为维系家庭的财产、等级和特权，在强调夫权至尊的同时，对婆媳的生育强调"不孝有三，无后为大"，把生丁添口作为宗法社会标志，家庭兴旺发达的象征。于是，婆媳关系便成了压迫与被压迫的等级关系，从而，一切对妇女的歧视与虐待又出自于妇女本身——婆婆。故白族俗话说："多年媳

---

① 施立卓：《五朵金花的姐妹——记云南大理白族妇女》，载《云岭巾帼谱新章》，云南人民出版社 1995 年版，第 19 页。

妇熬成婆。"由此,婆媳间权力与地位之争,都集中表现在生育传宗接代问题上,从而引发出婆媳间的种种复杂关系。究其根源,主要是传统的四代同堂的大家庭里,公婆执撑家政大权,婚姻多数由父母包办,尤其是婆婆对选择儿媳颇费心思,故民间有"讨好一个媳妇兴三代,讨错一个媳妇害三代"之说。媳妇的生育意愿主要受家庭婆婆的影响,婆婆要求媳妇早生、多生、生男孩。而且在较为封闭的家庭内,媳妇在生与育的过程中,又不得不依靠婆婆的帮助,通常媳妇生产分娩时,婆婆为其接生;做月子时,按白族传统风俗习惯,也只有婆婆对其照顾;在孩子的养育中,也得靠婆婆帮助,婆婆既有对儿媳钳制的权力,又有管教、帮助的义务;儿媳对婆婆既惧怕、又不得不依赖,长此以往,婆媳既是"一对天敌",又是"同命相连"的女性,在社会家庭生活中,各自扮演自己的角色,且一代又一代传承、相袭。在白族广大乡村,尤其是边远贫困山区,婆媳关系更复杂。

如今,社会转型期的观念,深深地影响着妇女的生活,冲击着婆媳的传统观念。改革向妇女提出挑战,伴随着社会现代化的转型,妇女的生育观念发生了变化;随着妇女主体人格的确立,妇女在家庭中的地位和角色,家庭中的婆媳关系、公婆对儿媳计划生育的影响;等等,都引起社会各界的关注及研究者的重视。几年来,笔者多次回到白族聚居区,就家庭中的婆媳关系、婆媳角色现状作了定性、定量相结合的调查,发现在不同的白族社区,传统的婆媳关系已发生了深刻的变化,"压制与被压制"的关系已不存在。家庭结构逐渐由传统四代同堂的大家庭,走向一对夫妇带一个孩子(或老人)的核心家庭。与之相适应,在核心家庭中,婆媳角色发生异位,婆婆从家政的主导地位上退居二线,媳妇成为家政的主导者。其次是自主婚姻的实行,减弱了婆婆对媳妇的权威性。在实行以爱情为基础的自由恋爱、以婚姻法为准绳的自主婚姻中,妇女充分享有择偶的自主权利,从而提高了婚姻质量和家庭生活质量。这破除了白族传统指腹婚、童养媳、父母包办婚姻和买卖婚姻的陋习,铲除了家庭里婆婆对小媳妇实行钳制的基础。再其次是婆媳生育观念的转变,社会转型期,妇女的生育自主权得到保障,媳妇作为生育主体,可以不受婆婆左右,而与丈夫商量决定生与不生或是晚生优生。最后是妇女生育健康保健的实施,消除了媳妇生育时对婆婆的依赖。现阶段母婴保健条件逐渐改善,城乡妇幼保健不断发展,逐级建立了妇幼保健院、所,小媳妇婚前接受《新婚培训》,怀孕后定期实行检查,生育分娩均到医院接受新法接生,并在生育期和哺乳期得到多方关照,削弱了传统的婆婆是直接接生者和唯一照顾者的地位,减弱了媳妇对婆婆的依赖。因此,白族传统的婆媳关系正在改善,那种来自同一性别的"压制"逐渐被消除,婆婆对媳妇生育健康的影响正向积极的方面转变;婆媳关系也在向着健康的方向发展。

然而，白族传统家庭不仅包括夫妻关系和婆媳关系的规范，更重要的是在这诸多关系基础上形成的传统道德准则及内涵。

三、白族传统家庭的基本道德准则

白族传统家庭道德是在一定社会历史条件下逐步形成和发展的，用以规范、调节、约束家庭生活、家庭关系、家庭成员行为的道德准则。白族先民从氏族部落分化演变成一个一个家庭之时起，家庭伦常随之形成，家庭道德便应运而生。白族传统家庭道德的内容丰富，概括起来，主要表现在尊老爱幼、礼貌待人、团结互助等方面。

（一）严格家教　尊老爱幼

尊老爱幼，是中华民族的传统美德，也是白族家庭的传统道德。白族谚语说："见老要弯腰，见小要抱抱。""见老要敬，见小要亲。"尊敬长辈，爱护幼小，是白族家庭的传统教育内容之一。白族晚辈在村落里路遇长辈，即使是不认识也要主动问候和让路，不得低头而过；当看到长辈在做事情时，年轻人要主动去帮助；逢年过节或红白喜事宴席上，要让长辈或年岁大的人先入席，席间鸡肝、鸡头要敬长辈；过节时全村每户都要向村落里60岁以上的老人送点心；正月初一早上每家10多岁的儿童要给村落里的老年人送乳扇米花甜茶和烤茶，老人们要给孩童们压岁钱，并讲一些鼓励学习、热爱劳动等吉祥的祝福话；村落里的孤寡老人，均由全村人轮流给她们砍柴、挑水、洗衣、煮饭，或全村人轮流送饭给孤寡老人，年轻人无论任何时候、任何场所，在长辈和老人面前，必须恭敬有礼，说话要和气，不能指手划脚，更不能用手指着老人说话，这些都是最基本的规范和要求。

其次，不能忘记父母生养、教育的恩情，这种传统的家庭伦理道德的孝道原则和规范，不仅表现在白族的乡规民约、神话传说中，如剑川县沙溪乡蕨市坪村的《乡规碑》记载："敦孝悌以重人伦，孝悌乃仁之本，能孝悌则不以口犯上。"[①] 就是要求村民要孝敬父母，敬重兄长；如果对父母兄长不忠不孝者，不仅给予道德谴责，还要予以处罚。新仁里《乡规碑》如是说："家常，父慈子孝，兄友弟恭，兴家之兆也。凡为子弟者，务须更各务生五里，出恭人敬。

---

① 云南省编辑组：《白族社会历史调查》（四），云南人民出版社1991年版，第102、103页。

倘有不孝子弟，忤逆犯上，被父兄首出申言者，阖村重治。"① 强调子孝弟恭，把不恭不孝视为"忤逆犯上"的不道德行为。而且还采用白族传统的本子曲教导人们要牢记父母生育的艰辛。现摘录白族传统白曲《生儿育女》于后：

白语唱词	汉语译意
做眼阿妙三欺量。	人生在世莫欺人，
子知乃间女乃间，	生男生女都一样，
后修乃计较。	同样都是人。
汉子汉女虽乃自，	生儿育女事重大，
得务大土达白大，	必须三思而后行，
冒咒儿多自母苦，	人说儿多父母苦，
梅汉计阿妙。	切莫要多生。

（沙溪乡东富乡禾村段遇春、东岭乡太和村段七九口述）乐夫、瑞鸿记译②)

因此，牢记父母生养之苦，孝敬父母双亲是白族家庭的传统美德，而报答父母养育之恩是白族晚辈应尽之责。故传统白曲《报答父母恩》中唱到：

白语唱词	汉语译意
一更我劝用梯吼，	一更我劝弟兄们，
爹母恩自拥告报。	报答父母养育恩。
知母身奴十月怒。	十月怀胎千般苦，
受罪皆冒奴。	费尽了艰辛。
样拥计害特某板，	一朝分娩又蒙难，
母眼汝票自命奴，	母亲病痛昏沉沉，
几弄王务介纸仲，	只隔阎王一张纸，
冷牙样山摸。	谁晓其中情。
始更我劝用梯吼，	二更我劝弟兄们，
爹母恩自拥告报。	报答父母养育恩。
刹样计害某彦克，	儿女落地常牵挂，

---

① 云南省编辑组：《白族社会历史调查》（四），云南人民出版社1991年版，第102、103页。

② 剑川县民委、县文化局、县本子曲协会编印：《石宝山白曲选》第9集，第13、14页。

爹母吼受苦。	费尽了苦心。
干某登自样掺则，	捂干床铺儿女睡，
是害某登母迷奴，	尿湿之处归母亲，
吃得阿朵自咒欧，	一口一口亲手喂，
特巴马冒奴。	下田背在身。
阿跟阿跟学说董，	呀呀学语逗人爱，
第一某掺样叫母，	喊出妈妈第一声，
打弟打弟自开样，	摇摇摆摆扶学步，
隔断绑脚受。	隔断绊脚绳。
样病点子利冒怕，	儿病爹妈急心上，
劳生岩安始样药，	求病找药头忙昏，
容怒汉大爹母古，	儿女养大父母老，
受苦趁几学。	亲恩似海深。

（金华镇西营村赵光祖口述，秋枫，原草记译①）

在白族地区，养儿不报父母恩，不尊重或赡养老人，会被看成是没有家庭教养、缺德之人而受到社会舆论的抨击。

爱幼，同样也是白族公认的一种家庭传统美德。一般指父母对子女的教育、管教，使之成人。因此，白族小孩从小就在家庭里受父母的言传身教，父母的言行直接影响着小孩的行为规范。如有客人到家，见面时，孩子应首先向客人问好、让坐、倒茶递烟；招待客人吃饭时，为客人添饭、夹菜必须用双手，以示礼貌；父母还教育孩子从小不说假话，不乱拿别人的东西，白族俗话说："人看从小"，"小时偷针，大了偷金"，要求孩子从小养成诚实、忠厚的品德。父亲从小教导男孩 5~6 岁跟着放牛马，10 多岁跟父亲学犁田、平地，再大一点就要上苍山砍柴等；母亲对女孩的教育更为细致，幼年时教她们学会挑水、扫地、擦桌子、找猪草、放牛马，8~9 岁学习挑花刺绣、缝制衣服，白族姑娘不会针钱活，就会受到耻笑，甚至嫁不出去。因此，通常白族女孩都有一手熟练的挑花刺绣的手艺，故在白族传统社会，抚养子女成人，教会儿女怎样做人，是家庭中做父母必备的品德，如果父母没有教育好儿女，致使儿女不成器，那也是缺德的行为，社会舆论会加以抨击。长期以来，白族社会中已形成长辈爱下辈，下辈敬上辈，尊老爱幼相辅相成，习成传统美德。

---

① 剑川县民委、县文化局、县本子曲协会编印：《石宝山白曲选》第 9 辑，第 6-7 页。

（二）礼貌待人　忠诚厚道

热情好客是白族人民在社会生活中特别关心别人的传统风尚和家庭美德；讲文明懂礼貌是白族人民相互尊重的传统礼俗和家庭美德。

白族是个热情好客的民族，对待来客，无论是生人还是熟人，都要热情招待。白族儿女从小就受到家长的严格教育，人们把子女是否会礼貌待人，是否懂交际礼节看成是家庭教育是否成功的标志。明代白族学者艾自新、艾自修说：待人，"释貌要端恪"，"行事要斟酌"、"情谊要殷隆"，不可"脱中徒跣，掉臂跳足，以蹈轻亵"[1]。也就是说待人要注意容貌、衣着、体态，不可轻慢。与人交谈，二艾认为："言语要谦谨"，"勿大言以矜己之长，轻言以取人之憎，直言以暴人之短，谀言以希人之悦，怨言以招人之无，巧言以饴人之心"[2]。要求人们待人接物举止言谈一定要文明，知书达礼，尊重别人。并且无论在什么场合，不能恶语伤人，特别在家里，更不能讲粗话、丑话；家中称谓准确，儿女对父母不能直呼其名，就连兄妹间、村落里长辈与小辈间也要称其辈分称谓，否则，就是失礼、缺德、没家教。同族人之间，互相称呼也要按辈分来称呼，同辈人之间称大哥、大嫂；叔侄之间要称呼"阿大"（意为大爹）、"阿烟"（意为叔叔），不能直呼其名和姓，否则也被看成是没有家教的人。不仅称谓要亲切，而且白族传统家庭教育后代说话要和气。因此，白族人将"宽和、厚道"作为处事待人的一个原则。不懂得这些家庭规范和行为准则，将被人指责为没有家教和缺德。

（三）团结互助

团结互助是白族人民在家庭生活及社会生活中处理人与人、个人与群体的行为准则。尤其是互助原则，可以说是白族社会生活中具有悠久历史的人与人之间最基本的行为规范，白族人民历来把帮助别人看作是自己应尽的义务，也把接受别人的帮助看成是一种权利，从而把个人和大家融为一个整体，借以解决生产和生活中的困难。故白族谚语说："一根麦杆编不成一顶草帽"；"有花才有蜜，有国才有家""不怕巨浪再高，只怕划桨不齐""一根藤容易断，十根藤比铁坚"。在日常家庭和社会生活中，白族人民团结互助的事例随处可见。例如村寨中谁家盖新房，其他人便会主动前往帮助，有力出力、有米拿米，有的

---

[1] 《二艾遗书·教家录》。

[2] 《二艾遗书·希圣录》。

家庭或村寨中发生火灾，远近的村民闻讯后，都会主动拿出自家的粮食、衣物、木材等前去帮助受灾的村民；谁家有喜事或丧事，都被看成是大家的事，家人、亲友、村人几乎有钱出钱，有粮出粮，有米献米，有力出力，使当事人能顺利地把事情办妥。就连村落里谁家生丁添口，其他人都要登门送"红鸡蛋"、鸡、糯米、衣物等前来恭贺，给产妇送营养滋补品。在春耕生产和秋收秋种中，更是体现了白族传统的互助原则。每当春耕生产大忙时，全村人均会互相帮忙，有的是几个家庭结合在一起，有的是整个村落分成几个互助协作组，送肥下田，送完一家再送一家；栽插也如此，栽完一丘再栽一丘，直到全部栽完为止。秋收秋种也如此，至于谁先谁后，事先有安排，谁也不为此而争吵；对谁家出力多，谁家出力少，也从不计较。尤其对那些体弱多病或家庭中主要劳动力亡故的困难家庭，村落里的人们便会相互邀约一起去帮助其适时播种、栽插、收割，对村寨中的孤寡老人，白族传统家庭道德要求对其负有赡养、关心、照顾的责任；如果有人穷途潦倒求援，白族人一般都会给些帮助；即使外地饥荒者进入白族村落，白族人也不怠慢，在他们的观念里，"天有不测风云，人有旦夕祸福"，因此，无论遇上什么人有困难，白族人都会给予帮助。故白族传统中团结互助的原则，不仅局限于家庭、村落集团内部的互助关系，同时也包含着家庭、村落之间以及整个社会中的人与人之间广泛的互助关系。也就是真诚帮助别人，并为他人排忧解难，使他人得到幸福。能够给别人带来幸福的人，自己也才能得到真正的幸福。所以说，白族传统的家庭道德具有丰富的内涵。

（原载《云南学术探索》，1985 年第 5 期）

白族妇女生育和教育观念的变迁

在实地田野考察的基础上，通过对白族妇女传统生育和教育观念的分析，探讨在社会转型期白族妇女生育和教育观念变迁的原因，从而探讨怎样改善中国农村，特别是少数民族妇女生育和教育的现状，真正促进少数民族妇女的发展。

一、白族妇女生育观念的变化

随着社会的发展，科学技术的进步，自然环境的改善，新法接生的普及，以前那种危害妇女的疾病得到控制，孕产妇死亡率1988年下降到5.63/万。在农村推行联产责任制中，以血缘为纽带而形成的村落家族作用与功能逐渐被社会、集约化以及专业化的联合生产所代替；科学种田以及人们战胜自然灾害能力的增强，削弱了人们的宗教迷信观念；随着《婚姻法》的贯彻执行，白族妇女大多数都能自由恋爱、自主婚姻、选择如意伴侣、建立幸福家庭，计划生育和优生优育的推广，丧葬制度的改革，传统影响制约白族妇女生育的习俗和观念在改善，有利于白族妇女健康的生育观念和幸福家庭风尚正在兴起。如大理市湾桥乡小林邑村的妇女生育观念的变化，就有力地说明了这一点。

（一）白族自然村妇女生育观的转变

云南省大理市湾桥乡石岑村公所新邑村为自然村，位于滇西北苍山脚下、洱海之滨的大理坝子中，海拔有2000余米。这里常年平均温度为15.1摄氏度，全年无霜期达230天，全年日照时数约2500小时，年平均降雨量1100毫米左右。该村距省城435公里，距州府24公里，距大理古城13公里，跟乡政府2公里，距村公所1公里。全村有35户，人口143人，其中男性67人，女性76人，有32对夫妇。距村庄1500米处有滇藏公路通过，500米处有下关至上关的环海路穿过，汽车路直修至村中。村庄东面500米处有小学1所，村庄北面600米处有乡办中学，适龄儿童（包括女童）均能入学。全村人均信仰佛教和本民族宗教——本主，距村庄500米处有一座本主庙，与邻村共尊一位本主。全村共有三个宗族，即陈、杨、李三姓，其中陈姓为大姓共16户，其次为杨姓11户，李姓只有8户，三姓间均有姻亲关系。村庄周围均是白族聚居的村庄。全村以农业生产为主，人均有一亩多的田，人均粮食收入450公斤，人均经济收入550元左右,温饱问题基本解决。

据调查,村民们普遍持有"人多势众"的思想,故而该村60岁以上的妇女19人中,除1人不会生育外,最少的生育2胎,最多的生育12胎,普遍生育5~7胎。在生育过程中又无卫生和健康条件的保障,通常在家中分娩,头胎由婆婆或丈夫帮助接生,随后多数为自己接生,也有个别靠妯娌或村里的接生婆助产的。所以,在该村的历史上,曾有因难产而导致母亲丧命的事例。而按白族的习俗,死于难产的妇女不能埋入祖坟,因为她们是不洁净的人。此外,在村里还有一年内一个屋檐下不许出生两个婴儿的习俗,其中一人必须到牛厩里分娩,造成婴儿出生后死亡。那时人们只有生育的能力,而无调节和控制生育和让妇女安全通过妊娠、分娩、母婴健康、不感染疾病的措施。在村里如今60岁以上的15位老太中,有两人曾得过子宫脱垂;一位有尿瘘;四位有过生殖道感染;多数妇女都患过不同程度的"妇科病"。

在村里人们生育的最大动力是耀祖光宗,传宗接代。李老太如今已79岁,她是当年村里唯一从洱源讨来的外县媳妇,尽管李老太年轻时十分漂亮能干,她除了会农业生产技能外,与本地媳妇相比,她还会食品加工、编织箩筐售卖等,村里的婆母、小媳妇在需要时都跟她学艺。可在平时生产劳动或传艺时,一旦与别人发生争执,最终过错都归在她身上,别人总以自己的儿女来炫耀,以"养个母鸡会下蛋,做个媳妇不会生娃"来讽刺挖苦她,她时时遭受冷眼、讥讽,有的人甚至骂她是"一幅孤老相""石女"等。

在村民们的观念里也不容私生子和寡妇再嫁。一个家庭里,如果出现过一个行为越轨的女儿或有私生子,那她根本就不能在村寨中立足,甚至在附近的村庄都嫁不出去,家人、族人为此在村里也没面子,抬不起头,甚至影响到其他女儿的婚姻,舆论总是谴责她们。直到20世纪80年代末,陈家一女儿原许配在邻村,因她与中学同学相好并发生越轨行为,导致邻村人家与她解除婚约,而且波及到她品行端庄的妹妹也被解除婚约,最后她不得不远嫁到人生地不熟的山东省去。

历史上白族还流行过转房制即叔就嫂婚,哥哥去世后弟弟与嫂子过,不容许寡妇再嫁。近几十年该村已无转房现象,可寡妇不另嫁仍沿袭。据说过世不久的杨母张氏,21岁起守寡,直至去世。

尽管白族村落传统鼓励妇女多生多育,而且要生男孩,但调查表明,现40岁以上的16个育龄妇女中,最多一人生育四胎,其中两胎为智力低下者相继去世;有两人生育三胎,一家三个均为女孩;另一家第三个是男孩,其余均为两胎。40岁以下的12人,年轻一点的只生过一胎,其他为两胎、间隔在5年以上。从自治州规定农村妇女可生两胎以来,该村从来没有一家超生过。母婴健康不断提高，多数人均到乡医院分娩，即便在家中，也有村医接生，妇女们基本能自由选择自己的避孕方式。村民们从"多子多福"到"儿多母苦"观念的转变，一是离不开政府计划生育政策的贯彻执行，二是离不开以自然村为基础的社区中的妇女们自己的参与。

（二）自然村社区里妇女的参与

据白族村妇女生育健康调查分析，显然只有当妇女作为主体参与到村里的生产、生活及一切活动中，其自身的生育健康才能在这一过程中得到改善。在村里生儿育女、婚丧嫁娶、砌房盖屋等村民人生大事上，每家都暗暗下决心与村里其他人家竞争，且要超过别人，争得"面子"和在村里的地位。而在这一过程中，妇女的参与起着重要的作用。白族妇女历来以勤劳能干而著称，她们不仅承担传宗接代的生育重任，而且直接参与农业生产，是稻作生产的直接承担者之一；也是家庭生活的管理者，平等地与丈夫协商家中重大事件，她们的意见多数被采纳。无论过去还是现在，佩戴在母亲胸前的"钥匙串"，主宰着家政中的一切，同时也是"权力"的象征。由于妇女的辛勤劳作和妥善安排管理，不断加大了她们的参与程度和生产生活、经济支配权，提高了她们在村里和家庭中的地位，也逐步改变了她们对生育的看法。妇女们积极参与当地政府定期或不定期进行的计划生育知识培训与教育，了解妇幼保健、优生优育、避孕节育等道理，使她们从自身经历和养育子女过程中，深刻地认识到："田多累主，儿多母苦"。妇女们的一生在为人妻、为人母，供养子女衣食住行、上学、就业、结婚、建房过程中，每一环节都少不了她们的参与。她们很少考虑过自己，尤其是自身的健康和需求，往日也没有人关心和过问。究其根源，都与生育过多有关系。所以要增强自己的健康，改善自己的生活，就要响应政府号召，转变传统的"多子多福、养儿防老"观念，再也不能无遏制地生育了。于是妇女们积极参与，采用避孕措施，选择生育胎次和生育间隔。早在20世纪80年代初，生育三胎以上的妇女自愿相约，三两成群进城做结扎绝育手术；生育期的妇女也主动去放环避孕等。近年来，由于政府大力推行计划生育政策，符合妇女们的切身利益和愿望，从而杜绝了多胎生育，逐步降低了人口出生率。我们可以从该自然村近30年来的人口统计、家庭规模和家庭结构上略见一斑。

小林邑村在近30年之中，一直存在性别比差异，其中男性比约在47%，女性为53%，原因是男性在外面工作比女性多，女性寿命比男性长。而户均人口下降快，1985年比1975年户均减少1.3人；1995年又比1985年户均降低0.8人，人口出生率逐年降低，家庭规模也发生了变化。

1975年，该村人口最多一户为14人，5~6人者居多，这与白族传统崇尚四代同堂大家庭分不开。如今人口最多者 6~7 人，且数量较少，大家庭逐渐解体，走向父母和子女的核心家庭。

20 世纪 80 年代中，联合家庭逐渐瓦解，核心家庭逐渐增多，村里也出现了单身户。到 20 世纪 90 年代，单身家庭增至 3 户，核心家庭占一半多，联合家庭基本瓦解，仅存 2 户为四代同堂。可两家均属爷爷辈在城里工作，父亲属独子，还有未出嫁的女儿。

家庭规模的缩小，家庭结构的变化，都与妇女在其中的作用分不开，缩小和变化的过程，就是妇女的参与过程。白族妇女在自然村社区生活中越来越占据重要角色和位置，她们的参与面和参与程度越来越广，早生多生、喜生男孩的传统观念和晚婚晚育、男孩女孩都一样、母婴健康、优生优育的现代意识正进行着调适和整合；妇女们在参与自然村社区生活过程中增强了自己的主体意识。而这一切又与妇女间的互动分不开。

（三）自然村社区里妇女间的互动

小林邑村在近 30 年中，人口规模一直在 120~150 人之间，村民们互相知根知底，共同生产生活在同一村落里，相对封闭的村落便是人们活动的最大场所。每天清晨家庭主妇们到井边挑水、到河边洗菜、洗衣服、到菜园种菜、院坝中喂猪鸡、田园边放牛马等，都不会超出村寨方园一公里。农闲时的缝衣、挑花刺绣，老太太每月初一、十五本主庙中聚会，村落里性别角色的分工，把大姑娘、小媳妇、老太紧密地联系在一起。加之村落人口流动性不大，唯一新成员的增加便是生育和姻亲。每个新生儿的到来和每个新媳妇、上门女婿的进入，都在妇女们的相互谈论和传播中所熟知。

白族民谚说，"三个女人一条街"，一语道出了妇女间的相互关系和作用。村落里的生育文化、风俗习尚、道德规范等，都在相互交谈中传承、传播而沿袭。尤其是谁处于妊娠和分娩期，那她就成了大家谈论和关心的重点对象。特别是产妇分娩，被村民们认为是过生死关，更牵动着每位妇女的心。村民们给我讲述了这样一则小故事：陈家二婶与李家为争场地晒谷起纠纷，两家主妇从清晨 9 点吵到下午 4 点，并从两个主妇间的争吵演变为两家人对吵，差一点就发生械斗。当天深夜，怀孕未足月的李家儿媳突然感到腹痛，是临产的前兆，家人闻知唤起全家正准备送往医院。曾当过赤脚医生的陈二婶知道此事后，来不及穿戴整齐便跑到李家对孕妇进行检查。经她检查，产妇羊水已破，很快就会临产，但脐带绕在婴儿脖子上，送医院来不及了，母婴危在旦夕。紧要关头，陈二婶凭她多年接生经验，经过两个多小时努力助产，婴儿平安落地，母亲也度过了难关。两家白天的争吵似乎没发生一样。

白族传统姑舅表婚在此盛行，在 20 世纪 70 年代有两家就属表姊表妹婚，其中一家生育四胎，可老大和老三均是智力低下者，奶奶和母亲为此操碎了心，结果两个孩子相继病逝。病儿的母亲感慨地说："早知如此，何必当初，宁愿当尼姑，也不能近亲婚配。"这样的事成了妇女们议论、传播的活教材，尽管如此，要改变民族传统习俗又谈何容易。到 20 世纪 80 年代中，该村李家阿秀被许配给舅舅家当儿媳；杨家阿梅几次被姑妈家来提亲，两家父母已默许。可阿秀和阿梅在女伴们的支持下，越想越认为近亲婚配的后果不堪设想，于是坚决反对父母的决定，并用村中活生生的事例来说服其家长。在村落舆论的压力下，这两家家长取消了原来的决定，这正是妇女间互动的作用。近几年几乎没再出现近亲婚配情况，民族传统姑舅表婚姻习俗也逐渐消解。

二、白族妇女教育观的转变

20 世纪 50 年代以后，白族妇女享有同男子平等的受教育权利，政府教育部门和非政府组织相互配合，办夜校、办扫盲班；开展普及六年制和基本普及九年制义务教育。特别是在白族地区开展双语教学；开办寄宿制和半寄宿制学校，办女童班、民族中学、民族技术学校和民族学院。并在大专院校开设民族干部专修班、民族预科班等多种形式办学，使得白族妇女从小学、中学、大学、研究生中的比例逐年上升，白族妇女中有了自己的女教师、医生、干部、文学艺术和科学工作者。尤其是改革开放以后，随着经济发展，过去束缚妇女接受教育的传统观念得到改变。以周城为例，过去这里的女孩不进学校，家庭培养对象优先考虑男孩被视为天经地义，女孩在家干活也被认为是理所当然。现在周城镇里不仅有幼儿园，还有九年制的学校。1994 年，学校又投资 68 万元，新建了一幢 1400 平方米的初中教学大楼，投资 5 万元，完善了初中实验室，此外，还制定了升学的激励机制，使每一个能考上大学、中专的学生都能受到奖励。在家庭中，父母转变了观念，男孩女孩都要供上学，尤其女孩学习成绩好，能升学，还取得比男孩优先上学的地位，从而使像周城这样传统上不供女孩上学的白族村落，现在也有了自己的女大学生。女孩入学率达 100%，升学率也在 70% 以上。

再以大理海东金梭岛渔民妇女为例，说明白族妇女受教育观念的变迁。

金梭岛位于大理洱海东侧海东境内，四周环水，悬岩峭壁，全长约 2 公里，平均宽 370 米，是大理洱海三岛、四阁、四洲、五湖、九曲中最负盛名的第一大岛。岛上居住着 210 户白族渔家，总人口 1138 人，其中女性 574 人，是男性的一半多，长期从事捕捞鱼虾和航运生产。生活在这里的白族妇女，淳朴、勤劳、善良。过去他们一直以男驾舟、女撒网、朝出海、夕阳归的方式生活。妇女在家庭生活中地位也比较低，除了追随丈夫出海捕鱼虾生产外，还得侍候公婆、料理家务、养儿育女，尤其受白族传统观念重男轻女思想的影响，女孩也要进学堂的观念很淡薄。自20世纪50年代以来，随着教育事业的发展，九年制义务教育的普及，女孩不进学堂的观念在其他白族地区得到转变，许多白族女孩同男孩一样享有受教育的权利。但在海东，女孩上学仍为数不多，岛上的女孩上学就更少了，即使上学，也很少有人读到高小毕业，女中学生更少。所以，现在岛上年纪大一点的妇女，几乎都不会写自己的名字。

十一届三中全会以后，岛上旅游业得到发展，大批中外游客络绎不绝地来到岛上。旅游业的发展，服务业的需要，迫使海岛人反思，要振兴海岛经济，首先要提高劳动者的素质，重视和发展教育事业，发展教育要注重占人口一半多的女性的教育。于是，围绕这一经济发展规划，海岛人开始制定了以发展科技、提高劳动者素质，特别是妇女就业素质的教育培养规划，使经济开发和智力开发有机地结合起来。广泛动员号召女孩上学，开办各种职业技术培训班，提高岛上妇女劳动素质，用实际行动冲击岛上女孩不上学、上学难的观念。

如今随着改革开放的不断深入，岛上的人们除了从事传统的渔业生产外，还从事旅游服务和航运工作，岛上的妇女正在不断觉醒，深深认识到，学习掌握科学文化知识对就业、工作的重要性和必要性，从而也有一种紧迫感。近年来，岛上适龄儿童（包括女童）全部入学就读，岛办事处还制定具体措施鼓励人们学习科学文化知识，尤其对继续升学的学生实行奖励，对小学毕业考上乡办中学奖30元，考上凤仪三中奖50元，考上大理一中或下关一中奖70元；如果考上州内中等专业技术学校奖200元，考上省外中等专业技术学校奖250元，考上省外中等技术学校奖300元，考上大学奖500元，尤其是女孩考上，更要重奖。所以，女孩小学毕业升学率也不断提高。去年，除按国家录取分数考上中学、中专的以外，还有7个学生自费进入中学和中等专业技术学校继续深造，而在7个学生中，仅有1个是男孩，其他6个均为女孩。可见，女孩也要接受学校文化知识教育，越来越成为全民族的共识。而且，目前在白族许多家庭中，又出现了一种新倾向：即男孩子如果不读书，还可以靠力气来维持生计，而女孩只能靠读书创造自己的未来。在这种观念促使下，女性获得了与男孩平等的甚至更多的受教育机会。

从对白族传统生育和教育观念的分析、对白族生育和教育现状的调查，可以断定，为农村妇女，尤其是少数民族妇女提供、创造社区服务是真正实现男女平等、促进农村妇女特别是少数民族妇女观念转变、地位提高和持续发展的有效途径。

（原载《妇女研究论丛》，1999年第2期）

白族传统文化与妇女生育观

传统文化是在历史过程中逐渐形成的文化创造模式，它既是人类活动的成果，反过来又深刻地影响着人类的活动。不同民族的生活方式，造就着不同民族的文化模式；同一民族在不同时期的生活方式，影响着同一民族在不同时期的文化模式。在历史发展的长河中，各民族均保留着自己的传统生活方式，并一代代相传，从而形成具有民族特色的传统文化。生育作为人类行为的一部分，各民族对此都十分重视。于是在生育观上，各民族均有自己独特的传统和观念。白族也不例外，尤其是白族的传统文化，对白族妇女的生育观影响很大，其中有精华，也有糟粕。因此，本文在实地田野考察的基础上，探讨白族传统文化共同特征，如地理环境、血缘宗族、宗教信仰、恋爱婚姻、家庭意识中体现的生育观念。

一、地理环境与妇女生育观

白族是云南少数民族中历史最为悠久的民族之一。现有人口195万多人，云南有134万，男性为67.7万，女性63.3万，主要聚居在大理白族自治州。其中民家人约占总人数的95%，那马人占3.5%，勒墨人占1.5%。中华人民共和国成立之前，由于历史条件和地理环境的制约，他们各自处于不同的社会历史发展阶段，经济发展也不平衡，加之自然气候差异，居住在怒江和澜沧江边的勒墨人、那马人，从事刀耕火种的同时逐渐开始农耕，险恶的地理气候和自然生态直接影响和威胁着妇女的生育与健康，造成这里地广人稀。而在洱海区域坝子中的民家人，农耕方式已形成，这里的生态环境相对有利于妇女的生育和健康，形成人口密集状态。

由于自然条件和地理环境的差异，致使不同地域中的白族在生产方式、物质生活、风俗习惯也有所不同，从而在思想意识和心理状态上也有差异。然而，白族聚居的云南各地，山峦起伏，江河密布，交通不便，把同一民族的不同支系、同一支系不同地域分割开来。在这样的地理环境中，白族得以保持着完整的民族特征，使古老的生产生活方式得以传承和沿袭，这正是人们追循着日出而作，日落而息的生活方式和本民族的风俗习惯，并以人畜耕作，广种薄收，靠天祈雨的低下生产力，沿袭着农业社会男耕女织的生产方式，和自给自足的小农经济，在封闭的自然环境和自我固守的传统文化中，迫使人们只能靠人类自身的再生产——种的繁衍来加速人口的发展。于是，人们渴望增丁添口，崇尚大家庭，来满足亲子感情和自我成就感，以保证自我的生存和整个民族的壮大。这就从根本上刺激了生育的运行机制，也就必然制约和影响着妇女的生育观念。据调查人们普遍持有"人多势众"的思想，造成居住在不同地域里现60岁以上的妇女，普遍生育5~7胎以上，有的多达10胎以上，无节制地生，直到不会生为止，在生育过程中又无卫生和健康条件的保障。据调查资料载，1951年以前，由于旧法接生，孕产妇和婴幼儿的死亡率很高。当时土改卫生工作队共调查50931名孕产者，其中流产者占7%，早产者占2.4%，难产者占2.8%，足月产者占87.8%。在38203次分娩中，自产自接者占76.3%，旧产婆接生的占14.2%，新法接生的仅占9.5%，产后感染（产褥热）者占12.85%，产后流血者占13.26%。在出生婴儿6726人中，婴儿死亡率高达40.2%。[①] 那时，在险恶的自然生态环境和封闭的传统文化中，根本谈不上调节和控制生育，也没有让妇女安全通过妊娠、分娩、母婴健康、不感染疾病等措施。由于自然生态环境的影响，白族地区历史上曾流行的"血吸虫病"，曾危害妇女的生育健康；还有"麻风病"，在民间曾一度认为是不治之症，因而发生过枪杀或活埋患者的事件；洱海区域的山区或半山区，由于生活用水低碘引起的地方性甲状腺肿民间称为"大脖子病"，及克汀病，严重地影响妇女的生育；还有宾川、漾濞、祥云、鹤庆等地温泉水氟含量超标而引起的"地氟病"；又由于白族饮食习惯中喜吃"生皮"的习俗引起的"旋毛虫病"等地方病流行，严重地威胁和影响着妇女生育健康。促成当时高生育文化成为一种必然，使生育观从根源上带有顺其自然的惯性。随着社会的发展、科学技术的进步、自然环境的改善、新法接生的普及，以前那种危害妇女的疾病得到控制，孕产妇死亡率1988年下降到5.63/万[②]。自然生态影响的地方病，如"血吸虫"病1984年经考核检查，达到国家规定的基本消灭血吸虫病的标准；麻风病目前基本消灭；地方性甲状腺肿及克汀病已达到国家颁布的基本控制标准；地氟病经过改水降氟工程（即引泉水入村、打深井）得到控制；"旋毛虫病"的根治涉及移风易俗，需长期宣传科学饮食方法，才能彻底根治此病。

---

① 大理白族自治州地方志编纂委员会：《大理白族自治州志》卷八（科技志、教育志、卫生志），昆明：云南民族出版社1992年版，第377-378页。

② 大理白族自治州地方志编纂委员会：《大理白族自治州志》卷八（科技志、教育志、卫生志），昆明：云南民族出版社1992年版，第377-378页。

二、血缘宗族观念与妇女生育观

直到中华人民共和国成立时，白族社会仍然存在父系家庭公社和封建宗法大家庭。如勒墨人和那马人的父系家庭公社，都以血缘纽带维系家庭公社的基础。泸水县洛本卓乡的勒墨人大约有近百个父系家庭公社，分属虎、鸡、木、菜四个氏族[①]，分布在不同村寨，每个村寨居住着 1~3 个父系氏族，也有一个父系家族分居于相邻几个村寨，每个家庭公社包括同一家族的七八户至数十户一夫一妻制父系小家庭[②]。每个氏族有自己的氏族长、公共土地和墓地，有互帮互助的权利与义务，生产中有共耕关系，有共同祭祀活动和保障民族正当权益义务。而在洱海区域的宗法大家庭中，除去包括四五代成员的大家庭外，多数分解为一个宗族有许多小家庭。在喜洲、周城等村镇，有的宗族达上百家。每个宗族均有自己的田产，家族公共墓地；并以宗族的共同血缘为纽带，建有祖宗祠堂。如喜洲 16 村每一个同宗同姓都有宗祠，遍布在各街巷和村落。在喜洲街北栅外就有白语称之为"董格次叹""鸭格次叹""尹格次叹"的宗祠，"格"白语意即宗族。此外，还有同姓不同宗的祠堂，如喜洲城北村就有"上加次叹""西加次叹"。家族中由辈分高的年长男性任族长，也有个别世袭族长的现象。族长权力大，主持家族内生产生活、祭祀祖先，参加庙会活动以及处理纠纷。白族普遍还有宗谱和家谱。据史料载，早在一千多年前就有《张氏国史》流行于南诏大理国[③]。到宋元以来，高氏及杨、赵、李、董等名家贵族都修过家谱[④]。于是，时至今天不同地域中的白族仍然保持着完整的族谱、家谱及聚族而居的特点。有的一个村寨往往就是一个大家族，有的则是有血亲关系的几个家族，即以家庭、宗族血缘关系而聚居。剑川县的下沐邑村有杨、张、颜和王四大姓，其中以杨、张两姓为主，形成以血缘为核心、以地缘为基础的社会组织[⑤]。从遵循"一切服从氏族组织利益"发展到"维护家族内共同利益"的民族传统意识，并靠血缘宗族社会组织来加以保证，以修宗庙、祭祖宗、续家谱来增强宗族观念。

白族以家庭为单位的自给自足的自然经济孕育了封建的宗法制度，而宗法

[①] 云南编写组：《白族社会历史调查》（三），云南人民出版社 1991 年版，第 31 页。
[②] 修世华：《论怒江勒墨人的父系家庭公社》，载《民族研究》1994 年第 4 期，第 2 页。
[③] 李霖灿：《南诏大理国新资料的综合研究》，《南诏图传》部分 5~6 题记。台湾中央研究院民族学研究所 1967 年出版。
[④] 张锡禄：《南诏与白族文化》，香港：华夏出版社 1992 年版，第 2 页。
[⑤] 宋恩常：《云南少数民族研究文集》，昆明：云南人民出版社 1986 年版，第 534 页。

制的核心又是家长制和夫权制，并以嫡系长子继承制为其特征的父系传承；加之白族传统农耕社会对劳动力的需求，多子多孙，几代同堂被认为是农耕社会幸福的标志；家族与家族之间的"冤家械斗"、实力竞争；在村落中享有地位也是需要人多，人多势众，家族阵容就庞大，而这一切都归之于妇女的生育。于是，与氏族社会的遗风和自然经济相适应的生育观被延续下来，血缘宗族兴旺的理念，强烈地刺激着白族妇女的生育，越穷越生，且要生男孩。因为"只有男子才有继承财产的权利。继承者首先是儿子；有女无子的可以招赘女婿，叫作'讨实子'，无儿无女也可抱养同族弟兄的子女（过继）或'养子'。但都必须取得家族的同意；赘婿和养子要改名换姓，才能取得财产的继承权。"[①] 生育就是为光宗耀祖，传宗接代。家族中容不得不生男孩的妇女，更不容不会生育的妇女，她们使家族"断子绝孙"，那是家族的奇耻大辱，以"养个母鸡不会下蛋"来讥讽不育妇女，妇女被当成性和生育工具，在家族中无地位。故白族民间流行有"妇女无喉咙，说话不算数""母鸡做不得三牲"等说法。[②] 在宗族观念束缚下，妇女必须遵循宗法社会宗族家法来约束和规范自己的行为。过了门的媳妇不仅要承担全家人衣食住行，更主要的是为家族生儿育女，使自己的一切服从于宗族的利益。在改革开放推行家庭联产承包责任制的过程中，事实上还维系了白族以血缘为纽带而形成的村落家族的作用与功能。家族不仅是生产联合体，且家族人多势众观念更加强烈，要求妇女多生，生男孩，使得淡化了几十年的家族制得以复活，给优生优育和计划生育政策的全面贯彻落实带来一定困难。这又与白族妇女血缘宗族观念联系在一起。

三、宗教信仰与妇女生育观

本主崇拜是白族特殊的宗教信仰。本主为汉语意译白语名，过去地方志书里多称为"土主"，民间称之为"老公尼""阿太尼"，总称"本任尼"，即始祖之意，具有鲜明的祖先崇拜的特征。这种由原始宗教的自然崇拜和图腾崇拜发展而来的祖先崇拜，强化着妇女生育的传宗接代、繁衍子孙的观念，同时还维系着白族社会血缘宗族关系。在白族信仰中，本主就是本社区的主宰神，它管天，使风调雨顺；管地，使五谷丰登；管畜，使六畜兴旺；管人，使人丁昌盛，阖境清吉。因此人们相信本主有战无不胜的力量，无论有什么困难只要祈求本主，都可以得到解决。白族妇女结婚，要到本主庙祭祀，祈求本主保佑送

---

① 《白族简史》编写组：《白族简史》，昆明：云南人民出版社1988年版，第240页。
② 云南编写组：《白族社会历史调查》，昆明：云南人民出版社1991年版，第192页。

子,又如妇女生育,家人也要到本主庙去敬香,请求本主庇佑,减轻疼痛,顺利生产;就连小孩出生、满月、周岁、生病等,也要到本主庙去祭祀,祈求本主保佑平安吉利。在她们的观念里,子嗣繁衍关系到宗族兴衰;家族的存续、民族的发展与壮大,都寄托在子嗣的延续上。而子嗣的繁衍又与妇女的生育健康紧密地联系在一起,以至白族的信仰中,祈子嗣和保佑母婴健康的观念很强烈。于是在每座本主庙中,除主神本主外,还有配神"送子娘娘""九天卫房圣母"等,专司送子嗣。今天白族妇女观念中仍存在祈求本主保佑宗族兴旺、子孙昌盛、儿孙健康成长、民族延绵的意识。正如大理满江村本主庙的一副对联所说:"体天地之好生大生广生生不已;保子孙于彝世十世百世世不穷。"[1]反映出人们于本主崇拜中的生育观和多子多福的精神依托。

　　白族信仰的本主神,近似于希腊神话中的神,却又比希腊神话更具有人情味,并且来历不同。他们之中有"自然之神本主",如云雾、太阳、月亮、石头、树桩、鱼螺等;有"龙本主",如大黑龙、小黄龙、龙母等;有为民除害的英雄人物本主,如杜朝选、段赤诚、孟优等;有南诏大理国的帝王将相本主,如细奴逻、蒙世隆、赵善政、段宗榜、郑回等;有征战南诏的唐朝将领,如李密父子;还有戍边屯垦的明朝将领傅友德、沐英等;还有为民所敬仰的节烈、贞女的女性本主,如阿南、柏洁夫人等。这些本主都有神话故事伴随,形成丰富多彩的白族本主神话故事,这些神话故事又世代相传,长期在庄严的祭祀中朗诵,从而体现本主信仰中的观念,由此也就深入人心,形成牢固而有力的白族民族传统和精神文化的一部分,长期支配着白族的社会生活,影响着人们的生育观念。其中还有充分体现白族生育欲望的生殖崇拜,其中最为典型的是剑川石宝山石窟中的石雕女阴——"阿央白"即生殖器崇拜,它与许多庄严的神像并列,受人膜拜。每年农历7月27日至8月1日,洱海区域的青年男女汇集于此对歌,寻找情侣,并对"阿央白"进行跪拜,祈求爱情美满,婚姻幸福。平日,已婚妇女来此跪拜祈求子嗣;已生育的妇女则求多生,生男孩;有孕的妇女则拿生香油在石雕女阴上擦抹,认为擦后即可生儿子,并祈求生产时顺利,减轻疼痛。白族先民们把生育力视为一种神秘的力量,重视妇女在生育中的作用和女阴的生殖能力,也就自然表现出对女性生殖器崇拜,表现出人们关心种族繁衍、尊重和维护生命力,对人口增殖的强烈生殖意识。

　　与生育现象联系起来产生的祖先崇拜,鱼螺也成为白族先民的崇拜物,并把鱼作为"始祖母"的象征,已不仅仅是对女阴的崇拜了,其生殖意义与血亲

---

[1] 杨政业:《白族本主文化》,昆明:云南人民出版社1992年版,第64页。

关系紧密相连。"鱼作为一个氏族群的根,经代代相传,几经流传仍深深植根于洱海先民的意识中。"① 今天洱海区域白族社会生活,仍与鱼有密切联系,无论宗教信仰的祭祀,还是日常生活的婚丧嫁娶,都与鱼联系在一起。大理喜洲河矣城本主庙,供奉的"洱河灵帝",就是直接把鱼神尊像供奉于本主庙中,让人们祭祀。祭品也少不了鱼;婚宴餐桌上也离不开鱼;就连新媳妇过门后的第一件事便是上街买鱼,以示自己的生养能力;丧葬中也以鱼为殉葬品,认为鱼有复生的能力,而借其复生能力促成人之再生。就连妇女的服装上也处处可见鱼崇拜的痕迹,如少女戴鱼尾帽;妇女上衣、袖口、衣襟上缀着象征鱼鳞、鱼人的银白色泡子;围腰、裤脚边、鞋上绣有鱼纹图案。可见人们对鱼的崇拜,将鱼与生殖相连,把鱼作为女阴象征,其中又包含了生殖、血亲、种族意识。

洱海区域的白族还盛行一些与人口增殖,特别是与妇女生育相关的活动,如一年一度"绕三灵"盛会,青年男女以此为寻找对象的好时机;已婚不育妇女可以择偶"野合",祈求得子。此外,为祈求子孙兴旺,白族民间还流行"修路""架桥"活动。通过宗教信仰和各种活动,以求神灵保佑儿孙满堂,赠子荫宗,这也就是白族在长期的宗教信仰中形成的生育观念,并一直左右着妇女的生育行为。现在则成为阻碍优生优育、节制生育,影响妇女健康的文化基础之一。

四、恋爱婚姻与妇女生育观

白族传统文化中青年男女恋爱婚姻也有自己独特的方式。通常人们恋爱自由,但婚姻不能自主。女孩长到 13～15 岁,就必须履行人生礼仪"穿耳洞",穿过耳洞象征着少女可以恋爱了,在民族节日上对歌,唱白族调,寻找情侣。农闲时夜晚男女青年三五成群在村落里幽会,约会地点称之为"花南",白语曰"南毫",直到 20 世纪 50 年代末村寨里还保留着"南毫",供青年男女在一起娱乐。而在勒墨人和那马人中,女孩长到 13～14 岁就离开父母的大火塘到小屋居住,这种小屋类似"南毫",男女青年在一起弹口弦、吹树叶、对情歌,相互倾吐爱慕之情。因此不会唱调子的姑娘难寻如意君郎,不会对歌的小伙也难找到聪慧能干的姑娘。所以白族生来爱唱歌,自古也就有依歌择偶的传统。故李京在《云南志略》中说:"少年子弟号曰妙子,暮夜游行,或吹芦笙,或作歌曲,声韵之中皆寄情意。"②

---

① 蒋印莲:《生殖文化在洱海地区的遗留》,载《云南民族学院学报》1990 年第 3 期,第 22 页。

② 李京:《云南志略·诸夷风俗》。

可是，白族少女即使是自由恋爱，最终仍须经过传统的婚俗程序方可成婚。通常青年男女钟情后，征得家长同意，由男方父母请媒人到女方说亲，讨求女孩生辰八字，经占卜求吉，如若双方辰相抵触，这门亲就不能成。民间常言："一山不容二虎"，意即两个属虎的人不能相配；"龙虎相斗"，属龙的人不能找属虎的人成亲；"羊落虎口"，就是属羊的女孩不能找属虎的男子，否则会相克。除当事者"八字"不相冲犯外，也不能与家人相顶撞才能婚配。依然奉行"父母之命、媒妁之言"的传统习俗。有些地方还流行过"指腹婚""娃娃亲""买卖婚姻"等，严重地影响了妇女的生育与健康。

白族婚姻基本上是一夫一妻制，1949年前，极个别人有过一夫多妻。同姓同宗不婚外，与其他民族亦可通婚，但仍以在本民族内通婚为主。盛行姑舅姨表婚，即首先在表亲中选择配偶，俗话说"表姊表妹表上床"。这样做的目的是使财产不外流，亲上加亲。这一习俗至今还流行，笔者在洱海区域许多村寨作调查，发现村寨中的弱智、痴呆、哑儿多为近亲婚配的结果。在实行家庭联产承包责任制后，白族联姻范围越来越小，方圆很少超过几十公里，大多就在几里内。调查证明，在本村落内联姻的现象越来越突出。尤其为保留一份土地，即将自己的份额土地带到婆家，出现了同村恋、村内转的封闭式婚姻，使得本来就乡里乡亲又亲上加亲，不仅加重了人际关系中的矛盾，更严重地影响妇女的生育观念和人口素质。

白族婚俗中还保留着反映母系制特点的从妻居制，即招婿入赘婚。这种婚姻形式分别为：有女无子，为女儿招婿；有的则是女儿大儿子小才招婿；有的虽有儿子，但为增加劳力而招婿；还有的则是父母与女儿关系好，而不愿女儿出嫁才招婿。无论哪一种方式的招婿入赘婚，都是从妻居，并在缔结婚姻时，请中证人立约，阐明双方权利与义务，有女无子招赘婚，入赘男子要改名换姓，有权继承女方家的财产。入赘婚双方所生子女，规定长子姓母姓，为母亲家继承人；次子姓父姓，有权返回父亲的本家，这便是白族社会中"长子入祠，次子归宗"的传统。而无论哪一种方式的入赘从妻居婚，均可使紧张的婆媳关系变成母女关系，能发挥妇女在家庭中的作用，保障妇女的地位与权益，有利于妇女的生育健康和反映妇女的意愿。

历史上白族社会中还流行过"抢婚"习俗。抢婚有两种方式，一种是发生在未婚青年男女中，男女相爱，可女方家不同意，男方家只有通过抢的方式才能成亲。另一种方式则发生在已婚妇女（多半是寡妇）中，男方通过媒人与寡妇公婆或本人说定，男方趁其外出参加庙会或赶集时将其抢回成婚。通常寡妇不能再嫁，而通过抢的方式促成寡妇再婚，免去寡妇活守寡，有利于妇女身心健康。

如今白族青年男女大多数都能自由恋爱，自主婚姻，选择如意伴侣，建立幸福家庭。但在边远山区和经济欠发达的乡村，传统婚恋习俗仍在制约、左右着妇女，姑舅姨表婚没有彻底根除，买卖婚姻时有发生，一些乡村早婚现象严重，早婚必然带来早育，早育使妇女过早地担任生育重担；有的为要男孩而造成多生，甚至还出现高龄孕妇，严重地威胁影响妇女生育健康。这里蕴含着传统家庭观念的影响。

五、家庭对妇女生育观的影响

白族家庭基本上一夫一妻制的个体小家庭，这种小家庭包括祖父母和未嫁娶的儿女，儿子婚后与父母分居，另立门户；幼子一般与父母同住。在怒江的勒墨人和兰坪的那马人中，三四代同堂的家庭不多。可在洱海区域的剑川、鹤庆、大理等地，几代同堂家庭居多，这与白族传统崇尚四代同堂大家庭的观念分不开。直到20世纪80年代初，笔者在周城镇和其他乡村调查时，人口最多一户有24人，10人以上户数也不少，7~8人者居多，村里的家庭结构以主干家庭和联合家庭居多。随着经济体制改革，社会转型，如今白族家庭人口最多者6~7人，且数量较少，大家庭逐渐解体，走向父母和子女的核心家庭，4~5口人居多，核心家庭的建立，从根本上改变了妇女的生育观。

过去许多人认为，白族妇女在家庭中地位很低，是男人的附属品，丈夫负责掌管处理家庭中一切事务。但在实际生活中，由于妇女在家庭生活和经济管理中的作用，因而在实际生活中权力较大，往往由妇女当家，母亲胸前的钥匙串便是家庭财产和权力的象征。加之白族传统对后代子嗣的重视，于是在家庭内对妇女生育都很重视，盼望人丁兴旺，把添丁生口视为家庭生活中的大事和喜事，随之便产生了一套完整的生育习俗和观念。

此外，白族男女成立家庭后，通常不退婚或离婚。媳妇过了门，生为男家的人，死为男方家的鬼。丈夫去世也得活守寡扶持子女，开门立户沿袭香火。这种家庭文化一直桎梏着白族妇女身心健康，故在白族聚居区随处可见贞节牌坊，随时可听到节妇、烈女的故事。据清《鹤庆州志》载，元明清以来，仅鹤庆就有"节妇"552人，"烈女"40人，"孝女"4人，"贞女"24人。人们好过歹过凑合着过，不容离婚和寡妇再嫁，否则会受到舆论抨击。同时白族社会也曾遗留过没有子嗣的家庭，丈夫可以纳妾和寡妇"转房"的习俗。通常妇女久婚不育，或只生女孩不生男孩，丈夫可再娶，避免绝嗣断代，这便是从前造成一夫多妻的原因。寡妇"转房"又称"叔就嫂"，即兄死其弟或堂弟娶兄妻，俗话说"弟娶兄妻天下有；兄纳弟媳天下丑"，这种习俗在那马人中和洱海区域流行。但在丽江九河的白族和勒墨人中则流行弟亡，兄可纳弟媳，而兄死，其弟不能纳寡嫂，据说这是"长兄当父，长嫂为母"之故。可无论哪种方式，过去妇女均无权提出离婚的要求，正如俗话说："男人不给一张纸，女人只有等到死"。丈夫则有权随时休妻，洱海东岸海东和挖色地区夫妻不和，丈夫只要写封"休书"给妻子，便算离婚。碧江勒墨人的离婚更简单，丈夫只要打一木刻给妻子或调解人保管，就算离了婚。

可见，在婚姻家庭中，为生殖繁衍，妇女在家庭中被重视；生育得到关怀和照顾，也有一套完整的生育健康保护方式；而在夫妻关系上，因传统家庭观念的束缚，使妇女仍处于被动地位，只能嫁鸡随鸡，嫁狗随狗，无主动权。故无论历史上还是今天，白族家庭一般较稳定。随着社会发展，《婚姻法》的贯彻执行，计划生育和优生优育的推广，影响、制约妇女生育的传统习俗和观念在改善，有利于妇女健康的生育观念和幸福家庭风尚正在兴起。

以上对白族传统文化共同特征，包括地理环境、宗族观念、宗教信仰、恋爱婚姻、家庭与妇女生育观的关系等作了初步分析探讨，其中精华与糟粕同在，优良与粗劣并存，先进与落后共处。笔者意在通过这些与人口再生产有关联、与妇女地位与作用相联系、与妇女生育观念密不可分的传统文化的扬弃，取其精华、去其糟粕，发扬其中的优秀传统，并注入新时代的内容，创造良好的文化氛围，培养本民族的、现代的妇女生育健康观念，真正提高民族地区的人口质量。

一个白族村妇女在生育中的参与和互动

云南的世居少数民族有 25 个,其中有 15 个是云南特有的民族。而云南高原江河纵横交错、山峦起伏把社区与社区分割成一个个较封闭的小世界,交通不便,社会经济发展不平衡,导致少数民族社区发展也不平衡。各民族又有各自不同的居住地域和人文生态。就在一个民族内,也由于分布地域差异和自然生态的不同,又形成不同的乡村社区,在不同的社区里,妇女的生育健康水平和内容也就各不相同了。

为便于考察少数民族社区妇女的生育健康,我们选择大理白族一个自然村社区[①]作为研究对象。在少数民族地区,由于传统文化对妇女生育健康的影响与制约,必须以妇女的参与、妇女间的互动为主,强调妇女的需求及服务,而这一切,又都得以社区为基础(即以自然村落为基础),才能促进政策和法规的执行,推动生育健康服务,真正使妇女受益。因为"只有完善的社区功能和作用,才是政策成功的基础之一,政策下行的终点是社区—村落,而不是民族或农户"。[②]

一、白族自然村妇女的生育健康

为了解少数民族村落社区中妇女的生育健康,特以云南省大理市湾桥乡石岭村公所新邑村为例。该自然村位于滇西北苍山脚下,洱海之滨的大理坝子中,海拔有 2000 余米。这里常年平均温度为 15.1 摄氏度,全年无霜期达 230 天,全年日照时数约 2500 小时,年平均降雨量 1100 毫米左右。该村距省城 435 公里,距州府 24 公里,距大理古城 13 公里,距乡政府 2 两公里,距村公所 1 公

---

① 本文所用资料,均系笔者调查所得。因笔者就是大理白族,在白族社区里成长,熟悉白族语言。加之笔者大学毕业后分配到云南民族学院任教,特别是由于教学和科研工作需要,笔者曾于 1984、1992、1993、1995、1996 年分别陪同日本和欧美留学生多次回到白族乡村社区作田野考察。从 1999 年~2003 年,笔者参与云南省人民政府和美国大自然保护协会联合开展的"滇西北地区传统文化与自然生态保护行动计划"的课题,并担任白族片区组长,历时 4 年时间,走遍了白族聚居区五县一市的村村寨寨,收集了几百万字的调研资料和图片。

② 郑凡:《社区模式—社会学应用于中国的生育健康》,生育健康培训系列教材 2 号。

里。全村有35户，人口143人，其中男性67人，女性76人，有32对夫妇。距村庄1500米处有滇藏公路通过，500米处有下关至上关的环海路穿过，汽车路直修至村中。村庄东面500米处有完全小学1所，村庄北面600米处有乡办中学，适龄儿童（包括女童）均能入学。全村人均信仰佛教和本民族宗教——本主，距村庄500米处有一座本主庙，与邻村共尊一位本主。全村共有三个宗族，即陈、杨、李三姓，其中陈姓为大姓，共16户，占45.7%；其次为杨姓11户，占31.4%；李姓只有8户，占22.9%；三姓间均有姻亲关系。村庄周围均是白族聚居的村庄。全村以农业生产为主，人均有一亩多的田，人均粮食收入450公斤，人均经济收入550元左右，温饱问题基本解决。

该自然村的人们，祖祖辈辈生于此，死于此，世代繁衍居住在一起，大家互相了解，彼此熟知，发生在村里的每一件小事，都逃不过每个村民的视野，并以血缘姻缘为纽带，沿袭着传统农业社会男耕女织的生产方式和自给自足的小农经济，使村民们渴望增丁添口，崇尚四代同堂的大家庭，从而影响和制约着妇女的生育健康。据调查，村民们普通持有"人多势众"的思想，故而该村60岁以上的妇女19人中，除1人不会生育外，最少的生育2胎，最多的生育12胎，普遍生育5~7胎。在生育过程中又无卫生和健康条件的保障，通常在家中分娩，头胎由婆婆或丈夫帮助接生，随后多数为自己接生，个别也有靠妯娌或村里的接生婆助产的。所以，在该村的历史上，曾有因难产而导致母亲丧命的事例。而死于难产的妇女是最不幸的人，按白族的习俗，死于难产的妇人不能埋入祖坟，因为她们是不洁净的人。此外，在村里还有一年内一个屋檐下不许出生两个婴儿的习俗，其中一人必须到牛厩里分娩，造成婴儿出生后死亡。那时人们只有生育的能力，而无调节和控制生育和让妇女安全通过妊娠、分娩、母婴健康、不感染疾病的措施。在村里如今60岁以上的15位老太中，有两人曾得过子宫脱垂；一位有尿瘘；四位有过生殖道感染；多数妇女都患过不同程度的"妇科病"。

在村里人们生育的最大动力是耀祖光宗，传宗接代。李老太年近80岁，她是当年村里唯一从洱源讨来的外县媳妇，尽管李老太年轻时十分漂亮能干，她除了会农业生产技能外，与本地媳妇相比，她还会食品加工、编织箩筐售卖等，村里的婆母、小媳妇在需要时都跟她学艺。可在平时生产劳动或传艺时，一旦与别人发生争执，最终过错都归在她身上，别人总以自己的儿女来炫耀，以"养个母鸡会下蛋，做个媳妇不会生娃"来讽刺挖苦她，她时时遭受冷眼、讥讽，有的人甚至骂她是"一幅孤老相""石女"等。她一生在悲观失望中挣扎，在蒙受耻辱中生活，没有子女成为她一生中最悲哀、最痛苦的事情。

在村民们的观念里也不容私生子和寡妇再嫁。一个家庭里，如果出现过一个行为越轨的女儿，或有私生子，那她根本就不能在村寨中立足，甚至在附近的村庄都嫁不出去，家人、族人为此在村里也没面子，抬不起头，甚至影响到其他女儿的婚姻，舆论总是谴责她们。直到 20 世纪 80 年代末，陈家一女儿原许配在邻村，因她与中学同学相好并发生越轨行为，导致邻村人家与她解除婚约；而且波及到她品行端庄的妹妹也被解除婚约，最后她不得不远嫁到人生地不熟的山东省去。

历史上白族还流行过转房制即叔就嫂婚，哥哥去世弟弟与嫂子过，不容许寡妇再嫁。近几十年该村已无转房现象，可寡妇不另嫁仍沿袭。据说过世不久的杨母张氏，21 岁起守寡，直至去世。

尽管白族村社区传统鼓励妇女多生多育，而且要生男孩，但调查结果显示，40 岁以上的 16 个育龄妇女中，最多一人生育四胎，其中两胎为智力低下者相继去世；有两人生育三胎，一家三个均为女孩；另一家第三个是男孩，其余均为两胎。40 岁以下的 12 人，年轻一点的只生过一胎，其他为两胎、间隔在 5 年以上。从自治州规定农村妇女可生两胎以来，该村从来没有一家超生过。母婴健康水平不断提高，多数人均到乡医院分娩，即便在家中，也有村医接生，妇女们基本能自由选择自己的避孕方式。究其原因是村民们从"多子多福"到"儿多母苦"观念的转变，一是离不开政府计划生育政策的贯彻执行，还有一个主要的因素便是离不开以自然村为基础的社区中的妇女们自己的参与。

二、自然村社区里妇女的参与

1985 年第三次世界妇女大会通过的《内罗毕战略》特别强调要把妇女参与发展摆在优先地位上。据白族村妇女生育健康调查分析，显然只有当妇女作为主体参与到村里的生产、生活及一切活动中，其自身的生育健康才能在这一过程中得到改善。在村里生儿育女、婚丧嫁娶、砌房盖屋等村民人生大事上，每家都暗暗下决心与村里其他人家竞争，且要超过别人，争得"面子"和在村里的地位。而在这一过程中，妇女的参与起着重要的作用。白族妇女历来以勤劳能干而著称，她们不仅承担传宗接代的生育重任，而且直接参与农业生产，是稻作生产的直接承担者之一；也是家庭生活的管理者，平等地与丈夫协商家中重大事件，她们的意见多数被采纳。无论过去，还是现在，佩戴在母亲胸前的"钥匙串"，主宰着家政中的一切，同时也是"权力"的象征。由于妇女的辛勤劳作和妥善安排管理，不断提高了她们的参与程度和生产生活、经济支配权力，不断提高了她们在村里和家庭中的地位，也逐步改变了她们对生育的看法。妇女们积极参与当地政府定期或不定期进行的计划生育知识培训与教育，了解妇幼保健、优生优育，避孕节育等道理，使她们从自身经历和养育子女过程中，深刻地认识到"田多累主,儿多母苦"。妇女们的一生在为人妻、为人母,供养子女衣食住行、上学、就业、结婚、建房过程中,每一环节都少不了她们的参与。她们很少考虑过自己,尤其是自身的健康和需求,往日也没有人关心和过问。究其根源,都与生育过多有关系。所以要增强自己的健康,改善自己的生活,就要响应政府号召,转变传统的"多子多福、养儿防老'观念,再也不能无遏制地生育了。于是妇女们积极参与,采用避孕措施,选择生育胎次和生育间隔。早在20世纪80年代初,生育三胎以上妇女自愿相约,三两成群进城做结扎绝育手术;生育期的妇女也主动去放环避孕等。近年来,由于政府大力推行计划生育政策,符合妇女们的切身利益和愿望,从而杜绝了多胎生育,逐步降低了人口出生率。我们可以从该自然村20年来的人口统计、家庭规棋和家庭结构上略见一斑(详见表1、表2、表3)。

表1　新邑村1975年至1995年人口统计

年　份	总人口（人）	总户数（户）	户均人口（人）	男性比例（%）	女性比例（%）
1975年	122	20	6.1	56.7	53.3
1985年	135	28	4.8	46.6	53.4
1995年	143	35	4	47.6	52.4

新邑村在30年之中,一直存在性别比差异,其中男性比例约在47%,女性为53%,究其原因是男性在外面工作比女性多,其次为女性寿命比男性长。而户均人口下降快,1985年比1975年户均减少1.3人;1995年又比1985年户均降低0.8人,人口出生率逐年降低,家庭规模也发生了变化。

表2　新邑村1975年至1995年家庭规模

家庭规模（人）	1975年 户数（户）	比例（%）	1985年 户数（户）	比例（%）	1995年 户数（户）	比例（%）
1		5	1	3.6	3	8.6
2	1	5	2	7.6	2	5.7
3	1	10	6	21.4	4	11.4
4	2	25	1	3.6	13	37.1

续 表

家庭规模（人）	1975 年 户数（户）	1975 年 比例（%）	1985 年 户数（户）	1985 年 比例（%）	1995 年 户数（户）	1995 年 比例（%）
5	5	20	11	39.2	9	25.7
6	4	5	4	14.3	2	5.7
7	1	20			2	5.7
8	4	5	1	3.6		
9	1					
10			1	3.6		
11			1	3.6		
14	1	5				

1975 年，该村人口最多一户为 14 人，5～6 人者居多。这与白族传统崇尚四代同堂大家庭分不开。如今人口最多者 6～7 人，且数量较少，大家庭逐渐解体，走向父母和子女的核心家庭。

表 3 新邑村 1975 年至 1995 年的家庭结构

家庭结构	1975 年 户数（户）	1975 年 比例（%）	1985 年 户数（户）	1985 年 比例（%）	1995 年 户数（户）	1995 年 比例（%）
单身家庭			1	4	3	8.7
核心家庭	5	25	12	42.5	20	57
主干家庭	9	45	12	42.5	10	28.6
联合家庭	6	30	3	11	2	5.7
合计	20	100	28	100	35	100

可见，1975 年村里家庭结构以主干家庭和联合家庭居多，当时还没有单身家庭。在那个时代，儿女与父母分家是大逆不道的。一旦谁做了与此相背逆的事，就会受到族人的干涉、村落道德规范的谴责，没有人敢这样做，大家好过歹过都凑合着过吧。20 世纪 80 年代中，联合家庭逐渐瓦解，核心家庭逐渐增多，村里也出现了单身户（早年守寡，后来儿子去世）。到 20 世纪 90 年代，单身家庭增至 3 户，其中 2 户儿女在城里工作，老太太丧偶，她们有时生活在城

里，有时在乡村；另一户老太丧偶后，不愿与三个儿子中的任何一家同住，儿子们认为母亲如此做法是不给他们面子，可老太认为这样做很自由。核心家庭占一半多，年轻人不愿与兄弟、妯娌生活在一起，但仍然承担供养老人的责任。联合家庭基本瓦解，仅存两户为四代同堂。可两家均属爷爷辈在城里工作，父亲属独子，还有未出嫁的女儿。主干家庭基本属三代同堂，也有四代同堂的。

家庭规模的缩小，家庭结构的变化，都有妇女的参与，并使得白族妇女在自然村社区生活中越来越占据重要角色和位置；使她们的参与面和参与程度越来越广；早生多生、喜生男孩的传统观念和晚婚晚育、男孩女孩都一样，母婴健康，优生优育的现代意识正进行着调适和整合；妇女们在参与自然村社区生活过程中使自己的主体意识不断增强。而这一切又与妇女间的互动分不开。

三、自然村社区里妇女间的互动

新邑村在近30年中，人口规模一直在120～150人之间，村民们互相知根知底，共同生产生活在同一村落里，相对封闭的村落便是人们活动的最大场所。每天清晨家庭主妇们到井边挑水，到河边洗菜、洗衣服、直至菜园种菜、院坝中喂猪鸡、田园边放牛马等，都不会超出村寨方圆一公里。加上农闲时的缝衣、挑花刺绣；老太太每月初一、十五本主庙中聚会；村落里性别角色的分工，把大姑娘、小媳妇、老太太紧密地联系在一起。加之村落人口流动性不大，唯一新成员的增加便是生育和姻亲。每个新生儿的到来，和每个新媳妇、上门女婿的进入，都在妇女们的相互谈论和传播中所熟知。

白族民谚说，"三个女人一条街"，一语道出了妇女间的相互关系和作用。在村落里，大家均为女性是一层关系；其次还有同一家族，共同信仰本主莲慈会的关系；还有个人与个人之间的母女、婆媳、姐妹、妯娌、同学、朋友、亲戚等关系。而无论什么关系，大家最关心最感兴趣的热门话题是生儿育女和婚丧嫁娶。所以，村落里的生育文化、风俗习尚、道德规范等，都在相互的交谈中传承、传播而沿袭。例如一个女孩的初潮期到来，伙伴们就会提醒她，甚至教她怎样做月经带、买卫生纸，或者其他一些土办法。尤其是谁处于妊娠和分娩期，那她就成了大家谈论和关心的重点对象。传播妊娠注意事项和禁忌，甚至妊娠反应过程中想吃酸味食品，也会得到大家的关心和帮助；而对结婚未育者，孕妇又将自己的经验一一转告。许多通常不能启齿之事，在妇女之间都能得到交谈。特别是产妇分娩，被村民们认为是过生死关，更牵动着每位妇女的心。村民们给我讲述了这样一则小故事：陈家二婶与李家为争场地晒谷起纠纷，两家主妇从清晨9点吵到下午4点，并从两个主妇间的争吵演变到两家人对吵，差一点就发生械斗。当天深夜，怀孕未足月的李家儿媳突然感到腹痛，是临产的前兆，家人闻知唤起全家正准备送往医院。曾当过赤脚医生的陈二婶知道此事后，来不及穿戴整齐就跑到李家对孕妇进行检查。经她检查，产妇羊水已破，很快就临产，但脐带绕在婴儿脖子上，送医院来不及了，母婴危在旦夕，怎么办呢？陈二婶凭她多年接生经验，一面分咐李家的人帮忙，一面要求产妇配合，经过两个多小时努力助产，在她的帮助下，婴儿平安落地，母亲也度过了难关。两家白天的争吵就像没发生一样。

妇女们也很关心在"坐月子"中的母婴，一般都采取母乳喂养。她们认为母乳喂养一则有利于婴儿健康成长，能增强婴儿抵抗力；二则有利于母亲健康，在哺乳期不易怀孕，有避孕的功能。通常小孩两岁左右才断母乳，个别的吃到六岁上学。而且她们总是相互告诫一定要在冬天断奶，千万不能在夏天，否则孩子长大了嘴臭。"月子婆"不能出门见太阳，不能摸冷水也是处于特殊保健中的妇女相互交待的主要事项。

在该自然村，与妇女生育密切相关便是姻亲，这也是妇女对妇女相互作用和影响的重要内容。平常人们的姻亲均在当地方圆几里间，近50年内，有三人是外省、县来的。其一是洱源人（前述漂亮能干不会生育者）；其二是鹤庆人（1988年因未婚先孕，在本地不能立脚，嫁给本村丧妻带一女孩的二婚者）；其三为浙江小木匠（1990年在此当了上门女婿）。村里的姑娘们也不远嫁，唯一远嫁山东省一人（前述不得已者）。白族传统姑舅表婚在此盛行，在20世纪70年代有两家就属表姊表妹婚，其中一家生育四胎，可老大和老三均是智力低下者，奶奶和母亲为此操碎了心，结果两个孩子相继病逝。病儿的母亲感概地说："早知如此，何必当初，宁愿当尼姑，也不能近亲婚配。"这样的事成了"长舌妇"们议论、传播的活教材，有在甚至还指指点点。尽管如此，要改变民族传统习俗又谈何容易。到20世80年代中，该村李家阿秀被许配给舅舅家当儿媳，杨家阿梅几次被姑妈家来提亲，两家父母已默许。可阿秀和阿梅在女伴们的支持下，越想越认为近亲婚配的后果不堪设想，于是坚决反对父母的决定，并用村中活生生的事例——近亲婚配出现智力低下者和残疾儿来说服其家长。在村落舆论的压力下，这两家家长取消了原来的决定，这正是妇女对妇女的作用，近几年来几乎没再出现近亲婚配情况，民族传统姑舅表婚姻习俗也逐渐消解。

因新邑村自然条件较好，生活较富裕，本村姑娘都不愿远嫁他乡，留在本村，还可将自己的份额地带到婆家。据调查，就在近5年内，本村落内就有杨家和李家、杨家和陈家、李家和陈家、陈家又和杨家四对青年人联姻，使得本来就不大的自然村乡里乡亲，又亲上加亲。联姻范围越来越小，出现村内转、同村恋和封闭式婚姻。

在自然村里，妇女与妇女的关系还有"上賨"的方式。"賨"是中国古代南方少数民族交纳的一种税物。《说文·部》中说："賨"南蛮赋也。"[①] 后来也就逐渐成为南方少数民族妇女之间的一种储蓄方式,白族妇女也不例外。即用粮食上賨,先让急用之家接收,轮流互助使用,开始只用于砌房盖屋、婚丧嫁娶,后来延伸到生儿育女、供子女上学、突发事件及疾病住院等,村里无论是老太,还是小媳妇,都会根据自己的情况加入姐妹们的上賨互助活动。李家大婶就是靠往日姐妹们的上賨互助活动,做了子宫瘤手术。因此,这一民间经济活动对于增进妇女们的凝聚力和互动,确实起了不可低估的作用。

此外,还有老年白族妇女间的宗教信仰,每月初一、十五本主庙中的颂经活动,也是妇女间的一种交往方式,大至村里谁家添丁加口,小到各人衣食住行、子女孝心等,无不在阿太们的交流之中;谁家儿媳如若做出对不起老人的事,也会受到她们的谴责。所以,在自然村里的妇女们,或许是由于相同的性别角色,或许更多的是共同生育健康的经历和感受,从而使得她们共同参与、相互作用、互相影响,发挥了自然村社区的功能与作用。

综上所述,对新邑村妇女生育状况的分析,看到妇女的参与和相互作用,由此联想到:在中国农村,特别是少数民族地区,自然村与自然村之间的差异性,是生育健康以自然村为基础的出发点;而自然村社区内部一致性又是生育健康以社区为背景的内在要求。从而,为农村妇女,尤其是少数民族妇女提供、创造社区服务是真正实现男女平等、促进农村妇女,特别是少数民族妇女发展的有效途径。

因为,少数民族自然村社区中妇女的参与,相互作用,对社区发展、提高人们生育健康的观念,有着不可低估的作用。在自然村内妇女的形象和面貌直接反映着该社区的生育健康状况,妇女是社区内物质生产和种的繁衍的直接承担者,又是生育文化的传承者,她们对社区下一代成员的思想观念有着潜移默化的影响。加之妇女在社区内是家庭生活的管理者和操持者,对全家衣食住行,甚至健康均有安排,从而带动整个社区的生育与健康的发展。所以,我们的研究不能停留在中国有没有社区,或是借助国外社区概念划分之争,而应该根据中国农村实际,探讨怎样帮助农村少数民族搞好社区服务,并采取切实可行的措施:

第一,优化少数民族自然村社区服务,必须提高社区内全体妇女的自主意识和自觉参与性,并依靠妇女的参与,发挥妇女对妇女的互动,把生育健康的新知识在社区内广泛传播,逐步形成良好的社区环境。

---

① 罗竹风主编:《汉语大词典》第 10 卷,上海:汉语大词典出版社,第 78 页。

第二，发展乡镇企业，把妇女从单一的农业生产劳动中解放出来，增加经济收入，发展农林牧副渔业，提高妇女的经济收入，从而提高妇女在社区内地位。

第三，把妇女互助上"賨"的储蓄方式改变成为信贷基金，给参与社区发展的妇女提供借贷，以此发挥妇女的积极性和主动性，并将此作为妇女搞好生育健康可持续性发展的项目。

第四，要搞好民族地区的生育健康社区服务，需要基层政府的支持，必要时外界还得对社区提供一定的投入。农村妇女最讲实惠，因此，当地政府或非政府组织必须先作出"交换"条件，如免费为妇女儿童检查身体；兴办托儿所、敬老院；兴修村寨道路，改善村民饮水卫生条件，培训乡村医生，开展科学种田、生理卫生知识讲座；等等，让妇女立即从中受益，才能优化社区环境，最后形成一种逐渐完善的少数民族妇女生育健康社区服务机制和模式。

（原载《云南学术探索》，1996年第4期）

白族传统民居中的性别意识

白族传统民居，是中国传统民居中具有民族特色和地方特色的一种民居形式，与白族人民的日常生活息息相关，表现出了白族人民生活之处的自然环境和人文特色，也蕴含着白族社会中人们的性别意识。通过对白族传统民居建筑仪式、住房禁忌、民居功能、民居继承等四个方面中性别差异的分析，可以发现传统白族社会充分吸收传统儒家文化，表现出"男尊女卑"的性别观念。随着时代的进步，白族人民需要认识到这一点，改变民居的建筑设计来适应现代平等的性别观念。

中国传统民居，是中国传统建筑文化的重要组成部分。相较于其他传统建筑，传统民居最显著的特点在于其直接出自广大劳动人民之手，最能彰显劳动人民的智慧、技巧与艺术才能。由于人类的足迹踏遍全球，因此传统民居也具有数量多、分布范围广等特点，也使其在考虑地方气候和自然条件的基础上，不受拘束，能够灵活地组织空间、有效地利用空间，充分表现出民族特色和地方特色。结合这些特点，传统民居又是人类日常生活之所，所以，最能直接反映不同历史时期人类社会的意识形态与当时社会人类的精神面貌。

白族，是拥有悠久历史与灿烂文化的中华民族之一。在其众多的文化中，白族传统民居就是中国传统民居建筑中独树一帜的类型，表现的是养育白族人民这一方土地的自然条件和风情人文，蕴含着独特的白族文化，彰显出白族人民的智慧和思想见解，其中就包括白族社会中人们的性别意识。传统的性别意识或者观念，对理解现代白族社会中蕴含的性别意识，具有重要的依据作用，对推动未来白族社会性别意识的发展也有重要的参考作用。

而性别意识，是人类必需的众多意识中的一种。个人性别意识的成熟，造就了一个社会的性别文化。久而久之，不同社会形成不同的性别文化，这一成熟的性别文化成为客观的、外在的社会事实而存在，对个人和社会的发展形成恒久的影响。因此，对白族传统民居中性别意识的发掘，是对白族传统建筑文化的一次丰富，也是白族社会性别意识发展的尺度，"取精去粕"，从精神层面推动白族社会的发展。

一、白族传统民居

民居建筑是人们赖以生存的基本活动之一，它由于环境而产生，也依赖环境而产生。白族传统民居建筑，也依照当时当地的地理条件和自然气候，形成了富有特色的平面格局、空间运用、立面造型、取材用料等建筑技巧。随着社会的发展，人类又将其思想注入民居之中，将民居的功能延展，将其变为人类文化发展的"见证者"。

（一）白族传统民居的缘起

随着建筑技术的提高，人类对环境的认知和改造程度逐渐加深，民居建筑行为不仅只是为了遮风避雨，而变成一种积极进取的创造表现。白族传统民居正是从穴居、半穴居、茅草房、土库房等多种形式中发展而来的，逐渐形成了北方民居建筑的深沉厚重和南方民居的洒脱秀丽为一体的民居风格。这一风格是现在普遍承认的白族传统民居形式的典型，它在经历了元、明、清三个朝代之后逐渐固定下来，又在时代的发展过程中不断吸收新的元素。

明代后期，白族民居处于明显的建筑转型时期，主要从具有楼层低、通风采光差、活动空间狭小等缺点的土库房，开始吸收汉式合院式建筑和回廊式建筑的部分优点，逐渐形成了"三坊一照壁""四合五天井"等多种平面布局。到了清代中晚期，白族民居建筑则更加注重雕饰，特别是木雕和彩绘方面。而清代后期和民国时期，白族民居建筑又受到一定西方文化的影响，开始变得"洋气"。[①] 而现在提倡保护的白族传统民居，虽然在建筑材料和建筑手法方面已经难以还原，但是在平面布局和建筑装饰等方面，还是提倡回归明清时期的传统，彰显真正的白族传统文化。

（二）白族传统民居的形成因素

一类民居建筑的形成，主要由于功能需要、材料限制、生产力水平、地理环境、自然气候、文化等多种多样的因素综合而成。本文主要探讨的是白族传统民居中的性别意识。因此，这里重点在于了解影响白族传统民居形成的文化因素。

白族，主要聚居于大理白族自治州，因此以大理白族为典型，来阐述影响白族传统民居形成的文化因素。大理自古就是云南的文化中心之一，以洱海区域为中心，大理创造了独具特色的本土文化。同时，由于大理在历史上处于多元文化的交汇区域，它能够接触到秦楚文化、古越文化、荆楚文化、吐蕃文化、中原文化，以及古印度文化等多种文化的魅力。自汉唐以来，大理一直都是

---

① 张崇礼：《白族传统民居建筑》，昆明：云南民族出版社2007年版，第19页。

"南方丝绸之路"上的重要一环,也是川滇藏地区与西亚、南亚、东南亚相通的"茶马古道"的重要枢纽地带。①

特殊的人文地理,不仅给大理白族带来了物资交流的便利,也使得他们能够吸收更多的文化因素。其中,最为显著的便是宗教文化的交流融汇。大理东部受到中原佛教禅宗、道教全真教、汉文化儒家的影响;其南部受到缅甸南传上座部佛教的影响;而西部则受到西藏藏传佛教密宗的影响。大理本土原始宗教与这些宗教碰撞,加上大理除白族外,还生活着许多其他的少数民族,使得大理的宗教文化有容乃大,更加地丰富多彩。② 多元宗教的相互和谐,体现出的更是白族人民的开拓和包容精神。

这一优秀的民族精神也体现在白族传统民居当中,白族传统民居选址时的风水观、民居的平面布局、建筑装饰等,都会有不同文化的缩影,是中国北方和南方民居建筑优点的集合体。

(三) 白族传统民居的典型格局

建筑格局,是区分白族传统民居的重要标准。白族传统民居的平面建筑格局,主要包括"单坊式""一坊一耳""一坊两耳""三坊一照壁""四合五天井""六春合同"等形式。③ 其中,最为典型的白族传统民居建筑格局,便是"三坊一照壁""四合五天井"。具体采用哪种建筑格局,主要根据家中的人口多少和家庭的经济能力来决定。

单坊式,是白族传统民居中唯一不是组合型的建筑格局,也就是说它是最简单的白族传统民居建筑格局。单坊的民居一般都为三开间,中间为堂屋,开间约4米长;两边的次间为卧室,开间较堂屋稍短,约为3.86米,进深都为6米左右。除了房屋,还带一个2.5米左右的走廊。这样的三个开间加走廊,就是白族传统民居的基本单元,通常就被称为"一坊"。最后,再用围墙将这一坊围合而成一个典雅的白族传统院落。

除去单坊式的建筑格局,便都是组合式的建筑格局。"一坊一耳"的建筑格局,就是由一坊主房加一间耳房组成的院落。耳房就是在主房旁边加盖的小房屋,耳房一般比主房的进深要浅,高度要低,像只耳朵挂在主房上面。"一坊两耳"也是同样的道理,是在一坊主房旁边对称地增加两间耳房。接下来的"三坊一照壁"这一建筑格局就更加复杂,是由一坊主房、两坊厢房、一座照

---

① 张崇礼:《白族传统民居建筑》,昆明:云南民族出版社2007年版,第26页。
② 张崇礼:《白族传统民居建筑》,昆明:云南民族出版社2007年版,第26页。
③ 张崇礼:《白族传统民居建筑》,昆明:云南民族出版社2007年版,第32页。

壁和中间的天井组成的方形院落。两坊厢房，是主房东西两侧的房屋，与主房并不相连，垂直于主房排列两侧，高度比主房较低。一个照壁，是指主房正对面那堵墙壁，起到隔离院内、院外的作用。"三坊一照壁"还分有漏阁、无漏阁等具体形式，较为复杂多变。在"三坊一照壁"的基础上去掉照壁，再加一坊房屋，就成为了"四合五天井"的建筑格局，这一建筑格局由四坊房屋围合而成一个院落，院落四角有四个耳房，每个耳房配备了一个小天井，院落中间还有一个大天井。"三坊一照壁"与"四坊五天井"组合在一起，就成为了"六春合同"，也被称为"一进两院"。在"一进两院"的基础上，再加上一个"四合五天井"，就成为了"一进三院"，以此类推。建筑在山地的白族传统民居，与坝区的不同，一般采用"一颗印"的建筑格局。这种建筑格局因山势的限制，其特点可总结为"三间两耳倒八尺"，面积较小，只有正房、东西厢房、天井和大门。①

在简单归纳了白族传统民居的建筑格局之后，我们对白族传统民居大致有了一个轮廓。结合其缘起及形成因素，可以感受到白族传统民居是历史和现实的文化结晶。而本文的主题是白族传统民居中的性别意识，在分析民居中性别意识的之前，需要对民居中具有性别差异的地方作出明确的说明。

二、白族传统民居中的性别差异

白族人深受儒家思想的熏陶，对"尊卑贵贱有等，上下长幼有序，内外男女有别"的封建宗法礼教颇为推崇。而民居恰恰是内外空间区隔的一个重要工具，因此男女之间的性别差异在民居中有许多具体的表现。

（一）建房仪式中的性别区分

在白族传统社会中，"成家"和"立业"是男性最为重要的两件人生大事，成家便需要亲自建造房屋，所以，建房也成了一件大事。由于是重要的人生大事，因此在建房过程当中要进行许多仪式，来保障和祈求建房顺利和居住者的平安。白族建房仪式一般包括动土、立柱、送土神木神、上梁、合龙口、乔迁等。② 在这些仪式的举办过程当中，就会出现明显的性别差异，可以归结为"男性负责主持仪式，女性负责准备工作"。

比如说在立柱仪式中，房主人（一般都是男性）在亲友（一般也都是男

---

① 张崇礼：《白族传统民居建筑》，昆明：云南民族出版社2007年版，第29-48页。
② 张崇礼：《白族传统民居建筑》，昆明：云南民族出版社2007年版，第147页。

性）的帮助下，依次竖起建房的每一个柱子。柱子竖起之后，房主人要拿稀饭糊住磴，拿银元垫在柱底。然后，房主人需要抱一只大公鸡给木匠师傅。把柱子固定之后，房主人将家人送来的米糕分成小块给参加立柱仪式的人品尝。这些米糕便是兄弟的妻子或者自家姐妹准备的，不管是谁，一定是女性来准备，而且女性一般只负责送过来，不参加立柱仪式。[①] 这在其他的建房仪式中也是如此，男性房主人负责主持仪式，而女性们则做好准备工作，以及在仪式进程中负责供应饭食，而不能直接参与各项仪式。

（二）住房禁忌中的性别差异

住房禁忌中的性别差异，也可以归结为一句话，那就是"男女有别"。例如在小孩出生后三四天内，客人进屋时，若生的是女孩，不能带弩弓进屋；若是生了男孩，就可以将弩弓带入屋内。从这一禁忌中可以看到，民居有着重要的内外区隔作用，这种区隔作用成为强化成人和培养孩子性别意识的手段之一。在大理海东白族社会中，家里生了小孩，或者牛、马生子，忌讳妇人进屋，据说会使得奶水不足，子代难以养活。这也是体现民居区隔作用的禁忌之一，而且这一禁忌带有强烈的性别差异。还如平时，妇女不能在灶门前梳头，不能在灶头上舂盐巴，不能坐门槛。[②]

这样类似的禁忌还有很多，不同地区的白族也有所差异。这些与民居使用或民居空间占有有关的禁忌与许多生活事件交缠在一起，成为约定俗成的客观规则。虽然没有正式法律的效应，但是其法律的强制性在白族社会中获得了普遍的认同，加上宗教信仰的力量，这些禁忌更加具有威力，得到严格的遵守，使得白族传统的社会性别文化在民居使用的差异中得到强化。

三、民居功能上的性别不同

民居的功能，可以理解为利用民居的空间分隔、装饰布局等，来规范伦理关系的作用。白族传统民居，不管是单坊式的，还是组合多坊式的，其空间区隔相对固定，主房的功能多属"对外"，特别是主房中的堂屋，其"对外"功能更为明显，主要用来作为全家人的公共活动空间和接待客人，也是举行婚嫁、丧葬等仪式的核心场所。主房的卧室一般都是家长居住，子女只能住在厢房。

[①] 张崇礼：《白族传统民居建筑》，昆明：云南民族出版社2007年版，第148页。
[②] 《中国少数民族社会历史调查资料丛刊》修订编辑委员会编：《白族社会历史调查一》，北京：民族出版社2009年版，第202页。

如果是单坊式格局，则以右侧为尊，长辈住在右侧卧室。①"长幼有序"这一伦理秩序，在白族传统民居中能够很好地被执行，也是民居中最为直观的人际关系处理方式。当然，同时还有"男女有别"这一性别关系也在民居功能分割上表现出来。

民居中的厨房，似乎是为女性打造的，只能见到女性忙碌的身影。尤其是在客人来访期间，女性对这一空间的使用率明显增高。而且客人来访时，男主人负责在堂屋招待客人，而女主人只能添菜加饭，不得在堂屋与客人同吃，最后就带着女眷们在厨房吃些剩菜剩饭。这种性别隔离在富裕家庭更为严格，在富裕人家中，公公与儿媳不得同桌吃饭，普通人家则因为民居空间有限，也没有如此严格。②

（一）民居继承上的性别差异

民居连同承载它的土地，都是传统社会中十分贵重的财产，并且需要世代继承。在白族传统社会中，白族男性在民居的继承上面拥有着绝对的优势。一般来说，家中有儿子的，家中的房屋和土地都是由儿子继承；如果家中只有女儿，那么就需要招到女婿，由女婿来继承家中的房屋及土地。③

从民居的继承制度上来看，能够十分明显地看到白族传统社会中的性别差异。白族女性是民居维护的重要负责人，但是她们只有有限的使用权，而没有真正的所有权。而男性对于民居的所有权则是"天赋"的。

性别意识虽然是人们精神世界的一部分，但是仍然可以通过人们的日常生活体现出来。白族传统民居，是生活在白族传统社会中的白族人民日常交往得以开展的重要场所，它不仅区隔了私人领域和公共空间，也连接着公私领域，饱含着当时当地社会的人际关系交往形式和伦理道德观念。上述有关民居的性别差异，正是表现出了当时白族人民的性别意识。这种意识在思想和实践层面的固化，也就构成了白族传统社会中的社会性别文化。

（二）白族传统民居中的性别观念

白族传统民居的最后成型，是白族人民逐渐吸收汉文化而促成的，儒家文

---

① 大理"风花雪月"民族文化丛书编委会编：《白族民居》，昆明：云南民族出版社2006年版，第66页。
② 张海超：《建筑、空间与神圣领域的营建》，载《云南社会科学》2009年第3期。
③ 《中国少数民族社会历史调查资料丛刊》修订编辑委员会编：《白族社会历史调查二》，北京：民族出版社2009年版，第134页。

化又是汉文化的最为重要组成部分之一。因此，儒家文化对于白族人民的精神世界是影响深刻的，这一点在文章中早有提及。因此，传统儒家文化中对于性别伦理的规定，能在白族传统民居中反映出来，是不足为奇的。而白族传统民居中的白族人民性别观念，虽然还是受着本土文化的影响，但也难以逃脱儒家文化的范围，可以总结为"男外女内"和"男尊女卑"。

男外女内。"男外女内"是指"男主外，女主内"的性别分工观念，构成了白族传统社会十分重要的性别观念，也对白族社会整体的性别分工产生着直接的影响。

上述文章阐述白族传统民居功能上的性别差异时，可以看到，白族男性，特别是民居男主人，通过民居空间布局和功能划分，更好地实现了对白族女性，特别是平辈女性或者小辈女性的权力控制。不管是摆宴还是待客，白族女性都是提供餐食的主力，而白族男性则在堂屋中招待客人。相对于堂屋这整个民居建筑中最为对外的空间，厨房是十分对内的空间，一般也设置在外人较难看到的地方。因此，可以说，在民居内部，白族男性是负责对外的事物，女性则负责对内的事物，女性接触外界是必须通过男性这一中介的。不只是烧菜做饭，白族女性还需要负责家中的所有家务劳动，这些家务劳动主要是包括洗衣、照顾孩子老人等具有照料性质的劳动，还包括对整体民居院落卫生的保持。而白族男性相对于白族女性来说，承载"家"的民居建筑，是其休憩之所，也是给家人带来的物质满足。将女性的主要活动范围和内容，划定在这一民居建筑之内，不仅是他的目标，也是女主人的心愿。所以，在传统的白族社会中，不管男女，都认同"男主外，女主内"这一性别分工。

传统的白族女性在负责大部分的家务劳动之后，就很难再进入社会劳动，于是对白族社会整体的社会劳动分工也产生了直接的影响。直至今日，这一性别分工都很难彻底改变。而民居的不断改变，也为这一性别分工的进一步固化提供了更加充分的理由。

男尊女卑。白族传统民居中所展现出的性别观念，不仅只是针对性别分工，而且还包括对待两性的一个态度，可以用"男尊女卑"这一性别意识来概括。在白族传统社会中，"男主外，女主内"的性别分工模式和观念是很难评判其合理性，但是绝大多数学者对"男尊女卑"的性别意识都持否定态度，不管是在传统社会中，还是在现代社会中。

从上述建筑民居过程中的各种仪式举行中可以看到，白族女性没有资格直接参与仪式，只能负责保障仪式顺利进行的物资准备工作；而男性则是各种仪式的主持人和直接参与者。由于仪式涉及宗教信仰，极为神圣和严肃，因此，针对女性的相关仪式禁忌是会得到严格实行的，而男性在仪式方面不会受到由于性别导致的禁忌。在白族传统社会中，宗教信仰是一个社会情感力量的核心所在，谁掌握宗教力量，便能掌握人心和人的思想，也就掌握了更多的家庭和社会权力。白族女性在建筑民居的各种仪式中处于边缘性角色，其他仪式也是如此。也就是说，在白族传统社会中，女性始终处于宗教力量的外围，无法触摸和控制它。这就表明，两性的家庭和社会权力都是失衡的，女性处于劣势。传统社会中的禁忌大多也是与宗教信仰有关，因此住房禁忌中的性别差异，大多也是针对女性制定的。

而民居功能上的性别差异，则是"男尊女卑"的表现之一。由于家务劳动没有带来直接可观的物质效益，因此被认为是低等的劳动，而家庭外部的劳动因为能为家庭带来实质性的物质效益，所以被视为更为重要的劳动。虽然家庭内部的劳动和社会公共领域的劳动没有高低之分，但是在传统的社会文化中，二者确实是有高低之分。而包括民居在内的继承制度方面，更是"男尊女卑"观念的显著体现。传统白族社会认为男性的继承权是天生获得的，而女性很难获得这一权利。

总之，蕴含在白族传统民居中的性别意识，是一种更趋向于不平等社会性别文化的产物。然而，随着社会的进步，这一性别观念正在发生着明显的变化，白族民居的建筑布局、空间分隔、性质功能等也早已发生了巨大的改变，传统的性别观念淡化，现代平等的性别观念进驻，再加之以舒适、美观等的现代标准。而白族传统民居的典雅风格，墙体、照壁上的名言警句、家风教育等，仍是现代白族民居所无法割舍的部分，是白族传统民居建筑的优秀部分。

（原载林移刚、杨国才主编：《民族、性别与社会发展研究》，北京：中国社会科学出版社2021年版。）

白族传统文化中的生态保护观念

　　优秀传统文化中凝聚着中华民族自强不息的精神追求和历久弥新的精神财富，是发展社会主义先进文化的深厚基础，是建设中华民族共有精神家园的重要支撑。要全面认识中国优秀传统文化去其糟粕，古为今用、推陈出新，坚持保护利用、普及弘扬并重，加强对优秀传统文化思想价值的挖掘和阐发，维护民族文化基本元素，使优秀传统文化成为新时代鼓舞人们前进的精神力量。

　　白族作为祖国西南边陲的一个古老民族，除了拥有得天独厚的自然生态环境条件，更拥有丰富多彩的民族文化资源，这其中就包括白族优秀传统文化中的伦理道德规范。白族传统道德文化，是白族先民留给我们的一笔弥足珍贵的文化遗产，也是当代社会主义道德建设不可忽视的理论资源。系统挖掘和整理白族优秀传统道德，在批判继承的基础上，弘扬白族优秀伦理道德对生态保护的观念，创造适应新时期的社会主义伦理道德，对于增强民族之间的团结，边疆安全、稳定，促进白族地区的生态道德建设，构筑中华民族共有精神家园，均具有十分重要的现实意义及伦理价值。

一、白族乡规民约家风中的生态原则

　　白族是西南少数民族中的古老民族之一，白族聚居区的许多村落，早在唐、宋、元、明时期直至今日，都相继制定过乡规民约、族谱、家风、家规、家训，让村民、家族中的人们共同遵守，作为自己的行为准则，保持人与自我、人与人、人与社会、人与自然的和谐。

　　白族在长期的生存和发展中，形成了人与自然和谐发展的价值观念，这种价值观念又通过乡规民约、族谱、家训、村落组织等形式体现出来。在白族传统文化中，人们素有"靠山吃山，靠海吃海""靠山养山""靠海养海"的习俗和观念，故在白族中早就有护山碑、护林碑、种松碑，并刻石立碑，敬告人们遵守，以保护山上的一草一木，违者施以重罚。

　　维护社会秩序，保护生存环境是白族人在生产和生活实践中所遵循的道德传统，并用乡规民约加以规范，故白族地区有乡规碑、家训碑、水利碑、护林碑、公山碑等，为维护社会治安、调解纠纷、保障正常的生产生活秩序而发挥着作用。如洱源县凤羽坝子东北部的铁甲村《乡规碑记》，碑文如下：

> 铁甲村虽地处僻隅,男人非不良也。总由外出日多,乡规在议,屡行不义。河边柳茨,缘御水灾,不得自行砍伐,山地栽松,以期成材,连根拔取,甚至攘窃邻鸡,偷菜果,经物主查获……一查获盗砍河埂松茨,罚银五两。①

又如订于清光绪二十三年(1897年)的剑川县新仁里《乡规碑》中的乡约规定:

> 凡遇水火盗贼,闻声即趋;毕集其处,以明相应相救之意,如有置若罔闻,安眠在家,不出救应为丧绝天良,阖村重罚。②

正是在这些乡规民约的规范下,当时白族社会有"路不拾遗,夜不闭户"的习惯。人们自觉遵守公共秩序,保护生存环境,维护社会和谐。

为保护生态环境,白族很早就有植树种松,造福于子孙后代的生态意识。据现存于大理一中南花厅的《种松碑》,碑文载:

> 摄迤西道日,买松子三石课民种于三塔寺后,为其澄之也。今日有报松已寻丈,其势郁然成林者,且喜且感,系以三绝句:不见苍山已六年,旧游如梦事如烟,多情竹报平安在,流水桃花一惘然。古雪神云泛几回,十围柳大白头催,才知万里滇南老,天遣苍山种树来。一粒丹妙一鼎封,一粒松子一株松,何时再买三千石,遍种云中十九峰。道光二年四月岭南宋湘。③

可见,白族不仅在苍山种松,而且在村边房前屋后也喜欢种树栽花,特别是每家院子里、照壁下都有花坛,花坛上种有课松、茶花、苍山杜鹃等花木,以此美化环境,陶冶人们的情操。故白族传统上不仅有种松碑,还有《护松碑》。现存于市郊乡旧铺村本主庙大殿内的《护松碑》碑文:

> 从来地灵者人杰,理然也,余村居赤浦,虽曰倚麓山而对玉案,

---

① 龚友德:《儒学与云南少数民族文化》,昆明:云南人民出版社1993年版,第82—83页。
② 云南省编辑组《白族社会历史调查》四,昆明:云南人民出版社1988年版,第102、103、104页。
③ 大理市文化丛书编辑委员会:《大理古碑存文录》,昆明:云南民族出版社1997年版,第571、549–550页。

尚惜主山有缺陷，宜用人力以补之。而所以补其缺陷者，贵乎林木之阴翳，因上宪劝民种植，合村众志一举，于乾隆三十八年奋然种松。由是青葱蔚秀，自现于主山。而且培养日久，可以为栋梁，可以作舟楫。良材之产于此，即庙宇颓朽，修建不虑无资。日后公众种松之主山，永为公山。①

《护松碑》述说了种松给父老乡亲带来的益处；并规定了如何保护使之成材造福于人民；还禁令任何人不得随便入林破坏，故刻石立碑以诫后人。又如大理市郊吊草村，又名兴隆村土主庙西厢房的后墙上立《永远护山碑记》，碑文指出：

尝思国以民为本，民以食为天。食也者，出于地而成于人也。吾先代自梅地迁此，名吊草村，又名兴隆村，居依山林，则所重者林木也。上而国家钱粮出其中，下而民生衣食出其中，且为军需炭户，则军需炭亦出其中，所关诚大也，讵得不为之经心哉。今有远近之人不时盗砍，若不严守保护，恐砍伐一空，不惟国课民生无所也，故垂之贞珉以图永久。②

这里，人们把保护森林视为和衣食一样重要，且将衣食住行均与山林联系在一起，而制订严加保护山林的规范。剑川金华山麓岩场口古财神殿大门右山墙下，嵌入墙面的《保护公山碑记》中，对怎样保护公山作了具体规范，如：在公山碑记中《计开公山严禁条规》规定：

禁岩场出水源头处砍伐活树；禁放火烧山；禁砍伐童松；禁挖树根；禁各村过界侵踏；禁贩卖木料。③

剑川蕨市坪《乡规碑》规定：

凡山场自古所护树处及水源不得乱砍，有不遵者，一棵罚钱一千；

---

① 大理市文化丛书编辑委员会：《大理古碑存文录》，昆明：云南民族出版社1997年版，第571、549—550页。
② 大理文史委员会编：《大理市文史资料》第3辑，大理文史委员会1990年版，第133页。
③ 云南省编写组：《白族社会历史调查》四，昆明：云南人民出版社1988年版，第100—101页。

凡童松宜禁砍伐。

新仁里《乡规碑》中强调：

> 山林。斧斤时入，王道之本。近有非时入山，肆行砍伐，害田亩而不顾，甚至盗砍面山，徒为已便，忍伐童松，实属昧良！此后如有故犯者，定即从重公罚。禁日后，犹不准砍竹下山

森林不仅是国民经济的重要组成部分，而且茂密的森林，也是国家富足、民族繁荣、社会文明的标志之一；保护森林，植树造林，发展森林资源，关系到自然生态的良性循环；关系到人类自身的生存与发展，直至民族的兴衰。因此，白族一贯重视对环境的保护，把种树、护林、护山作为人们的行为规范来规定，对破坏山林者勒石禁令。如现存凤仪镇西街的《永护凤山碑》，其碑文曰：

> 情缘凤山为州治主山，最关紧要。前辈种植树木，加意培补，已非一次。无奈附近居民只图利己，暗于大义。始则借坟骗山，继则倚山骗树。公行砍伐，荡涤无余。睹兹濯濯之形，真令人有山木尝美之叹。张逊等因与合州绅士，耆民等，公同妥议，借用文庙卖租公项，买种雇工，于凤山之上下左右，概行种植。以期发荣滋长，培合州之凤脉，储庙之栋梁。以公济公，一举两利①。

可见，白族对植树造林、保护公山，利用自然资源造福子孙后代的生态意识，用乡规民约的方式规范，要求人们自觉遵守并维护，并把其作为白族社会最基本的公德意识要求，长期以来，便成为白族传统的生态意识之一。

而湖泊、河流水资源，被白族人认为是自己赖以生存和发展的前提和条件。水利是农业的命脉，也是人类赖以生存的最基本条件之一。兴修水利，保护水源，也是白族人的生态意识，故白族历史上有《重开水峒记》《开漾弓新河记》《太和龙尾甸新开水利记》等碑刻，记叙了白族寻找水源，辟土开疆，修建水利之事。

《重开水峒记》鹤庆界接吐蕃。天子置郡守，又设镇臣，操钥兹

---

① 大理市文化丛书编委会编：《大理古碑存文录》，昆明：云南民族出版社1996年版，第564页。

土，军储民食，皆仰给焉。而民多就湿为田，岁一淫雨，漾工河水，坪铺漂没，势拟怀□……而尤紧要者为四流峒，峒稍大，独受西北悍劲诸水。估余孔，泄淫潦，伏流百二十里，入金沙，东注于海，而耕者、居者得免于沼。①

《开漾弓新河记》：

从来辟土开疆，兴利除害，其攸关于民生国计者，士君子靡不乐而为之……自维道力未坚，于东山岩窟，面壁十年，乃掷尼珠象山之阴，顷间通一百八孔，出东南而注金江。从此水落地现，居民得以耕田而食，至今一千三百余年矣……迄今登西山而览胜，见夫里沟外溢，井井有条；南亩东郊，芃芃其麦。②

事实证明，白族不仅利用自然之水造福于人民，而且还利用自然之水灌溉的过程，培养人们的生态意识。因为，历史上曾因水源而引起的纷争也是屡见不鲜的，故白族地区才有如《羊龙潭水利碑》《大沟水硐示碑》等，调解村与村之间、人与人之间为用水引起的纠纷甚至械斗，并为平息事端、以敦和好而刻石立约存照，永息争端。有的还在乡规民约中规定，约束人们的行为，促使人们遵守。因此，兴修水利、种树育林、保护水源、维护生态环境，被白族看做是利国利民、造福子孙后代的大事，故以此作为人们的社会道德行为规范，并把它刻在石碑上，世代传承，成为本民族的传统文化中的道德原则。

白族地区有各式各样的乡规民约碑，反映了白族对赖以生存的自然生态环境保护的观念。其中如洱源铁甲村《乡规碑》、剑川蕨市坪村和新仁里《乡规碑》、鹤庆金墩积德屯《岔立乡规碑》《羊龙潭水利碑》等，仍在白族社区中起到保护生态环境、规范人们行为的作用。至今仍然流行于白族村落中的村规民约，如剑川新生乡《乡规民约》、黄花村的《村规民约》、石龙村的《村规民约》、以及金华镇南门办事处的《街规民约》，洱源三营村公所的《村规民约》、宾川的《革弊碑》等，都对怎样保护山林、水源、道路、水沟水渠灌溉、土地资源、社会秩序、村寨卫生，修桥铺路、捐资建校、兴教育以及人与自然诸多关系均作了规定，对什么能做，什么不能做，都是约定俗成的。

所以，在白族地区有水利碑、开河记、重修溪河记、开沟告白等保护水资

---

① 云南省编写组：《白族社会历史调查》四，昆明：云南人民出版社1988年版，第94页。
② 云南省编写组：《白族社会历史调查》四，昆明：云南人民出版社1988年版，第96页。

源。此外,盐井、古桥,被白族视作生存的根本。如云龙盐井中五井之人民,以前靠盐井生活,曾有以井代耕,以井养民、井养万家,久养不穷的实践和经历,故盐井是历代五井之民保护的重点,人们要靠它生存,让盐井造福于子孙后代,养育一方之民。而族谱中的《族规》《族法》《家规家训》,包括《禁烟歌》《戒赌歌》、洱源玉泉乡的《洗心泉诫》、明代学者艾自修、艾自新的《教家录》、杨南金的《居家四箴》,都是调整人与自我、人与自然之间关系的行为准则和道德规范,并通过乡规民约和族谱、家训的形式加以规范,从而使得白族地区山林、水、土以及其他自然资源和生存环境得到有效保护,人与自然和谐发展。

二、白族宗教信仰中的生态意识

白族信仰原始宗教,崇拜山神、日神、火神、水神,并有本民族的宗教信仰——本主崇拜。作为遗传和变异了的宗教形式的本主,至今还保留在白族社会生活中,白族人无论男女老幼,无一不信仰。就连远在湖南桑植的白族,也仍然信仰本主。在本主信仰中,经历了由自然图腾崇拜→龙神崇拜→祖先英雄崇拜的发展过程,说明白族的宗教信仰乃是"人创造了宗教,而不是宗教创造了人"①。因而在以人为神的白族宗教信仰中,体现了人与自然的价值准则。

早在公元 8 世纪末,即晚唐时期,佛教已在洱海地区传播和盛行。南诏和大理国的统治者在国内竭力推行佛教信仰,先后封了许多僧侣为"国师",授予其极高的权力,王室成员全部皈依佛法,有的国王也逊位为僧。就以大理国为例,国王段氏,自段思平起至段兴智,凡二十二主,其中有七位禅位为僧。一主被废为僧。他们"劝民每岁正、五、九月持斋,禁宰牲口","每家供奉佛像一堂,诵念经典,手拈素株,口念佛号"。因而形成当时国内官员,上至国相,下至一般官史,多从佛教徒中选拔;连学校也设于寺院,学生也是僧侣。可见当时佛教在白族地区的盛行。于是,清代诗人吴伟业曾说:"苍山与洱海,佛教之齐鲁。"早期在白族中盛行的是大乘佛教中的密宗,即"阿吒尼",教徒崇奉释教,习儒书,也就是"其流则释,其学则儒"。到了明代,朱元璋特申禁令,不许传授密教,代之而起的是禅宗佛教,"土俗奉之,视为土教"。②

佛教在白族地区盛行后,也影响着民众热爱万物、珍惜自然的本性,如洱

---

① 马克思、恩格斯:《马克思恩格斯选集》第 1 卷,北京:人民出版社 1972 年版,第 1 页。

② 大理州文化局、大理州文联、大理报社编:《大理风物志》,昆明:云南教育出版社 1986 年版,第 139-140 页。

海周边的白族村落"放生"活动就是源于佛教的思想。每年农历7月23日,洱源白族斋奶们要在茈碧湖河头龙王庙附近放生泥鳅入茈碧湖;同日,在大理湾桥古生村龙王庙前面的洱海边,附近的白族群众都会到这里向洱海中放生泥鳅和鱼虾,祈求风调雨顺。因为,"古生"白语意为"放生之地"。如今这里古树耸立,百年戏台旁边白墙上有《村规民约》,上面写着"要保护洱海环境,不要私占乱排乱丢""要留住古村古树,不要改变风格原貌"。白族民间宗教信仰"斋奶会""莲池会"的经文也有崇尚自然、天人合一、友爱万物的思想。经母会常组织信众祭祀祷告,祈福洱海,保护河流,信众回到家中还会教育子孙爱护洱海、河流,不能做破坏洱海、河流生态的事。现如今洱海周边的村庄仍然有严格的保护洱海的村规民约,虽然这个约定不具备法律效力,但是白族人民用自己强烈的道德观遵守这个村规民约。在各个村庄中"保护洱海,人人有责"的标语是随处可见的。这既反映了白族人民对自然的畏惧和崇敬,也折射出人们善待自然的观念。

道教传入白族地区,在洱海周边流行"请天地""请水"的习俗,并祀奉水神、山神、土地神、日月神等;早在南诏初期盛行于白族之中的是天师道,在唐贞元十年(公元194年),西川节度使韦皋派巡官崔佐时与南诏王昇牟寻在苍山神祠订盟时的誓文"谨诣玷苍山北,上请天地水三官,五岳四渎及管川谷诸神灵,同请降临,永为证据。"正是当时道教在白族地区流行的写照。至今洱海区域流传的年终岁首,老年人要到水神、山神、土地神、日月神处烧香磕头,祈求风调雨顺,五谷丰登;大年初一清晨,白族人家都有抢春水的习俗,抢到春水象征一年四季有福水,可保护家人清吉平安。因为,在白族人的观念里,水就像阳光空气一样,水是生命之源,也是幸福之本。人们对水的渴望进而产生了对水的崇拜。故白族许多村庄留存的"三教宫"建筑,就是白族信仰佛、道、儒三教合流的的遗迹。表现在白族伦理道德规范上,宗教信仰的教义要求,与人善处,慈悲为本,与自然和谐相处,乐善好施及因果报应的各种戒律和规范,渗透到人们的社会生活之中,成为人们的道德观念和行为准则。

然而,尽管佛、道、儒在白族地区广泛流行和传播,但白族始终保持本民族宗教信仰"本主"崇拜。"本主"即本境之主,即村落的保护神。故在白族聚居区几乎在每一个村落均有自己的"本主",有的一个村落奉祀一位"本主",有的几个村落奉祀一位"本主",并建有本主庙,庙内供奉木雕、泥塑和石雕的本主像,各个村寨每年在本主寿诞之日举行迎接"本主"的庙会。而在本主信仰中,就有许多关于龙王本主的传说。在大理仅龙王本主就有50多位,如大理市城邑乡才村本主四海龙王、宝林村本主白那陀龙王与段赤诚龙王、周城村杜朝选、洱源县乔后本主龙太子等,每位本主都有一段传奇故事,都与人们保护赖以生存的生态环境息息相关；文学作品有《九隆神话》《雕龙记》《玉白菜》《浪穹龙王》《小黄龙与大黑龙》《苍山九十九条龙》等，也与人们生活中的水及水源分不开。故白族民间自然形成保护龙塘水源，爱护树木；禁止在龙塘水源地砍伐树木，乱扔垃圾的行为规范，让人们节制自己的欲望，给自然以休养生息，节制人们向自然过渡索取的行为，祈求龙王本主的保佑，风调雨顺，五谷丰登。久而久之形成遵循人与自然和谐相处的生态理念，并一代又一代传承下来。

白族坚持人与自然和谐相处的生态理念，其实就是保护人类整体利益、人类长远利益的一种方式。这种伦理思想在解决人类的共同危机中具有普遍意义和现代价值，不仅是本民族自然生态保护的重要思想基础，也能够为中国当代生态伦理学的构建提供丰富的理论资源。

三、白族史诗神话风俗习惯中的生态理念

人是自然的产物，自然是人类生存的基础。人类脱胎于自然，是由某种自然物经过长期演化而生成的，这是少数民族先民对人类起源的一种典型看法。而史诗神话和民间故事传说产生于人类社会初期，由于生产力低下，人们对千变万化的自然现象，对万事万物的起源不能给以正确的解释，在自然的威力面前，也是无能为力的，他们只能把理想寄托在幻想中的"神"身上，让它去解释自然、征服自然、驾驭自然，于是就产生了各种神话。正如马克思指出："任何神话都是用想象和借助想象以征服自然力，支配自然力，把自然力加以形象化。"[1] 白族的神话就是在这样的基础上产生的。如，《开天辟地》《伏羲和娃妹》等，都是洪水之灾以后人类再造世界的内容。又如，反映白族原始社会时期人与自然的神话《太阳神话》《鸟吊山》等，富有鲜明的民族地方色彩。《太阳神话》说：苍山北段的云弄、沧浪两峰常多云密雾，因而田里庄稼往往不能成熟。由于太阳神大施神力，驱散云雾，保护禾苗，才使庄稼得到丰收。洱海区域江河密布湖泊多，因而水患也多，白族人民与水旱灾害斗争也比较频繁，所以，关于龙的神话传说也就特别多。如，《金鸡和黑龙》《小黄龙与大黑龙》等，其中《小黄龙与大黑龙》故事说：大黑龙盘据着洱海，一次因寻找一套龙袍，竟不管人民的生命财产，用尾巴闸起海尾不让水流出去，以致洱海水骤涨，淹没庄稼房屋无数。人们非常痛恨"黑龙"，这时小黄龙为民除害，在人民集

---

[1] 马克思恩格斯：《〈政治经济学批判〉导言》，载《马克思恩格斯选集》第2卷，北京：人民出版社1972年版，第113页。

体力量支持下，它勇敢、机智地打败了大黑龙，大黑龙逃出洱海。这里很显然小黄龙是正义、善良、机智、勇敢的化身，也是人民力量的代表；而大黑龙则是邪恶、残暴、失败者的化身，是丑恶势力的代表。

白族是农耕稻作民族，为祈求雨水，让五谷丰登、六畜兴旺，人们通过载歌载舞的节日祭典仪式来祈雨。其中，"绕三灵"是白族节日文化中重大的民族节日。是日，人们身着节日盛装，一路歌声一路舞从大理古城圣源寺出发，到庆洞村的神都住一晚，第二天早上出发，经过喜洲到河矣城再住一晚，第三天沿着洱海西岸一直到马久邑村才结束。在"绕三灵"祭典仪式队伍中，人们通常选取神树、葫芦、太阳膏等物件为载体，将人与自然结合在一起，表达人们对大自然的希望。通常是以柳树代替神树；神树之上悬挂葫芦，因为，葫芦是白族人民的吉祥物，来喻示着丰收。太阳膏是白族妇女用彩布剪制的类似铜钱的装饰物，每位参加祭典活动的人贴于头部两侧太阳穴的位置，太阳膏与众神之中的"太阳神"有关，"太阳神"在白族农耕稻作文化中与"水神"有同样重要的功能。认为风调雨顺，五谷丰登，阳光普照大地，对于稻作生长是大自然给予的赠礼，于是对"太阳神"的敬畏折射为具体的行为活动。故太阳膏被作为载体，传递的正是白族对"太阳神"的崇拜。因此，白族在农耕文化中，也具有遵循人与自然和谐共生的理念。

白族不仅有龙崇拜，还有动植物崇拜。通常人们爱鸟护鸟，如果居家台阶上面的梁上有燕子窝，老人会不断告诉小孩，燕子窝是不能掏的，掏了燕子窝头上会生疮。因为，在人们的观念里，认为家居环境好，生态平衡，燕子才来做窝。燕子来安家落户象征着吉利，家庭兴旺发达。

讲究卫生，爱干净是白族人必须遵循的自然规则。白族的村落、庭院远远望去，无论从结构和外观上均与其他民族不同。这一方面与白族的尚白习俗有关；另一方面也与白族讲究卫生，爱干净的传统分不开。进入白族社区，首先映入眼底的便是整齐、清秀的村落，白石灰粉刷的墙壁，尤其显眼的是每个村寨口的白照壁和大青树，给人一种美不胜收的感觉。进入村落，整洁的鹅卵石铺成的巷道，潺潺的小河流水从房前屋后沿村寨巷道至上而下流淌，按村寨人口多广，分出不同的道口，有的道口专供挑水饮用；有的道口为洗菜专用；有的道口分别为洗衣服；供牲口饮用的道口在村寨最下边。不仅有分门别类的河道口，还有时间上的差别，通常清晨5～7点为挑饮用水时间；9～10点是洗菜时间，洗衣服要在10～12点或下午，人们都遵守约定俗成的规则。新媳妇进村，婆母或家人首先对其进行村落约定的习俗公德教育。特别是洗衣服，又有独特的习俗和规定，通常小孩的屎布、尿布，即便在河边，也要先放在盆里搓洗干净，洗出的水要倒在粪坑里，不能倒入河水中，更不能直接放进河水里洗，否则认为小孩的屁股会烂；妇女经期的内裤和平日的裤子也是如此，首先放在盆中洗，脏水倒入粪坑，否则认为会遭雷打。这是对人们的一种生活禁忌，实质上是为不污染水源。谁违反谁将受到村寨舆论抨击，被人们看不起。此外，再从白族服装来看，男女均着黑领褂、白衣服，给人一种清新的感觉。再则，白族地区人畜分开，猪、牛、羊圈养，家家户户都有猪圈，厕所、人们清晨起来第一件事便是挑水、扫地，从屋内扫到院坝，再到巷道。人们长期养成不仅注意个人卫生、家庭卫生和公共卫生的习惯，不随地乱吐痰，不随地大小便；而且养成讲卫生，爱干净的传统，并且世代传承，养成本民族传统的自然生态意识。

然而，曾经在一段时间内，由于优秀的传统文化在民族地区的失范及外来文化的冲击，导致苍山大理石乱采、森林、树木被乱伐，造成苍山十八溪水夏天干枯，雨天泥石流、溪水泛滥；填海造田、网箱养鱼、机动船代替了帆船，加上20世纪90年代后，旅游热及建房热和客栈热，加重了洱海周边防污、治污、排污负担，使得洱海曾经被重度污染。原来传统文化中的村规民约越来越没有了约束力，随着外来投资资本的介入，使传统文化中村规民约更显苍白，使得长久以来维护的生态平衡日益被打破。

可见，大自然既有其惠泽众生的一面，也有桀骜不驯的一面。在与大自然长期的冲突与调适中，白族先民根据对人与自然关系全面、深刻的认识，总结出了人应与自然和谐发展的生存原则，这在白族的实际生活及理论认知层面均有体现。

因此，进入新时代的今天，特别是十八大以来在习近平总书记的正确带领和关心下，白族优秀传统文化进一步得到保护与传承，使得苍山植被及生态环境不断改善，森林覆盖率达86.3%，洱海面源污染得到有效控制。

总之，必须进一步保护白族优秀传统文化，传承优秀文化中的生态观念，才能保持苍山洱海的生态环境可持续发展；同时，在贯彻落实中共中央办公厅、国务院办公厅《关于实施中华优秀传统文化传承发展工程的意见》的精神，加强白族优秀传统文化的保护与宣传，除通过立法保护以外，发挥白族优秀传统道德在文化传承创新中的基础性作用，增加白族优秀传统乡规民约、家风家规家训道德文化内容宣传，加强传统优秀道德文化教学研究基地建设，大力推广和规范使用白族优秀道德文化，科学保护白族优秀的乡规民约、家风家规家训，繁荣发展白族道德伦理，更需要用生态文化的思想来规范和教育民众，使百姓从观念上、日常行为中融入环境保护的理念，并从小孩开始进行生态保护教育，并不断传承传统保护生态环境的习俗，扩大影响力，从而形成一个人人参与，共同保护人民赖以生存的自然生态的局面，才能真正发挥优秀传统文化在生态环境保护中的作用。

中国大理白族与日本岐阜妇女在稻作生产中的作用

中日农耕稻作文化在历史上有着密切的联系和交互影响，尤其是自然、地理、气候和生态环境，与日本诸民族在农耕稻作原始生产、生活方式上的相似性，以及稻作生产劳使中国西南少数民族中的白族动中妇女的作用、以及妇女在稻作生产与日本的相同性，使白族与日本诸民族在农耕稻作文化上有较多的共同性。

一、中国大理白族与日本均为稻作民族

水稻是全球近50%人口的主要粮食作物，其中90%的水稻产于亚洲，[1] 而中国和日本均为亚洲主要产稻国家。我国水稻种植面积近3200万公顷，产量约占粮食总产量的40%，是种植面积最大、单产最高、总产量最多的粮食作物。中国以世界水稻种植面积的21.4%获得了世界稻谷产量的34.5%，为世界之最。[2] 日本农业以水稻为主，近50%的耕地用于种植水稻，可谓"稻作之国"。[3] 同为稻作民族的中日两国有着相通的历史渊源、相似的气候环境和稻作文化。

（一）历史渊源

中国是东亚稻作的起源国。湖南道县玉蟾岩出土了12000年前的5粒炭化稻谷，它们被誉为世界上最古老的稻谷。[4] 约在进入青铜时代以后，中国的稻作农耕逐渐向东传播并到达日本，这是古代东亚文化交流史上一件十分重要的

---

[1] 朱德峰等：《全球水稻生产现状与制约因素分析》，载《中国农业科学》2010年第3期。

[2] 杨新春，袁钊和：《我国水稻栽植机械化的现状与发展前景》，载《农机市场》2001年第11期。

[3] 刘恒新，范伯仁．陈立丹．张园．张汉夫．日韩水稻生产机械化发展情况考察报告．北方水稻．2007（2）

[4] 陈淳，郑建明：《稻作起源的考古学探索》，载《复旦学报》（社会科学版）2005年第4期。

事件，它对东亚地区古代的历史产生了深远的影响。①

(二) 气候环境

中国与日本都处于亚洲东南部的季风区，这一地区属于世界上屈指可数的季风区，季风性气候的最大特点就是雨热同期，雨热合理搭配为水稻的生长提供了很大的帮助。人们利用季风带来的丰富的雨水从事水稻栽培，世世代代繁衍生息。②

(三) 稻作文化

尤其是自然、地理、气候和生态环境，使中日稻作文化在历史上有着密切的联系和交互影响，中国西南少数民族中的白族与日本诸民族在农耕稻作原始生产、生活方式上的相似性，以及稻作祭祀中的相同性，使得白族与日本诸民族在农耕稻作文化上有较多的共同性。白族与日本均形成了以农耕稻作生产为中心的稻作祭祀仪式。具体表现为祭山神、圣树；祭水神、火神；祭牛、祭谷种、尝新。

中国白族和日本诸民族农耕稻作祭祀的各种方式，除揭示农耕稻作生产的季节和农耕生产的程序外，从最初宗教性的祭祀娱神逐渐向娱人、从神圣性向世俗（群众性）的文娱活动衍变，其中包含着丰富的传统精神文化内涵。如白族的栽秧会、日本的花田植；白族的田家乐、日本的田游等。③

二、中国大理白族与日本稻作生产中妇女是主力

作为农耕稻作民族，一般都是男女共同参与劳动，只是在劳动过程中的分工不同。在东南亚国家都基本如此，但是各国又有自己的特点。

(一) 中国古代夫妇并作

自原始农业出现以来，妇女一直都是农业劳动的参与者，如《诗经·国风·豳风》曰："四之日举趾。同我妇子，馌彼南亩，田畯至喜。"在我国古代，

---

① 罗二虎：《中日古代稻作文化——以汉代和弥生时代为中心》，载《农业考古》2001年第1期。

② 伊藤清司著，张正军译：《日本及中国的稻作文化与祭祀》，云南大学人文社会科学学报，2001年第2期。

③ 杨国才：《中国大理白族与日本的农耕稻作祭祀比较》，载《云南民族学院学报》（哲学社会科学版）2001年第1期。

以"夫妇并作"为代表的男女同工模式一直占有重要的地位,记载女性参加大田劳动的史料也很多,一直要到了清代中期,以"男耕女织"为典型形式的男女劳动分工,才在江南纺织业发达地区充分发展。[1] 而在其他地区,男女同工模式即使到了近代也仍然占主导地位,这一点从白族妇女的稻作生产情况可以看出。

20世纪初,英国社会学家费茨杰德到大理考察,他在《五华楼》一书中是这样记述白族妇女的:"男人和女人们在田地里干着同样的活,只有犁田的重活留给男人来干。妇女们在田间除草,用锄头耕耘、栽秧、协助男人收割,把收割下来的谷物背回家里。集市贸易常由妇女参加,她们把商品背进城里,白天在集市上出卖,傍晚带着钱回家。白族妇女身体健壮,经常从事搬运活,而在中国其他地方,这种活路仅仅由男人承担。"[2] 可见,白族妇女在稻作生产中的贡献不可小觑。

(二) 以女性为中心的日本原始社会稻作生产

"倭",是先秦时代中国创造的名词,是对古日本的专称,其字多义。"委"字从"禾"从"女",即女性从事稻作耕种的写意组合,说明日本人当时还处于原始母系社会,并以女性为中心从事稻作耕种。[3]

(三) 现代农业女性化

现阶段中国和日本均存在农业女性化现象。我国农村劳动力大量外流导致农村妇女成为农业生产的主力军,4.5亿的农业劳动力中,从事农业生产的有3.2亿为妇女,占65.5%"。[4] 在日本,因为受农业高龄化、后继者不足、兼业化因素的影响,以女性为主的农业经营管理者和家庭经济财务计划管理的农户逐步增加。[5] 日本从20世纪60年代开始,农业劳动力中女性的比例已经达到了

---

[1] 李伯重:《从"夫妇并作"到"男耕女织"——明清江南农家妇女劳动问题探讨之一》,载《中国经济史研究》1996年第3期。

[2] 施立卓:《大理白族妇女古今谈》,载《大理师专学报》1995年第2期。

[3] 张中一:《从考古学角度看中日文化交流》,载《贵州社会科学》1997年第2期。

[4] 黄芳:《农业现代化进程中农村妇女就业问题研究》,载《农业现代化研究》2001年第4期。

[5] 姚洪亮:《日本农业女性的就业结构变化及其家庭经济管理》,载《农业经济问题》2000年第2期。

60%，而且半个世纪以来，一直保持在这个水平。① 农业女性化反映了中日妇女在稻作生产中的主力作用。

三、中国大理白族与日本妇女在稻作生产与祭祀中的功能

中国白族和日本诸民族农耕稻作祭祀的各种方式，除揭示农耕稻作生产的季节和农耕生产的程序外，从始至终都表现了妇女在稻作生产劳动中的劳动以及参加稻作生产中宗教性的活动。并且，从最初宗教性的祭祀娱神逐渐向娱人、从神圣性向世俗（群众性）的文娱活动衍变，其中包含着丰富的传统精神文化内涵。如白族的栽秧会、日本的花田植；白族的田家乐、日本的田游等。

（一）栽秧会与植田歌

据洱海区域考古出土文物证实，早在距4000多年前，在环洱海丘陵地带定居的白族先民就已栽培旱谷（籼型陆稻）。因此，洱海区域是原始农耕发祥地，也是亚洲稻作栽培的发源地之一。稻作栽培生产劳动的主体白族历来十分重视稻作的生产，自然也就把栽秧作为生产劳动中最关键的一环，故从古至今的"栽秧会"都是白族人别开生面的生产节日，也是白族最富有民族传统的农事节日。它即是一种传统稻作祭祀与生产劳动相结合的群众性娱乐活动，又是一种别致的、临时性的妇女插秧互助组织。人们自愿组织起来，以换工的形式进行集体栽插。通常人们推选一位插秧能手或有经验的老农负责管理栽秧事宜，有的则由村落中长者或家族长直接掌管，人们称其秧官，负责安排指挥插秧活动。插秧每年夏至5月初开始，第一天称为开秧门，要举行庄严而愉快的仪式。清晨，插秧的妇女们身着节日盛装，伴随着欢快的音乐，兴高采烈地来到田边。田里二牛抬杠，一男子扶犁正在犁田、耙地，其他男性若干人在平整田，等待妇女插秧。同时田边摆满祝愿丰收的祭祀供品和各类果酒，人们一边愉快地唱着祝愿丰收的调子，一边分食供品及果酒，然后随着开秧门仪式的唢呐声和锣鼓声进入水田开始插秧。田边还插有秧旗，旗面上还绣有"吉祥丰收"等字样，在秧旗下秧官带着五个会吹拉弹唱的青年，手拿唢呐、锣、大钹，每当锣、大钹"咣"地响起，唢呐便吹起插秧调，每丘田里栽秧的妇女们，开始紧张的栽插赛。此中，时而有人高唱白族吹吹腔，催促人们赶快干；时而有男女对唱白族调，人们在栽插对歌中选择意中人；时而响起唢呐奏出的"栽秧调"，节奏明快、生动有力的乐声鼓舞着人们劳动热情。在插秧日子里，人们在紧张欢

---

① 王国华：《论日本农业女性的家庭经济地位》，载《日本问题研究》2009年。

快的间歇,还要在田间地头吃午饭野餐,品尝白族的腊肉、酸辣鱼、生皮、凉拌螺蛳、螺蟥、油炸乳扇、米干兰、海菜汤等。有的扮演插秧夫、樵夫、耕田者的角色;有的耍牛头、耍龙、耍白鹤等,妇女们打着霸王鞭,从田野到村庄,在村落中巡回表演。俗称"田家乐",是以白族戏剧"吹吹腔"形式为内容的活动。民间称其为"谢水节",要祭祀水神,炒蚕豆在田间分食,相传"关秧门"吃炒豆不生病。人们还要带回家给小孩吃,意为吃"洗脚豆",一年四季平安不生病。人们还要到本主庙去祭祀和"打平伙",杀猪宰鸡,接回出嫁的女儿,庆祝栽插圆满结束。举行"关秧门"节,是为了谢水神,祈求丰收。这些活动充分再现了人们辛勤劳动后的高兴心情、人与自然、人与生态环境的和谐以及人们祈求五谷丰登的愿望。日本稻作民族对稻谷能否丰收也是十分关注,特别重视稻作生产中的栽插,由此而产生"打春田""花田植",也叫大田植、田乐或牛供养田植等(浅野日出男语)。在传统农业中,插秧同样是由 10 个左右的农家联合进行,由户主在一起商量开始插秧的时间、秩序、吃饭的次数、出夫的办法和步役等,并推选插秧官。虽然每年有定例,但每年大家都又周密地商量决定,如广岛县山县郡附近的村民,在栽插结束时,才选择合适的日子进行"花田植"。活动在剩下的农田进行,旁边秧田还有秧苗,二三十头甚至一百头牛备着美丽的鞍子,鞍子上立着小旗和用假花装饰起来的斗笠,跟着带路的牛平整水田。这时,插秧姑娘、伴奏人和领唱在另外秧田拔起秧苗,待水田平整后,每人拿着秧苗在绳子前排成一行,伴奏人排在后面,领唱的姑娘在对面拿着竹刷子站立。插秧姑娘和伴奏人边插秧边后退,领唱人和着竹刷子的拍子唱大歌,插秧姑娘边插边唱小歌,唱一遍大歌和小歌叫一声,唱十二次(叫十二声)才休息。伴奏有大鼓、小鼓、钲和笛子。有些男人在腰部上佩带奇怪的鼓,边吹笛子也打竹刷子,又跳各种舞,唱得得意扬扬。插秧歌有的用对歌的形式唱,不同的式因地域而异。此时此刻,观众赞美着牛的劳作和平整水田的功绩,同时也为大鼓伴奏的乐声所陶醉,人们不时通过插秧姑娘的歌声而寻人,为家中的小伙物色对象,这真是一派喜悦祥和的气象。这充分展现了古代日本插秧中植田歌的状况,使稻作祭祀与生产劳动相结合的插秧活动,成为既是劳动,又是人与自然结合的过程。

(二) 田家乐与田乐

白族在漫长的农业生产活动中,形成了许多具有浓厚农耕文化特征的祭祀节日和活动。如一年一度的大理湾桥小鸡足山的三月三朝山歌会和每年夏历 4 月 23 日至 25 日大理坝子中绕三灵节日,被称为"春游狂欢节"。人们在祭祀迎奉神灵的同时,载歌载舞,使祭祀神灵过程,也就是人们即兴编歌,跳舞、抒发感情的过程，使宗教祭仪与歌舞成为凝聚民众精神的载体，从而又突出地再现农耕民族对雨水、阳光、土地等生殖力量的祈求与期盼。其中最能反映白族农耕稻作文化的还是白族春节、本主节日或其他喜庆节日中不可缺少的、民众喜闻乐见的"田家乐"。"田家乐"流行于白族聚居区，洱海区域20世纪80年代初还盛行，近10年来有所减弱，然而在洱源凤羽，云龙大达、天池等地还保存着。如云龙天池的田家乐很有自己的特点。表演时有许多角色如"春官""田公""地母""猴子""耕牛""秧官""平田""犁地"等，代表36行。表演多数环场进行，开始由扮演猴子的人在场内跑跳，做一些十分滑稽的动作逗乐。接着由"春官"出场念颂吉利贺诗，接着就表演吆牛、耕田、栽秧农事活动。

整个过程都是再现农耕稻作生产场面与农家生活的舞蹈，把农耕稻作生产与人们的精神娱乐活动融在了一起：从娱神到娱人，从神圣的信仰活动已深入到世俗大众性的娱乐活动，突出地再现出人类寻求主客界的平衡，人与自然相辅相成的心理，抒发人们庆祝丰收，娱悦心灵的理想与情怀。

（原载《云南民族学院学报》哲社版，2001年第1期）

附　录

一、白族学研究论著

1. 吴金鼎、曾昭燏、王介忱：《云南苍洱境考古报告》，台湾中央研究院，1942年。

简介：1938年至1940年，吴金鼎与曾昭燏、王介忱到云南大理附近的苍洱考察发掘，发现遗址32处，并主持挖掘了数处，撰写了本书，奠定了西南地区史前考古学的基础。该书为16开，全书共5章，附有英文提要，文字共67页，英文提要8页，图版拓片11页。该书成为研究云南地方史的珍贵资料，也是关于云南的第一部考古专著，奠定了西南地区现代考古学的基础。此外，曾昭燏还著有国立中央博物院专刊乙种之《云南苍洱境考古报告乙编·点苍山下所处古代有字残瓦》，1942年出版。全书共5章，文字12页、英文提要3页、字瓦摹本63页，以及后记。她在书中提及发现与发掘经过——1938年11月吴金鼎到大理调查古迹，同月29日，与中国营造学社刘敦桢、陈明达、莫宗江三位先生访大理城西北8里的无为寺，在寺东南寻得所谓白王冢，发现有字瓦片颇多。曾昭燏对发现的10处遗址的位置情形及史实传说作了介绍：白王冢遗址、三塔寺遗址、一塔寺遗址、五华楼故址、太和城故址、下关西遗址、中和遗址、东岳庙遗址、史城故址、白云遗址。

2. 马长寿：《南诏国内的部族组成和奴隶制度》，上海：上海人民出版社1961年。

简介：本书主要由昆明、六诏、六诏的统一，南诏国内主要部族的名类问题和南诏国的社会经济制度三个部分对公元8世纪南诏国内形成的主要民族构成及其社会制度进行了论述。

3. 王忠：《新唐书·南诏传》笺证，北京：中华书局1963年。

简介：本书主要是整理资料，选择以材料较为丰富，编写比较完整的《新唐书·南诏传》为纲领，引用文牒、碑铭、刻石等原材料，当时经过认真调查写成的材料，正史和唐宋时期诗文集、笔记等，古老传说的编纂性资料，西南各省方志和元代以后有关云南的专著5部分材料进行整理和辨伪正误等考订工作，较为翔实、准确的对南诏国进行描述和记录。

4. 李霖灿：《南诏大理国新资料的综合研究》，台北 1967 年。

简介：作者通过对纽约都会博物馆中的维摩诘经、圣地安哥艺术馆中的云南观音像、故宫博物院的大理国梵像卷、日本京都有邻馆中的南诏图传等作品的分析研究，得出了一些十分重要的结论，并有益的提出一些假设供后续研究参考。

在民族学上，本书作者认为，南诏建国者和罗罗族有着十分密切的联系。先前的研究之中对南诏帝国为哪个民族所创建有着各种不同的说法。本书作者从张胜温梵像卷的第 103 图供养人像上触发了思路。梵像卷的第 103 图是顶礼"十一面观世音菩萨"，十一面观音是以唐代最为人所膜拜的神祇之一，在这位神像之下，分为上下两排，七上八下，共站立了十五位供养人员，内有两名是妇女，我们由南诏图传上知道是奇王妃浔弥脚和兴宗王妃梦讳，这是南诏开国时的重要人物。剩下十三位王者因许多尚可辨认的名号的排列，使我们知道正是有"父子连名"特色的南诏历代帝王的供养像。除了父子连名制的原有验证材料，本书作者进一步增加了椎髻与高冠、跣足、披毡、奴隶制度的社会组织、善战、良马、火葬来验证南诏为罗罗族人所建的大帝国的这一观点。本书作者认为，这些证据主要是当时的真实写照，其价值与书刊不可同日而语，这一批生力军证据的加入，若不能使这一个问题立即得到定论式的解决，也必然因它们而加速这一问题的解决。

在史学上，梵像卷和南诏图传某一部分的资料充分解决了"摩诃罗嵯"和隆舜的关系。图 55 中袒胸簪髻垂环曲膝以一个原始土著之姿态合掌礼拜，上有"摩诃罗嵯"四字名号。而在 103 图上名号反生改变，依稀辨认出武宣皇帝四个字，进而推测这是南诏晚期的一位帝王，武宣皇帝是他的谥号。依南诏史系及谥号推排，他便是蒙氏隆舜。在南诏图传中，他又以主要顶礼人的身份出现，身后有两位侍者持盒随从，他身旁有名号二，一为"信蒙隆昊""摩诃罗嵯土轮王担畀歉贱四方请为一家"。由于"信蒙隆昊"题名的出现，确信他为南诏倒数第二位皇帝，蒙是姓氏，隆昊当即是"隆舜"。

本书作者还从艺术角度对其进行了评价，把它们誉为"我国西南边疆上的文化奇葩"。四件资料中以张胜温的梵像卷为最高，慧心匠意使人心折。利贞皇帝礼佛一图尽显大师的"功力"，既有变化，又不造作，一片从容自然，用线的造诣精准，契合构画典则。人物表情刻画，衣褶的勾勒交代，还有一些小动物的白描，把当日盛况活灵活现地展现，使观者心折。这幅长卷的复原，有助于后续研究的进一步开展。维摩诘经上的文殊问疾图也是精品。此图有一种古锦斑斓的感觉，使人看上去一方面觉得金碧辉煌，但却并不灼烁照人，正像一位历久风尘的美人，如今是绚烂之极归于平淡，一片深沉恬静的色调，充分表现出东方艺术的高度优美。维摩诘经和梵像卷虽成于宋代，却保存着浓厚的唐人气息，正是一种文化传播的典型案例。云南观音像和南诏图传也有着极为丰富的艺术价值和特色。

本书作者基于后续研究一定的启示意义。首先，在研究方法上，从美术的角度去研究一个民族和一个史实是十分有用的，值得去提倡和应用。把研究的疆域扩大到博物馆里来，从艺术品中寻找线索，和艺术史平行的建设论断。本书作者还基于南诏大理受汉族文化熏陶的史实与当时的时代层次，进一步提出假设，长卷中所画密宗诸菩萨神像，有一部分当属"华密"一派。等待学者未来进一步证明其真伪。

5. 张文勋主编：《白族文学史》，昆明：云南人民出版社1983年。

简介：《白族文学史》是在一九六〇年云大中文系等单位编写的《白族文学史》（初稿）的基础上修定重写的。编著者对白族文学作了进一步的深入调查，占有大量材料，力求用马列主义的观点来探讨白族文学发展的规律。针对《白族文学史》（初稿）中存在的问题，加强科学性、系统性。不少章节作了较大变动，并有充实、提高，如对白族古代书面文学和解放后新文学的研究等方面，有了进一步加强。全书四十多万字，是研究白族文学的一部专著。

6. 赵橹：《论白族神话与密教》，北京：中国民间文艺出版社1985年。

简介：本书通过澄清佛教传入云南的诸种臆说，密教在南诏的发展及其兴衰，密教神话萌芽时期，观音神话，驯龙、降龙神话，密教神话的白族化共八个部分阐述了密教在南诏国的发展过程，密教文化和白族文化之间的相互关系和影响。本书对于了解密教在南诏国演进过程和白族历史文化和今天的文化具有重要意义。

7. 杨聪：《大理经济发展史稿》，昆明：云南民族出版社1986年。

简介：本书填补了没有从历史发展角度去研究大理经济的著作的空白，是一部应时而生的开创性著作。本书把有关大理经济的散见于文献和考古资料汇集起来，加以分类排比和分析研究，理出大理地区经济结构的形成、演变和发展过程，揭示大理经济的地区特点和民族特点。不仅展现了大理地区经济发展的古今面貌，而且也为有关经济部门提供了一个比较完整的参考资料。同时，也可让读者了解当地的民情世俗、山水风物和名胜古迹的概貌。这对专业工作者和一般读者借鉴历史，认识现状，规划未来，都具有现实意义。

8. ［美］巴克斯著，林超民译：《南诏国与唐代的西南边疆》，昆明：云南人民出版社1988年。

简介：该书从宏观的角度对王朝政策与边疆演变间的关系进行比较研究，既能探寻边疆历史发展的原因和结果，也能让读者明白王朝制定边疆政策的依据,从而对边疆历史和中国的历史有一个全面深刻的认识。这部著作是西方学者研究唐代民族关系史的新成果,因史料等客观原因,书中也存在一些错误,林超民先生对此作了初步的纠谬。本文拟从秦朝至1253年,详述云南地区历来是中国整体的一部分,以纠巴克斯之缪,补林先生之阙。

9. 木芹:《南诏野史会证》,昆明:云南人民出版社1990年。

简介:该书由(清)王崧校理,(清)胡蔚增订,木芹会证。此书汇集各方面成果材料,以南诏、大理国500多年社会历史发展为主线,重点对洱海区域的统一、南诏前期的社会经济制度、苍洱会盟和影响、异牟寻的改革、白族的形成、蒙氏王族的民族狭隘性、蒙、郑、赵、杨、段的更迭是改朝换代、大理前期与南诏一脉相承、云南政区的重大变迁、民族间社会发展的不平衡等10个问题进行笺证,为研究南诏、大理国史打开思路。

10. 赵橹:《论白族龙文化》,昆明:云南大学出版社1991年。

简介:本书对中国的龙文化,重点是白族的龙文化的起源、发展和特征等多方面的问题进行了有益的探索。该书认为:龙文化虽然广泛的存在与神州大地,中国人崇龙祖龙的风气源远流长,但龙不是图腾,自然也不是白族的图腾,白族之所以有龙文化,是受诸夏文化的影响所致,是外来文化所创而非白族文化自生。本书从洱海区域的自然生态环境入手,深入细致地分析了白族具有自己特色的龙文化的发展脉络。白族的龙文化更多地保持了"龙"的自然属性,"龙"的社会属性比之汉族则相对要淡薄微弱得多的显著特点。本书对于了解白族龙文化的历史及其特征具有十分重要的意义。

11. 杨仲录、张福三、张楠主编:《南诏文化论》,昆明:云南人民出版社1991年。

简介:本书主要通过编选我国(包括台湾)学者和南诏文化研究者近期的研究成果,集南诏文化研究之大成。在内容上,打破了狭隘的"小文化"的局限,从考古文化、农业经济文化、生殖文化、宗教文化,以及语言文字、民族社会、民居建筑、医药卫生、饮食交通、民俗服饰、神话传说、诗歌音乐、舞蹈绘画等方面,去进行多侧面、多层次的研究和展示南诏文化的历史和现状,交流信息,把南诏文化的研究引向深入,为发展和繁荣各民族社会主义新文化提供一种历史依据的参照系。

12. 龚有德:《白族哲学思想史》,昆明:云南人民出版社1992年。

简介:本书是关于白族哲学思想研究的第一部专著。本书汇集了从低级到高级的白族哲学思想,清晰地看到了白族思想发展的艰难而又卓越的过程,对于总结白族的文化史和白族理论思维的经验教训具有重要意义。同时,作者还把白族哲学思想放在整个中华民族的思想发展的历史长河中去考察,力图挖掘白族哲学思想与汉族和其他兄弟民族哲学思想的异同点，并寻找白族哲学思想与汉族和其他兄弟民族哲学思想的关系。其对于研究白族哲学思想史提供了一个良好的开端。

13. **大理白族自治州城建局、云南工学院建筑系编著：《云南大理白族建筑》，昆明：云南大学出版社 1994 年。**

简介：本书精选了 600 多幅白族建筑图片，共分为四个部分，即：门楼；牌坊、照壁；庭院；寺庙、戏台。这些建筑上及明代，下至今日，部分建筑始建于唐朝，有些古建筑今已不存，书中所选照片具有很高的史料研究价值和美学欣赏价值。本书还兼及白族牌坊门与寺庙，是对白族建筑一次全面系统的展示，对于弘扬和发展白族文化具有重要的现实意义。

14. **李晓岑：《白族的科学与文明》，昆明：云南人民出版社 1997 年。**

简介：本书是一部打开白族 4000 年科学文明史和诠释白族科学发展观的佳作，全书通过"远古的先民——科学文明的诞生""滇僰——科学文明的发展""西爨白蛮——科学文明的困境""南诏大理国白蛮——科学文明的复兴""元明清白族——科学文明的繁荣"共 5 部分展示了 5 个时期白族 4000 年历史长河波澜壮阔的科学文明成就，雄辩地史证了白族是一个文化灿烂、科学领先的文明和谐民族。

15. **段鼎周：《白子国探源》，昆明：云南民族出版社 1998 年。**

简介：本书根据各学科的新成果，比较深入系统地研究了白族的族源。全书分争鸣、环境、起源、形成、发展五个部分，充分运用了历史学、民族学、考古学、语言学、民间文学、民俗学、地名学等社会科学诸多领域和自然科学中的环境与气候变迁等方面的成果，提出了对白族族源的新见解。视野开阔，论证翔实，见解独到。本书对于研究白族的起源具有非常高的学术价值和现实意义。

16. **张锡禄：《大理白族佛教密宗》，昆明：云南民族出版社 1999 年。**

简介：本书根据历史记载、出土文物和多年的实地考察，对大理白族佛教密宗的来源、形成、发展和衰落做了深入的探讨，对其神祇、经典、义理、仪轨、历代阿吒力僧人、寺院、塔幢、石窟等做了详细的阐述，并将白密和汉密、藏密、日密做了对比研究，是一部佛教密宗研究方面开拓性著作。

17. **杨国才：《白族传统道德与现代文明》，北京：当代中国出版社 1999 年。**

简介：本书对白族传统道德与现代文明的关系，传统道德的特征、白族社会公德、社会职业道德、传统贸易道德、恋爱婚姻道德、家庭道德、丧葬道德、宗教道德进行了全方面的阐述和深入细致的剖析；对传统道德与现代文明的整合，传统道德在现代化中的作用和白族地区当前的道德建设进行了探讨，把理论和现实道德建设需要结合起来。这对于将白族传统文化道德与现代文明进行整合，建设白族地区社会精神文明具有十分重要的意义。

18. 李东红：《白族佛教密宗阿吒力教派研究》，昆明：云南民族出版社 2000 年。收入《法藏文库：20 世纪中国佛教学术论典》卷 48，佛光文化出版社（高雄），2001 年。

简介：本书分为三个部分，上篇讨论阿吒力教派相关的概念、基本问题与历史源流；中篇论述阿吒力教派的文化元素及其特征；下篇呈现的是阿吒力教派与白族文化的关系。全书以宗教学、历史学、考古学与人类学相结合的综合研究范式，以文献史料、考古新发现、田野人类学调查与民族志文本多重证据相互支持、论证的理论与方法，重点呈现了阿吒力教派的天竺渊源，并讨论了印度佛教在南诏境内与本土信仰接触、交流与融合所带来的本土化过程，全面呈现了阿吒力教派的宗教文化元素与特征。较为清晰地回答了"什么是阿吒力教派？阿吒力教派的内涵是什么？它与白族历史文化的关系是什么？"等问题。本书是"南诏佛教天竺说"的主要代表。本书对"印度佛教密宗的白族化过程"的研究，是较早讨论唐宋时期佛教地方化与民族化，即佛教中国化的论著。

19. 马曜：《大理文化论》，昆明：云南教育出版社 2001 年。

简介：本书从历史、地理、政治、经济等方面详细论述了白族先民对祖国统一和中华文明的发展做出的重要贡献。本书认为作为一种区域文化，大理文化既是云南文明的源头，又是云南文化的交融与整合。由殷末洱海地区发展起来的西汉滇池地区的青铜文化、东晋南北朝时期的西爨文化，唐代的南诏文化、宋代的大理国文化之间有纵向传承的关系。本书对于了解大理白族文化具有十分重要的意义。

20. 侯冲：《白族心史——白古通记研究》，昆明：云南民族出版社 2002 年。

简介：本书考据求真，通过广泛搜集史料，亲自考察第一手资料，比较与研究的方法使用，研究了《白古通记》的称名、成书的时间和地点、作者、编纂依据、使用文字、主要内容，辨析了《白古通记》对云南地方史志、白族文学影响的轨迹，系统梳理了云南地方史料源流，评价了白文在白族历史上的价值，探讨了《白古通记》及"白古通"系云南地方史料与白族民族意识的关系。本书为研究白族文化奠定坚实的基础，同时，也为从白族精神文化的历史演化上来把握白族文化提供必要参照。同时，首次将"心史"研究运用到少数民族历史研究中，其对于少数民族历史研究具有开拓意义。

21. 何显耀：《古乐遗韵——云南大理洞经音乐文化揭秘》，昆明：云南民族出版社 2002 年。

简介：本书寻根洞经音乐文化，主要介绍了洞经音乐文化的文化特征，从洞经音乐文化的发源。洞经音乐在大理的产生和形成的历史文化背景、大理洞经会，大理洞经音乐的洞经、大理洞经音乐的乐曲乐器及演奏形制、大理洞经音乐古曲谱以及对大理洞经音乐文化回顾与展望等方面进行了较为详细的介绍和阐述。

本书通过一系列野史引证、古曲谱序、跋引证、碑刻引证等史料引证，大理作为洞经音乐的起源地，并通过洞经音乐的产生和形成、大理四川两地洞经音乐的关联、大理洞经音乐的发展与演变等洞经音乐资料的考述进一步进行分析验证。

洞经音乐的产生和形成有着较为久远的历史。元明时期道教在大理的广泛传播，洞经音乐文化秉承了道教的鬼神观念、吸收了部分道教经典、秉承了道教道教斋醮仪式方法的一些孑遗及其特殊含意，是儒释道三教为主的多种古代民族文化的大汇融，包含了神仙崇拜系统的三教汇流、洞经音乐内容的三教汇流、洞经音乐演奏会期的三教汇流，并且兼收并蓄了大量民族民间文化，呈现出洞经和行为轨迹三教归儒的性理，形成了以儒为宗，兼收道、释的文化趋向。洞经音乐文化包含了文人士大夫性、命兼修的人生哲理和生活情趣文化主旨。洞经音乐文化具有一定宗教色彩的、文人雅集型的组织属性和一定宗教属性的、多元整合型的文化属性。

大理洞经会是一个必不可缺少的部分。本书在简要地概说后，从大理洞经会的组织结构、洞经会的神灵崇拜和会规守则、洞经会的活动及经费来源、洞经会会谱——《意旨簿》、洞经会的历史等角度进行了翔实的记载。大理洞经音乐的洞经典籍众多，洞经体制结构和文学体裁丰富，重点介绍了《太上玉清无极总真文昌大洞仙经》的历史源流、传播和演变。洞经包含了丰富的内旨，其满足士大夫性、命兼修的人生哲理和生活情趣的各种修真悟道的思想理念和修炼方法，劝善醒世、宣扬封建礼教和道德伦理，具有消灾解难、度厄超幽、祈福求安的功能。

本书还对大理洞经音乐的经典与非经典乐曲，乐曲特征及源流，音乐乐器的种类、乐器的摆布和使用及主要使用乐器进行了介绍。不仅概括了布堂、开坛科仪（法事）、音乐演奏等演奏形制，还对不同时期历代洞经音乐文化人物有了一个十分精准的描述。而作为洞经音乐另一关键要素——洞经音乐古曲谱，主要介绍了《三洞谈经九天玄机玉谱》中的《三十九章经赞》、金母十贡品（《三洞谈经》中卷一）、《上经黄庭内景经》遗谱（《三洞谈经》中卷二）、《太上素灵洞玄大有妙谈经》以及《玉振金声》《三迤雅乐》（下关战街李氏藏）、《蒙段乐谱补遗》《坛祭曲》古曲谱选录（工尺谱）等较为典型的作品。

作者还通过洞经音乐文化研究及搜集整理对大理洞经音乐文化进行了回顾，并且对大理洞经音乐文化的继承与创新，展望大理洞经音乐的未来发展。本书为后续学者研究大理洞经音乐文化提供了十分坚实的基础，有助于对大理洞经音乐文化有一个快速地了解和认知。

22. 杨镇圭：《白族文化史》，昆明：云南民族出版社2002年。

简介：本书广泛吸收前人的研究成果，通过历史源流、语言文字、宗教信仰、婚姻家庭和伦理道德、教育和体育、科学技术和手工业、衣食住行和节庆、文学和史志学、艺术等方面，分门别类、简明扼要地对云南白族的民族文化进行了全方位的扫描，反映了白族文化的全貌，勾勒出白族文化的起源、发展、演变的历史轨迹，描绘了白族奇异、多姿的风貌。该书贯通古今、资料翔实、叙事简练、文字流畅，从多方面展示了丰富多彩的白族文化，具有学术价值、资料价值和现实意义，是一本了解白族文化的好读物。

23. 段玉明：《大理国史》，昆明：云南民族出版社2003年。

简介：本书从大理国的建立，前后期政治、经济、民族、周边关系、科技文化及其大理国的灭亡，做了翔实全面的梳理和论述，为大理国国史和白族文化的解读，提供了一个较为新颖和较为系统的文本。本书打破了把大理国视为南诏国的简单继续，将大理国附缀于南诏的局限史观，从而构建使之成为公元10~13世纪整个中国历史中与辽史、金史、西夏史相并驾的一部独立的大理国专史。本书是第一部大理国史，具有开拓性、创新性。本书的出版填补了我国宋史研究的一大空白。

24. 杨镜编著：《大理百年要事录（上、下卷）》，昆明：云南民族出版社2003年。

简介：本书是一部全面反映大理州各方面发展情况的信息、资料书。以编年条目体为体例，内容涵盖政治、经济、社会、文化、工业、农业、交通、邮电、旅游等各领域有影响的大事、要事、新事。本书是一部纪实性大型文献史册，具有重要的社会价值、历史价值和现实指导意义。本书也是了解大理州、研究大理州、建设大理州的指南，同时也为专业工作者和人民群众提供重要的历史经验。

25. 杨政业主编：《二十世纪大理考古文集》，昆明：云南民族出版社2003年。

简介：本书通过大量搜集大理近百年的考古报告和田野调查资料，既较为完整地回眸了大理考古工作，又是对本地考古成果一次极具有意义的检阅。本书充分展现了百年考古概貌,历史踪迹,显示出大理文化浓重的历史气息。从社会学和考古学角度,该书具有重要的学术参考价值和指导现实考古工作的双重历史意义。

26. 大理白族自治州白族文化研究所编:《大理丛书·本主篇(上下卷)》昆明:云南民族出版社 2004 年。

简介:全书分为两卷。上卷汇集了专家学者们对白族本主这一白族独有的宗教现象展开的田野调查,下卷汇集了专家学者们对白族本主研究的主要成果。通过系统地搜集大理地区现存有关本主信仰的各种调查资料和世代口耳相传于白族人民之中的本主材料,为深化白族研究提供重要资源。本书对于解读云南历史、品味大理文化、了解民族宗教、领略白族风情能够提供十分必要的帮助。

27. 国家民委全国少数民族古籍整理研究所编:《中国少数民族古籍总目提要·白族卷》,中国大百科全书出版社 2004 年。

简介:本书第一次系统介绍了白族古籍的总体情况,基本反映了白族古籍的概貌。它不仅是一部了解白族历史文化的读物,也是研究白族宗教、政治、经济、历史、文化的工具书,具有较高的收藏价值和实用价值。本书是首次对白族古籍的大盘点。

28. [英]艾磊著,张霞译:《白语方言研究》,昆明:云南民族出版社 2004 年。

简介:由云南省民族语文指导工作委员会和世界少数民族语文研究院(简称 SIL)专业人员组成的课题组多次深入到剑川、洱源、鹤庆、云龙、兰坪、泸水等地的白族村寨做田野调查,历经三年调研的"白语方言调查课题"的成果——《白语方言研究》主要通过使用次表分析和 RTT(录音材料测试)两种社会语言学田野调查方法对白语的 3 个方言进行调查研究,从而获取白语各方言之间通解度的最新材料,并重新估计白语方言的划分范围。词表分析主要是收集、记录、整理一定数量的白语各方言词汇,然后将所得词汇输入电脑,最后采用 SIL 开发的一些软件和方法进行比较、分析,从而制定出各个调查点的语音系统、词汇词源百分率以及语言交流中心等数据。

本书从词表、录音材料测试方法等部分对该研究进行阐述,总结出词汇相似百分率(LEX)和通解度(RTT)数据。根据词汇相似率和通解度数字,各地音点的词汇相似百分率至少都在 77%,通解度范围在 25%~93% 之间,证实了其他众多的研究着曾发现的词汇相似并不是了解通解度的好方法。通解度测试结果显示周城与其他音点不同,是一个独立的方言。通过对其他音点数据的研究,词汇相似与通解度百分率在 1~15 之间,但鹤庆测试对象听剑川和兰坪磁带的分数较低且这些分数区域的可信度间隔较大,需要进一步的调查研究。

根据通解度结果，洱源与云龙音点非常接近，两县之间词汇相似百分率显示两县之间的普通词汇约有81%的相似度。虽然两地有地理因素阻隔，但可能存在历史联系。洱源与其他音点相似的普通词汇都比云龙多，因此研究认为，洱源更应该是中心。同时，研究推论了白语至少可以分为三个方言：中部方言，分布在洱源、剑川、鹤庆、兰坪和云龙，；南部方言分布在大理；北部方言分布在怒江州的部分地区，并用洛本卓的数据为例来说明研究。如果中部和南部方言需要一个标准语的话，洱源应该是最适合发展的音点。而当其作为语言发展策略时，语言态度则比纯语言学数据更为重要。有关白文的研究大致论述表明，剑川县城和大理地区喜洲镇是公认的白语原始中心。而本书所提出的洱源作为中心的建议需做进一步的调查。另外，本书还收录了9个白语音点的词汇4500个，值得今后做同类调查的专业人员品读研究。

29. 杨晏君、杨政业主编：《大理白族绕三灵》，昆明：云南民族出版社2005年。

简介：本书分为申遗篇、论文篇、资料篇，较全面地记录了大理白族绕三灵申报联合国教科文组织人类口头与非物质遗产的工作以及所付出的不懈努力与追求。本书的出版对各个民族、特别是少数民族丰富多彩的文化艺术遗产的保护和当代艺术的发展如何保持其独特性和个性这一课题做出了有益的探索和尝试，这对于弘扬优秀民文化，乃至承接历史和未来都必将带来深远的影响。

30. 杨郁生：《白族美术史》，昆明：云南民族出版社2005年。

简介：《白族美术史》共分5章、12万余字及大量图画。该书从石器时代讲到青铜岁月，从南诏大理国讲到元、明、清；从苍山岩画、乐器、书法、建筑讲到楼馆、寺庙；从《南诏图传》讲到《张胜温画》、从《元世祖平云南碑》讲到《山花碑》。该书还把白族吹吹腔脸谱、沙登箐弥勒造像、阿嵯耶观音坐像等白族特有的艺术介绍给读者，对白族的雕塑、绘画、民居等详细作了说明。

31. 徐嘉瑞：《大理古代文化史》，昆明：云南人民出版社2005年。

简介：关于大理文化的起源、流变、发展等问题，作者结合近十年来的研究情况进行了总结。作者认为，大理文化，是从西北高原青海、甘肃、川西一带流传来的，时期是在邃古的时代。由考古地下发掘，证明了在新石器时代，大理的文化，已带北方即甘肃、青海一带的特点。又由历史资料、社会调查，证明大理的民族，和西北高原的氐、羌民族有密切的关系。大理文化除氐羌文化是主流外，也含有楚文化。

作者根据地下考古发掘、社会调查、历史资料、语言系统、父子连名、民族分布和宗教（本主）、风俗（树枝、绕三灵、三脚架、火葬）、居住、建筑、神话传说、现存碑碣等材料，说明氐羌民族自新石器时期已经不断向西南迁移，经过川西到大理。据作者推测，每一个游牧民族向南迁徙，一定有一个宗教首领兼组织者，即是耆老（毕摩）。他是政治、军事兼宗教的领袖，可能是氏族社会的长老或是军事酋长。他们共同地集体与自然作斗争。妇女们采集果实和植物食料，男子们打猎、打鱼，从事于原始的农业，砍伐树木，防御敌人。各个部落，有自己的氏族会议和军事领袖。氏族会议由各氏族长老和军事领袖组成。这长老即是羌族中的"耆老"，他的话可以决定战争或其他的大事。氐羌族中的鬼主，也即是氏族社会的军事领袖。一个鬼主率领他的一个部落。大鬼主率领若干的部落，大鬼主逐渐扩大成为羌族的君主——诏，他们不断的先后的一个集团跟着一个集团来到大理一带。来的人渐渐多了，他们在高山上建筑城池，防御敌人（如白云甲址掘出的古城），慢慢地结合起来。到阶级社会，成为若干大姓（贵族或名家或奴隶主），又结合为六诏。六诏并为南诏，建立一个大的政权组织，从汉到唐不断接受汉族文化，使古代的大理文化开出灿烂的花朵。

在大理古代文化中，有无数的宝贵遗产，像在音乐方面，汉代有"颠歌""行人之歌"，唐代有"滇越俗歌"。在雕刻建筑方面，有直接继承唐代已经成熟了的艺术。在唱本方面，现在还有千年以前流传下来的山花体和大本曲。在舞蹈方面，有几万人参加演出的绕三灵。在神话传说方面，更有无数优美生动的富于斗争性的民间传说。

在南诏及大理国统治时代，统治者尽量利用宗教迷信麻醉人民。如大理的本主庙最高的神，即是南诏及大理国的祖先。本主在人民的心中根深蒂固，造成不良的影响，虽然它也保存了一些优美的神话传说。此外，佛教的影响太深，尤其是阿吒利教。它所传布的是一种神秘恐怖的思想，在大理有很深的影响。阿吒利教对《南诏中兴国史》画及《张胜温画》卷有不可分割的关系，后二者是研究大理古代美术必需参考的资料。

32. 梁永佳：《地域的等级——一个大理村镇的仪式与文化》，北京：社会科学文献出版社 2005 年。

简介：本书是对人类学家许烺光先生写作《祖荫之下》的研究地点——云南大理喜洲镇的再研究成果，是一部详细的社会人类学民族志报告。作者在深入田野工作的基础上，采用结构主义的视角，展现了该地地域崇拜现象的等级结构。这种等级结构对于从民族志的角度理解和发挥"汉语人类学"和"中华民族多元一体格局"的论述，是一种有益的尝试。从"非"喜洲看喜洲的做法，也深化了前人对喜洲的理解，并有助于从民族志的角度认识"和而不同"的人文世界。另外，本书详细描述了大理喜洲的庙宇及其组织和仪式活动，也记录了当地鲜为人知的男女交往习俗和节日习俗，为读者呈现了一幅大理白族宗教生活的真实图景。从事民俗旅游事业的人士和少数民族艺术工作者可以从中发现自己感兴趣的东西，到大理旅游的普通游客也会通过本书加深对大理文化的了解。

33. 李公：《南诏史稿》，北京：民族出版社 2006 年。

简介：《南诏史稿》从唐南关系、南诏世系、政治制度、社会经济、文化艺术、习俗信仰、民族分布 7 个方面，对南诏历史作了全面系统、简明扼要的概述，对史学界进一步研究探讨南诏历史有着极有价值的研究参考作用。该书文风朴实流畅、资料广征博引，所发表的个人见解独特，是一本难得的历史研究专著，填补了我国史学界对南诏史研究中的一块空白，极大地丰富了中国西南地区历史研究的资料，在史学界产生了一定的影响，对读者了解南诏史和进一步深入研究具有重要参考意义。

34. ［澳］费茨杰拉德（C. P. Fitzgerald）著，刘晓峰译：《五华楼——关于云南大理民家的研究》，北京：民族出版社 2006 年。

简介：全书以十一章的文字对白族地区的自然地理、历史渊源、社会结构、物产资源、生产生活习俗、经济状况、宗教信仰、对外交往、民族关系等方面作了生动的描述和中肯的分析，加上数百幅照片，全方位地再现了 20 世纪 30 年代中国白族的生存发展状态。第一次以人类学家的眼光透彻地剖析了白族作为一个民族存在的种种特征，澄清了古往今来在白族研究方面某些含混不清的观点，堪称是第一部关于大理白族的优秀的人文地理学术专著。

35. 杨新旗、段伶、花四波译注：《白族勒墨人原始宗教实录》，昆明：云南民族出版社 2006 年。

简介：本书论述了勒墨人原始宗教的历史文化背景、勒墨人的神灵、勒墨人祭祀的礼仪与程序、勒墨人原始宗教文化的独特价值等内容。详细论述了祭天鬼、祭殂鬼、祭乌鸦鬼、祭诅咒鬼、祭客籍鬼、祭猎神、年节祭词、三月桃花节祭词、火把节祭祀、竹签卦等。本书的调查成果对研究和保护白族宗教文化具有重要意义。

36. 熊元正：《南诏史通论》，昆明：云南民族出版社 2006 年。

简介：本书从纵向和横向全面地讨论了南诏国大部分问题。纵向的即按时间的先后顺序，从唐初的姚州问题、六诏的形成到南诏国的立国讨论到南诏的灭亡，横向即按事物的性质分门别类地探讨了南诏与唐、吐蕃、东南亚的关系，疆域、政治制度、兵制、都城、特产、服饰、文学、人物、饮食、节日等内容，有很多新的发现和创新性思维，对于深入全面地探讨云南地方历史具有重要历史价值。

37. 张崇礼：《白族传统民居建筑》，昆明：云南民族出版社 2007 年。

简介：以"三坊一照壁""四合五天井"为代表的白族传统民居，作为白族聚居区分布最广的居住形式，其具有悠久的历史和特殊的价值，至今仍然被广泛建造和使用。本书作者通过参与营造全程施工实践，深入挖掘白族匠师口头传承的营造经验和技巧，动态、翔实地记录了白族民居的营造核心技术，以及伴随营造过程的各种相关仪式，对白族传统民居营造技艺这一传承千百年的非物质文化遗产进行了及时而颇具成效的拯救性研究。可供建筑学及相关专业人士阅读参考。

38. 白族简史编写组：《白族简史》，北京：民族出版社 2008 年。

简介：本书以历史时间为序，从白族的起源、洱海和滇池的地区的原始社会、洱海和滇池的地区奴隶社会的形成、南诏奴隶制的发展、大理国封建农奴制、封建地主经济的形成和发展、白族人民反帝反封建斗争、新民主主义革命时期白族人民的革命斗争、中华人民共和国时期白族人民的成长历程等节点，全面清晰地展示白族各时期经济及社会文化的状况，对于了解白族历史具有重要意义。

39. 赵寅松主编：《白族研究百年（全 4 册）》，北京：民族出版社 2008 年。

简介：本书筛选具有开创性意义的论文 130 篇，内容包括白族社会历史、文化、经济、文学、艺术、考古、宗教信仰、语言文字等等，大体囊括了近现代白族文化研究的著名学者各时期、各领域的代表作，是近百年白族研究历程和主要学术成果的简要回顾，一方面让我们看到白族研究所取得的骄人成绩，同时也说明要进一步深化白族研究任重道远。如何继承弘扬这些优秀的历史文化遗产，开创白族文化研究的新局面，为大理经济发展和全面进步服务，是我们面临的光荣而艰巨的任务。本书为今后进一步深化白族文化研究提供重要线索和参考。

40. 杨文辉：《白语与白族历史文化研究》，昆明：云南大学出版社 2009 年。

简介：本书运用文化人类学的理论与方法，在前人研究基础上，主要通过白语资料和相关研究成果，对白族的物质文化、精神文化和制度文化进行考察，由此较全面地把握白族文化的内涵与外延。书中对白语地名、白族人的语言观念、白族的个人命名制等学术界讨论较少的问题进行了初步探讨，同时对白族的亲属称谓与婚姻家庭之间的关系、白族的物质文化、白族民俗、白族的历史记忆与语言资料所反映的白族源流等前人研究已经涉及但依据语言资料可提出不同意见的命题提出了自己的看法。本书弥补了以往研究白族历史文化不注意研究白族语言，研究白族语言不注意研究白族历史与文化的不足。

41. 张丽剑：《白族本主文化》，昆明：云南人民出版社1994年。

简介：本主——白族独特的宗教信仰。本主文化的核心是对村社保护神"本主"的全民性崇拜，它从宗教的角度折射出白族的家庭、社会、阶级、国家以及生产方式、伦理道德、哲学艺术等方面多姿多彩的风貌，历来为学术界所关注。《白族本主文化》以新颖的学术视角首次将本主崇拜的农耕性、村社性以及本主文化的缘起、神格谱系、祭祀典仪、神话传说、寺庙建筑等作了系统全面的探讨和描述。

42. 《中国少数民族社会历史调查资料丛刊》修订编辑委员会云南省编辑组：《白族社会历史调查》（全4册），北京：民族出版社1994年。

简介：《白族社会历史调查》记录了中国55个少数民族从起源至21世纪初的历史发展进程，涵盖政治、经济、文化、社会等方方面面的内容。荟萃了大量原始的、鲜活的、极其珍贵的资料，是一部关于中国民族问题的大型综合性丛书，是中国民族问题研究的重大项目和重大出版工程。

新中国成立后，党和政府高度重视民族问题和民族工作，少数民族地区的社会改革和社会主义建设逐步展开。为了摸清少数民族的社会历史状况，抢救行将消失的宝贵的历史文化资料，1953年，全国人大民族委员会和中央民族事务委员会组织进行全国性的民族识别调查，1956年又开始少数民族语言、少数民族社会历史调查。

43. 张丽剑：《散杂居背景下的族群认同：湖南桑植白族研究》，北京：民族出版社2009。

简介：本书是针对湖南桑植白族开展的一项专题研究，在桑植白族身上所体现出来的散杂居特点和"民家"文化特质决定了本研究的独特性。也正由于散杂居特点的影响，长期以来学界对桑植白族的研究较少，更凸显出本研究的必要性。为确保写作的"话语权"，笔者先后五次，历时八个多月对桑植白族进行了深入的田野调查，积累了丰富、翔实、可信的第一手材料，使得本研究具有创新性。通过对族群理论的梳理，本书选取族群认同作为桑植白族研究的切入点，从而在散杂居和族群认同的大背景下更好地开展对桑植白族文化的研究。

本书对桑植白族历史、文化的探讨无疑将推动该领域的深入研究。区域性研究中所涉及的散杂居背景下的生存问题和族群认同问题，是包括桑植白族在内的许多少数民族面临的共同性问题。书中的结论对于其他散杂居民族而言亦有借鉴作用，有助于正确处理散杂居民族关系，促进散杂居民族的发展。

从研究方法而言，田野调查作为民族学的"看家本领"，无疑也是本书的重要研究方法。通过访谈、调查、走访等不同形式获取的第一手资料奠定了材料和立论的可信度。历史文献是追溯族源、考究历史的直接依据,地方志、史书、族谱、家谱等史料使得田野资料和文献资料相得益彰。对白族的任何研究,如果脱离它与大理白族的联系孤立开展,将带有很大的局限性,因此联系的观点和比较的方法也是本书的重要方法。

44. 赵启燕:《白族研究一百年》,昆明:云南大学出版社 2011 年。

简介:《白族研究一百年》对白族历史文化学术史进行专题研究。首先从考古的角度对洱海区域展开研究,再运用古籍史料和马列主义民族理论分析白族的起源及族群形成中的问题;南诏大理国大理国时期的族属问题、社会及其社会性质、与中原王朝的关系及军事、经济文化方面的研究概况;还涉及白族语言学研究,人类学视野下的白族历史文化,白族的历史文化研究。系统梳理了百年白族研究的发展历程,分析了专题研究的重要成果、表现特征和学术价值。具有一定的学术价值和现实意义。

45. 宾慧中:《中国白族传统民居营造技艺》,上海:同济大学出版社 2011 年。

简介:《中国白族传统民居营造技艺》是研究中国白族传统民居营造技艺的学术专著。作者通过参与营造全程施工实践,深入挖掘白族匠师口头传承的营造经验和技巧,动态、翔实地记录了白族民居的营造核心技术,以及伴随营造过程的各种相关仪式,对白族传统民居营造技艺这一传承千百年的非物质文化遗产进行了及时而颇具成效的拯救性研究。全书共分六章,主要介绍以"三坊一照壁""四合五天井"为代表的白族传统民居。作为白族聚居区分布最广的居住形式,其具有悠久的历史和特殊的价值,至今仍然被广泛建造和使用。本书作者通过参与营造全程施工实践,深入挖掘白族匠师口头传承的营造经验和技巧,动态、翔实地记录了白族民居的营造核心技术,以及伴随营造过程的各种相关仪式,对白族传统民居营造技艺这一传承千百年的非物质文化遗产进行了及时而颇具成效的拯救性研究。该书资料丰富,图片精美,可供建筑学及相关专业人士阅读参考。

46. 张锡禄:《中国白族白文文献释读》,广西:广西师范大学出版社 2011 年。

简介:《中国白族白文文献释读》选录白曲曲本 4 种、大本曲曲本 2 种、吹吹腔戏本 1 种、宗教经文 6 种、祭文 3 种,共 5 类 16 种,基本涵盖了白文文献的主要门类,所选文献也最具代表性,可以作为研究白文的标准文本,其中如《黄氏女对金刚经》《梁山伯与祝英台》等,在许多民族中都有流传,其对比研究价值不言而喻。对于选录的文献,本书逐句"原文誊录",保持了白文书写的原始风貌;为每个白文字、词、短语等语言单位进行"国际音标注音",使白文能够为更广范围内的学者所识读和认知；为每一个语言单位进行相应的"白汉对译"，使得本书能够具有一种阅读范本的价值；根据白文在歌唱与阅读中对于格式和韵律的要求，在对译的基础上逐句进行"汉语意译"，展示白族语言音律美的一面。本书选录的文献，在民族、民俗、宗教、民间信仰、民间艺术、文化等方面，都极具研究价值。

47. 董秀团：《白族大本曲研究》，北京：中国社会科学出版社 2011 年。

简介：大本曲是白族特有的一种民间说唱艺术，但由于种种原因，其研究一直没有引起足够重视。老一辈学者在这方面做出了开拓性的努力，但是，总体而言，大本曲的研究在历史源流、艺人作用、文化功能等方面还存在值得深入的空间。《白族大本曲研究》拟从新的角度对大本曲进行观照，即借鉴艾布拉姆斯关于艺术作品四要素的分析模型，建立了大本曲文化系统的结构模式：以大本曲为中心，其与社会文化、艺人和观众之间构成了一个既相对稳定又充满互动的系统。进而，《白族大本曲研究》对大本曲这一艺术形式的本身进行了分析，并探讨了大本曲与其文化系统中另外三个要素之间的互动关系，希望能更系统、深入地认识大本曲这一与白族民众生活紧密相关的艺术形式。

《白族大本曲研究》把大本曲放在整个白族历史文化变迁发展的大背景下进行审视，在全面梳理和汲取几十年来学术界对大本曲的调查、整理和研究的成果基础上，较为全面、系统、科学、深入地探讨了大本曲各方面的问题，包括大本曲产生发展的社会文化背景、大本曲与白族文化传统之间的关系、大本曲的历史源流、形式与文本、流传形态、艺人的生存与表演、大本曲与民众的互动关系、大本曲的功能、大本曲目前的表演流传状况及今后的发展等诸多问题。

48. 朱安女：《文化视野下的白族古代碑刻研究》，成都：巴蜀出版社 2012 年。

简介：白族古代碑刻形式多样，反映了白族人民的民间文化、宗教信仰、政治理想以及美学追求。当今学界对于白族古代碑刻更多的是重视其史料价值，从文学与文化的角度进行研究则不多。本书从文化的角度，碑刻内容涉及广泛，表现的民间文化、信仰、美学意味、政治思想诸多方面。如何将这些内容在书中形成内在联系，作者颇费心思。由于全书涉及几大块各自独立的内容，其"散点式"的结构，显得内在逻辑不是十分紧密。而六章的关系，在文化视野的统摄下，总体能见出其内在理路，即归结到白族古代碑刻的文学价值与文化意味。苦心经营，殊为不易。

49. 李东红：《乡人说事：凤羽白族村的人类学研究》，北京：知识产权出版社 2012 年。

简介：《乡人说事：凤羽白族村的人类学研究》以作者的家乡凤羽白族村

为研究对象，从"文化持有者"的视角，系统地梳理了自远古到新中国建立的凤羽村史。以作者在场的方式，用民族志方法陈述了村落空间、亲族制度、婚俗、葬礼、宗教信仰等活态文化。从凤羽个案出发，研究白族起源、形成与发展问题；深入探讨文化接触、民族发展、国家建构等话题。以白族为例揭示了中国各民族文化由乡土起源，到形成地方传统，并最终融入国家公民文化的发展路径与历史逻辑。

50. 苏金川：《大理白族自治州博物馆馆藏文物精粹》，昆明：云南人民出版社2011年。

简介：《大理白族自治州博物馆馆藏文物精粹》一书通过精美的文物图片和简洁的文字说明生动地了解大理各个时期的历史、文化知识；同时，也展现了大理地区近一百年来文物保护、考古研究方面的工作成果。

作者从1万多件馆藏文物中精选出《大理白族自治州博物馆馆藏文物精粹》所录的239件具有代表性的文物精品，包括陶瓷76件、青铜器64件、南诏大理国佛教文物45件、书画29件以及碑刻、印章、制镜、本主造像、白族生产生活用具和大理石天然画等其他文物26件，可以大致看出大理地区各个历史时期的文物遗存，并感受到大理地区先民在漫长历史中繁衍生息所表现出的坚韧不拔的精神，他们探求、创造美的智慧和勤劳，对生与死的思考，在精神上的信仰和寄托……如旧石器时期的刮削器等石器让我们知道，远在一万年以前大理地区就有人类活动；有肩石斧、双孔石刀是新石器时期具有洱海地区文化特点的工具，我们可以感受到当时的先民生存的艰辛；铸造青钏铖所用的范和青铜器标志着先民已经进入文明时代；类型多样的铜锄说明战国时期大理地区的农业已经很发达，可以想象先民精耕细作的情景；各种各样的杖首表明尊卑有序的等级制度已经形成；大量铜兵器的出现，则说明战国到西汉时期，大理地区部落冲突可能很频繁；铜鼓、铜钟说明战国到西汉时期汉文化已经传入，而且礼乐制度已很发达；汉式陪葬陶楼证明东汉时期汉地派来的官员已在此定居；南诏、大理国时期精美的佛教造像、制有佛教图案的火葬罐、塔模、经卷则说明当时佛教盛行，其中阿嵯耶观音造像是大理地区特有的；从剑川中科山赵海墓出上的元青花大罐、龙泉窑大罐可见明代大理地区士官的富有；从独特的白族服饰、二牛抬杠、本主造像、白族调"鸿雁带书"词文长卷Ⅵ以窥见白族特有的民族风情；明清以来的书画可以让我们了解到当地文人情怀，其中李元阳、担当、中锋、王铎、赵藩、周钟岳等人是明清时代大理文人中的佼佼者；南诏时期的仓贮碑明代故令史董公菜志铭、寿藏志铭、高公壤志及清代立碑存照文约足从馆藏200多通碑刻中选出的代表，从中我们可以获得许多白族人家的家族史信息；水墨花大理石、美猴王出世图、绿花山水四条屏足馆藏大理石精品，是大自然鬼斧神工的杰作,可以让我们产生美的无限遐想。

51. 马明玉编著:《白族/中国文化知识读本》,长春:吉林出版集团 2010 年出版。

简介:本书为中国文化知识读本中的白族本。该书指出白族是我国西南边疆一个具有悠久历史和文化的少数民族,主要居住于大理白族自治州。这里风景秀丽、气候宜人,苍山终年白雪皑皑,洱海碧波荡漾。在这片美丽富饶的土地上,勤劳、勇敢的白族人民世代生活,创造了灿烂的洱海文化。同时,白族又是一个能歌善舞的民族,白族人民在艺术方面独树一帜,其建筑、雕刻、绘画艺术名扬古今中外。

52. 赵寅松:《白族文化研究》,北京:民族出版社 2007 年。

简介:大理以其优美的自然风光、悠久的历史文化、浓郁的民族风情而让人心驰神往。仅在今大理州辖区内,就有国家级重点文物保护单位 14 处,即大理崇圣寺三塔、太和城遗址(含《南诏德化碑》)、剑川石钟山石窟、弥渡南诏铁柱、元世祖平云南碑、喜洲白族民居古建筑群、佛图寺塔、剑川兴教寺及寺登街古建筑群、剑川西门街明代白族古建筑群、巍山长春洞、巍山龙山于图城遗址、祥云水目寺塔、宾川白羊村遗址和州城文武庙等 14 处;省级重点文物保护单位 36 处,州级文物保护单位 27 处,县级文物保护单位数百处。由于大理地区悠久的历史和众多的文物古迹,1982 年 3 月,大理被国务院公布为全国第一批 24 个历史文化名城之一。同年 12 月,大理又被国务院公布为第一批全国 44 个重点风景名胜区之一。1994 年,巍山古城被国务院公布为第三批全国历史文化名城。正如白族著名学者马曜所说:"环顾城内名胜,既饶壮丽之自然景观,又富悠久历史文化,兼之者其大理乎!"像这样集全国历史文化名城、全国风景名胜区和国家级自然保护区为一身,这在全国也属罕见。这是大自然对生活在这片热土上的各族人民的厚爱和先人们披荆斩棘创业的硕果,我们应责无旁贷地给予珍视和保护。为了增强保护意识,提高珍爱民族文化遗产的自觉性,本书刊载了大理州 14 处国家级重点文物保护单位的珍贵照片,以飨读者。

53. 詹承绪,张旭:《民族知识丛书:白族》,北京:民族出版社 1996 年。

简介:该书主要包括各民族发展的简要历史,各民族在 1949 年中华人民共和国成立初期的经济社会形态,各民族的文化特点和风俗习惯以及目前的发展状况等。编撰者大都是长期从事民族问题研究的专家,其中许多人还亲身参加过 20 世纪 50 年代中国政府组织的民族大调查。这些学者学术功底扎实,在写作中不仅引用了丰富的历史文献资料,同时运用了大量实地调查的第一手珍贵资料,使这套丛书具有鲜明的原创性特点。另外,在编撰体例上和行文方面,本书具有鲜明的原创性特点。另外,在编撰体例上和行文方面,该书也注意了知识性和趣味性。因此，该书出版后，得到了国内外专家学者的充分肯定和读者的广泛好评，现该书已成为了解和研究中国少数民族的必备图书之一，白族卷也不例外。

54. 周文敏：《红白喜事——云南大理喜洲白族人生礼仪》，昆明：云南大学出版社2009年。

简介：男女结婚是喜事，高寿的人病逝的丧事叫喜丧，统称红白喜事。该书以大理喜洲为个案，比较系统地介绍了喜洲的地理风土人情、人生礼仪，包括婚姻中的"合婚""看人家""认亲"订婚彩礼、"打《结婚证》"婚检宣誓、婚纱；婚礼中的"搭彩棚""鸡米酒""吃开财门饭""催妆""安床""压喜床""告示上天""唱板凳戏""装箱"、挂红；迎亲中的新郎官单独拜天地，请新娘上路，嫁妆、"哭嫁"、"拜堂"、礼乐，把新娘子迎近新房等程序。

55. 何志魁；《互补与和谐：白族母性文化的道德教育功能研究》，桂林：广西师范大学出版社2009年。

简介：作者针对一个严重的社会现象迫使自己必须面对，即我国出生人口性别比例严重失调。该问题已对和谐社会的构建形成威胁，其危害已引起社会各界的广泛关注。据统计，我国汉族农村出生人口男女性别比为122.85：100，高于全国119.58：100的平均水平；少数民族的白族地区出生人口男女性别比为107.24：100。比较而言，白族地区的出生人口性别比例明显低于全国的平均水平，更低于汉族农村水平。白族地区和汉族农村之间出生人口性别比的巨大差异，究其原因，与不同民族的性别文化观念和价值取向密切相关。而此种"观念"和"取向"又通过教育的方式直接影响人们的生育及其他社会行为，最终导致性别比的偏差和相关伦理道德价值观的错位。于是，作者追问，这一结果是否与人们的"重男轻女"观念有关？白族地区是否存在与汉族地区不一样的文化力量——母性文化？母性文化是否对父性文化起着一种补充和调节的作用，从而形成白族伦理道德的二元结构？白族母性文化为何能长期存在？其道德教育功能的发挥对于汉族农村走出"重男轻女"的价值误区，解决由出生人口性别比例失调带来的社会不和谐现象具有何种参考价值？为解答以上问题，作者开始了本书的研究和撰写工作。

56. 王积超：《人口流动与白族家族文化变迁》，北京：民族出版社2006年。

简介：白族家族文化的形成与发展历程与外部环境，特别是与汉文化的影响密切相关。汉文化通过流动人口这一载体，不断进入白族地区，既冲击当地传统的白族家族文化，又使得当地白族家族文化的合理内核得到保留并发扬光大，从而引起了白族本土文化与汉文化之间的交流、融合和冲突，导致白族家族文化新特质的产生,并不断向前发展。

全书共分四大部分:第一部分为背景分析和理论框架,主要讨论了选题的目的、意义、研究方法以及写作思路,并对书中涉及的家族、家族文化、人口流动等基本概念做出界定,讨论了前人有关白族地区人口流动与白族家族文化的研究成果。第二部分介绍了白族地区新中国成立前和成立后的人口流动情况。第三部分主要论述了白族家族文化,探讨了白族家族文化的发展历程及其构成、职能和特征。第四部分主要分析了白族地区的人口流动对白族家族文化变迁产生的影响,以及白族家族文化的未来走向。

57. 张春继:《白族民居中的避邪文化研究——以云南剑川西湖周边一镇四村为个案》,昆明:云南大学出版社 2009 年。

简介:本书通过介绍白族避邪文化中"邪"的由来与类型,阐释"魑魅魍魉"(chi mei wang liǎng),指出了白族人面对"魑魅魍魉"和人与鬼神之间的关系,为了寻求自我保护的措施而使用了各种驱避"魑魅魍魉"的方法。同时避邪图像、避邪的仪式和避邪习俗共同构成了白族文化中驱避"魑魅魍魉"的系统。"避邪"这种意识形态和动向渗透于白族文化生活的各个角落,在民居空间中尤为突出。

本书主体部分主要是结合田野调查的结果,以云南剑川西湖周围聚居区为个案,记录该地区的文化生态,并分析了白族民居中的避邪文化。通过对剑川的区域状况的介绍,着手对在剑川历史上有一定意义的金华镇、向湖村、朱柳村、文华村和龙门邑的民居建筑进行考察与研究,在这些地区的民俗生活中和民居建筑上获得了一些避邪图像的信息。从而对其村落和民居建筑的选址、布局、民居装饰及营造的研究得出一个结论:白族避邪文化与民俗生活息息相关,在时间和空间上密不可分。通过对一镇四村的民居选址、布局属凶而设的避邪图像,民居建筑装饰中的避邪图像和民居空间中岁时节庆、婚丧嗣育所使用的避邪图像分析入手,研究考察避邪图像背后的文化。通过对这些避邪图像的分析,发现了民俗生活中避邪图像不是一个简单而孤立的避邪或吉祥的形象,而是一种复合型的图像,驱避"魑魅魍魉"图像不是避邪文化的全部。

58. 江净帆:《空间之融:喜洲白族传统民居的教化功能研究》,桂林:广西师范大学出版社 2011 年。

简介:喜洲与喜洲白族传统民居概说、喜洲白族传统民居的教化形式及内容,造型、结构与布局——"礼"制教化空间、门楼与照壁——家道与家风教育;"夸饰"——多元教化的交响曲、喜洲白族传统民居的教化特点"天人合一"的哲学观,时空混成——历史意识的空间固化,身份追问——谁是民居的营建者,对喜洲白族传统民居教化载体、方法的审视与反思。

59. 黄海涛主编：《中华民族大家庭知识读本——白族》，乌鲁木齐：新疆美术摄影出版社 2010 年。

简介：本书是"中华民族大家庭知识读本"系列丛书之一。全书共分三章，内容包括白族概述、白族的历史沿革、白族的宗教信仰和文化艺术。本书内容丰富，语言通俗易懂，知识性、可读性很强，适合广大读者阅读。

60. 黄雪梅：《大化无形：云南大理白族祖先崇拜中的孝道化育机制研究》，桂林：广西师范大学出版社 2009 年。

简介：本研究验证了理论假设，并认为该理论假设成立。大理白族在"化"与"诚"的基础上，建立了一套完善的文化传承机制，有效发挥了史化的教育功能；教育应借文化促进人的发展，而"化育"是实现这一目标的重要方式。这无疑有助于我们传统文化的继承、发扬，顺利实现现代化与传统的对接，加深对教育本真含义的理解，促进教育的进一步发展。

61. 董建中：《白族本主崇拜：银苍玉洱间的神奇信仰》，成都：四川文艺出版社 2007 年。

简介：雄奇的苍山、碧蓝如玉的洱海、绿树丛中彩蝶曼舞的蝴蝶泉……这如诗如画的自然美景给予白族人民以无限的创造力，丰富多彩的民族文化也由此衍生，其中最为独特的当数白族人民的本主崇拜。本主是白族的村社保护神和民族保护神，是掌管本地区、本村寨居民生死祸福的神灵。白族对本主的信仰几乎是全民性的，每一个白族人的一生似乎都离不开本主。作为白族人民心灵寄托与身心娱乐方式的本主祭祀活动、丰富而生动的本主神话传说、精湛的本主庙建筑雕塑艺术等构成了白族文化最绚丽的篇章。

62. 《中国少数民族社会历史调查资料丛刊》修订编辑委员会编：《白族社会历史调查（一）（中国少数民族社会历史调查资料丛刊）》，北京：民族出版社 2009 年。

简介：《中国少数民族社会历史调查资料丛刊》是国家民委"民族问题五种丛书"之五，内容包括 20 世纪 50 年代中央访问团收集的资料，全国人大民委、中央民委等组织民族社会历史调查以及民族识别等工作所搜集到的资料，20 世纪 80 年代以后由各省、自治区陆续分别出版，全套社会历史调查资料丛刊共有 84 种 145 本。这些资料集中记录了我国少数民族社会历史的基本情况，是民族研究和民族工作中的重要参考资料，受到了各方面的欢迎和好评。

《中国少数民族社会历史调查资料丛刊》问世以来，民族自治地方社会和文化发展取得了长足进步，各方面情况有了不少变化，为了进一步发挥这些历史调查资料的作用，促进各民族"共同团结奋斗，共同繁荣发展"，国家民委决定修订、再版《中国少数民族社会历史调查资料丛刊》，并将其列为国家民委重点科研项目。

63.《中国少数民族社会历史调查资料丛刊》修订编辑委员会编：《白族社会历史调查（二）（中国少数民族社会历史调查资料丛刊）》，北京：民族出版社 2009 年。

简介：那马人风俗习惯的几个专题调查报告：包括婚姻家庭，宗教信仰，丧葬节日、关于杨玉科的情况，怒江地区白族（白人）社会历史的几个专题调查：如神话传说、腊雄时代、蓄奴制、国民军进驻怒江地区、"开笼放雀"、中华人民共和国成立前的社会经济形态、宗教信仰和习俗、十三月的古老历法、口头文学艺术；洱源县西山地区白族习俗调查，包括居住和土地、节日和宗教信仰、服饰和婚姻、立墓和丧葬、西山地区的诗；还有大理白族本主信仰调查，具体有自然崇拜、动物崇拜、龙的崇拜、英雄崇拜和孝子、节妇、观音菩萨和大黑天神、白族本主崇拜中的恋爱神话、本主中的历代苍洱境内的首领、国王、文臣武将、挤进白族本主行列的历代封建王朝的文臣武将，以及大理各县白族本主信仰调查的报告。材料丰富，是研究白族社会历史的第一手资料。

64.《中国少数民族社会历史调查资料丛刊》修订编辑委员会编：《白族社会历史调查（三）（中国少数民族社会历史调查资料丛刊）》，北京：民族出版社 2009 年。

简介：该书主要是对怒江傈僳族自治州碧江县洛本卓区勒墨人（白族支系）的社会历史调查。内容包括对怒江傈僳族自治州碧江县洛本卓区勒墨人概况的调查、生产力和生产关系、社会组织、物质生活、婚姻与家庭、丧葬习俗、宗教信仰、节日、习惯法、科学与文化的调查，还有对大理白族节日盛会的调查报告的的资料。

65.《中国少数民族社会历史调查资料丛刊》修订编辑委员会编：《白族社会历史调查（四）（中国少数民族社会历史调查资料丛刊）》，北京：民族出版社 2009 年。

简介：该书主要是对大理白族世袭总管和土官世系的调查，包括对元世袭大理总管段氏世系、鹤庆高土司世系的调查、董氏世系调查、赵氏世系调查、杨氏世系调查、洱源清世袭土官王氏世系调查、剑川明龙门邑世袭土官施氏残碑及张氏世系调查；大理白族古代碑刻和墓志选辑、大理国段氏与三十七部会盟碑、段政兴资发愿文、护法明公德运碑赞、兴宝寺德化铭调查的记载。

66. 陈延斌：《大理白族喜洲商帮研究》，北京：中央民族大学 2009 年。

简介：少数民族地区的社会经济变化，是民族伦理学研究的重要内容。马克思主义民族理论主张，观察少数民族地区社会经济变化，当从构成少数民族地区的社会经济基础的各个部分入手，从民族发展的内外条件着眼，考察民族内部结构与民族关系的变化。本书即是运用这一指导性研究方法进行调查研究，进而完成写作的一次实践。大理白族喜洲商帮在中国西南地区近代发展的历史舞台上曾扮演了重要的角色，对于云南少数民族地区乃至全省的经济发展以及白族近代资本主义的萌芽起到了很大的推动作用。大理白族喜洲商帮的兴起和发展；形成的社会历史条件和土壤，对白族社会、经济和文化发展的影响；商帮与当代少数民族地区发展的影响，起到重要的作用。

67. 陈永发绘著，云南省大理州城乡建设局编：《白族木雕图案》，昆明：云南美术出版社 2000 年。

简介：由大理白族自治州城乡建设环境保护局审定出版。这本书是陈永发老师 40 多年视艺术为生命，为抢救、发掘、整理、创新民族民间艺术沤心沥血的结晶，是白族几代工匠劳动成果的精华。也是陈老师几十年如一日，深深地扎根民间艺术的沃土，精心收集流传民间的各种图案，取得贴近生活的第一手材料，有了发展创新的坚实基础而结出的丰硕艺术成果。其中，包括各种动植物的图片及形纹。

68. 李学龙，杨伟林，王金灿：《新华白族手工银铜器制作（附光盘）》，昆明：云南人民出版社 2009 年。

简介：在大理白族自治洲，有一个闻名遐尔的省级民族旅游村，它就是位于鹤庆县西北部凤凰山脚下的新华村，一个集田园风光、民居、民俗和民族手工艺品生产加工为一体的白族村寨。该书图文并茂、精美的图像配有文字的解说，呈现了新华白族手工银铜器制作这一非物质文化遗产的全貌图景，以期使增进读者对非物质文化遗产的理解，进而推动保护实践的广泛有效展开。

69. 董秀团：石龙白族乡戏（附光盘），昆明：云南人民出版社 2009 年。

简介："山歌隐约穷愁外，乡戏依依嬉笑中。"四时八节，白族村寨里有在乡戏台上唱乡戏的习俗。旧时白族村寨里的乡戏台，是村民们集资、献工献料，并聘请良工巧匠建盖成的。一个古朴别致的新戏台工程竣工后，要举行一次"开戏"仪式。这一独特的非物质文化展现了白族人浓郁的民族特色与古朴的民族风情，在本书中，一场汇聚石龙白族乡戏文化点点滴滴粉墨登场。在这里，看戏不只看热闹，与神同乐是真要。民俗文化要传承，非遗宝库需发展才是真正的内涵所在。

70. 景宜：《茶马古道和一个白族女人》，北京：民族出版社 2005 年。

简介：这是一本关于茶马古道的文化书，是关于西部几个民族的文化书，是一个白族女人的精神求索之书。作者将创作《茶马古道》电视剧的缘起，重访茶马古道中的感人故事以及电视剧拍摄过程中的有趣花絮，用图文并茂的形式展现给读者。作者从小生长在茶马古道的必经之路鹤庆，童年的记忆中，马帮与茶叶，轶闻与传说交织在一起，神秘悠远。为了创作电视连续剧《茶马古道》，景宜多次前往西藏、云南、四川等地区采访。那沧桑的土司府，善良的土司后代；那精神一直游走在茶马古道上的双目失明的老皮匠；那怀里揣着纳西族人的后代翻过雪山、冻掉脚指头的藏生爷爷……这些故事撼人心魄，动人心弦，回味无穷。作为电视连续剧《茶马古道》的制片人之一，景宜细心地记录下了拍摄过程中和幕后的感人事件，动人插曲。全书将一条生活的茶马古道与艺术的《茶马古道》交融在一起，告诉你一条生命的茶马古道。

71. 杨国才、李东红主编：《白族——苍洱灵秀》，上海：上海锦绣文章出版社、上海文化出版社 2020 年。

简介：文化是民族的精神血脉，积淀了民族深沉的精神追求，而传统文化又是一个民族的精神灵魂，是一个民族的精神核心，是一个民族的血脉。白族是西南边疆一个历史悠久，文化灿烂，生活方式独特的民族，有着奇特的风土人情，古老而丰富的传统文化，和其他民族一样，在经历无数代白族人不断地发现、创造、积淀、传承、发扬，逐步形成了自己特有的文化形式。主编以 10 章之建构，从人文地理、民居建筑、历史文化、本主信仰、佛教文化、南诏大理国的绘画与石窟艺术、节庆、音乐戏剧舞蹈、服饰走进白族。把白族独具特色的历史、节庆文化、本主及佛教信仰、多彩服饰的特点、歌舞民居建筑等表现得淋漓尽致，让人耳目一新。因此，该书资料翔实，内容丰富，结构合理，语言流畅，图片优美，图文并茂，充分展现了白族历史文化的特色。特别突出的是，该书的作者都是白族文化的持有者，各人都把自己研究的特点展现出来。

72. 李赞绪：《白族文学史略》，昆明：云南人民出版社 2015 年。

简介：中国除汉族外，有五十五个少数民族。各少数民族从遥远的古代起，就以自己的聪明才智创造了光辉灿烂的文学。但是，过去的文学史，只写汉族文学的历史，而把各少数民族的文学历史排斥在文学史之外。从 1949 年后，在周扬同志的倡导下，于 1958 年，开始大规模地对少数民族的文学进行调查研究，并着手逐个撰写少数民族的文学史，而且取得了相当可观的成果。这本《白族文学史略》就是在这种精神鼓舞之下写出来的。白族文学，主要是流传于民间的口头文学，是集体创作的成果，基本上是靠口耳相传进行传播的，在流传过程中变异性比较大，要想确定每一部作品或某一种文学现象所产生的年代，就是件极其不容易的事情。作者在《白族文学史略》中，采用了把作品的分期适当放长，然后按作品所反映的内容依次进行排列，把它们放在广阔的历史背景之下加以论述的做法。作者多层次、多角度地对白族文学的历史进行了探讨，对我们了解白族的历史及文化起到了重要的参考作用。

73. 杨周伟：《中华白族通史》，芒市：德宏民族出版社2016年。

简介：《中华白族通史》分为上、中、下三册，为白族青年民族史学者杨周伟历经8年所著，全书共设正卷三卷、十三篇、五十五章，另外专设附卷一卷五篇，共计200余万字。该书采用大历史观的视野和手法，聚焦从公元前三千多年白族先民主体"古洱海人"的诞生到1956年白族族称的正式确立之间长达5000多年文明史，以历史学、地理学、考古学、人类学和民族学、经济学、军事学、政治学、宗教学、未来学等多学科跨界式研究方法，对白族的起源、发展、流变及地理分布、历史地位、社会进程、对外交流、科学技术、经济哲学思想等，进行了精心研究和系统阐述，并专设《载记》《列传》《地理志》及《表》《录》，列述白族的自然科学和社会科学等代表性著作200多项、白族历史重大事件300余条、白族知名人物1100余位，填补了白族通史类专著的空白，突破了近年来地方史志和民族史志的结构局限，是一部手法独特、观点创新、易于阅读的创新型和普及型的通俗化民族通史专著。此外，该书还以附卷的形式增加了《谋划未来篇》，以史为鉴、展望未来、经世致用，从白族的哲学思想和价值理念、白族地区发展等角度，对中华民族伟大复兴、"一带一路"建设等重大问题提出了独特的思考。

74. 杨国才，王珊珊等：《城市化进程中诺邓古村的保护与发展》，北京：中国社科出版社2017年。

简介：随着现代社会的发展，城市化进程的不断推进，很多具有历史传统的古村，在此进程中受到巨大的冲击，举步维艰。如何在城市化进程中保护古村落传统文化使其重获新生，这是摆在学术界及社会工作者面前的任务。本书以社会学和人类学的理论作指导，以大理白族自治州诺邓镇诺邓村作为考察研究对象，采用纪实和图文并茂的形式，力图将诺邓这样一个具有千年历史古村的生产生活、社会组织、文化艺术、传统信仰、自然崇拜、道德观念等方面呈现出来。在诺邓古村现实状况的基础上，从中发现诺邓古村在城市化进程中所面临的种种困境与疑惑，进而提出适合在城市化进程中诺邓古村保护与发展的路径。这不仅有利于对诺邓传统文化、传统建筑、传统习俗的保护，而且有利于古村的人们在城市化进程中的发展，促进古村人民在开发乡村生态旅游、传统食品加工及进行产业结构调整中收获更多效益。同时，这不仅对于诺邓古村的保护与发展具有重要意义，也对于其他少数民族的古村落的发展与保护具有重大指导价值。

75. 杨政业：《白族本主文化》，昆明：云南人民出版社2000年。

简介：本主——白族独特的宗教信仰。本主文化的核心是对村社保护神"本主"的全民性崇拜，它从宗教的角度折射出白族的家庭、社会、阶级、国家以及生产方式、伦理道德、哲学艺术等方面多姿多彩的风貌,历来为学术界所关注。《白族本主文化》以新颖的学术视角首次将本主崇拜的农耕性、村社性以及本主文化的缘起、神格谱系、祭祀典仪、神话传说、寺庙建筑等作了系统全面的探讨和描述。

76. 黄金鼎:《千年白族村——诺邓传统对联拾遗》,昆明:云南民族出版社 2007 年。

简介:在大数据时代下的今天,对联因其所特有的艺术特色一直传承于今,流传于民间。该书通过以诺邓村对联的研究,进而分析诺邓古村传统文化中特色鲜明的对联的起源、发展及其形式在现代的传承及影响。因为,对联(楹联)作为一种及其特殊的艺术,是我国璀璨辉煌的民族文化遗产。同时,也是我国独有的文化瑰宝。在城市化进程中,一些地区在春节或者红白喜事中也不贴对联了。但是,在诺邓古村对联因其所特有的艺术特色,一直传承下来,流传于民间。该书通过以诺邓古村寺庙大门的对联、学校的对联、不同姓氏大门的对联、院内各个房间门上对联的内涵分析及展示、研究,进而分析诺邓古村传统文化中特色鲜明的对联文化的作用与价值。

77. 杨国才:《诺邓村——中国白族村落影像文化志》,北京:光明日报出版社 2015 年。

简介:该书以视觉人类学的理论为指导,以云南大理白族自治州诺邓为考察对象,采用纪实的手法和图文并茂的方式,将生活在 21 世纪初叶的白族人民的生产生活、社会组织、文化艺术、传统信仰、自然崇拜、道德观念等完整客观的展现出来。通过在盐马古道上的诺邓古村、古村依台构舍的古朴民居、悠悠古村里村民的日常生活、古村宗教信仰中的包容共生,诺邓古村尊师重教的习俗,以及古村寓意深刻的楹联文化,世代传承的历史风貌展现出来,让人们走进古村,了解古村文化,更好地宣传古村。

78. 李超主编:《大理市白族村名考》,昆明:云南人民出版社 2015 年。

简介:洱海所在地大理市,是一个白族聚居的盆地,也是白族形成和发展的中心地带。古代这里主要居住的是白族的先民,西汉武帝设置叶榆县以来,直到明洪武帝时大规模的军、民、商屯田之前,虽然唐代由于唐与南诏的多次战争,有不少内地的汉族流动到大理盆地,但都融合到了当时是大理盆地主体居民的白族当中,形成汉族定居点的痕迹是看不到的。明代以后汉族才在大理盆地发展下来而不被白族所同化,他们主要分布在城镇;农村汉族则主要聚居在上关以及下关周围地区,据说都是明代军屯的地方。可以说明代之前的大理盆地几乎就是一个白族聚居的盆地,其他民族所占比例微乎其微。当时大理盆地的地名,基本上应该是白语。随着汉族居民的增加和中央政权对云南的统治的加强，大理盆地在内的很多地方的地名逐步汉化。至迟到清末，当时太和县（今大理市洱海西岸上、下关之间，不包括今属的洱海东岸乡镇和凤仪镇）196个村庄都有了汉语村名，不少还是比较大理市文雅的名称。由于白族没有形成系统的文字，历史上很多白语地名都湮没无闻，或者虽然保留白语地名，但这些白语地名已很难解释。如今只有目前还是白族聚居区的大理州、剑川大理市县、洱源县、鹤庆县、云龙县等地区，还保留大量白语地名，特别是村庄名。但是，随着社会的发展，外来文化和汉文化的冲击，这些白语地名的传承面临巨大的挑战，若不进行系统地调查，并用较完善、准确的文字或符号记录下来，很难避免失传的厄运。借用梁启超先生的话来说就是"往者不可追矣，其现存者之运命亦危若朝露。"已经消失于历史长河中的地名，无法作出准确的解释，还在使用的，我们将其记录下来，以供将来之学者作为研究的资料，应该也是一件有意义的事。该书从1990年内部出版的《大理市名志》中选取部分村庄名的来历整理、摘录、并加上拼音白文拼写的白语名，个别作了考证和解释，可供学者参考。

79. 李文笔，黄金鼎：《千年白族村——诺邓》，昆明：云南民族出版2004年。

简介：文化作为精神现象和价值取向，在诺邓表现为信奉"诗礼传家"的儒家思想和"乐善好施"的佛家教义，但又不排斥道家阴阳五行的朴素辩证哲学观。特别是道家的洞经音乐，在传播中极大地熏陶了世世代代的诺邓居民。而具有本土色彩的"本主"信仰，所供奉的又是本乡本土历史上的英雄人物，这又进一步提升了诺邓人的一种民族自豪感。于是，这种兼具有儒、释、道，加"本主"的极具兼容性的信仰，形成了诺邓居民世代相传的价值观念和精神支柱，至今仍留下深远的影响。

诺邓村东西宽7.6公里，南北8.35公里的小小山村，之所以集儒家主要的思想文化于一地，得益于它昔日的辉煌和内地移民的迁徙。诺邓人敬老崇文，尊师重教，无论居家处世，待人接物都有自己的行为规范。那种在内地已经或正在消失的中国传统文化，举凡建筑、书画、诗文、礼教等等，在诺邓都能找到它的巨大影响，虽然在现代物质文明的冲击下也给人一种衰败和即将消失的感觉。所幸，今天诺邓终于受到重视，成了云南受到保护的历史文化名村。该书向读者介绍诺邓——这个中国古老文化缩微景观的一手资料。因为作者是诺邓人，书中史料翔实，调研细致，文笔通畅，字里行间流露出的那份对故乡的挚爱之情更是别人无法取代的。

80. 王锋、张云霞、杨伟林：《中华民族全书：中国白族》，银川：黄河出版传媒集团、宁夏人民出版社联合出版2012年。

简介：该书通过物质文化、民间文化、社会文化、信仰文化、文化传承、族际交往和文化人物来介绍白族。认为在历史发展和文化积累方面，白族文化源远流长，底蕴深厚，并保持着较为完整的延续性；在民族文化交流方面，白族文化具有突出的开放性和包容性，文化多样性得到充分体现。同时，白族文化又以和谐为核心，追求多元文化的交融共处。这些特点集中体现了白族开放的文化精神和杰出的文化创造力。

81. 杨庆毓：《大理白族传统婚俗文化变迁研究》，北京：中国社会科学出版社 2015 年。

简介：该书在田野调查的基础上，从民族发展、伦理道德教育、社会性别等多学科视角，将历史与现实、理论与实际相结合，围绕大理白族传统婚俗文化变迁，从大理白族传统婚俗文化的形成、基本内容和特点，政治、经济、文化、社会、生态五个层面，观念、程序、礼能四个维度，民族经济、民族文化、社会和谐、生态文明建设四个方面，结合民族文化产业发展、社会主义核心价值观要求，揭示在现代化、城市化背景下，对民俗的变迁，要尊重民族意愿的同时，要进一步加大引导力度，才能更好地传承白族婚俗习惯中优秀的文化。

82. 寸云激：《白族的建筑与文化》，昆明：云南人民出版社 2011 年。

简介：该书作者在长期田野调查的基础上，以丰富的第一手资料，从历史源流、营造技术、结构装饰、选址布局、类型特点、文化习俗等方面切入，对白族的民居建筑、村落建筑、宗教建筑、文教建筑、房屋营建、住居理念等进行了全面、系统的分析研究，是一部从建筑学、人类学视角出发，涵盖白族不同建筑类型的学术著作。《白族的建筑与文化》关于本主庙、宗祠、魁阁、文昌宫、三教宫等方面的资料及论述，均为作者长期调查研究的新成果，对白族建筑研究领域的拓展与深入研究有积极的意义。

83. 姜北，肖朝江编：《白族特色药用植物现代研究与应用》，北京：中国中医药出版社 2021 年。

简介：该书与《白族惯用植物药》《白族药用植物图鉴》构成了从不同角度表述白族药用植物研究的三部曲，沿袭着白族医药信息收集整理、白族药用植物实地考察记录、白族特色药用植物研究开发的路径依次递进、逐步深入，最终达到使白族药用植物轮廓突出、特色显著、现代研究依据充分，进而与传统应用相得益彰的目的，为白族医药现代化发展、不断延续传承做出贡献。该书共收集编撰了 45 种白族常用或特色药用植物，所收录的每种药用植物均设有《植物基原》《别名》《采收加工》《白族民间应用》《白族民间选方》《化学成分》《药理药效》《开发应用》《药用前景评述》等栏目，从多方面对相关白族药用植物现代研究进行系统描述。

84. 姜北、段宝忠：《白族惯用植物药》，北京：中国中医药出版社 2014 年。

简介：《白族惯用植物药》一书是介绍白族常用植物药的专著。书中介绍了白族医药的起源和发展、白族药的资源状况及用药特点，收录了白族常用植物药 263 种，每种药物介绍其正名、别名、白语名称、来源、植物形态、生长生境、采收加工、产地、化学成分、药理、性味功效、主治用法、白族民间应用、白族民间选方、使用注意等。该书突出白族医药的特点，具有较强的实用性，而且全面反映了白族的药物资源及用药情况，是认识、研究、开发白族药物资源的非常不错读本和有益资料。

85. 施红梅编译：《白族神话传说故事》，昆明：云南大学出版社 2022 年。

简介：该书主要采集了居住于滇西北高原的白族的民间故事。这些故事是白族历史发展的沉淀，直接体现了白族的文化内涵，其中包含历史典故、神话传说、爱情故事、民间寓言等，包罗万象，世间百态含诸多人们耳熟能详的故事，诸如神祇与英雄、借地收罗刹、鹤拓、牟伽陀开辟鹤庆、开辟甸索坝、东瓜佬与西瓜佬、光璧杀妖、岛枝除魔鸟、猎人杀妖、龙肝、绿桃村龙母的传说等。阅读这些故事，能领略白族的文化和风土人情。本书对传承白族的优秀文化有较大帮助，对丰富中华优秀文化也是一种补充。

86. 孙瑞著、范建华译：《白族工匠村》，昆明：云南人民出版社 2004 年。

简介：该书作者在调查研究的基础上，指出坐落在鹤庆凤凰山脚下的新华村，是一个古老的小山村。但是，作者每次来到这里都有不一样的感觉。几年前，从西藏八廓街的吉日巷，在叮叮当当的敲打声中，寻到了这座位于滇西高原的古老村庄。故该书是作者经过四五年的时间，对大理鹤庆的新华村——一个专门制作各式手工艺品的白族工匠村，进行跟踪调查后，写成的一部关于人类学的调查报告。该书图文并茂，全面介绍了新华村作为一个手工艺品村的历史变迁。

87. 杨翠微，杨政业：《白族甲马：艺术化的祭祀符号》，昆明：云南民族出版社 2013 年。

简介：该书作者认为中原地区的"甲马"，传入白族地区后，经过世代白族人民的改变加工，已经成为白族民间艺术与风俗的融合体。作为一种民俗，它被白族民众所传承和接受；作为一种文化现象，它呈现出白族文化与汉文化的融合性。该书图文并茂，主要由"祭祀的符号""多彩的甲马""甲马纸世家" 3 部分组成。作品信手拈来，视野开阔，游刃有余，文笔优美娴熟，说明中华各民族文化"你中有我，我中有你"。

88. **大理白族自治州卫生局编：《白族古代医药文献辑录》，昆明：云南科技出版社 2018 年。**

简介：该书稿是由大理白族自治州卫生局主持，由各级医疗单位人员共同完成的一项关于云南省民族民间医药文献、医药经验整理项目的成果。白族人民在长期的生存、繁衍和发展中与疾病和自然作斗争，产生和发展了自己的医药事业，出现了大量的名医和医籍，具有很高的医术，但又存在医学文献凋残，史书有载无述，记载不详的问题，让人难以究源。又因历史变迁，加之长期以来未能引起对收集整理医药文献的重视，使流传于民间的医药典籍不仅不能集结，反而处在籍灭之中。已收存的医籍也不能得到及时整理，缺乏整理研究也就难以利用。该书稿的整理和编写将能极大的弥补缺乏历史文献记载的损失，对白族古代医药文献的继承和发扬起到不可估量的作用。

89. **大理白族自治州卫生局编：《白族民间单方验方精萃》，昆明：云南科技出版社 2018 年。**

简介：该书稿是由大理白族自治州卫生局，各级医疗单位人员共同完成的一项关于云南省民族民间医药文献、医药经验整理项目的成果。白族人民在长期的生存、繁衍和发展中与疾病和自然作斗争，产生和发展了自己的医药事业，出现了大量的名医和医籍，具有很高的医术，但又存在医学文献凋残，史书有载无述，记载不详的问题，让人难以究源。又因历史变迁，加之长期以来未能引起对收集整理医药文献的重视，使流传于民间的医药典籍不仅不能集结，反而处在籍灭之中。已收存的医籍也不能得到及时整理，缺乏整理研究也就难以利用。该书稿的整理和编写将能极大地弥补缺乏历史文献记载的损失，对白族古代医药文献的继承和发扬起到不可估量的作用。

90. **大理白族自治州卫生局编：《白族医药名家经验集萃》，昆明：云南科技出版社 2018 年。**

简介：该书稿是由大理白族自治州卫生局主持，由各级医疗单位人员共同完成的一项关于云南省民族民间医药文献、医药经验整理项目的成果。白族人民在长期的生存、繁衍和发展中与疾病和自然作斗争，产生和发展了自己的医药事业，出现了大量的名医和医籍，具有很高的医术，但又存在医学文献凋残，史书有载无述，记载不详的问题，让人难以究源。又因历史变迁，加之长期以来未能引起对收集整理医药文献的重视，使流传于民间的医药典籍不仅不能集结，反而处在籍灭之中。已收存的医籍也不能得到及时整理，缺乏整理研究也就难以利用。该书稿的整理和编写将能极大地弥补缺乏历史文献记载的损失，对白族古代医药文献的继承和发扬起到不可估量的作用。

91. **姜北编:《白族药用植物图鉴》，北京：中国中医药出版社 2017 年。**

简介：该书首次以图鉴的形式，对白族传统聚居地大理地区的白族药用植物进行系统的记录与描述。全书收集了约 426 种白族惯用药用植物，是迄今为止收集白族药用植物种类多、考察与拍摄植物信息量大的一部白族医药专著。作者历时五六年，行程数万里，以大理白族聚居地为核心，滇西地区为重点，全面梳理并系统考察了白族药用植物的现存状况。拍摄了 10 万张以上的植物图片及影像资料，以科学的态度，从中甄别、鉴定白族药用植物 400 余种。作者还深入民间，走访白族草药医生，收集和抢救了大量一手白族医药知识与经验。为后人研究大理及周边地区植物生态变化、白族药用植物分布状况、白族医药文化等积累和提供了珍贵的一手资料。《白族药用植物图鉴》每种药用植物下分列来源、别名、药用部位、生长环境、省内分布、拍摄信息、白语名称、白族民间应用、白族民间选方等项；特别是拍摄信息条目，记述了拍摄时间、地点、拍摄者等，为研究者寻找与识别相关植物提供条件，这在图鉴类图书中尚属首创。

92. **方素珍著，胡丹译，宣森绘:《白族·苍山洱海三月街》，长沙：湖南少年儿童出版社 2019 年。**

简介：本书以白族拥有代表的传统节及其流传已久的动人传说故事为蓝本，进行富有生命力的艺术创作。同时，通过图画书这种契合儿童心理特点的独特表达方式，以儿童为本位，对各民族的美丽传说、风情习俗、节庆来源等进行形象描绘，展现在历史的进程中，表现出民族的坚强品格、不屈不饶的精神和白族崇尚美好、鞭笞丑陋、追求光明的高尚情，提让小读者窥见白族绚丽多彩的民间生活面貌。

93. **赵勤:《蝴蝶泉志稿》，昆明：云南民族出版社 2012 年。**

该书全面记述了大理蝴蝶泉的地理环境、生态、历史、文化、建设情况及其人文景观和相关文学作品等。书稿编排合理，材料丰富，对进一步开发独具特色的蝴蝶泉旅游资源，促进民族文化发展有积极意义。

94. **张锡禄:《白族民间故事》，昆明：云南人民出版社 2004 年。**

简介：由于得天独厚的历史地理人文资源，云南过去在收集各民族文化资料方面做出了杰出的成绩。但各民族经典文献一直只是停留在原始资料的积累或者粗略的整理上，并且一些整理存在着许多偏见，各民族的宝贵文献并没有得到真正的认识，甚至被遮蔽。作者在文献整理基础上，通过长期田野调查，收集、整理了大量的民族民间故事，用现代的语言，人类学、民族学、文学的视角，来重写民族民间的经典故事，改变读者以往对它们的呆板印象，更深刻地展现民族民间故事的重要性和现实意义。

95. 张锡禄：《元代大理段氏总管史》，昆明：云南民族出版社 2006 年。

简介：该书主要介绍了元朝时期的大理历史，具体内容包括大理国的灭亡和云南行省的建立、段氏总管时期云南的经济、文化、教育、宗教和军事等方面的内容。

96. 王明达，张锡禄：《云南马帮》，昆明：云南人民出版社 2008 年。

简介：该书认为马帮作为古道上主要的运输载体可谓兴盛一时，只是由于现代交通的发展，只有在茶马古道一些偏僻的角落，才能看到他们风餐露宿的影子。追溯历史，茶马古道上的马帮，多由四川、云南按地域组成。本书从马的饲养、驯化和赶马史，马帮与云南交通、经济发展的关系，赶马过程中形成的歌谣、音乐、文学等方面进行了考察和论述。

97. 赵勤：《蝴蝶泉边诗稿》，昆明：云南人民出版社 2019 年。

简介：该书为赵勤诗集，精选了他从 16 岁写的第一首五言诗开始，即 1979 年至 2019 年 2 月止，共有 208 首。这是赵勤对生活有感而发，或是即兴而作，或是信手拈来，随心流出的五言和七言的诗。赵勤是从边防军营里走出来军旅诗人、作家、云南省作协会员，曾在《人民日报》《光明日报》《解放军报》《西南军事文学》《边疆文学》《文学青年》《滇池》等多家报刊发表作品，出版过个人散文集和诗集《永不遗忘的歌》《土地之子》《乡村之恋》。他的这部诗稿"承古而不泥古，瓶新而酒不新"的创作方式，以豪迈的情怀和浪漫的感情笔触，以家国情怀来拥抱和书写他经历过的生活岁月，并以时间顺序为一条红线贯穿始终，其基本内容大多来源于对生活的感受认识。他一直生活在云南边疆最基层，从某种社会学角度来说，是其记录地方史和一个少数民族作家成长史的记忆。这部诗稿里的诗，大多数来自诗人内心深处对祖国、对故乡、对亲人、对人生以及是非爱憎的一种感悟，一种表白，也是诗人近 40 年来拥抱生活和赞颂生命中沉潜出来的生活牧歌。

98. 赵勤：《大理喜洲白族民居建筑群》，昆明：云南人民出版社 2015 年。

简介：作者认为喜洲在汉晋时期是益州郡叶榆县治所在地。唐宋时，为南诏大理国政治、经济、文化中心之一。元明清时期是滇西重镇。清代至民国，资本主义工商业在喜洲萌芽发展，以严、董、尹、杨四大民族资本家为代表的喜洲工商业闻名三迤，是滇西商业贸易中心和云南著名侨乡。规模宏大的喜洲白族民居建筑群是千年古镇的象征，三坊一照壁、四合五天井，一进几院，院内有院，亭台楼阁，雕梁画栋，斗拱飞檐，雕花门窗，令人叹为观止。高超的建筑工艺，科学合理的布局，融中原文化、白族文化、西洋文化为一体，不愧是中国少数民族民居建筑中的瑰宝，也是云南民居建筑的典型代表。《大理喜洲白族民居建筑群》是认识喜洲，了解大理民居建筑的必读的书。

99. 罗世保主编：《白族——那马·勒墨人文学史》，昆明：云南出版集团、云南美术出版社 2021 年。

简介：该书内容包括概述、正文和后记三部分，正文分上下两篇。上篇为那马人、勒墨人神话、民间传说故事、"拜日旺"与英雄史诗、民间歌谣、婚姻与民间叙事诗等 6 个篇章；下篇为民歌及传统文学的搜集、整理，作家文学等 5 个篇章，全书共 33 万字，120 余幅图片，重点突出怒江州兰坪白族普米族自治县、泸水市和迪庆藏族自治州那马人、勒墨人的传统文化，以及那马人、勒墨人实现口头文化向书面文学过渡后涌现出的作家群的作品。该书内容丰富、史料详实，充分展现了那马人、勒墨人的风土民情、民族团结、民族情怀、民族进步等特点和亮点，彰显了在党的民族政策光辉照耀下，那马人、勒墨人勤劳智慧、自强不息、勇于创造，不断追求幸福美好生活的精神。

那马人、勒墨人是白族的两个支系。现今，那马人主要定居在兰坪县澜沧江两岸的中排、石登、营盘、兔峨、啦井、河西等乡镇以及维西县的维登等几个乡镇；勒墨人于 16 世纪末 17 世纪初先后从兰坪那马人居住地区搬迁到怒江两岸，如今定居在泸水市洛本卓、古登等乡镇。悠久的历史和深厚的人文积淀，造就了那马人、勒墨人神奇而又独具特色的地域文化。

该书集史料性、思想性、趣味性和可读性于一体，是一本以传统文化与史实来展现那马人、勒墨人底蕴、魅力的优秀人文史读物，对于怒江在加强文化建设，传承文化记忆，树立文化自信，培育文化自觉，焕发文明新气象等方面具有重要意义。同时，也为那马人、勒墨人和外界专业人士，全方位了解、研究那马人、勒墨人文史提供了参考和借鉴。

本书也是那马人、勒墨人文学史的开山之作，全面详实地记录了那马人、勒墨人的社会历史发展进程、重大事件、杰出人物等，是一部科学性与学术性、专业性与资料性相统一，对传承保护少数民族文化起积极作用的史料专著。同时，该书的出版也填补了那马人、勒墨人无书面文学史的空白，对那马人、勒墨人乃至怒江民族文化建设将起到积极的推动作用。

100. 杨国才、伍雄武编：《白族哲学思想史论集》，北京：民族出版社 1992 年。

简介：著名白族学者马曜教授为之作序，本书是中国哲学史学会云南省分会和云南省社会科学院哲学研究所对白族的哲学和社会思想进行系统的调查、整理和研究取得的成果汇编。该书收入 19 篇论文，分别从白族的神话、传说、民族民间故事、创世纪等中分析白族先民自发、朴素的哲学思想。证明少数民族也有文化，也有哲学思想。

二、本书作者之著作及主编作品目录概览

序号	姓名	著述、画册、作品名称	种类	编著方式	出版/创作时间	出版社	页码	字数/尺寸	图片数量	获奖情况	备注
1	杨国才	民族伦理研究	著作	副主编	1990年6月	云南民族出版社	272页	20万字			负责全书统稿、编辑
2	杨国才	少数民族生活方式	著作	合著	1990年	甘肃科学技术出版社	226页	16.5万字			合著
3	杨国才	白族哲学思想史论集	著作	主编	1992年	云南民族出版社	270页	20万字			合编
4	杨国才	智慧的曙光——宗教哲学探	著作	撰稿	1992年	云南人民出版社	302页	25万字			合著
5	杨国才	云南民族女性文化丛书26本	著作	编委	1995年	云南教育出版社	1026页	80万字	12幅	获95世妇会优秀图书云南省哲学社会科学优秀著作一等奖	合编
6	杨国才	情系苍山、魂泊洱海——白族	著作	专著	1995年	云南教育出版社	40页	2.9万字	41幅	获95世妇会优秀图书云南省哲学社会科学优秀著作一等奖	
7	杨国才	云南少数民族妇女生育健康丛书4本	著作	编委	1996年	中国社科出版社	1201页	120万字	80幅		主编及编委之一

续表

序号	姓名	著述、画册、作品名称	种类	编著方式	出版/创作时间	出版社	页码	字数/尺寸	图片数量	获奖情况	备注
8	杨国才	以妇女为中心的生育健康	著作	主编	1996年	中国社科出版社	466页	45万字			主编之一
9	杨国才	白族文化多样性的保护与发展	著作	主编	1996年	云南科技出版社	232页	16万字			收入段淼华、何耀华主编的《滇西北文化多样性》一书
10	杨国才	白族传统道德与现代文明	著作	专著	1999年	当代中国出版社	310页	28.5万字		获云南省哲学社会科学优秀著作三等奖	
11	杨国才	学报编辑学研究	著作	主编	2001年	云南大学出版社	298页	25.6万字	5幅		
12	杨国才	中国少数民族革命史（近代史）大事记	著作	副主编	2000年	中央民族大学出版社	276页	16.6万字			撰写6万字
13	杨国才	中国少数民族革命史（近代史）史料概述著作	著作	副主编	2001年	云南民族出版社	738页	60万字			撰写18万字

续表

序号	姓名	著述、画册、作品名称	种类	编著方式	出版/创作时间	出版社	页码	字数/尺寸	图片数量	获奖情况	备注
14	杨国才	中国少数民族革命史	著作	撰稿	2003年	中国社科出版社	440页	45万字		获云南省哲学社会科学优秀著作一等奖	撰写10万字
15	杨国才	女性学学科建设与少数民族妇女问题研究	著作	主编	2008年	云南民族出版社	426页	35万字			撰写5万字
16	杨国才	少数民族女性学学科建设与妇女发展	著作	主编	2008年	云南民族出版社	541页	80万字			撰写10万字
17	杨国才	中国少数民族与吉祥文化	著作	副主编	2008年	中国社科出版社	540页	65.2万字			撰写20万字
18	杨国才	多学科视野下的艾滋应对	著作	主编	2008年	中国社科出版社	519页	59万字			撰写5万字
19	杨国才	少数民族妇女的知识和文化——民族民间传统手工艺及服饰	著作	专著	2011年	中国社科出版社	241页	2204万字	85幅		

续表

序号	姓名	著述、画册、作品名称	种类	编著方式	出版/创作时间	出版社	页码	字数/尺寸	图片数量	获奖情况	备注
20	杨国才	白族传统道德与现代文明	著作	专著	2011年	云南人民出版社	310页	30.2万字		当代云南社科百人百部优秀学术著作，云南省哲学社会科学优秀著作三等奖	
21	杨国才	社会性别视野下少数民族妇女的健康与生态环境保护	著作	主编	2011年	中国知识产权出版社	301页	32.9万字			撰写5万字
22	杨国才	女性与民族	著作	撰稿	2011年	中国社科出版社	629页	80万字			撰写18万字，收入张李玺《女性社会学本土化构建》一书
23	杨国才	女性学著作概览	编著	主编	2012年	中国社科出版社	596页	68万字		获第三人中国妇女研究优秀成果工具书二等奖	
24	杨国才	中国白族村落影像文化志——诺邓村	著作	专著	2014年	光明日报出版社	192页	20万字			

续表

序号	姓名	著述、画册、作品名称	种类	编著方式	出版/创作时间	出版社	页码	字数/尺寸	图片数量	获奖情况	备注 9
25	杨国才	女性主义视角下少数民族妇女流动研究	著作	专著	2015年	云南民族出版社	187页	20万字			
26	杨国才	民族伦理道德与生活研究	著作	主编	2016年	中国社科出版社	374页	39万字			撰写8万字
27	杨国才	城市化进程中诺邓古村的保护与发展	著作	主编	2017年	中国社科出版社	291页	30.9万字			撰写3万字
28	杨国才	望旌旗以千里——昆明抗战遗址遗迹全录	著作	副主编	2017年	人民出版社	392页	60万字			撰写10万字
29	杨国才	亚洲花都：昆明斗南花卉产业发展口述史	著作	撰稿	2018年	云南人民出版社	386页	60万字			撰写10万字，即《花农篇》
30	杨国才	聂耳：从昆明走向世界	著作	撰稿	2019年	中国社科出版社	362页	30万字			

续表

序号	姓名	著述、画册、作品名称	种类	编著方式	出版/创作时间	出版社	页码	字数/尺寸	图片数量	获奖情况	备注
31	杨国才	苍洱灵秀——白族	著作	主编	2020年	上海文艺出版社	305页	35万字	80幅		撰写6万字
32	杨国才	少年战士：云南早期共产党人播火记	著作	撰稿	2021年	人民出版社	331页	30.8万字		获云南省哲学社会科学优秀著作二等奖	撰写5.2万字（《白族地区早期中共党员》）
33	杨国才	优秀传统文化与伦理学的使命	著作	主编	2021年	中国社科出版社	287页	29.9万字			撰写3万字
34	杨国才	民族、性别与社会发展研究	著作	主编	2021年	中国社科出版社	309页	32.2万字			撰写4万字
35	杨国才	云南民族大学70年春泥志	著作	主编	2022年	云南大学出版社	319页	30万字	5幅		撰写2万字
36	杨国才	云去山如画——抗战时期国立云南艺专昆明安江700天	著作	撰稿	2022年	人民出版社	328页	20万字	50幅		撰写3万字

后　记

　　1987年春天，自我在《哲学史研究》第3期上发表了《古代白族神话中的哲学思想》一文开始，我逐渐把自己的研究方向转至白族哲学伦理学及村落妇女问题上来。这个转折与许多前辈老师的教导分不开，首先与费孝通先生的教导有联系，费老告诫我们要有文化自觉与自信，马曜教授1984年让我回大理陪同日本学者大林太良先生和费孝通先生的学生横山广子博士到大理做人类学的调查，同时，方立天先生、方克立先生教导我要扬长避短，发挥自己掌握白族语言与文化的优势，结合所学习的专业，从事自己所熟悉领域的研究。于是，我便开启了白族历史文化哲学伦理学的学习与研究，到1999年，我在当代中国出版社出版了《白族传统道德与现代文明》一书后，在不断学习过程中发现，白族的节日、小孩的出生、命名、婚姻、丧葬的礼仪、家风、家规、家训，以及商业贸易中白族都有独特的道德规范。于是，我就一个事项一个事项地进行田野调查，在调研的基础上写成文章发表；1999年我参加了云南省政府和美国大自然保护协会的课题"滇西北地区生物多样性的保护与发展行动计划"，我担任白族片区的组长，走遍了白族聚居区五县一市的村村寨寨，村落里的古民居、大青树、古戏台、照壁、本主庙、牌坊、石凳、古井等，使我对白族古村落更有了兴趣，并从村落到文化进行了探索，特别是本主庙的文化深深地吸引了我。通过深入调查，我认为本主庙是白族文化的博物馆；同时，村落里妇女的教育、生育问题也是我关注的对象。故在调研的基础上，我发表了村落里妇女的生育与教育观念的变迁的文章，此文还参加了日本国立民族学博物馆大林太良先生主持的课题研讨会，受到大林太良先生的鼓励。

　　该书由三篇组成，即白族哲学伦理道德文化、白族村落文化的保护与发展、白族文化及妇女生育和教育观念的变迁。其中，该书还收录杨欢同学的《白族民居照壁建筑中的伦理道德观念》《白族传统民居中的性别意识》2篇文章，我和我的研究生樊庆元合作完成的《儒家家庭伦理思想在大理碑刻中的彰显》《大理碑刻中伦理道德在乡村治理中的功用》。书中大多数文章已经刊发过，有些还没有发表，这次结集以飨读者。

　　本书承蒙众多白族前辈和师友们的支持和帮助。张文勋先生曾经在25年前给我的首部专著《白族传统道德与现代文明》（当代中国出版社，1999年版）写过序，如今，96岁的老先生再次为该书题诗；云南师范大学伍雄武先生为本书作序，对各位师长的教导、关心、支持、帮助，我表示最衷心的感谢！

　　本书的出版，还要感谢昆明市政府参事室的支持，参事室给予了3万元的出版资助，感谢参事室历鸿华主任的帮助与支持。也要感谢我儿子小岗给予补足出版经费的资助，否则，我对白族传统伦理道德及村落妇女发展的研究成果仍将束之高阁。可以说，该书现在能面世，也是我对本民族伦理道德、古村落调查与保护的一个回报；同时，也是一个白族儿女对于白族伦理文化学习、研究的一份汇报！

　　本书的完成，还要感谢我家人的理解与支持。大学毕业后，我的妈妈一直陪伴我，帮助我料理家务，洗衣、做饭、带孩子，支持我的工作和学习；我的丈夫怀仁君，他肩负着科研和管理工作的重任，但是不管他工作多么繁忙，总是送我赶飞机、赶汽车；深更半夜在机场等待接我回家，默默地支持、帮助我；还有我的弟弟国荣，无论他的工作有多么忙，都放下工作开车送我到村落里调查补充材料；我的侄儿杨欢，于2012年春节前和2013年、2015年多次陪我到诺邓、郑家庄、周城、喜洲等地调查收集资料，拍摄照片、打印资料。对于家人的理解、支持与帮助，我心怀感激！我的成长，离不开家人的关怀！同时，我也要感谢我的朋友们，是大家给我友谊、支持和力量，让我一路走来！

　　本书的出版，还要感谢云南大学民族学与社会学院的副教授陈雪博士，她于教学与科研的百忙中，帮助翻译了该书的目录和内容简介；感谢云南大学出版社社长罗刚教授、张丽华老师给予的支持，他们及时肯定选题，报批选题，才能使本书得以顺利出版。

　　在此，对所有关心、支持、帮助过我的领导、前辈、同人、朋友、学生，再次表示我最诚恳的感谢！书中引用了许多白族前辈的资料，也在此一并致谢！

　　我才疏学浅，对于白族传统伦理道德、村落文化的学习和探索，仅仅才开始，书中难免有错漏，敬请白族前辈贤达和学术界专家、同人给予批评指正。

杨国才
2021年12月8日
于昆明荷叶山寓所